高等学校专业教材

食品安全基础

王京法　主编

中国轻工业出版社

图书在版编目（CIP）数据

食品安全基础 / 王京法主编. —北京：中国轻工
业出版社，2024.1
ISBN 978-7-5184-4587-5

Ⅰ.① 食…　Ⅱ.① 王…　Ⅲ.① 食品安全—教
材　Ⅳ.① TS201.6

中国国家版本馆CIP数据核字（2023）第200209号

责任编辑：贺晓琴　吴曼曼　　责任终审：劳国强　　　　　整体设计：锋尚设计
策划编辑：史祖福　贺晓琴　　责任校对：郑佳悦　晋　洁　　责任监印：张　可

出版发行：中国轻工业出版社（北京鲁谷东街5号，邮编：100040）

印　　刷：三河市国英印务有限公司

经　　销：各地新华书店

版　　次：2024年1月第1版第1次印刷

开　　本：787×1092　1/16　印张：20

字　　数：460千字

书　　号：ISBN 978-7-5184-4587-5　定价：49.00元

邮购电话：010-85119873

发行电话：010-85119832　　010-85119912

网　　址：http://www.chlip.com.cn

Email：club@chlip.com.cn

本书编写人员

主　　编：王京法

副 主 编：马立萍　伍　欣　张顺元

参　　编：杨　雁　康　烨　孙志强
　　　　　田芙蓉　杨春雷

前言
PREFACE

党的二十大报告提到"中国共产党领导人民打江山、守江山，守的是人民的心。"

俗话说"民以食为天，食以安为先"。保障国民吃得饱、吃得好，保障食品安全是"增进民生福祉，提高人民生活品质"的重要体现。我国现行教育体系中涉及食品质量和安全专业知识的专业除普通高等教育的食品科学与工程类专业外，主要集中在职业教育的餐饮类专业。我国大部分普通高等教育本科烹饪与营养教育专业的生源既包括普通高中毕业生，又包括来自职业教育体系的大专和中专中职生。长期以来，烹饪类、餐饮类专业的食品质量和安全类课程的教学分工存在一定交叉，衔接性也有待进一步提高。

本系列教材的编写既充分考虑餐饮食品质量与安全相关课程的高等教育与职业教育的贯通和衔接性，又考虑到普通高中毕业生源在烹饪与营养教育专业高等教育本科阶段相关知识体系的完整性。本系列教材共分《餐饮食品安全与操作》《餐饮食品安全与管理》《食品安全基础》《餐饮食品质量与安全管理》《食品安全案例分析》5部，可供相关院校和培训机构选用。《餐饮食品安全与操作》适合中等职业教育的中餐烹饪、西餐烹饪、中西面点等专业选用；《餐饮食品安全与管理》适合高等职业教育大专层次的餐饮智能管理、烹饪工艺与营养、中西面点工艺、西式烹饪工艺、营养配餐等专业选用；《食品安全基础》适合普通高等教育本科的烹饪与营养教育专业作为基础课或食品科学与工程类的其他本科专业选用；《餐饮食品质量与安全管理》适合烹饪与营养教育、烹饪与餐饮管理等本科专业选用；《食品安全案例分析》适合作为本系列教材的教辅或者餐饮类专业教育选修课的教材使用。此外，本系列教材可以作为培训机构或餐饮服务单位培训参考教材使用。

《食品安全基础》共分十二章：第一章介绍食源性疾病的概念、致病因子及食源性疾病的分类；第二章介绍食品污染的分类及控制措施；第三章主要介绍我国食品安全保障体系的基本构成；第四章主要介绍我国食品安全的监测评估技术和体系；第五章简要介绍我国对食用农产品的管理政策、配套技术措施和不同类别的食用农产品质量安全管理；第六章介绍我国对食品生产经营的基本法律法规要求；第七章介绍了食品安全检验机构的基本要求和常用检测技术；第八章介绍了我国进出口食品安全管理体系；第九章介绍了我国的食品安全应急管理体系及企业应急体系的构建；第十章介绍了我国的食品安全监督管理体系、检查的要点和相关的处罚措施；第十一章主要从技术层面介绍食品常用的管理体系和方法；第十二章介绍了食品安全的职业道德内涵、建设内容和建设途径。与同类教材相比较，本教材参照《中华人民共和国食品安全法》所阐述的食品安全治理架构，既引入基本的食品安全技术知识，又融入国家对食品行业的强制要求和思政教育，文理结合，具有很强的实用性。

因本教材知识跨度比较大，加上编写时间紧张，不足之处在所难免，敬请读者指正。

目 录
CONTENTS

第一章 食源性疾病
CHAPTER 1

食源性疾病是世界范围内分布最广、最为常见，也是对人类健康危害最大的疾病之一。食品从生产到消费的各个环节都可能受到来自环境或人为的污染，进而引发各种食源性疾病。人类生产生活方式的变迁、环境的变化、食品新技术的应用、食品贸易的全球化等，使食源性疾病的流行特征更为复杂多变，涵盖范围更广，甚至不断出现新的病原体感染，给食源性疾病的防控带来新的挑战。

2015年12月，世界卫生组织（WHO）发布了《全球食源性疾病负担的估算报告》，首次估算了细菌、病毒、寄生虫、毒素和化学品等31种致病因子造成的食源性疾病负担，指出全球每年有多达6亿人或近十分之一的人口因食用受到污染的食品而生病，造成42万人死亡，包括5岁以下儿童12.5万人。可见，食源性疾病已成为一个普遍的、日趋严峻的全球性公共卫生问题，不仅影响到人类的健康，而且对经济、贸易甚至社会安定都产生了极大的影响。

第一节 食源性疾病概述

一、食源性疾病的概念

"食源性疾病"一词由传统的"食物中毒"逐渐发展而来，是对"由食物摄入引起的疾病"在认识上的不断深入。WHO将食源性疾病定义为"通过摄食进入人体内的各种致病因子引起的，通常具有感染或中毒性质的一类疾病"。《中华人民共和国食品安全法》将食源性疾病概念表述为"指食品中致病因素进入人体引起的感染性、中毒性等疾病，包括食物中毒"。食源性疾病包括三个基本要素：食物是携带和传播病原物质的媒介；导致疾病的病原物质是食物中所含有的各种致病因子；临床表现为急性、亚急性中毒或感染。

随着人们对疾病认识的深入和发展，食源性疾病的范畴也在不断扩大。它既包括传统的食物中毒，也包括经食物而感染的肠道传染病、食源性寄生虫病、人畜共患传染病、食物过敏，以及由食物中的有毒、有害物质所引起的慢性中毒性疾病。

二、引起食源性疾病的致病因子

食源性疾病的致病因子可能是食品污染物，也可能是食品中其他有害因素，种类多样，从性质上可分为生物性、化学性和物理性三大类。

（一）生物性致病因素

1．细菌及细菌毒素

细菌及其毒素是食源性疾病中最常见的病原物。主要包括：引起细菌性食物中毒的病原菌，如沙门菌、副溶血性弧菌、葡萄球菌、大肠埃希菌等；引起人类肠道传染病的病原菌，如志贺菌、霍乱弧菌、伤寒杆菌等；引起人畜共患传染病的病原菌，如炭疽杆菌、结核分枝杆菌等。

2．真菌及真菌毒素

包括黄曲霉、展青霉、镰刀菌、赭曲霉、杂色曲霉等及其产生的毒素。

3．病毒和立克次体

病毒可引起肠道传染病和人畜共患传染病，主要有轮状病毒、柯萨奇病毒、腺病毒、冠状病毒、诺如病毒、甲型肝炎病毒、朊病毒等。

不同类型的立克次体传播途径存在一定差异。少数立克次体可以通过水和食品进行有限传播，引起发热、头晕、头痛等病症。

4．寄生虫

指可引起人畜共患寄生虫病的寄生虫，如旋毛虫、绦虫、蛔虫、弓形虫、阿米巴原虫等。

5．动植物天然合成或转化的毒性成分

包括动植物中天然存在的毒性成分，如河豚中的河豚毒素、鲜黄花菜中的秋水仙碱；动植物因贮存或加工不当产生的毒性成分，如鱼体不新鲜时形成的组胺、马铃薯发芽时产生的龙葵素等。

（二）化学性致病因素

主要包括农药残留，兽药残留，有毒金属和非金属（汞、镉、铅、砷）及其化合物等；食品加工中可能产生的有毒化学物质如N-亚硝基化合物、多环芳烃类化合物等；不符合食品安全要求的食品接触材料以及非法添加物等。

（三）物理性致病因素

主要来源于放射性物质的开采、冶炼，或放射性核素用于生产活动和科学实验时，其废弃物的不合理排放及意外性泄漏，通过食物链的各个环节污染食品，尤其是半衰期较长的放射性核素，会引起人体各种慢性损害及远期损伤效应。

三、食源性疾病的分类

食源性疾病包括常见的食物中毒、经食物感染和传播的传染病、食物过敏以及经食物引

起的长期、慢性损害。

（一）食物中毒

食物中毒一般指摄入了含有生物性、化学性有毒有害物质的食品或把有毒有害物质当作食品摄入后出现的非传染性急性、亚急性疾病。食物中毒不包括摄取非正常数量食品（如暴饮暴食）所致的急性胃肠炎、食源性肠道传染病和寄生虫病，也不包括食物过敏和因一次大量或长期少量多次摄入某些有毒、有害物质而引起的以慢性损害为主要特征（如慢性中毒、"三致"作用）的疾病。

食物中毒主要包括细菌性食物中毒、真菌性食物中毒、化学性食物中毒、有毒动植物性食物中毒四大类。

（二）经食品感染或污染而传播的传染病

经食品感染或污染而传播的传染病是指可以通过食物传播的具有传染性的疾病，主要包括肠道传染病、人畜共患传染病和食源性寄生虫病，比如霍乱、细菌性和阿米巴性痢疾、伤寒和副伤寒、病毒性肝炎（甲型、戊型）、活动性肺结核、布氏姜片吸虫病、旋毛虫病等。

这类食源性疾病与典型的食物中毒相比较，一般具有一定的发病潜伏期，而且具有传染性。

（三）食物过敏

指食物中的某些组成成分，作为抗原诱导机体产生免疫应答而发生的一种变态反应性疾病，常见的致敏食品有蛋及其制品、花生及其制品、豆类及各种豆制品、鱼类及其制品等。

（四）经食物引起的慢性中毒和远期损伤

这类食源性疾病也可以称为慢性中毒。食物固有的有害成分，少量由环境迁移进食品的铅、镉、农药兽药残留，富含蛋白质的肉类食品经高温烹调产生的杂环胺类化合物等有害物质引起的器官功能损伤、障碍、衰竭以及激素失衡或癌变等都属于该类食源性疾病。

四、食源性疾病整体预防思路

对于具有传染性的食源性疾病的控制，关键在于切断传染病的传播链，即控制传染源、切断传播途径、保护易感人群。各种传染病的薄弱环节各不相同，在预防中应充分利用。

对于食物中毒常见的有三类：摄入含有细菌、真菌或含细菌、真菌毒素的食品而引起的食物中毒；摄入因加工、烹调不当未能除去有毒成分的动植物食物而引起的中毒；食用含有化学性有毒物质的食品引起的食物中毒。在控制食物中毒方面要特别注意食物中生物毒素和化学毒素在食品中存在的可能性。

五、食品安全事故的调查处理

发生食品安全事故，县级以上疾病预防控制机构应当对事故现场进行卫生处理，并对与事故有关的因素开展流行病学调查，有关部门应当予以协助。县级以上疾病预防控制机构应当向同级食品安全监督管理、卫生行政部门提交流行病学调查报告。

县级以上人民政府卫生行政部门在调查处理传染病或者其他突发公共卫生事件中发现与食品安全相关的信息时，应当及时通报同级食品安全监督管理部门。县级以上人民政府食品安全监督管理部门接到食品安全事故的报告后，应当立即会同同级卫生行政、农业行政等部门进行调查处理，并采取措施，防止或者减轻社会危害。

第二节　食物中毒

一、食物中毒的分类

根据食物中毒病原物的不同，可将食物中毒分为以下四类。

（一）细菌性食物中毒

指因摄入含有细菌或细菌毒素的食品而引起的食物中毒，是食物中毒中最常见的一类。其特点是发病率通常较高，但病死率较低。发病的季节性较为明显，以5至10月份最为常见。

（二）真菌性食物中毒

指食用被真菌及其毒素污染的食品而引起的食物中毒。其特点是发病率较高，死亡率因菌种及毒素种类不同而异，发病有明显的季节性与地区性。

（三）有毒动植物中毒

指一些动植物本身含有某种天然有毒成分或由于储存条件不当产生的某种有毒成分，而加工、烹调又未能除去或破坏这些有毒物质，被人食用后引起的中毒。其特点是发病率较高，病死率因引起中毒的动植物种类不同而异。

（四）化学性食物中毒

指食用含有化学性有毒物质的食品引起的食物中毒。发病季节性、地区性不明显，但发病率和病死率较高。

二、食物中毒的发病特点

食物中毒种类很多，发生原因也较复杂，但其发病都具有以下共同的特点：发病潜伏期较短、来势急剧，呈暴发性，短时间内可能有较多人发病，发病曲线呈突然上升趋势；发病与食物有关，病人在相近时间内均食用过某种共同的有毒食物，未食用者不发病，流行波及范围与有毒食物供应范围相一致，停止该食物供应后，发病即告终止；临床症状基本相似，以恶心、呕吐、腹痛、腹泻等胃肠道症状为主，也有些疾病以神经系统症状为主；一般情况下，人与人之间无直接传染。发病人数曲线呈骤升骤降的趋势，无传染病流行时的余波。

三、食物中毒的流行病学特点

（一）发病的季节性
食物中毒发生的季节性特点与食物中毒的种类有关。细菌性食物中毒主要发生于夏、秋两季，而化学性食物中毒全年均有发生。

（二）发病的地区性
绝大多数食物中毒的发生具有明显的地区性。如副溶血性弧菌食物中毒多发生在我国沿海地区；肉毒毒素中毒主要发生在新疆等地区；霉变甘蔗中毒多见于北方地区等。近年来食品的快速配送，使食物中毒发病的地区性特点越来越不明显。

（三）食物中毒原因的分布
在我国引起食物中毒的原因分布，不同年份和地区略有不同。根据近年来国家卫生行政部门关于全国食物中毒事件情况的通报数据，一般以有毒动植物、微生物性和化学性食物中毒为主。

（四）食物中毒发生场所分布特点
食物中毒多发生在集体食堂、餐饮服务单位和家庭中。其中，家庭内发生食物中毒的人数较少，但病死率高；集体食堂发生食物中毒的人数最多，病死率较低。

四、细菌性食物中毒

细菌性食物中毒是指因摄入被致病性细菌或其毒素污染的食品引起的食物中毒。

（一）细菌性食物中毒的类型
根据病原和发病机制不同，可分为感染型、毒素型、混合型三类。

1. 感染型
由于人体摄入含有大量活菌的食物而引起。病原菌随食物进入肠道后，继续生长繁殖，靠其侵袭力附着于肠黏膜或侵入黏膜及黏膜下层，引起肠黏膜充血、白细胞浸润、水肿、渗出等炎症反应，产生腹痛、腹泻等胃肠道症状。有些病原菌进入黏膜固有层，被吞噬细胞吞噬或杀灭，菌体裂解后释放出内毒素，内毒素可作为致热原刺激体温调节中枢，引起体温升高，因此感染型食物中毒临床多伴有发热症状。常见的感染型食物中毒有沙门菌食物中毒、变形杆菌食物中毒等。

2. 毒素型
由病原菌产生的肠毒素作用于肠道引起。多数病原菌污染食物后大量繁殖并产生能引起急性胃肠道反应的肠毒素，肠毒素激活肠壁黏膜上皮细胞上的腺苷酸环化酶或鸟苷酸环化酶，使细胞内的环磷酸腺苷（cAMP）或环磷酸鸟苷（cGMP）的浓度增高，使肠黏膜上皮细胞分泌功能发生变化，进而导致肠腔内电解质与水分大量潴留而引起腹泻。典型的毒素型细菌性食物中毒有金黄色葡萄球菌食物中毒、肉毒毒素食物中毒等。

3．混合型

由病原菌及其产生的肠毒素协同作用于肠道而引起。某些病原菌被人体摄入后，既能侵入肠黏膜，引起肠黏膜的炎性反应，又能产生肠毒素引起恶心、呕吐、腹痛、腹泻等急性胃肠道症状，因此发病机制为混合型，如副溶血性弧菌食物中毒等。

（二）细菌性食物中毒的发病原因

1．食品被致病菌污染

畜、禽等的生前感染和宰杀过程中被致病菌污染；食品在运输、储藏、加工及销售过程中因储运环境不卫生，食品加工工具或容器未洗净、消毒，生熟交叉污染，从业人员带菌等因素受到致病菌的污染。

2．储藏方式不当

储藏方式不当使食品中致病菌大量繁殖或产生毒素，被致病菌污染的食品在不适当的温度下长时间存放，食品中的水分活度、pH及营养条件适合细菌生长繁殖或产毒达到中毒量。

3．烹调加工方式不当

被污染或再次污染的食品食用前未经彻底加热，或即使加热也未能有效杀灭致病菌或破坏细菌产生的毒素，食入后引起中毒。

（三）细菌性食物中毒的流行病学特点

1．季节性

全年皆可发生，以5至10月为发病高峰期。这与夏秋季气温高、湿度较大，细菌易大量繁殖和产生毒素密切相关，也与这两个季节人体胃肠道的抵抗力降低、易感染有关。

2．食品种类

细菌性食物中毒多由动物性食品引起，其中畜肉类及其制品居首位，其次为禽肉、鱼、乳、蛋类。植物性食物如剩饭、米糕、米粉可引起金黄色葡萄球菌、蜡样芽孢杆菌食物中毒。家庭自制发酵食品可引起肉毒梭菌食物中毒。

3．发病率及病死率

细菌性食物中毒是历年食物中毒事件情况通报中最常见、发病率最高的一类，其病死率因致病菌的不同而有较大的差异。常见的细菌性食物中毒，如沙门菌、副溶血性弧菌、葡萄球菌、变形杆菌等食物中毒，病程短、恢复快、预后良好、病死率低。李斯特菌、小肠结肠炎耶尔森菌、肉毒梭菌、椰毒假单胞菌食物中毒的病死率较高，且病程长、病情重、恢复慢。

（四）细菌性食物中毒的预防措施

细菌性食物中毒的预防措施包括防止污染、控制繁殖、彻底杀灭病原菌三个环节。

1．防止食品被细菌污染

加强卫生宣传教育，改变不良饮食习惯；加强肉类食品企业的卫生监督管理，做好屠宰前后的卫生检验检疫，屠宰过程中防止交叉污染；食品加工、运输、储存、销售等过程要严格遵守相关卫生制度，保证食品用具、容器的卫生，避免生熟交叉污染；食品从业人员应定期体检，养成良好的个人卫生习惯，规范卫生操作。

2．控制细菌繁殖，避免毒素形成

食品在低温条件下或阴凉通风处储存，以控制细菌的繁殖和毒素形成；缩短食品从制作完成至食用的时间间隔（常温下不超过2h）。

3．杀灭病原菌及破坏毒素

食品在食用前应充分加热，以杀灭病原菌和破坏毒素；蔬菜水果充分清洗杀菌后才可生食。

（五）常见细菌性食物中毒

可能是细菌本身导致的身体中毒反应，也可能是其分泌有害物质导致人体中毒反应，因此以下细菌中毒包括由其分泌的有害物质导致的中毒反应。

1．沙门菌中毒

沙门菌属种类繁多，由沙门菌引起的食源性疾病在我国内地发生的细菌性食源性疾病中非常常见。目前国际上发现的沙门菌有2500多种血清型，我国已发现200多种，部分对人致病。到目前为止世界上最大的一起沙门菌食物中毒是1955年发生在瑞典的因食用污染猪肉所引起的鼠伤寒沙门菌食物中毒，中毒者7717人，死亡90人。在我国最大的沙门菌食物中毒事件是发生在广西南宁市的因食用污染鸡肉而发生的猪霍乱沙门菌食物中毒，中毒者1061人。由于沙门菌属不分解蛋白质，不产生靛基质，食物被污染后无感官性状的变化而容易被忽视。

沙门菌导致的疾病在临床上主要有五种表现类型：胃肠炎型、类霍乱型、类伤寒型、类感冒型和败血症型，其中以胃肠炎型最为多见。发病潜伏期短，一般为4~48h，长者可达72h，潜伏期越短，病情越重。开始症状为恶心、头痛、全身无力、食欲不振，之后呕吐、腹痛和腹泻，腹泻一日数次至十余次，主要是黄绿色水样便，少数可出现黏液或脓血。体温升高，可达38~40℃或更高。病程3~5天，多数病人预后良好。

2．副溶血性弧菌中毒

副溶血性弧菌随食物进入人体后，在肠道内继续繁殖，并侵入肠壁上皮细胞和黏膜下组织，引起炎症反应，该菌可释放肠毒素和耐热性溶血毒素，大量活菌和耐热性溶血毒素协同作用于肠道，引起急性胃肠道症状。

副溶血性弧菌引起的中毒发病急，潜伏期为2~40h，多为14~20h。发病初期主要为腹部不适，尤其是上腹部剧烈疼痛或胃痉挛；继之出现恶心、呕吐、腹泻，体温一般为37.7~39.5℃；发病5~6h后，腹痛加剧，以脐部阵发性绞痛为主。粪便多为水样、血水样、黏液或脓血便，里急后重不明显，每日5~6次，多者达20次以上。重症病人可出现脱水、血压下降、意识不清等症状，少数重症病人由于休克、昏迷而死亡。一般病程2~4日，预后良好。近年来，国内报道的副溶血性弧菌食物中毒事件，临床表现不一，有胃肠炎型、菌痢型、中毒性休克型或少见的慢性肠炎型。

3．金黄色葡萄球菌中毒

全年皆可发生，但多见于夏秋季，发病率为30%左右。儿童比成人对肠毒素更为敏感，故其发病率较成人高，病情也较成人重。金黄色葡萄球菌食物中毒属于毒素型食物中毒。摄入含金黄色葡萄球菌活菌而无肠毒素的食物不会立即引起食物中毒。肠毒素进入人体后作用于胃肠黏膜，引起充血、水肿甚至糜烂等炎症反应，水与电解质代谢紊乱，出现腹泻，同时刺激迷走神经的内脏分支而引起反射性呕吐。

金黄色葡萄球菌食物中毒发病急，潜伏期短，一般为2~5h。主要表现为明显的胃肠道症状，恶心、剧烈反复呕吐，一日可超过20次，呕吐物中常含胆汁，或含血及黏液；中上腹部疼痛、腹泻和水样便，体温一般正常或略高。极个别病人因剧烈吐泻造成脱水而致虚脱或循环衰竭。病程短，一般在1~2天内痊愈，很少死亡。年龄越小对肠毒素的敏感性越强，因此儿童发病率比成人高，病情也较成人严重。全年均可发生，但多见于夏秋季。

4．蜡样芽孢杆菌中毒

多发于夏、秋两季，尤其是6至10月，毒素型食物中毒，由蜡样芽孢杆菌产生的肠毒素作用于肠道引起。

蜡样芽孢杆菌导致的中毒在临床上可分为呕吐型和腹泻型两类。呕吐型的潜伏期为0.5~5h，中毒症状以恶心、呕吐为主，腹泻较少见，体温正常，并有头晕、口干、四肢无力、寒战等症状，病程基本不超过24h。这种类型的症状类似于由金黄色葡萄球菌引起的食物中毒，国内报道的蜡样芽孢杆菌食物中毒多为此类型。腹泻型的潜伏期为6~15h，症状以腹痛、腹泻为主，主要是水泻，体温略升高，可伴有轻度恶心，几乎不会呕吐，病程一般为16~36h，这种类型的症状类似于产气荚膜梭菌引起的食物中毒。蜡样芽孢杆菌食物中毒一般预后良好，无死亡。

5．O157：H7大肠杆菌中毒

该食源性疾病多发生在夏秋季，6至9月为发病高峰，11月至次年2月极少发病。发病点多面广，暴发与散发并存。O157：H7大肠杆菌一旦侵入人体肠道内，便依附肠壁，产生类志贺毒素，该毒素对细胞破坏力极大，主要侵犯小肠远端和结肠，引起肠黏膜水肿出血，同时可引起肾脏、脾脏和大脑的病变。该食源性疾病通常为突发性的腹部痉挛和水样腹泻，然后转为出血性腹泻，腹泻次数有时可达每天10余次，低热或不发热，有些病人同时伴有呼吸道症状。严重者可造成溶血性尿毒综合征、血栓性血小板减少性紫癜、脑神经障碍等多器官损伤，甚至危及生命。人类对此菌普遍易感，老人和儿童患者死亡率高。

6．单核细胞增生李斯特菌中毒

春季可发生，在夏、秋季发病率呈季节性增高。该菌对特定人群（如：孕妇、新生儿、老人以及免疫缺陷者）的潜在威胁较大，其他人群受到感染的情况则较少见。临床表现有两种类型：侵袭型和腹泻型。侵袭型的潜伏期在2~6周，病人开始常有胃肠炎的症状，严重的可出现败血症、脑膜炎、脑脊膜炎等，有时可引起心内膜炎。孕妇感染单核细胞增生李斯特菌后可能会引起流产、早产或死胎，幸存的婴儿则易患脑膜炎，导致智力缺陷或死亡。病死率高达20%～50%。少数轻症病人仅有流感样表现。腹泻型病人的潜伏期一般为8～24h，主要症状为腹泻、腹痛、发热。

7. 志贺菌中毒

志贺菌引起的细菌性痢疾，主要通过消化道途径传播。根据宿主的健康状况和年龄，只需少量病菌进入，就有可能致病。志贺菌进入大肠后，可进入上皮细胞并在内繁殖、扩散至邻近细胞及上皮下层。由于毒素的作用，上皮细胞死亡，黏膜下发炎，并有毛细血管血栓形成以致坏死、脱落，形成溃疡，可引起不同程度呕吐、腹泻、发烧等症状。

8. 空肠弯曲（杆）菌中毒

多发生在5至10月，尤以夏季为最多。集体暴发时，各年龄组均可发病；而在散发的病例中，儿童较成人多。空肠弯曲菌食物中毒部分是大量活菌侵入肠道引起的感染型食物中毒，还有部分与热敏型肠毒素有关。潜伏期一般为3～5天，短者1天，长者10天。临床表现以胃肠道症状为主，主要表现为突然腹痛（呈绞痛）和腹泻，腹泻物一般为水样便或黏液便，重症病人有血便，腹泻次数达10余次，腹泻物带有腐臭味。体温可达38～40℃，特别是当有菌血症时，常出现发热，但也有仅腹泻而不发热者。此外，还有头痛、倦怠、呕吐等症状，重者可致死亡。

9. 肉毒梭菌中毒

一年四季均可发生，冬、春季多发。发病主要以家庭或个体形式出现，很少暴发。新疆察布查尔地区是我国肉毒梭菌中毒多发地区，与当地人食用自制发酵豆制品的习俗有关。

肉毒毒素被消化道吸收进入血液后，主要作用于中枢神经系统的脑神经核、神经肌肉的连接部和自主神经末梢，阻抑神经末梢释放乙酰胆碱，影响神经冲动的传导，导致神经障碍和肌肉麻痹。

潜伏期为数小时至数天，通常为12～48h，潜伏期越短，病死率越高。临床表现为对称性脑神经受损的症状，以运动神经麻痹为主，而胃肠道症状少见，发病初期表现为头痛、头晕、乏力、走路不稳，之后逐渐出现视力模糊、眼睑下垂、瞳孔散大等神经麻痹症状；重症者首先表现为对光反射迟钝，逐渐发展为语言不清、吞咽困难、声音嘶哑等，严重时出现呼吸困难，可因呼吸肌麻痹引起呼吸功能衰竭而死亡。重症病人病死率为30%～70%，多发生在中毒后的4～8天。我国由于广泛采用多价抗肉毒毒素血清治疗本病，病死率已降至10%以下。病人经积极治疗可于4～10天内恢复，一般无后遗症。

婴儿肉毒梭菌中毒的主要症状为便秘、头颈部肌肉软弱、吮吸无力、吞咽困难、眼睑下垂、全身肌肉张力减退，可持续8周以上。大多数1～3月自然恢复；重症者可因呼吸麻痹猝死。

10. 产气荚膜梭菌中毒

有明显的季节性，夏、秋两季多见。该菌能分泌强烈的外毒素和侵袭性的酶，具有强烈致病性和侵袭力，在人和动物体内可形成荚膜。潜伏期多为10～20h，短者3～5h，长者可达24h。发病急，多呈急性胃肠炎症状，以腹泻、腹痛为多见，每日腹泻次数达10余次，一般为稀便和水样便，很少有恶心、呕吐。所有人群均为易感者，以婴儿和年老体弱者病情更重。

11. 椰毒假单胞菌酵米面亚种中毒

中毒潜伏期1~2h，长者48~72h，以4~22h多见。临床上胃肠道症状和神经症候群的出现较早。患者先出现恶心、呕吐、头痛头晕、全身乏力、心悸等症状，继而可能出现肝大、肝功能异常等以中毒型肝炎为主的临床表现，重症者出现肝性昏迷，甚至死亡。对肾脏的损害一般出现得较晚，轻者出现血尿、蛋白尿等，重者出现血中尿素氮含量增加、少尿、无尿等尿毒症症状，严重时可因肾衰竭而死亡。因椰毒假单胞菌毒素的毒性较强，且目前尚缺乏特效解毒药，致使该类食物中毒的病死率高达30%~50%。

五、真菌性食物中毒

真菌主要包括蕈类、霉菌、酵母菌，在自然界分布广泛、种类多、数量大，多喜欢生长在温暖、阴暗、潮湿的环境，部分具有毒性。真菌性食物中毒主要来自一些霉菌及其毒素或有毒蕈类。

（一）概述

1. 霉菌中毒

食品中常见的产毒霉菌主要分布在曲霉菌属（可产毒菌种有黄曲霉、赭曲霉、杂色曲霉、烟曲霉、构巢曲霉和寄生曲霉等）、青霉菌属（包括岛青霉、橘青霉、黄绿曲霉、扩展青霉和荨麻青霉等）、镰刀菌属（包括禾谷镰刀菌、梨孢镰刀菌、拟枝孢镰刀菌、三线镰刀菌、雪腐镰刀菌、粉红镰刀菌）等。部分霉菌能使食物发生霉变或农作物发生病害，有毒的代谢产物可污染食物，对人体造成危害，主要表现为慢性中毒和致畸、致癌、致突变等作用。

2. 蕈类中毒

蕈类是大型、高等真菌，子实体通常肉眼可见，常通称菇、菇类，一般不会污染食品，其危害常常是因为误食毒菇。目前我国发现毒蘑菇有近500种，多分布在鹅膏菌属、牛肝菌科、红菇属、青褶伞属、类脐菇属、环柄菇属、盔孢伞属、粉褶菌属、裸盖菇属、鹿花菌属等。其中灰花纹鹅膏菌、白毒鹅膏菌、裂皮鹅膏菌、淡红鹅膏菌、假淡红鹅膏菌、条盖盔孢伞、肉褐鳞环柄菇和亚稀褶红菇等是我国较常见导致患者死亡的蘑菇种类。目前确定毒性较强的蕈类毒素主要有鹅膏毒素（毒肽、毒伞肽）、毒蝇碱、光盖伞素、鹿花毒素等。

毒蕈中毒事件多发生在春季和夏季，在云南、广西、四川三省区发生起数较多，绝大多数情况下是由于误采、误食造成。毒蕈引起的中毒症状复杂，如不及时抢救，病死率较高。《中国疾病预防控制中心周报》（英文）刊登的文章显示，2010—2020年期间，我国共报告了10036起食源性蘑菇中毒事件，导致38676起疾病、21967人住院、788人死亡。

根据毒蕈毒素成分及中毒症状，可将毒蕈中毒分为胃肠炎型、神经精神型、溶血型、肝肾损害型及类光过敏型五种类型。

（1）胃肠炎型　引起这类中毒的毒蕈主要为黑伞蕈属和乳菇属的某些蕈种。毒素可能为类树脂类物质、苯酚、类甲酚或蘑菇酸等，对胃肠道有刺激作用，引起胃肠道炎症反应。

这类中毒潜伏期短，一般为0.5~6h，主要症状为剧烈恶心、呕吐、腹痛、腹泻等，以上腹部阵发性疼痛为主，体温不高。经过适当对症处理可迅速恢复，一般病程2~3天，预后良好。

（2）神经精神型　这类中毒由毒蝇碱、鹅膏蕈氨酸及其衍生物、光盖伞素和脱磷酸光盖伞素等神经精神毒素引起，这些毒素主要存在于毒蝇鹅膏菌、豹斑毒鹅膏菌、角鳞灰鹅膏菌、臭红菇及牛肝菌等毒蕈中。

毒蝇碱的作用类似乙酰胆碱，能够兴奋副交感神经系统，收缩气管平滑肌，导致呼吸困难；光盖伞素可引起幻觉和精神症状。中毒潜伏期为1~6h，临床表现复杂多变，除有轻度的胃肠反应外，主要有明显的副交感神经兴奋症状，如流涎、流泪、多汗、瞳孔缩小、脉缓等。少数病重者可出现精神兴奋或抑制、精神错乱、谵妄、幻觉、呼吸抑制等表现。误食牛肝菌、橘黄裸伞菌等毒蕈者，除胃肠炎症状外，多有幻觉（小人国幻视症）、谵妄等症状，部分病例有被害妄想症状，类似精神分裂症。病程1~2天，预后良好。

（3）溶血型　引起中毒的多为鹿花菌、褐鹿花菌、赭鹿花菌等。毒性成分为鹿花菌素、马鞍菌素等毒素，可大量破坏红细胞，引起急性溶血。此毒素具有挥发性，碱性条件不稳定，可溶于热水，烹调时如弃去汤汁可去除大部分毒素；抗热性差，加热至70℃或在胃内消化酶的作用下可失去溶血性能。

中毒潜伏期多为6~12h，初期主要表现为恶心、呕吐、腹痛、腹泻等急性胃肠炎表现。发病3~4天后出现溶血性黄疸、贫血、肝/脾大等，少数病人出现血红蛋白尿，严重时可致死。病程一般为2~6天，经积极治疗可痊愈，病死率低。

（4）肝肾损害型　引起中毒的毒性成分主要为毒肽和毒伞肽两大类毒素（通称为毒伞属毒素），存在于毒伞属（毒伞、白毒伞、鳞柄白毒伞）、褐鳞环柄菇及秋盔孢伞中。毒伞属毒素为剧毒，如毒肽类对人类的致死量为0.1mg/（kg·bw），毒性稳定，耐高温，耐干燥，一般烹调加工不能将其破坏。因此肝肾损害型中毒危险性大，死亡率高，一旦发生中毒，应及时抢救。

（5）类光过敏型　引起中毒的毒蕈为胶陀螺（又名猪嘴蘑），含有光过敏毒素，误食后可出现类似日光性皮炎症状。潜伏期一般为24h左右，中毒时，身体裸露部位会有明显的肿胀、疼痛，特别是嘴唇肿胀外翻似猪嘴。另外还有指尖剧痛、指甲根部出血等症状。一般没有胃肠炎症状。

（二）典型真菌性食物中毒

1. 黄曲霉毒素中毒

黄曲霉毒素主要污染粮油及其制品，其中以花生、花生油和玉米污染最严重。大豆中产毒量较低，原因是大豆受黄曲霉侵染后能激发产生大豆保卫素，抑制毒素形成。我国长江沿岸以及南方高温、高湿地区的粮油及其制品受黄曲霉毒素污染严重。

黄曲霉毒素是由黄曲霉和寄生曲霉产生的一类代谢产物，毒性很强，是氰化钾的10倍，砒霜的68倍。黄曲霉毒素主要损害肝脏，表现为肝细胞核肿胀，肝脏脂肪变性、出血、坏死及胆管上皮、纤维组织增生。中毒早期有胃部不适、腹胀、厌食、呕吐、肠鸣音亢进、发热及黄疸等。2～3周后出现腹水、下肢水肿、脾脏增大变硬、胃肠道出血、昏迷甚至死亡。

2. 赤霉病麦中毒

麦类、玉米等谷物被镰刀菌污染引起的赤霉病是一种世界性病害，其危害除了造成粮食的严重减产和品质降低外，还会引起人畜中毒。毒性成分为镰刀菌产生的毒素，包括脱氧雪腐镰刀菌烯醇、雪腐镰刀菌烯醇、玉米赤霉烯酮等。这些毒素对热稳定，一般的烹调方法不能将它们破坏而去毒。摄入的量越多，发病率越高，病情也越严重。

赤霉病多发生在多雨、气候潮湿的地区，在全国各地均有发生，而以淮河和长江中下游一带最为严重。中毒原因主要是麦收后吃了被污染的新麦，也有因食用贮存的赤霉病麦或霉变玉米所致。主要发生在麦收季节（5月至7月）。

潜伏期一般为10～30min，也可长至2～4h，主要症状有恶心、呕吐、腹痛、腹泻、头昏、头痛、嗜睡、流涎、乏力，少数病人有发烧、畏寒等症状。症状一般在一天左右自行消失，缓慢者持续一周左右，预后良好。个别重症病例出现呼吸、脉搏、体温及血压波动，四肢酸软，步态不稳，形似醉酒，故又称之为"醉谷病"。一般病人无须治疗而自愈，呕吐严重者应补液。

3. 霉变甘蔗中毒

霉变甘蔗中毒是指食用了因保存不当而霉变的甘蔗引起的食物中毒。甘蔗霉变主要是由于在不良条件下长期储存，如过冬，导致微生物大量繁殖所致。霉变甘蔗的质地较软，瓤部的色泽比正常甘蔗深，一般呈浅棕色，闻之有霉味。从霉变甘蔗中分离出的产毒真菌为节菱孢霉菌，产生的毒素为3-硝基丙酸，是一种强烈的嗜神经毒素，主要损害中枢神经系统。

霉变甘蔗中毒常发生于我国北方地区的初春季节，2月至3月为发病高峰期，多见于儿童和青少年，病情常较严重，甚至危及生命。其潜伏期短，最短仅十几分钟。发病初期有一时性消化道功能紊乱，表现为恶心、呕吐、腹痛、腹泻、黑便，随后出现头昏、头痛和复视等神经系统症状。严重者可发生阵发性抽搐，抽搐时四肢强直，屈曲内旋，手呈鸡爪状，眼球侧向凝视，瞳孔散大等，继而进入昏迷状态。病人可死于呼吸衰竭，幸存者则留下严重的神经系统后遗症，导致终身残疾。目前尚无特效治疗方法，发生中毒后应尽快洗胃、灌肠，以排除毒素，并对症治疗。

4. 白毒鹅膏菌中毒

其毒素主要为毒伞肽和毒肽类，在新鲜的蘑菇中其毒素含量很高。这些毒素对人体肝、肾、血管内壁细胞及中枢神经系统的损害极为严重，能使人体内器官功能衰竭而死亡。

中毒潜伏期可达24h，一般为8～10h。误食大约一天后，会出现呕吐、腹泻等类似急性胃肠炎的症状，经过处理后，这些症状会缓解，进入"假愈期"，但有可能很快进入肝损害期，病人转氨酶急剧升高，严重者会出现肝衰竭，抢救成功概率较小。

目前我国发现的能致人死亡的有毒蘑菇有40余种，强烈建议不要收集和食用不熟悉的野生蘑菇。蘑菇中毒后及时、准确的菌种鉴定是正确诊断和治疗的关键。

六、有毒动植物中毒

有毒动植物中毒是指一些动植物本身含有某种天然有毒成分或由于储存条件不当形成某种有毒物质，被人食用后所引起的中毒。在近年的食物中毒事件中，有毒动植物引起的食物中毒导致的死亡人数相当多，应引起注意。

（一）河豚中毒

河豚中毒是指食用了含有河豚毒素的鱼类引起的食物中毒。河豚又名鲀，是无鳞鱼的一种，全球共有200多种，其中大约80种已知含有或怀疑含有河豚毒素。河豚主要生活在海水中，在清明节前后由海中逆流至入海口的河中产卵。河豚味道鲜美，但由于其含有剧毒，引起的食物中毒及致死事件时有发生。在日本、我国南海沿海一带自古以来就有"拼死吃河豚"的说法。

1．毒素特点

引起中毒的河豚毒素是一种非蛋白质神经毒素，其毒性比氰化钠强1000倍，0.5mg即可致人死亡。河豚毒素为无色针状晶体，微溶于水，易溶于稀醋酸，对热稳定，煮沸、盐腌、日晒均不能将其破坏。但该毒素在pH<3和pH>7的条件下不稳定，用4%NaOH溶液处理20min可失去毒性；经100℃加热7h或120℃加热60min或220℃加热10min才可以将其破坏。即一般的烹调加工无法破坏河豚毒素。

河豚毒素的含量随品种、存在部位、性别及季节发生变化。在大多数品种中，河豚的肝、肾、脾、肠、卵巢、鱼卵、睾丸、皮肤、血液和眼睛中都含有河豚毒素，但含量差异较大，其中以卵巢毒性最强，肝脏次之。雄鱼组织的毒素含量低于雌鱼。通常情况下，河豚的肌肉大多不含毒素或仅含少量毒素，但若死后较久，毒素可由内脏渗入肌肉中。每年3月前后为河豚产卵期，此时怀卵的河豚毒性最大，卵巢和肝脏中毒素的浓度也最高，因此春季易发生河豚中毒。

2．流行病学特点

河豚中毒在我国主要发生在沿海地区及长江、珠江等河流入海口一带，以春季发生中毒的次数、中毒人数和死亡人数为最多。引起中毒的河豚有鲜鱼、内脏以及冷冻的河豚和河豚干，主要来源于市售、捡食、渔民自己捕获等。病死率一般为20%，严重时可达到40%~60%。

我国沿海地区还曾发生过因食用麦螺（学名：织纹螺）引起的河豚毒素中毒，原因是河豚产卵时需以硬物磨破肚皮，鱼子和毒液一起破口而出，会被麦螺等海洋生物吞吸。因此在河豚产卵季节不可食用麦螺。

3．中毒机制及中毒症状

河豚毒素主要作用于神经系统，可选择性地阻断Na^+通过神经细胞膜，使神经传导被阻断，呈麻痹状态。首先是感觉神经麻痹，随后运动神经麻痹，严重者脑干麻痹，引起外周血管扩张，血压下降，最后出现呼吸中枢和血管运动中枢麻痹，导致急性呼吸衰竭，危及生命。河豚毒素对胃肠道也有局部刺激作用。

河豚中毒发病急而剧烈，潜伏期一般在10min~3h。起初感觉手指、口唇和舌有刺痛感，然后出现恶心、呕吐、腹泻等胃肠症状，同时伴有四肢无力、发冷、口唇、指尖和肢端知觉麻痹，并有眩晕。重者瞳孔及角膜反射消失，四肢肌肉麻痹，以致身体摇摆、共济失调，甚至全身麻痹、瘫痪，最后出现语言不清、血压和体温下降。常因呼吸麻痹、循环衰竭而死亡。中毒后多在4~6h死亡。由于河豚毒素在体内排泄较快，中毒后若超过8h未死亡者，一般可恢复。

4．预防措施

河豚中毒主要是因误食而引起，也有因喜食河豚但未将毒素去除干净以致食用后中毒。一般的烹调加工方法都很难将河豚毒素清除干净。因此，预防措施至关重要。

（1）加强宣传教育，使人们认识野生河豚，了解其毒性、危害并能识别，禁止食用及防止误食。

（2）加强市场管理，禁止出售鲜河豚。市场水产品收购、加工、供销等部门应严格把关，防止鲜野生河豚进入市场或混进其他水产品中。

（3）根据原中华人民共和国农业部（简称原农业部）办公厅、原中华人民共和国国家食品药品监督管理总局（简称原国家食品药品监督管理总局）办公厅发布的《关于有条件放开养殖红鳍东方鲀和养殖暗纹东方鲀加工经营的通知》（农办渔〔2016〕53号），为防控河豚中毒事故，保障消费者食用安全，有条件放开养殖红鳍东方鲀和养殖暗纹东方鲀加工经营，"养殖河鲀加工企业应当按照河豚加工技术要求去除有毒部位和河豚毒素，河豚可食部位（皮和肉可带骨）经检验合格后附检验合格证方可出厂。"

（4）根据《关于餐饮服务提供者经营未经加工的河豚整鱼适用法律条款问题的复函》（市监食监二函〔2018〕300号），餐饮服务提供者经营未经加工的河豚整鱼属于违反《中华人民共和国食品安全法》的行为。

（二）鱼类引起的组胺中毒

鱼类引起组胺中毒的主要原因是食用了某些不新鲜的鱼类（含有较多组胺），同时也与个人体质有关，组胺中毒是一种过敏性食物中毒。

1．有毒成分的来源

组胺是组氨酸的分解产物，故组胺的产生与鱼类所含组氨酸的多少直接相关。海产鱼类中的青皮红肉鱼，如鲐鱼、金枪鱼、沙丁鱼、秋刀鱼、竹荚鱼等鱼类中含有较多的组氨酸。当鱼体不新鲜或腐败时，发生自溶作用，组氨酸被释放出来。污染鱼体的细菌产生的脱羧酶，使组氨酸脱去羧基生成大量的组胺。一般认为，成人一次性摄入组胺超过100mg，就有可能引起中毒，但因体质不同，个体差异较大。也有食用虾、蟹等之后发生组胺中毒的报道。

2．流行病学特点

组胺中毒在国内外均有报道。多发生在夏秋季，在温度15~37℃、有氧、弱酸性（pH 6.0~6.2）和渗透压不高（盐分含量3%~5%）的条件下，组氨酸易于分解形成组胺引起中毒。

3．中毒机制及中毒症状

组胺是一种生物胺，可导致支气管平滑肌强烈收缩，引起支气管痉挛；循环系统表现为局部或全身的毛细血管扩张，病人血压降低，心律失常，甚至可能心搏骤停。

临床表现为发病急、症状轻、恢复快。潜伏期一般为10min～2h。中毒者出现面部、胸部及全身皮肤潮红和热感，眼结膜充血，瞳孔散大，视力模糊，唇水肿、口、舌和四肢麻木，同时伴有头痛、头晕、恶心、呕吐、腹痛、腹泻、胸闷、心悸及血压下降等症状。有时还出现荨麻疹、咽喉烧灼感，个别病人可出现哮喘。病人体温不升高，多数在1～2天内恢复，病程短的可在30min内症状消失，一般预后良好。

4．预防措施

（1）防止鱼类腐败变质，禁止出售腐败变质的鱼类。

（2）鱼类食品必须在冷冻条件下储藏和运输，防止产生组胺。

（3）避免食用不新鲜或腐败变质的鱼类食品，尤其是青皮红肉鱼类。

（4）对于易产生组胺的青皮红肉鱼类，在烹调前可采取一些去毒措施。初加工时应彻底刷洗鱼体，去除鱼头、内脏和血块，然后用冷水浸泡4～6h或用30%食盐水浸泡1h，再次水洗后进行烹调，可使组胺含量降低54%；烹调时加入适量红果或先将鱼加盐、醋和水蒸30min后弃汤加佐料烹调，可使鱼体组胺含量下降65%左右；烹调方法适合清炖、加醋红烧等，不宜油煎或油炸；在腌制加工体型较厚的鱼时，应劈开背部以利盐分渗入，使蛋白质较快凝固，用盐量不应低于25%。

（5）制定鱼类食品中组胺最大允许含量标准。我国《食品安全国家标准 鲜、冻动物性水产品》（GB 2733—2015）中规定，鲐鱼、鲹鱼、竹荚鱼、鲭鱼、鲣鱼、金枪鱼、秋刀鱼、马鲛鱼、青占鱼、沙丁鱼等高组胺鱼类组胺含量应低于40mg/100g，其他含组胺的鱼类组胺含量应低于20mg/100g。

（三）麻痹性贝类毒素中毒

贝类毒素又称藻类毒素，因有毒藻类被海洋生物摄食，毒素通过食物链在海产品中蓄积，尤其是贝类最易引起此种毒素中毒，故名。重要的引起食物中毒的海洋贝类毒素有麻痹性贝类毒素、神经性贝类毒素、腹泻性贝类毒素和遗忘性贝类毒素，其中，麻痹性贝类毒素是分布最广、危害最大的一类。全球沿海地区几乎都有过麻痹性贝类毒素中毒致死的报道，已成为影响公众健康最严重的食物中毒现象之一。

1．毒素特点

贝类含有的毒素水平与水域中藻类的大量繁殖、集结所形成的"赤潮"（大量藻类繁殖使水产生微黄色或微红色的变色）有关。当贝类食入有毒的藻类（如双鞭甲藻、膝沟藻等）后，其所含的有毒物质随之进入贝类体内并不断累积。由于毒素在贝类体内呈结合状态，对贝类本身并没有毒性。但是当人食用这种贝类后，毒素从贝肉中迅速被释放出来，对人产生毒性作用。

贝类毒素主要包括麻痹性贝类毒素、腹泻性贝类毒素、神经性贝类毒素和健忘性贝类毒素。贝类毒素的危害具有突发性和广泛性，由于其毒性大、反应快、无有效解毒剂，给防治带来了许多困难。

2．流行病学特点

麻痹性贝类中毒在全世界均有发生，有明显的地区性和季节性，以夏季沿海地区多见，这一季节易发生赤潮，而且贝类也容易捕获。

3.中毒机制及中毒症状

石房蛤毒素为神经毒素，中毒机制是通过对细胞膜Na^+离子通道的阻断造成神经系统传导障碍而产生麻痹作用。该毒素的毒性很强，对人的经口致死量为0.5~1.0mg。

麻痹性贝类中毒的潜伏期短，仅数分钟至20min。开始为唇、牙龈和舌头周围刺痛，随后有规律地出现指尖和脚趾的麻木，随后麻木发展到手臂、腿部和颈部，病人可以随意做运动，但相当困难。病人可伴有头痛、头晕、恶心和呕吐，最后出现呼吸困难。膈肌对此毒素特别敏感，重症者常在2~24h因呼吸麻痹而死亡，病死率为5%~18%。病程超过24h者，则预后良好。

4.预防措施

主要应进行预防性监测，当发现贝类生长的海水中有大量海藻存在时，应测定捕捞的贝类所含的毒素量。我国《食品安全国家标准 鲜、冻动物性水产品》（GB 2733—2015）中规定，贝类中麻痹性贝类毒素最高允许含量不应超过4MU/g（鼠单位/克）。

（四）含氰苷类食物中毒

含氰苷类食物中毒是指因食用苦杏仁、桃仁、李子仁、枇杷仁、樱桃仁、木薯等含氰苷类食物引起的食物中毒。其中以苦杏仁中毒最常见，后果最严重，1~3粒苦杏仁即可中毒，甚至死亡，常发生在杏成熟的初夏季节，儿童中毒多见。另外生吃木薯或吃未煮熟、煮透的木薯都可引起中毒。

1.有毒成分和中毒机制

含氰苷类食物中毒的有毒成分为氰苷，其中苦杏仁中含量最高，平均含量为3%，而甜杏仁则平均含量为0.1%，其他果仁平均含量为0.4%~0.9%。木薯中也含有氰苷。当摄入含氰苷类食物后，氰苷在口腔、胃肠道中的酸或酶的作用下可水解生成氢氰酸，并迅速被黏膜吸收入血。氢氰酸的氰根离子可与细胞色素氧化酶中的铁离子结合，使呼吸酶失去活性，从而造成人体组织缺氧，使机体处于内窒息状态；另外，氢氰酸可直接损害延髓的呼吸中枢和血管运动中枢，严重时造成呼吸循环衰竭而死亡。苦杏仁苷属剧毒，对人最小致死量为0.4~1.0mg/（kg·bw）。

2.临床症状

潜伏期短者0.5h，长者12h，一般1~2h。主要症状为口内苦涩、流涎、头晕、头痛、恶心、呕吐、心慌、四肢无力等。较重者出现不同程度的呼吸困难、胸闷，呼吸时有苦杏仁味。严重者意识不清、呼吸微弱、昏迷、四肢冰冷，常发生尖叫，继之意识丧失、瞳孔散大、对光反射消失、牙关紧闭、全身阵发性痉挛，最后因呼吸麻痹或心跳停止而死亡。此外，还可引发多发性神经炎。空腹、年幼及体弱者中毒症状较重，病死率高。

木薯中毒的潜伏期一般为6~9h，临床表现与苦杏仁中毒相似。

3.预防措施

（1）加强宣传教育　不食用各种苦味果仁；禁止生吃木薯或吃未煮熟煮透的木薯。

（2）采取去毒措施　将果仁先用清水充分浸泡并反复换水后再敞锅蒸煮，使氢氰酸挥发去毒。木薯所含氰苷90%存在于皮内，食用前通过去皮、浸泡、敞锅蒸煮等步骤将氢氰酸挥发掉。

（五）粗制棉籽油棉酚中毒

棉籽加工后的主要产品为棉籽油，棉籽未经蒸炒加热直接榨油，所得油即为粗制生棉籽油。粗制生棉籽油色黑、黏稠，含有毒物质，食用后可引起急性或慢性棉酚中毒。

棉酚中毒有明显的地区性，主要见于产棉区食用粗制棉籽油的人群。我国湖北、山东、河北、河南、陕西、新疆等产棉区均发生过急性或慢性棉酚中毒。本病在夏季多发，日晒及疲劳常为发病诱因。由于多年来大力普及宣传棉籽油的危害和推广棉籽油精制技术，发病者已大大减少。然而由于棉籽饼粕进入动物饲料中，以及家畜冬春季在棉花地里放牧等原因，家畜的棉酚中毒事件时有发生。

1．有毒成分及中毒机制

棉酚是棉籽中的一种芳香酚，存在于棉花的根、茎、叶和种子中。生棉籽中的棉酚榨油后大部分进入油中，油中棉酚含量可达1.0%～1.3%。粗制生棉籽油中主要含有棉酚、棉酚紫和棉酚绿三种有毒物质，其毒性大小决定于游离棉酚的含量。未经精炼的粗制棉籽油中棉酚类物质未被彻底清除，可引起中毒。游离棉酚是一种毒苷，为血液毒和细胞原浆毒，可损害人体肝、肾、心等实质器官及血管、神经系统等，并损害生殖系统。食用未经去除棉酚的棉籽油可引起不育症，对人体危害很大。

2．临床表现

棉酚中毒的发病，可有急性与慢性之分。

（1）急性棉酚中毒　表现为恶心呕吐、腹胀腹痛、便秘、头晕、四肢麻木、周身乏力、嗜睡、烦躁、畏光、心动过缓、血压下降，进一步可发展为肺水肿、黄疸、肝性昏迷、肾功能损害，最后可因呼吸衰竭而死亡。

（2）慢性棉酚中毒　临床表现主要有三个方面：①引起"烧热病"等。长期食用含棉酚的棉籽油引起慢性中毒，我国不少地区均有报道，如江西的"湖口病"，陕西、安徽、湖北等地的"烧热病"，新疆吐鲁番等地的"怕热病"等。主要表现为皮肤干燥、潮红、发热，并伴有心慌、气短、头昏眼花、视物不清、四肢麻木无力、恶心、呕吐等症状。特别是阳光照射下，患者更觉皮肤烧烫、口干、无汗或少汗、皮肤瘙痒如针刺。若在阴凉处或用凉水冲洗后，其症状可以暂时缓解或消失。②生殖功能障碍。棉酚对生殖系统有明显的损害。女性出现月经不调、闭经、子宫缩小等症状；男性出现早泄、精子数量减少甚至无精，导致不育症。对男性的生殖系统的损害较女性更为明显。③引起低血钾症。以肢体无力、麻木、口渴、心悸、肢体软瘫为主。部分病人心电图异常，女性及青壮年发病较多。

3．预防措施

（1）加强宣传教育，勿食粗制生棉籽油。

（2）采用加热、碱炼法精制棉籽油，可有效降低棉酚含量。

（3）加强对棉籽油中棉酚含量的检测、监督与管理，我国规定棉籽油中棉酚含量不得超过0.02%，超过此标准的棉籽油不得出售。

（4）开发研制低棉酚的棉花新品种。

（六）其他有毒动植物中毒

除了前面已经介绍的能够引起食物中毒的动物和植物外，在自然界中还有一些动物性食品或植物性食品中含有毒素，如加工烹调不当或误食，均可引起食物中毒（见表1-1）。

表1-1　其他有毒动植物中毒

名称	有毒成分	临床特点	预防措施
动物甲状腺中毒	甲状腺素	潜伏期10~24h，头痛、乏力、烦躁、抽搐、震颤、脱发、脱皮、多汗、心悸等	加强兽医检验，屠宰牲畜时除净甲状腺
动物肝脏中毒（狗、鲨鱼、海豹、北极熊等）	大量维生素A	潜伏期0.5~12h，头痛、恶心、呕吐、腹部不适、皮肤潮红、脱皮等	含大量维生素A的动物肝脏不宜过量食用
发芽马铃薯中毒	龙葵素	潜伏期数分钟至数小时，咽部瘙痒、发干、胃部烧灼、恶心、呕吐、腹痛、腹泻、伴头晕、耳鸣、瞳孔散大	马铃薯储存于干燥阴凉处，食用前挖去芽眼、削皮，烹调时加醋
四季豆中毒（扁豆）	皂素、植物血凝素	潜伏期1~5h，恶心、呕吐、腹痛、腹泻、头晕、出冷汗等	扁豆煮熟煮透至失去原有的绿色
鲜黄花菜中毒	类秋水仙碱	潜伏期0.5~4h，呕吐、腹泻、头晕、头痛、口渴、咽干等	鲜黄花菜须用水浸泡或用开水烫后弃水炒煮后食用
有毒蜂蜜中毒	生物碱	潜伏期1~2天，口干、舌麻、恶心、呕吐、头痛、心慌、腹痛、肝大、肾区疼痛	加强蜂蜜检验，防止有毒蜂蜜进入市场
白果中毒	银杏酸、银杏酚	潜伏期1~12h，呕吐、腹泻、头痛、恐惧感、惊叫、抽搐、昏迷，甚至死亡	白果须去皮加水煮熟，煮透后弃水食用

七、化学性食物中毒

化学性食物中毒是指由于食用了被有毒有害化学物质污染的食品、被误认为是食品及食品添加剂或营养强化剂的有毒有害物质、添加了非食品级的或伪造的或禁止食用的食品添加剂和营养强化剂的食品、超量使用了食品添加剂的食品或营养素发生了化学变化的食品（如油脂酸败）等所引起的食物中毒。进入机体的化学性有毒有害物质会破坏机体组织器官的正常生理功能，引起功能性或器质性病变。与微生物引起的食物中毒相比，化学性食物中毒事件发生起数和中毒人数较少，但病死率较高。

（一）亚硝酸盐中毒

常见的亚硝酸盐有亚硝酸钠和亚硝酸钾，为白色和淡黄色结晶，颗粒状粉末，无臭，味咸涩，易潮解，易溶于水。亚硝酸盐食物中毒全年均有发生，多发生在农村或集体食堂。

1. 引起中毒的原因

（1）意外事故中毒　亚硝酸盐价廉易得，外观上与食盐相似，容易误将亚硝酸盐当作食盐食用而引起中毒。

（2）滥用食品添加剂引起中毒　亚硝酸盐不但可使肉类具有鲜艳色泽和独特风味，而且还有较强的抑菌效果，所以在肉类食品加工中被广泛应用，但过量使用可能引起食物中毒。

（3）食用含有大量硝酸盐、亚硝酸盐的蔬菜引起中毒　新鲜叶菜类，如菠菜、小白菜等硝酸盐含量高。当胃肠功能紊乱、贫血、患肠道寄生虫病及胃酸浓度降低时，胃肠道中硝酸盐还原菌大量繁殖，如同时大量食用硝酸盐含量较高的蔬菜，即可使肠道内亚硝酸盐形成速度过快或数量过多以致机体不能及时将亚硝酸盐分解为氨类物质，从而导致亚硝酸盐大量吸收入血导致中毒；贮存过久、腐烂变质的蔬菜，煮熟后放置过久及刚腌渍不久的蔬菜中亚硝酸盐含量将增加，一次摄入过多也会导致中毒。

（4）饮用含硝酸盐较多的井水中毒　个别地区的井水含硝酸盐较多（一般称为"苦井水"），用这种水煮饭做菜，如存放过久，硝酸盐在细菌的作用下可被还原成亚硝酸盐。

2．毒性和中毒机制

亚硝酸盐毒性作用很强，中毒剂量一般为0.3～0.5g，1～3g就可致人死亡。摄入过量亚硝酸盐可将血红蛋白中的Fe^{2+}氧化成Fe^{3+}，使正常血红蛋白转化为高铁血红蛋白，失去携带氧气的能力而引起组织缺氧。另外，亚硝酸盐对周围血管有麻痹作用。

3．临床表现

亚硝酸盐中毒发病急速，误食纯亚硝酸盐引起的中毒，潜伏期一般为1～3h，短者10min，大量食用蔬菜引起的中毒可长达20h。中毒主要症状为口唇、指甲及全身皮肤出现青紫等组织缺氧表现，也称为"肠源性青紫症"。病人自觉症状有头晕、头痛、乏力、胸闷、气短、心悸、嗜睡或烦躁不安、呼吸急促等，并伴有恶心、呕吐、腹痛、腹泻等，严重者昏迷、惊厥、大小便失禁，可因呼吸衰竭而死亡。

4．预防措施

（1）加强对集体食堂尤其是学校食堂、工地食堂的管理，禁止餐饮服务单位采购、储存、使用亚硝酸盐，避免误食。妥善保管好亚硝酸盐，防止错把其当作食盐或碱面误食中毒。

（2）肉类食品企业要严格按照《食品安全国家标准　食品添加剂使用标准》（GB 2760—2014）的规定添加硝酸盐和亚硝酸盐。肉类制品中硝酸盐（包括硝酸钠、硝酸钾）使用量不得超过0.5g/kg，最终残留量（以亚硝酸钠计）不得超过30mg/kg；亚硝酸盐（包括亚硝酸钠、亚硝酸钾）使用量不得超过0.15g/kg，最终残留量（以亚硝酸钠计）在不同食品的要求不同，但大多不得超过30mg/kg。

（3）保持蔬菜新鲜，不要食用存放过久或变质的蔬菜。剩菜不可在高温下存放过久。短时间内不要进食大量含硝酸盐较多的蔬菜。蔬菜腌制时所加的盐应达到12%以上，至少需要腌渍15天再食用。

（4）尽量不喝苦井水，不用苦井水做饭；避免长时间保温后的水又用来煮饭菜。

（二）有机磷农药中毒

有机磷农药是我国农业生产中使用最多的一类农药，因此食物中有机磷农药残留较为普遍，污染的食物以水果和蔬菜为主，尤其是叶菜类。有机磷农药中毒在夏秋两季发生率高于冬春两季，因夏秋季节害虫繁殖快，农药使用量大，污染较严重。

1．引起中毒的原因

（1）喷洒有机磷农药不久的蔬菜、瓜果，未经安全间隔期即采摘食用，可造成中毒。

（2）误食被有机磷农药污染的粮食，如用有机磷农药拌种的种子，受农药污染的车辆、仓库储运的粮食；误把有机磷农药当作酱油或食用油而食用，或把盛装过农药的容器再盛装油、酒以及其他食物；误食被农药毒杀的家禽家畜。

（3）手被有机磷农药污染后未清洗干净就直接拿食物或用手捧水喝。

2．毒性及中毒机制

有机磷农药种类很多，根据其毒性强弱分为高毒、中毒、低毒三类，高毒类如甲拌磷、对硫磷、内吸磷；中等毒类如敌敌畏、甲基内吸磷、异丙磷；低毒类如敌百虫、乐果、杀螟松、马拉硫磷。高毒类有机磷农药少量接触即可中毒，低毒类大量进入体内亦可发生危害。

有机磷农药进入人体后与体内胆碱酯酶迅速结合，形成磷酰化胆碱酯酶，使胆碱酯酶活性受到抑制，失去水解乙酰胆碱的能力，导致乙酰胆碱在体内大量蓄积，使以乙酰胆碱为传导介质的胆碱能神经处于过度兴奋状态，从而出现中毒症状。

3．临床表现

中毒的潜伏期一般在2h以内，误服农药纯品者可立即发病，在短期内引起以全血胆碱酯酶活性下降，出现以毒蕈碱、烟碱样中毒和中枢神经系统症状为主的全身症状。根据中毒症状的轻重可将急性中毒分为三度。

（1）轻度中毒　全血中胆碱酯酶活性降低30%～50%。症状表现为头晕、头痛、恶心、呕吐、多汗、流涎、胸闷无力、视力模糊等，瞳孔可能缩小。

（2）中度中毒　全血中胆碱酯酶活性减少50%～70%。除上述轻度中毒症状外，还出现肌束震颤、瞳孔明显缩小、轻度呼吸困难、腹痛、步履蹒跚、意识模糊。

（3）重度中毒　全血中胆碱酯酶活性减少70%以上。除上述症状外，如出现下列情况之一，可诊断为重度中毒：①肺水肿；②昏迷；③脑水肿；④呼吸麻痹。

需要特别注意的是某些有机磷农药，如马拉硫磷、敌百虫、对硫磷、伊皮恩、乐果、甲基对硫磷等具有迟发性神经毒性，即在急性中毒后的2～3周，有的病例出现感觉运动型周围神经病，主要表现为下肢软弱无力、运动失调及神经麻痹等。

4．预防措施

在遵守《农药贮运、销售和使用的防毒规程》的基础上应特别注意以下几点。

（1）加强保管　有机磷农药必须专人专管，必须有固定的专用贮存场所，不能与食品混放。

（2）防止食品污染　喷洒及拌种用的容器应专用，配药及拌种的操作地点应远离饮水源、瓜菜地和畜圈，以防污染。严禁用装农药的容器装食品，严禁有机磷农药与粮食等食品混装运输。

（3）遵守安全隔离期　施药后必须经过一定的安全隔离期，才可以收获瓜果、蔬菜。

（4）注意个人防护　喷洒农药必须穿工作服，戴手套、口罩。喷药后须用肥皂洗净手、脸，方可进食、饮水和吸烟。

（5）严禁食用有机磷农药拌过的谷种，禁止食用有机磷农药致死的各种畜禽。

（6）禁止孕妇、乳母参加喷药工作。

（三）砷中毒

砷是有毒的非金属元素。砷的化学性质复杂，化合物众多，食物中含有有机砷和无机砷，而饮用水中则主要含有无机砷，引起食物中毒的主要是无机砷。砷中毒多发生在农村，夏秋季多见，常由于误用或误食而引起中毒。

1. 引起中毒的原因

（1）误把三氧化二砷（砒霜）当成碱面、食盐或淀粉等加入食品，或误食含砷农药拌的种粮、喷洒过含砷农药不久的蔬菜、水果以及含砷农药毒死的畜禽肉等引起中毒。

（2）滥用含砷农药喷洒果树和蔬菜，造成水果、蔬菜中砷残留量过高。喷洒含砷农药后不洗手即直接进食等。

（3）盛放过砷化物的容器、用具，不经清洗直接盛装或运送食品时造成污染。

（4）食品工业用原料或添加剂砷含量超过食品安全标准。

2. 毒性及中毒机制

砷元素本身毒性不大，但其氧化物一般都有剧毒，特别是三氧化二砷（As_2O_3）的毒性最强。砷的成人经口中毒剂量以As_2O_3计为5～50mg，致死量为60～300mg。As^{3+}为原浆毒，能使细胞变性坏死。其毒性作用主要有以下几个方面。

（1）对消化道的直接腐蚀作用。直接腐蚀口腔、咽喉、食管和胃等，造成消化道急性炎症反应，溃疡、糜烂、出血，甚至坏死。进入肠道可导致腹泻。

（2）在机体内与细胞内酶的巯基结合而使其失去活性，从而影响组织细胞的新陈代谢，引起细胞死亡。

（3）麻痹血管运动中枢和直接作用于毛细血管，使血管扩张、充血、血压下降。

（4）砷中毒严重者可出现肝脏、心脏及脑等器官的缺氧性损害。

3. 临床表现

潜伏期短，仅为十几分钟至数小时。初期病人口腔和咽喉有烧灼感，口渴及吞咽困难，口中有金属味；继而出现恶心、反复呕吐、腹泻（初为稀便）；症状加重后呕吐黄绿色胆汁、呕血、腹泻（水样或米汤样便，有时混有血）；进一步加重后全身衰竭、脱水、体温下降、意识消失或者出现神经系统症状，如头痛、狂躁、谵妄、抽搐、昏迷等，最后因呼吸中枢麻痹，于发病1～2天内死亡。肝肾损害者可出现黄疸、蛋白尿、少尿等症状。

4. 预防措施

（1）严格管理好砷化物和含砷农药，实行专人专库管理和领用记录。农药不得与食品混放、混装。

（2）拌过农药的种粮应专库保管，防止误食；砷中毒死亡的畜禽应深埋销毁，严禁食用。

（3）盛装含砷农药的容器、用具必须有鲜明、易识别的标志并标明"有毒"字样，并不得再用于盛装食品。

（4）蔬菜、果树收获前半个月停止使用含砷农药，以防止蔬菜、水果农药残留量过高。

（5）施用含砷农药时注意个人防护，喷洒农药必须穿工作服，戴手套、口罩和帽子。喷洒农药后必须洗净手和脸后方可进食、饮水及吸烟。

（6）食品加工过程中所使用的原料、添加剂等含砷量不得超过国家允许限量标准。

（四）瘦肉精中毒

"瘦肉精"学名为β-受体激动剂，是一类以盐酸克伦特罗、沙丁胺醇和莱克多巴胺等药物为代表的20多种违禁药物的统称。它既不是兽药，也不是饲料添加剂，而是肾上腺素类神经兴奋剂，能够抑制动物脂肪生成，促进瘦肉生长，提高胴体瘦肉率，但会在动物组织内形成残留，危害食用者健康。早在1997年3月，我国就严禁在饲料和畜牧生产中使用"瘦肉精"，并在2002年将其列为禁用药品。但养殖业中"瘦肉精"事件屡禁不止。2009年2月，广州报道了首例"瘦肉精"中毒事件，造成70余人住院治疗。

1. 引起中毒的原因

目前，国内外引起瘦肉精急性中毒的报道仅见于盐酸克伦特罗，中毒原因主要是摄食含有盐酸克伦特罗的猪、牛、羊的肉制品或内脏制品而引起。肝、肾、肺等内脏制品具有蓄积盐酸克伦特罗的能力，通常含量较高。高温烹制并不能去除盐酸克伦特罗。

2. 毒性和中毒机制

瘦肉精中盐酸克伦特罗毒性最大，莱克多巴胺最小，西巴特罗和沙丁胺醇介于中间。联合国粮食及农业组织/世界卫生组织、食品添加剂联合专家委员会（JECFA）建议盐酸克伦特罗每日允许摄入量为0~0.004μg/（kg·bw），莱克多巴胺为0~1.0μg/（kg·bw）。瘦肉精中毒机制是能作用于β2受体，对心脏有兴奋作用，对支气管平滑肌有较强而持久的扩张作用。

3. 临床表现

急性中毒一般在食用含瘦肉精较多的动物组织后15min~6h内出现症状，持续90min~48h。临床表现以心血管系统较为明显，患者表现出血压升高、心跳加快、胸闷、心悸、呼吸加剧、体温升高等症状；同时影响神经系统，出现面颈和四肢肌肉颤动、手抖、双脚甚至不能站立、头痛、头晕、烦躁不安、恶心、呕吐、乏力；血液生化改变包括低钾血症、血清心肌酶水平升高等。对于原有交感神经功能亢进的患者，如有高血压、冠心病、甲状腺功能亢进症者产生的危害更大，心动过速、室性期前收缩、中毒性心肌炎、心肌梗死更容易发生；中毒严重并有先天性心脏病者则可能伴有急性呼吸衰竭。

4. 预防措施

（1）加强监管，控制源头，禁止在饲料中添加瘦肉精。

（2）加强猪、牛、羊等的肉制品及内脏制品的检测。

第三节　经食品感染或污染而传播的传染病

经食品感染或污染而传播的传染病一般都是生物源的，通常以微生物和寄生虫为主，其中经过食品传播而导致传染病的微生物主要是细菌和病毒。

经食品感染或污染而传播的传染病有的临床表现有中毒反应，但该类食源性疾病与中毒的主要区别是具有传染性。

一、细菌性传染病

（一）霍乱

霍乱是霍乱弧菌随食物和水等经口感染的肠道烈性传染病。以剧烈的腹泻、呕吐、迅速引起脱水、休克为特点，传播速度很快，病死率高。霍乱弧菌在水中能生存较长时间，在适宜的条件下能繁殖，在水果蔬菜上一般可生存1~3周，在鲜肉、鲜鱼和贝类食物上可存活1~2周。苍蝇是重要的传播媒介，日常接触也可传播。

潜伏期多为1~3天，最短可数小时。临床表现一般多呈典型症状：吐泻、脱水、先泻后吐、吐泻物呈泔水样。

（二）伤寒

伤寒是伤寒杆菌随食物和水等经口感染的肠道急性传染病。潜伏期一般10~14天。临床表现主要为长时间发热，体温逐渐增高，发热可持续一个月以上（如发现原因不明连续发热5天以上的病人，应首先考虑伤寒的可能性），同时可出现腹胀、全身无力、脉搏缓慢、面色苍白、表情淡漠，一周左右胸腹部和背部可见少量玫瑰疹（大头针头大小，淡红色）分批出现，2~3天消退，体检时呈现脾大、白细胞减少等症状。

（三）细菌性痢疾

志贺菌引起的细菌性痢疾，主要通过消化道途径传播。根据宿主的健康状况和年龄，有时只需少量病菌进入，就有可能致病。志贺菌进入大肠后，可进入上皮细胞在内繁殖并扩散至邻近细胞及上皮下层。由于毒素的作用，上皮细胞死亡，黏膜下发炎，并有毛细血管血栓形成以至坏死、脱落，形成溃疡，可引起不同程度呕吐、腹泻、发烧等症状。

二、病毒性传染病

（一）概述

病毒是一类体积微小、结构简单的非细胞微生物，与细菌和真菌不同，病毒无完整的细胞结构，仅由核酸和/或蛋白质组成，只能在活细胞内寄生并以复制的方式进行增殖。过去受检测技术等的限制，人们对病毒污染食品所造成的危害不甚了解。近年来随着病毒学、流行病学和实验方法的发展，关于病毒引起的食品污染的报道逐渐增多，食源性病毒对食品安全性的影响引起人们的普遍关注。常见的可经食品传播的病毒主要有甲型肝炎病毒、戊型肝炎病毒、诺如病毒、轮状病毒、禽流感病毒、疯牛病病毒、口蹄疫病毒等。

（二）常见的可经食品传播的病毒性疾病

1. 甲型病毒性肝炎

甲型病毒性肝炎简称甲型肝炎、甲肝，是由甲型肝炎病毒（HAV）引起的一种急性传染病，发病率高，传染性强，呈世界性分布。全球年发病人数约140万，实际病例数是报告数的3～10倍。在不发达的国家，常发生甲肝的暴发流行。

甲肝潜伏期通常为14～28天，总病程2～4个月。甲型肝炎的症状轻重不一，可能出现发热、食欲不振、腹泻、恶心、腹部不适、疲乏、肝大及肝功能异常等症状，部分病例出现黄疸，无症状感染病例较常见。HAV普遍易感，主要感染人群为儿童和青少年，而成人临床症状一般重于儿童，治愈后可获得终身免疫，预后良好，一般不会慢性化。目前我国甲肝的发病率和感染率仍居各类型病毒性肝炎的首位。

2. 戊型病毒性肝炎

戊型病毒性肝炎简称戊型肝炎、戊肝，是由戊型肝炎病毒（HEV）引起的一种严重的新发胃肠道传染病。1955年首次在印度暴发流行，当时认为是HAV，1989年正式命名。戊肝在发达国家主要通过旅游途径输入，在发展中国家有暴发流行，近年来发病的绝对数和发病率均呈连续快速增长态势。

戊肝潜伏期为15～75天，平均36天，在15～39岁的青年和成人中高发。

人感染后表现为临床型和亚临床型（成人中多见临床型）。HEV通过对肝细胞的直接损害和免疫病理作用，引起肝细胞的炎症或坏死。戊型肝炎与其他各型病毒性肝炎的症状相似，主要表现为浑身无力、食欲减退、厌油、恶心、腹胀、肝/脾大及肝功能异常、尿色黄染加深等症状，有时有腹痛、腹泻或便秘。临床上分为急性戊型肝炎（包括急性黄疸型和无黄疸型）、重症肝炎以及胆汁淤滞型肝炎3种类型。成人病死率高于甲肝，孕妇感染HEV后，病情常较重，尤其是怀孕6～9个月最为严重，常发生流产或死胎，病死率达10%～20%。临床患者多为轻中型肝炎，常为自限性，不发展为慢性肝炎。机体于病后可获得一定的免疫力，但不够稳固。

3. 诺如病毒感染

诺如病毒包括诺瓦克病毒（NV）和诺瓦克样病毒（NLV），是一组引起急性胃肠炎的重要病原，最早于1968年在美国俄亥俄州诺瓦克镇一起暴发的急性腹泻的患者粪便中发现，并因此而得名。诺如病毒感染性腹泻在全世界范围内均有流行，全年均可发生，寒冷季节高发，在美国每年所有的非细菌性腹泻暴发中，60%～90%是由诺如病毒引起。在中国5岁以下腹泻儿童中，诺如病毒检出率为15%左右，血清抗体水平调查表明中国人群中诺如病毒的感染也十分普遍。

诺如病毒可引发人和动物病毒性急性胃肠炎。潜伏期通常在24～48h，易感人群为学龄儿童和成人。患者突然发生恶心、呕吐、腹泻、腹痛、腹绞痛，吐泻物为水样，伴有低热、头痛、乏力及食欲减退。儿童呕吐多于腹泻，成人腹泻较为常见，病程一般为2～3天。感染诺如病毒后产生血清型特异性免疫，但免疫作用维持时间较短，可能反复感染而发病。

4. 轮状病毒引起的婴幼儿急性胃肠炎

轮状病毒（RV）是引起婴幼儿急性胃肠炎的主要病原之一，全世界范围内流行，发病率高，死亡率高，每年因轮状病毒感染导致约1.25亿婴幼儿腹泻和90万人死亡。全世界因急性胃肠炎而住院的儿童中，有50%~60%是由轮状病毒引起。

食用被轮状病毒污染的食品，如沙拉、水果以后，由于该病毒具有抵抗蛋白酶和胃酸的作用，所以能顺利通过胃到达小肠，引起急性胃肠炎。轮状病毒引起胃肠炎的潜伏期为1~3天，轻度者仅有低热、恶心、呕吐、排水样便的症状。典型病例有咳嗽、流涕，继之出现呕吐、腹泻，大便多为水样，呈白色、淡黄色或黄绿色，无黏液或血，腹泻每日达数十次，大多持续4~7天，体温在38℃左右。极少数病例可因严重脱水、电解质紊乱而死亡。

5. 禽流感

禽流感，禽流行性感冒的简称，又称真性鸡瘟或欧洲鸡瘟，是由甲型流感病毒禽流感亚型引起的急性传染性疾病综合征，也是一种人畜共患传染病。国际兽疫局将其定为甲类传染病，我国将其列为一类动物疫病。禽流感最早于1878年发生在意大利，现在几乎遍布全世界。1997年，中国香港地区报道了我国首例人感染禽流感病毒H_5N_1病例，我国内地自2004年年初开始发生人禽流感疫情，2005年10月报道内地首例人禽流感病毒H_5N_1确诊病例。

人类感染禽流感病毒后，潜伏期一般为7天以内，早期症状与其他流感非常相似，主要表现为发热（体温多在39℃以上）、流涕、鼻塞、咳嗽、咽痛、头痛、全身不适等症状。部分病人可有恶心、腹痛、腹泻、稀水样便等消化道症状，有些病人可见结膜炎等眼部感染。大多数患者治愈后良好，病程短，恢复快，且不留后遗症。少数患者特别是年龄较大、治疗过迟的患者病情会加重，导致急性呼吸窘迫综合征、肺出血、胸腔积液等多种并发症，甚至导致死亡。

人对禽流感病毒普遍易感。12岁以下儿童和老年人发病率较高，病情较重。与不明原因病死家禽或感染、疑似感染禽流感家禽密切接触人员为高危人群。禽流感的发生无明显季节性，但冬春季气温较低时多发。

6. 疯牛病

疯牛病是牛海绵状脑病（BSE）的俗称，是一种侵犯牛中枢神经系统的慢性致命性疾病，是由朊病毒引起的一种亚急性海绵状脑病。这类病在人类身上表现为克雅氏病（又称早老痴呆症）以及最近发现的致死性家庭性失眠症，在动物身上还表现为羊瘙痒症等。1996在英国蔓延的疯牛病使朊病毒成为关注焦点，并引起了全球对英国牛肉的恐慌。

疯牛病潜伏期长达4~6年，病程一般为14~90天。典型的组织病理学和分子生物学变化集中在中枢神经系统，表现为脑组织的海绵体化、空泡化，星形胶质细胞和微小胶质细胞的形成以及致病型蛋白积累。其典型临床症状为病人出现痴呆或神经错乱、视觉模糊、平衡障碍、阵发性痉挛等，最终因精神错乱而死亡。病人往往在发病后1~2年内死去，死亡率几乎是100%。

7. 口蹄疫

口蹄疫，俗称"口疮""蹄黄"，是由口蹄疫病毒引起的一种急性发热性、高度接触性人畜共患传染病。主要侵害偶蹄类动物，也侵害人，但较少见。

人感染口蹄疫病毒后，潜伏期一般为2~8天，常突然发病，表现出发热，口舌干燥，唇舌、齿龈及颊部、咽部潮红，出现水疱（手指尖、指甲根部、手掌、足趾、鼻翼和面部），同时伴有头痛、恶心、呕吐或腹泻。水疱破裂后形成薄痂，逐渐愈合，不留疤痕。有的患者有咽喉痛、吞咽困难、脉搏迟缓、低血压等症状，重者可并发细菌性感染，如胃肠炎、神经炎、心肌炎以及皮肤、肺部感染，可因为继发性心肌炎而死亡。多数情况下病程不超过一周，预后良好，治愈后可获得持久免疫力。病人对人基本无传染性，但可把病毒传染给牲畜，再度引起牲畜间口蹄疫感染。

三、寄生虫导致的传染病

寄生虫指以寄生方式生活的动物，其中通过食品感染人体的寄生虫称为食源性寄生虫。食源性寄生虫可通过多种途径污染食品和饮用水，当人们进食生鲜或未经彻底加热的含有寄生虫卵或幼虫的食品和饮用水，就易感染食源性寄生虫病，特别是能在脊椎动物和水生动物与人之间传播和感染的人畜共患寄生虫病，对人类健康危害极大。近年来，随着人民生活水平的提高，饮食来源和方式的多样化，由食源性寄生虫带来的食品安全问题更加突出，成为影响食品安全的重要因素。

（一）概述

1. 食源性寄生虫的分类

根据其所寄生的食品的类型可将食源性寄生虫分为以下几类。

（1）肉源性寄生虫　旋毛虫、囊尾蚴、肝片吸虫、弓形虫、肉孢子虫、细粒棘球蚴等常寄生于畜肉中，吃生的或通过烧、烤、涮吃带血丝未煮熟的猪、牛、羊、兔、鸡、鸭和野生动物等易感染肉源性寄生虫病。

（2）水生动物源性寄生虫　养殖淡水鱼、贝类、虾、蟹、泥鳅、螺类等水生动物可传播华支睾吸虫、卫氏并殖吸虫、棘颚口线虫、猫后睾吸虫、阔节裂头绦虫、广州管圆线虫等寄生虫；海产品如鳕鱼、鲐鲅鱼等携带异尖线虫。迄今为止，已知有30多种食源性寄生虫病的感染与进食生的（如生鱼片、鱼生粥、醉虾、醉蟹和螺等）或未经彻底加热的水生动物有关。

（3）水生植物源性寄生虫　如布氏姜片吸虫常寄生于菱角、荸荠、茭白、藕等水生植物表面，未洗净生食或未彻底加热可引起感染。

（4）蔬菜、水果源性寄生虫　施用粪肥易使蔬菜、水果污染寄生虫，如蛔虫、鞭虫和钩虫等，食用未洗净或未煮熟的蔬菜水果可引起人体感染。

2. 食源性寄生虫的危害

寄生虫以幼虫或感染性虫卵等形式入侵人体，其造成的危害与细菌有相似之处，但一般以慢性病为主，急性病较少，而且大多数被寄生虫感染的病人不能产生免疫。寄生虫使宿主致病的原因主要为以下4种。

（1）夺取养分　寄生虫在人体寄生生长过程中，从寄生部位吸取蛋白质、碳水化合物、矿物质和维生素等营养成分，使人体出现营养不良、体重减轻甚至出现贫血等症状。

（2）机械损伤　寄生虫侵入人体后，因其吮吸、刺入、钩附、移行、胀大、咬破等作用，使人体的组织或细胞损伤，出现出血、炎症等反应。

（3）分泌毒素　有些寄生虫可产生毒素，损害人体的组织器官，引起人体全身病理反应或局部炎性反应，造成局部组织坏死或增生。寄生虫的代谢产物、排泄物或虫体的崩解物也能引起相应损伤。

（4）造成栓塞　有些寄生虫的卵或幼虫能栓塞微血管、胆管或肝管。关键微血管被阻塞，特别是在重要器官如眼、脑、心、肾等组织内时，会造成器官功能障碍，甚至危及生命。

3．食源性寄生虫的流行病学特点

（1）传染源　食源性寄生虫的传染源是感染了寄生虫的人和动物。寄生虫或其虫卵由传染源通过粪便排出，污染环境，进而污染食品；或感染寄生虫的动物肉类、水生动物等被人食用而被传染。

（2）传播路径　人常因生食含有感染性虫卵的未洗净的蔬菜瓜果，或因食入生的或半生的沾染了感染期幼虫或虫卵的畜肉和鱼类而受感染。食源性寄生虫或寄生虫卵通过食物传播的路径主要有3种：

①人→环境→人，如隐孢子虫、蛔虫、钩虫等；

②人→环境→中间宿主→人，如绦虫、肝片吸虫等；

③保虫宿主→人或保虫宿主→环境→人，如旋毛虫、弓形虫等。

（3）流行特点　流行与食物有关，患者近期食用过相同食物。发病集中，短期内有多人发病（隐孢子虫病和贾第虫病）。患者有相似临床症状，流行具有明显的地区性和季节性。如旋毛虫病、华支睾吸虫病的流行与当地居民饮食习惯密切相关；温暖潮湿的环境有利于钩虫卵及钩蚴在外界的发育，因此钩虫感染多见于春夏季。

（二）常见食源性寄生虫及寄生虫病

1．蛔虫

蛔虫病是蛔虫寄生于人体小肠引起的一种最为常见的寄生虫病，人对该病普遍易感，并可多次感染。蛔虫病在全世界流行极广，据WHO估计，全球有13亿蛔虫病患者，儿童特别是学龄前儿童感染率较高。

食入含有感染期蛔虫虫卵的食物、饮水后，幼虫在小肠上段孵出，入侵肠壁进入静脉到达肺部，然后沿气管移行至咽部，经吞咽入食道，再返回肠道内发育为成虫。病程早期幼虫在体内移行时可引起呼吸道炎症及过敏症状。当成虫在小肠寄生时，由于对肠道产生机械刺激和毒性作用，可引起以消化功能紊乱为主的一系列疾病。肠蛔虫症常见症状有脐周陷痛、食欲不振、善饥、腹泻、便秘、荨麻疹等，儿童有流涎、磨牙、烦躁不安、惊厥等症状，重者出现营养不良，智力和发育障碍。少数病人可发生胆道蛔虫、肠梗阻、肠穿孔等严重并发症。

2．布氏姜片吸虫

布氏姜片吸虫简称姜片虫，姜片虫病是由布氏姜片吸虫寄生于人或猪小肠所引起的人畜共患寄生虫病。姜片虫病主要流行于亚洲温带和亚热带地区，在我国主要分布在长江以南及山东、河南、陕西等地，有些地区人群感染率高达70%以上，有生食水生植物习惯的人群易感染。

姜片虫对人体的致病作用主要是机械损伤和虫体代谢产物引起的过敏反应。姜片虫的吸盘发达，吸附力强，可使被吸附的黏膜坏死、脱落，肠黏膜发生炎症、点状出血、水肿甚至形成溃疡或脓肿。虫体代谢产物还可引起荨麻疹等过敏反应。

人感染后潜伏期1~3个月。轻者除食欲不振外无其他自觉症状，寄生虫数较多时常出现消化不良、腹胀、腹痛、腹泻，或腹泻与便秘交替出现，少数人由于长期腹泻、严重营养不良，可能继发肠道、肺部感染，偶有大量成虫结成团块而引起肠梗阻。姜片虫对儿童危害较大，长期反复感染的儿童可出现低热、消瘦、贫血、水肿、腹水以及智力减退和发育障碍，少数可因衰竭、虚脱而死。

3．旋毛虫

旋毛虫病是由旋毛虫寄生引起的以损害骨骼肌为主的全身性疾病，是一种危害较大的人畜共患寄生虫病。我国旋毛虫病患者达2000万，大多喜食烤肉、涮肉、凉拌生肉等。

当人体摄入含有旋毛虫幼虫囊包的食物后，其囊包中的幼虫逸出并钻入小肠壁发育为成虫，小肠黏膜被幼虫侵袭和成虫摄食而发生炎症反应。成虫雌虫在肠黏膜产大量幼虫，幼虫穿过肠壁随血液循环到达全身的骨骼肌形成包囊，幼虫移行过程中可引起急性血管炎和肌肉炎症，出现头痛、高热、面部水肿及全身肌肉疼痛等症状。若幼虫侵及心脏及中枢神经系统，可引起心律失常、心包炎、抽搐、昏迷等症状。严重者可因毒血症或其他并发症死亡。囊包形成时，急性炎症消退，患者全身症状逐渐减轻或消失，但肌肉疼痛有时持续数月。

4．绦虫

绦虫病是各种绦虫寄生于人体小肠所引起的一种常见的人畜共患寄生虫病。常见的是猪肉绦虫或牛肉绦虫，其中以猪肉绦虫最多见。囊尾蚴是绦虫的幼虫，也称囊虫。绦虫病的病因就是吃了未做熟的感染了猪囊虫或牛囊虫的猪肉或牛肉。人食用了含有猪肉绦虫的感染期幼虫可发生囊尾蚴病（囊虫病）。

猪肉绦虫和牛肉绦虫均寄生于人的小肠，其吸盘或小钩可造成局部肠黏膜损伤，掠夺宿主营养以维持生存。虫体数量多时，患者出现消瘦、贫血、恶心、腹痛、腹泻或便秘等症状。

猪囊尾蚴在人体寄生部位较广，常见寄生部位依次为皮下组织、肌肉、脑、眼、心、肝、肺和腹膜等，不同部位危害和症状不同。随血流寄生在皮下组织可引起皮下结节；如果寄生在人体四肢、颈背部肌肉内，可引起肌肉痛痒、四肢乏力；寄生于眼睛内可导致视力减退甚至失明；寄生于脑组织可因神经受压迫引起头痛、癫痫、抽搐、瘫痪甚至死亡。

5．华支睾吸虫

华支睾吸虫病又称肝吸虫病，是由华支睾吸虫寄生在人体肝胆管内所引起的一种慢性的人畜共患寄生虫病。我国广东省有500多万华支睾吸虫病患者（约占全国患者的一半），他们大多是"鱼生"的追捧者。

华支睾吸虫病的危害性主要是患者的肝脏受损，病变主要发生在肝脏的次级胆管。成虫在肝胆管内破坏胆管上皮及黏膜下血管，虫体在胆道寄生时的分泌物、代谢产物和机械刺激等因素诱发胆管内膜及胆管周围的变态反应及炎症反应，引起胆管局限性扩张及胆管上皮增生。华支睾吸虫病的并发症和合并症很多，其中较常见的有急性胆囊炎、慢性胆管炎、胆囊炎、胆结石、肝胆管梗阻等。有文献报道，华支睾吸虫感染可引起胆管上皮细胞增生癌变。

临床一般以消化系统的症状为主，疲乏、上腹不适、食欲不振、厌油腻、消化不良、腹痛、腹泻、肝区隐痛、头晕等较为常见。严重感染者伴有头晕、消瘦、浮肿和贫血等，在晚期可造成肝硬化、腹水，甚至死亡。儿童和青少年感染华支睾吸虫后，临床表现往往较重，死亡率较高。除消化道症状外，患者常有营养不良、贫血、低蛋白血症、浮肿、肝大和发育障碍。极少数患儿可致侏儒症。

6. 卫氏并殖吸虫

卫氏并殖吸虫病，又称肺吸虫病，是由卫氏并殖吸虫寄生在人和犬等动物的肺部引起的以肺部病变为主的人畜共患寄生虫。卫氏并殖吸虫病在我国南方较多见，近年来发病率有上升趋势。

卫氏并殖吸虫的致病因素主要是其幼虫或成虫在人体组织与器官内移行、寄居造成的机械性损伤，及其代谢物等引起的免疫病理反应。根据病变过程可分为急性期和慢性期。急性期症状出现于吃进囊蚴后数天至1个月左右，轻者仅表现为食欲不振、乏力、消瘦、腹痛、腹泻、低热等非特异性症状；重者表现为高热、腹痛、腹泻等。慢性期因幼虫和成虫移行和寄生部位不同表现出不同的类型：胸肺型，最常见，以咳嗽、胸痛、气短、多痰为主要症状；腹型，以腹痛、腹泻、肝大为主，严重可导致肝硬化；皮下型，以出现游走型皮下结节和包块为主要症状；脑脊髓型，多见于儿童与青少年，有剧烈头痛、反应迟钝等表现，严重者出现癫痫、幻视、共济失调、瘫痪等症状。

7. 广州管圆线虫

广州管圆线虫病，又名嗜酸性粒细胞增多性脑脊髓膜炎，是因进食了含有广州管圆线虫幼虫的生或半生的螺肉而感染的人畜共患寄生虫病。自1945年在我国台湾报告首例后，本病在太平洋地区某些岛屿及东南亚一些国家均有散布和暴发流行。我国广州管圆线虫病病例主要分布在广东、浙江、黑龙江及台湾地区，被列为国家新发传染病。

人类不是广州管圆线虫的正常宿主，第三期幼虫入侵后，随血流到达肺、脑、肝、脾、肾、心、肌肉等各种器官组织，主要侵犯人体中枢神经系统，病变主要表现为充血、出血、脑组织损伤及巨噬细胞、淋巴细胞和嗜酸性粒细胞聚集形成的肉芽肿性炎症反应。患者发生嗜酸性粒细胞增多性脑膜脑炎或脑膜炎，以脑脊液中嗜酸性粒细胞数量显著升高为特征。

该病潜伏期多为7～14天。儿童的潜伏期较成人短3天左右。临床症状主要为急性剧烈头痛，其次为恶心、呕吐、低到中度发热及颈项强直。部分患者伴有神经系统异常表现、视觉损害、缓慢进行性感觉中枢损害、面瘫等体征。严重病例可出现瘫痪、嗜睡、昏迷，甚至死亡。

8. 异尖线虫

异尖线虫幼虫可在人体消化道内各个部位寄生，但绝大多数在胃肠壁，寄生处周围胃肠黏膜出现水肿、淤血、溃疡等炎症反应，甚至肠壁增厚导致肠管狭窄而引发肠梗阻。该病急性期临床表现为急腹症，上腹部绞痛，并伴有恶心、呕吐、腹痛、腹泻等症状；慢性期临床症状以胃或肠道嗜酸性肉芽肿为特征，可并发肠梗阻、肠穿孔和腹膜炎。异尖线虫的虫体及其分泌物还会引发人体的过敏反应，具体症状为水肿、风疹、呼吸障碍，甚至休克。

第四节　食物过敏及其危害

一、食物过敏

食物过敏又称食物的超敏反应，是指因摄入的食物中的某组成成分，作为抗原诱导机体产生免疫应答而发生的一种变态反应性疾病。存在于食品中，可以引发人体食物过敏的成分称为食物致敏原。已知结构的致敏原都是蛋白质或糖蛋白，分子质量常为10~60kDa。

食物过敏是全世界关注的公共卫生问题，据WHO估计，至少有30%的人一生中会经历一次或多次食物过敏事件，成人食物过敏患病率为1%~3%，儿童为4%~6%。

（一）引起食物过敏的危险因素

1. 年龄

婴幼儿及儿童发病率高于成人，发病率随年龄增长而降低。2岁以内的婴幼儿最常发生食物过敏，主要是由于新生儿的肠黏膜屏障尚未发育成熟，肠壁通透性较大，抗原的转移较为容易。随着肠道发育逐渐成熟，食物过敏发病率随之降低。婴儿期过早添加辅食（牛乳、鸡蛋、谷类），会增加发生食物过敏的风险。

2. 遗传

遗传被认为是食物过敏的基本原因。家族中有人患过敏性疾病（如哮喘、特应性皮炎、食物过敏等），以及本人有其他过敏性疾病的人群，患食物过敏的风险增加。

3. 其他

胃肠道疾病、营养不良、肠道局部免疫功能缺乏会增加食物过敏的危险性。食后受凉、冷食、生活压力大、忧虑、感染，甚至气温突变等因素，也与食物过敏有一定的关系。

（二）常见的致敏食物

1999年，国际食品法典委员会（CAC）公布了8大类、160种常见致敏食物清单。这8类食品为：①牛乳及乳制品；（干酪、酪蛋白、乳糖等）；②蛋及蛋制品；③花生及其制品；

④大豆和其他豆类以及各种豆制品；⑤小麦、大麦、燕麦等谷物及其制品；⑥鱼类及其制品；⑦甲壳类及其制品；⑧坚果类（核桃、芝麻等）及其制品。90%以上的过敏反应是由这8大类常见食品引起。

1. 豆类

黄豆、绿豆、红豆和黑豆等均可诱发呼吸道过敏症状。

2. 花生、芝麻和葵花子等油料作物

主要与这些食物蛋白质含量较高有关。临床上经常有食用花生过敏的患者，但这些油料作物制成油制品后则很少诱发过敏症状。

3. 乳及乳制品、鸡蛋

既是婴幼儿最常食用的食物，也是最常见的致敏食物，主要是由于牛乳中含有乳清蛋白、鸡蛋蛋清中含有卵清蛋白。蛋黄则很少引起过敏。

4. 鱼、虾、蟹、贝及其他水产品

经常引起皮肤荨麻疹。

5. 谷物

以小麦、燕麦、荞麦过敏为主，对小米过敏也有报道，但大米过敏较为罕见。

6. 坚果类

包括核桃、开心果、榛子、腰果、松子和栗子等。

7. 水果

某些新鲜水果，如桃子、苹果、香蕉、草莓、菠萝、李子、樱桃等常可诱发哮喘症状。

8. 蔬菜

包括扁豆、豆芽菜、胡萝卜、芹菜、番茄、辣椒、韭菜、芫荽、香椿、大蒜、茄子、黄瓜、蕨菜等。

9. 肉类及其制品

常见的包括牛肉、羊肉、猪肉、鸡肉、兔肉和鸭肉等，不常见的包括狗肉、鹅肉、鳖肉和鸟肉等。

10. 其他食品

蘑菇、咖啡、啤酒、葡萄酒、白酒、威士忌、花粉制成的保健食品、巧克力和某些可食昆虫（如蚂蚱、蚕蛹等）均可诱发不同程度的过敏症状。

11. 某些食品添加剂

以某些人工合成色素、香料较为常见。

12. 转基因食品

有些转基因生物含有来自致敏物种和人类不曾食用过的生物物种的基因。由于基因重组，使宿主生物产生新的蛋白质，这些蛋白质有可能对人体产生包括致敏在内的毒性反应。检查致敏性是转基因食品安全检查的一项主要内容。

（三）临床症状

食物过敏症状一般在食用致敏食物后几分钟至一小时内出现，可持续数天甚至数周。

过敏反应的特定症状和严重程度受摄入致敏原的量以及过敏者敏感性的影响。主要有以下表现。

1. 胃肠道症状

口唇发痒、发麻、肿胀，舌体麻木和活动不便、咽痒、异物感、恶心、呕吐、腹泻、腹胀，严重者胃肠道出血。

2. 呼吸系统症状

鼻和喉发痒肿胀、哮喘等。

3. 皮肤症状

出现皮肤瘙痒、荨麻疹、湿疹、红斑等。

4. 心血管系统症状

胸部疼痛、心律不齐、血压降低、昏厥、丧失知觉等。

5. 过敏性休克

过敏反应中最严重的表现。发病很快，如不及时抢救可致死亡。

（四）防治措施

1. 避免摄入致敏原

食物过敏易感者预防发生食物过敏的唯一办法是避免食用含有致敏原的食物。经过临床诊断或根据病史明确致敏原后，应当完全避免再次摄入此种食物致敏原。如对含有麸质蛋白的谷物过敏的病人，要终身禁食全谷物类食物，可食用去除谷类蛋白的谷物。

2. 对食物进行加工

对食物进行加工，可以部分去除、破坏或者减少食物中致敏原的含量。烹调或加热可使大多数食物抗原失去致敏性。如对牛乳、鸡蛋、香蕉过敏者，可采用加热的方法防止过敏的发生。

3. 避免过早添加辅食

在有过敏倾向的家族中，不要过早给婴儿添加辅食，6个月内应完全以母乳喂养。添加辅食时应先添加米粉，再添加面粉制品。高危婴儿出生后2～3年内不要接触有高度致敏性的食物，如牛乳、鸡蛋、花生等。

4. 脱敏疗法

将含有致敏原的食物稀释1000～10000倍，然后吃一份，如果没有症状发生，可逐日或逐周增加食用量。

5. 对症治疗

对免疫球蛋白E（IgE）介导的过敏反应，可适当给予抗组胺类药物。

二、经食物引起的长期、慢性损害

能引起相关食源性疾病的物质可能来自生物有害成分或毒素、有毒金属、农药及兽药残留、食品加工过程产生的有害物质、其他环境迁移物等。该类食源性疾病和中毒有时是同一种有害物质导致，只是剂量不同，因为引起的损害比较隐蔽，往往不易被发现。主要包括以下几方面。

1. 肠道菌群失衡

人如果经常食用抗生素类残留量高的动物性食品，会抑制甚至杀灭肠内敏感菌，而某些耐药菌和机会致病菌则会大量繁殖，使得肠道菌群平衡被打破，从而导致肠道感染、腹泻和维生素缺乏症等。

2. 过敏反应

某些抗菌药物（青霉素类、四环素类、磺胺类、呋喃类、氨基糖苷类等）具有抗原性，可刺激人体内抗体的形成，引起过敏反应。严重者短时间内出现血压下降、皮疹、喉头水肿、呼吸困难等症状。其中以青霉素类引起的过敏反应最为常见，也最为严重。

3. 激素样作用

甲睾酮、丙酸睾酮、苯甲酸雌二醇等性激素在鳝鱼、鳗鱼等水产的养殖过程中常作为促生长剂使用。长期食用残留促生长激素的食品可引起儿童性早熟、女性男性化或男性女性化等问题。

4. 致畸、致癌

某些食品污染物具有胚胎毒性，可通过胎盘屏障，使胚胎和胎儿发育异常，出现畸形胎，称为致畸作用，如甲基汞、双对氯苯基三氯乙烷。

污染物在机体内具有诱发恶性肿瘤的特性，增加肿瘤发病率和死亡率，称为致癌作用。如黄曲霉毒素、N–亚硝基化合物，以及砷、镉等均具有致癌性。有资料表明，人类65%以上癌症是食物污染所致。

5. 致突变作用

某些污染物可引起生殖细胞和体细胞的基因突变，表现为致突变作用，如放射性核素。

6. 其他器官损伤及代谢紊乱

此类食源性疾病还包括器官慢性损伤、导致代谢紊乱等。

📝 思考与练习题

- 1. 什么是食源性疾病，食源性疾病如何分类？
- 2. 请简述食物中毒的发病特点和流行病学特点。
- 3. 引起亚硝酸盐中毒的原因有哪些？其中毒机制和症状是什么？可采取哪些针对性的防治措施？
- 4. 青皮红肉鱼类的毒性是如何产生的？中毒症状及其控制措施是什么？
- 5. 食物过敏常见的致敏原有哪些？有哪些有效的预防措施？

第二章

食品的污染及控制

第一节　食品的有害成分与污染物

一、食品的有害成分分类

（一）食物固有成分或其经代谢产生的有害成分

食物提供给人类营养，同时，某些食品中存在的一些天然有害成分，如果加工不当容易对身体造成伤害，严重的甚至会出现生命危险。

某些食物经恰当加工后，天然有害物质含量减少或消失，可以正常食用。菜豆中的凝集素和胰蛋白酶抑制剂、菠菜中的草酸、蚕豆中的巢菜碱苷、新鲜黄花菜中的秋水仙碱等在食用前都需要经过恰当的加工。以新鲜黄花菜为例：新鲜黄花菜中含有一种叫秋水仙碱的化学物质，它本身并无毒性，但当它进入人体内，并在组织间被氧化后，会迅速生成二秋水仙碱，是一种剧毒物质，引起的中毒一般在4h内出现症状，主要是嗓子发干、心慌胸闷、头痛、腹痛、腹泻等，重者还会出现血尿、血便、尿闭和昏迷等，因此，食用前必须经过恰当的处理（一般是高温处理和浸泡处理结合）。

某些天然成分即使经过正常加工，误食后也会导致中毒。例如，毒鹅膏菌（平常也称作死帽蕈）的毒素就非常稳定而且耐热，煮沸、晒干几乎不能将其毒素破坏，也无法去除。

（二）污染物迁移入食品

食品污染是指在各种条件下，导致外源性有毒有害物质进入食品，从而造成食品的安全性、营养性和（或）感官性状发生改变的过程。食品从种植、养殖到加工、储存、运输、销售、烹调直至食用前的整个食品供应链的各个环节，都有可能受到某些有毒有害物质的污染，导致食品卫生质量降低，对人体造成不同程度的危害。

自然条件下土壤中有害金属迁入粮食、人为喷洒农药残留、庄稼生长或贮存过程中感染病菌、包装材料有害物质向食品的迁移、养殖动物的人畜共患疾病感染等都属于对食品的污染。

二、食品的污染分类

根据食品污染物性质的不同，食品污染可以分为生物性污染、化学性污染和物理性污染三大类。

1. 生物性污染

食品的生物性污染包括微生物、寄生虫和昆虫的污染，其中以微生物污染最为广泛。微生物污染主要有细菌与细菌毒素、真菌与真菌毒素以及病毒等的污染，其中以细菌、真菌及其毒素对食品的污染最常见、危害最大；寄生虫和虫卵污染主要是指病人、病畜的粪便通过水体或土壤间接或直接污染食品；昆虫污染主要有粮食中的甲虫、螨类、蛾类以及动物性食品和某些发酵食品中的蝇、蛆等。

2. 化学性污染

食品的化学性污染物来源复杂，种类繁多，主要包括：①农药、兽药的不合理使用导致的食品药物残留；②有毒金属及其化合物污染环境带来的食品污染，如汞、镉、砷（非金属元素，但毒性与重金属相当）等在某些食品中含量超标；③食品加工、贮存过程中产生的有毒有害物质，如亚硝胺、多环芳烃、杂环胺类化合物等；④滥用食品添加剂造成的污染；⑤食品容器、包装材料、运输工具等接触食品时融入食品中的有害物质，如搪瓷杯中的铅、塑料食具中的增塑剂等。

3. 物理性污染

食品的物理性污染包括：①食品的杂物污染，来自食品生产、加工、储藏、运输、销售过程中的污染物，如草籽、小石子、昆虫、木片、玻璃、金属碎片、灰尘等；②食品的放射性污染，主要来自放射性物质在生产及生活中的应用、排放以及意外核事故的污染。

食品受污染后主要表现在对食品本身的作用和对食用者健康的影响两大方面：①影响食品的感官性状和营养价值，降低食品质量；②对机体产生一定毒性作用，包括急性中毒、慢性中毒以及致癌、致畸和致突变作用。

第二节　食品的生物性污染及其控制

食品的生物污染主要包括细菌污染、真菌污染和病毒污染，也包括由它们侵袭后可能分泌的有毒物质的污染。

一、食品的细菌污染及其控制

食品中存活的细菌称为食品细菌，其中绝大多数是非致病菌，它们往往与食品出现特异气味、颜色、荧光、磷光以及相对致病性有关。食品的细菌性污染及其所引起的食品腐败变质，是影响食品质量的最主要因素。

（一）食品中细菌生长的条件

食品中细菌生长繁殖的影响因素是多方面的，如食品的种类、食品所提供的营养条件、食品所处的外部环境条件、食品的加工方法等，但最重要的是温度、湿度、酸碱度、氧气等条件。

1. 营养条件

细菌需要的营养物质主要有水、蛋白质、碳水化合物、脂类、无机盐及维生素。这些营养素通过特定方式进入细菌体内，进行一系列分解和合成代谢，以维持其正常生长与繁殖。

2. 温度

温度对细菌影响很大。一般情况下，细菌的低温敏感性没有高温敏感性显著。低温条件下，细菌一般并不死亡，只是新陈代谢速度降低，当温度升高后，仍能恢复正常的生命活动，但也有少数细菌在低于其最低耐受温度时死亡。而在高温条件下，细菌不但停止生长而且易死亡，主要是由于高温使细菌的蛋白质和酶发生变性。

根据细菌对温度要求的不同，可分为嗜冷菌（–28～20℃）、嗜温菌（20～45℃）和嗜热菌（45～60℃）。正常引起人体疾病的往往是嗜温菌，因为其生长的适宜温度基本与人类体温及人类生命活动的适宜环境温度相似。

3. 水分

食品中水分以结合水和游离水两种形式存在，微生物能利用的是游离水。通常用水分活度（Water Activity，A_w）来表示食品中可被微生物利用的水。A_w是指食品中水的蒸气压p与相同温度下纯水的蒸气压p_0的比值，即$A_w=p/p_0$。由于物质溶于水后水的蒸气压总会降低，所以A_w介于0～1之间。

食品中的水分含量越少，p值就越小，A_w也越小，能提供给微生物利用的水分少，不利于微生物的生长与繁殖，而有利于防止食品的腐败变质。A_w低于0.9时，细菌几乎不能生长。

4. 酸碱度（pH）

食品pH的高低一是可以改变微生物细胞膜的电离情况，从而影响其对营养物质的吸收；二是可以改变微生物体内多种酶系的活动，影响其代谢，因此pH的变化可制约微生物生长。细菌对pH很敏感，且有一定的适应范围，如pH超出细菌的适应范围，就会降低或抑制其生命活动。绝大多数细菌适宜在pH7.2～7.4环境中生长，如食醋在6%的浓度（pH2.3～2.5）可有效抑制细菌的生长。

5. 渗透压

细菌的生活环境必须具有与其细胞大致相同的渗透压，超过一定限度或突然改变渗透压对细菌有害，甚至引起死亡。等渗溶液中，细菌生长最好；低渗溶液中，菌体吸水膨胀，甚至破裂；高渗溶液中，菌体则发生脱水，甚至死亡。

6. 氧气

不同细菌对氧气的需要不一样。需氧菌需要游离氧；厌氧菌在没有游离氧的情况下才能生长良好；兼性厌氧菌则是有氧或缺氧的条件下都能生存，但在有氧情况下，通常生长、繁殖得更快。

（二）食品中的细菌菌相

食品的细菌菌相是指共存于食品中的细菌种类及其相对数量的构成，其中相对数量较多的细菌称为优势菌。细菌菌相，特别是优势菌，决定了食品在细菌作用下发生腐败变质的程度与特征。

食品的细菌菌相可因污染细菌的来源、食品本身的理化特性、所处环境条件和细菌之间的共生与抗生关系等因素的影响而不同，所以可通过食品的理化性质及其所处的环境条件预测食品的细菌菌相。如常温下放置的肉类，早期常以需氧的芽孢杆菌、微球菌和假单胞杆菌污染为主；随着腐败进程的发展，肠杆菌会逐渐增多；中后期变形杆菌会占较大比例。而食品腐败变质引起的变化也会由于食品细菌菌相及其优势菌种的不同而出现相应的特征。因此检验食品细菌菌相又可对食品腐败变质的程度及特征进行估计，如需氧的芽孢杆菌、假单胞杆菌、变形杆菌、厌氧的梭状芽孢杆菌主要分解蛋白质，分解脂肪的细菌主要为产碱杆菌等。

（三）食品细菌污染指标及其食品学意义

反映食品卫生质量的细菌污染指标有两个：一是菌落总数，二是大肠菌群。

1. 菌落总数及其食品卫生学意义

菌落总数是指在被检样品的单位质量（g）、单位容积（mL）或单位表面积（cm²）内，在严格规定的条件下（培养基及其pH、培育温度与时间、计数方法等）培养所生成的细菌菌落总数，以菌落形成单位表示。

菌落总数的卫生学意义包括两个方面：一是作为食品被细菌污染程度即清洁状态的标志，包括我国在内的很多国家的食品卫生标准中，都采用了这一指标；二是预测食品的耐贮藏性。食品中的细菌在繁殖过程中可分解食物成分，一般来讲，食品中细菌数量越多，食品腐败变质的速度就越快。例如，当鱼的菌落总数为$10^5 CFU/cm^2$时，在0℃条件下可保存6天；而菌落总数为$10^3 CFU/cm^2$时，同样条件下可保存12天。

2. 大肠菌群及其食品安全学意义

大肠菌群包括肠杆菌科的埃希菌属、柠檬酸杆菌属、肠杆菌属和克雷伯氏菌属。这些菌属的细菌，是来自人和温血动物肠道，需氧或兼性厌氧，不形成芽孢，在35～37℃下能分解乳糖、产酸、产气的革兰氏阴性杆菌。食品中大肠菌群的数量可用两种方式表示：当食品中大肠菌群含量较低时，采用相当于每克或每毫升食品中大肠菌群的最可能数（MPN）来表示；当食品中大肠菌群含量较高时，采用平板计数培养后大肠菌群的菌落数，结果表示为每克（毫升）样品中大肠菌群的菌落数，即CFU/g（mL）。

大肠菌群的卫生学意义也包括两个方面：一是作为食品受到人与温血动物粪便污染的指示菌，因为大肠菌群都直接来自人与温血动物粪便；二是作为肠道致病菌污染食品的指示菌，因为大肠菌群与肠道致病菌来源相同，而且一般条件下大肠菌群在外界生存时间与主要肠道致病菌是一致的。

由于大肠菌群是嗜温菌，5℃以下基本不能生长，所以对低温菌占优势的水产品，特别是冷冻食品未必适用。近年来也有用肠球菌作为粪便污染的指示菌。

（四）细菌性食品污染控制要点

（1）加强宣传教育，在食品生产、加工、储存、销售等各个环节保持清洁卫生，防止细菌对食品的污染。

（2）改变细菌生长条件，合理储存食品，抑制细菌生长繁殖。

（3）采用合理烹调方法，彻底杀灭细菌。

（4）进行细菌学检测，主要指标有食品中的菌落总数、大肠菌群。

（五）常见致病性细菌污染途径与控制

常见不同致病细菌的污染途径一般是来自食物原料污染或自然携带，还有一些可能来自加工环节，主要控制措施是对加工原料的质量和加工过程进行安全控制，常见致病细菌污染途径和控制措施见表2-1。

表2-1　常见不同致病细菌的污染途径及食品从业人员控制措施

细菌	相关食品	污染途径	控制措施
沙门菌	畜肉类及其制品、家禽、蛋类、乳类、鱼虾类及其制品、生芽菜、生蔬菜、生牛乳、未经高温消毒的果汁	畜禽的沙门菌污染包括生前感染和宰后污染两种情况。生前感染指家畜和家禽在宰杀前已经感染沙门菌，是肉类食品中沙门菌的主要来源。宰后污染是指家畜、家禽在屠宰的过程中或屠宰后被带沙门菌的粪便、容器、污水等污染。苍蝇、老鼠等病媒生物的接触和从业人员带菌也是宰后肉类受到污染的途径	厨房内使用巴氏杀菌后的鸡蛋，对从业人员进行严格健康管理，不使用裸手接触即食食品，勤洗手，食品加工要熟透，对果汁进行巴氏灭菌处理
副溶血性弧菌	海产品，其中以墨鱼、带鱼、黄花鱼、虾、蟹、贝、海蜇等最为多见，畜禽肉、咸菜、咸蛋、淡水鱼等也都曾经发现副溶血性弧菌的存在	海水及沉积物中含有副溶血性弧菌，使海产品容易受到污染而带菌率高。此外，熟制品还可受到带菌者、带菌的生食品、容器及工具等污染	控制食品来源，防止交叉污染，保持冷藏或冷冻，不生食海产品
金黄色葡萄球菌	乳类及乳制品、蛋类及蛋制品、各类熟肉制品、淀粉类食品	人和动物的化脓性感染部位常成为污染源，如奶牛患化脓性乳腺炎时，乳汁中就可能带有金黄色葡萄球菌；畜、禽有局部化脓性感染时，感染部位可对其他部位造成污染；带菌从业人员常对各种食物造成污染	食物保持冷藏、冷冻或保持加热，不使用裸手（特别是手部带伤口）接触即食食品，勤洗手
蜡样芽孢杆菌	肉、家禽、淀粉类食物（米饭，马铃薯）、布丁、汤、蔬菜	该菌主要通过泥土、尘埃、空气，其次是通过昆虫、苍蝇、不洁的用具与容器等污染食品	剩饭保持冷藏、冷冻或保持加热，剩余饭菜使用前进行回烧
O157：H7大肠杆菌	生的碎牛肉、生芽菜、汉堡包、生牛乳及乳制品、蔬菜、鲜榨果汁、饮用水、凉拌菜	健康人的肠道内致病性大肠埃希菌的带菌率为2%～8%，食品中大肠埃希菌污染途径与沙门菌相似，随粪便排出而污染水源和土壤，进而直接或间接污染食品	对从业人员进行健康管理，不使用裸手接触即食食品，勤洗手，防止交叉污染，对果汁进行巴氏灭菌或处理，食品烧熟煮透
李斯特菌	生肉和家禽、新鲜的软乳酪、生乳、乳酪、冰激凌、面团、烟熏的海鲜、熟肉、生的蔬果、熟食沙拉	李斯特菌的污染途径与沙门菌相似。人类、哺乳动物、鸟类的粪便均可携带李斯特菌。牛乳中的李斯特菌主要来自粪便，即使是消毒的牛乳，也有一定的污染率（21%左右）。由于该菌能在低温条件下生长繁殖，故用冰箱冷藏食品不能抑制其繁殖，素有"冰箱里的杀手"之称号	控制冷藏食品保存时间，冷藏食品彻底加热后食用，防止交叉污染

细菌	相关食品	污染途径	控制措施
志贺菌	水、牛乳、沙拉、生蔬菜	食品生产加工行业中患细菌性痢疾的从业人员或带菌者的手是造成食品污染的主要因素。熟食品被污染后，在较高的温度下存放较长时间，志贺菌就会大量繁殖	对从业人员进行健康管理，不使用裸手接触即食食品，严格洗手，避免交叉污染，控制鼠虫
空肠弯曲菌	家禽、蛋制品、肉制品、生牛乳	食品中空肠弯曲菌主要来自动物粪便，其次是健康带菌者。该菌广泛存在于猪、牛、羊、狗、猫、鸡、鸭、火鸡和野禽的肠道中，健康人的带菌率为 1.3%，可通过污染肉、乳及未经消毒处理的水而导致感染	烹饪前洗手，防止交叉污染
肉毒梭菌	蔬菜、鱼、水果、肉、乳制品、豆豉、豆瓣酱、海产品，特别是真空包装食品、低氧包装食品、罐头食品	食品中肉毒梭菌主要来源于带菌的土壤、尘埃和粪便，尤其是带菌的土壤可污染各类食品原料。其芽孢又有极强的生命力，可借助食品、农作物、海产品、昆虫、禽类等传播到各处	正确冷却食品，自制酱类食品常搅拌，长期贮存食物严格灭菌，对食品进行酸化和干燥处理
产气荚膜梭菌	熟制的肉和家禽，熟制的肉和家禽制品（包括砂锅菜、肉汁）	产气荚膜梭菌在污水、土壤、垃圾、人和动物的粪便以及食品中均可检出	正确冷却食品，保持冷藏、冷冻或保持加热，食用前再加热，防止熟肉制品再污染
变形杆菌	动物性食物，特别是熟肉和内脏的熟制品	变形杆菌属为腐败菌，在自然界广泛存在于土壤、污水和植物以及人和动物肠道中。健康人变形杆菌带菌率为 1.3% ~ 10.4%，食品受到污染的机会很多，食品中的变形杆菌主要来自外界的污染	对从业人员进行健康管理，勤洗手，严格做到生熟用具分开，避免交叉污染
链球菌	动物性食品尤其以熟肉制品、乳类食品为主	食品加工前带菌或食品加工、销售人员口腔、鼻腔、手、面部有化脓性炎症时造成食品的污染	对从业人员进行健康管理，勤洗手，防止熟肉制品再污染
小肠结肠炎耶尔森菌	肉制品、乳及乳制品	主要通过粪—口途径传播，可以通过食用污染的食品而感染	防止二次污染，冷藏食品食用前彻底加热

二、真菌与真菌毒素的污染及预防

（一）真菌和真菌毒素的定义

真菌不仅本身可作为病原体引发人类疾病，其代谢产物真菌毒素也能对人及动物产生毒性。真菌毒素是指真菌在其所污染的食品中产生的有毒代谢产物。真菌毒素结构稳定，无抗原性，耐高温，主要侵害实质器官。人和动物一次性摄入含大量真菌毒素的食物会引起急性中毒，而长期摄入含少量真菌毒素的食物则会引起慢性中毒和"三致"作用（致癌、致畸、致突变）。从全球范围看，对食品安全构成威胁的主要是真菌毒素及其在食品中的残留问题。

（二）真菌产毒的特点

（1）真菌产毒只限于少数产毒真菌，而产毒菌种中只有一部分菌株产毒，同一菌种的不同菌株产毒能力也有所不同。另外，产毒菌株的产毒能力也是易变的，有的经过累代培养可完全失去产毒能力，而有的非产毒菌株在一定条件下也可具备产毒能力。

（2）产毒菌种产生真菌毒素没有严格的专一性，即一种菌种或菌株可产生几种不同的毒素，而同一种毒素也可由几种真菌产生。如黄曲霉毒素可由黄曲霉、寄生曲霉产生；岛青霉可产生黄天精、红天精、岛青霉毒素及环氯素等几种毒素。

（3）产毒真菌产生毒素需要一定的条件。真菌污染食品并在食品上繁殖是产毒的先决条件，而真菌能否在食品上繁殖和产毒又与食品的种类和环境因素等有关。

（三）真菌生长和产毒的条件

1．基质

真菌的营养要求主要是糖类、少量氮和无机盐，因此极易在粮食类食品上生长。基质不同，污染的真菌菌种也不同，如玉米和花生中黄曲霉及其毒素检出率高，小麦和玉米以镰刀菌及其毒素污染为主，青霉菌及其毒素主要在大米中出现。

2．水分

食品中的水分对真菌的繁殖与产毒具有重要作用。以最易受真菌污染的粮食为例，粮食水分为17%～18%是真菌繁殖与产毒的理想条件。食品中水分活度（A_w）值越小，越不利于真菌繁殖，当A_w低于0.7时，一般真菌均不能生长。

3．湿度

在不同的相对湿度中，易于繁殖的真菌不尽相同。例如相对湿度在90%以上时，主要为湿生性真菌（毛霉、酵母菌属）繁殖；80%～90%时，主要是中生性真菌（大部分曲霉、青霉、镰刀菌属）繁殖；而在80%以下时，主要是干生性真菌（灰绿曲霉、局限青霉、白曲霉）繁殖；在相对湿度为70%时，真菌即不能产毒；只有少数真菌能生长在相对湿度65%以下的条件下。

4．温度

大多数真菌繁殖的最适温度为25～30℃，0℃以下或30℃以上时，产毒能力减弱或消失。但有的真菌能耐低温或高温，如梨孢镰刀菌、尖孢镰刀菌、拟枝孢镰刀菌和雪腐镰刀菌，适宜的产毒温度为0℃或–7～–2℃；而毛霉、根霉、黑曲霉、烟曲霉繁殖的适宜温度为25～40℃。

5．氧气

大多数真菌生长繁殖和产毒都需要氧气，是严格的需氧菌，少数真菌如毛霉、庆绿曲霉是厌氧菌，并可耐受高浓度的CO_2。

此外，通风条件对真菌生长繁殖的影响较大，通风条件好能较好地控制食品水分、温度、湿度等，从而抑制真菌的繁殖并可大幅降低产毒的机会，减少危害。

（四）真菌污染的食品学意义

真菌污染食品后，在基质及环境条件适宜时，首先可引起食品的腐败变质，不仅可使食品颜色变异、产生霉味，食用价值降低，甚至完全不能食用，而且还可使食品原料的加工品质下降，如出粉率、出米率、黏度等降低。粮食类及其制品被真菌污染而造成的损失最为严重，据估算，每年全世界平均至少有2%的粮食因被真菌污染发生霉变而不能食用。

食品中真菌的大量生长繁殖及产毒可引起人畜中毒，有因短时间内摄入大量真菌毒素引起的急性中毒，也有因长期低剂量摄入引起的慢性中毒和远期损害。

（五）控制措施

主要包括防霉、去毒、经常性卫生检测，以防霉为主。

1. 防止食品霉菌污染

防止霉菌污染是预防食品被黄曲霉毒素（AFT）污染的最根本措施，其中控制水分是关键。从田间开始防霉，首先要防虫、防倒伏；收获时要及时排除霉变玉米棒；粮食收获后必须迅速干燥，将水分含量降至安全含量以下，一般粮粒水分含量在13%以下，玉米在12.5%以下，花生在8%以下时，真菌即不易生长繁殖和产毒。贮存时保持粮库内干燥、通风。尽可能避免昆虫性损害（昆虫会带来霉菌孢子造成早期污染），隔离贮藏受污染和未受污染的食品，加强毒素的检测。有些地区使用各种防霉剂来保存粮食，但要注意其在食品中的残留及其本身的毒性。选用和培育抗霉的粮豆新品种将是今后防霉工作的一个重要方面。

2. 去除毒素

如食品已被污染，常采用以下方法去毒：①挑除霉粒法，对花生、玉米去毒效果较好；②碾轧加工法，将发霉的大米加工成精米，可有效降低毒素含量；③加水反复搓洗法；④加碱去毒法，将玉米通过加碱制作成玉米薄饼可有效减少受污染玉米中AFT的浓度，这是拉丁美洲一些国家的常用办法；⑤吸附去毒，在含毒素的植物油内加入白陶土或活性炭等吸附剂，经搅拌、静置，毒素可被吸附而去除；⑥紫外光照射，利用AFT在紫外光照射下不稳定的性质，可用紫外光照射去毒。此法对液体食品（如植物油）效果较好，而对固体食品效果不明显；⑦氨气处理法，在18kPa氨压、72～82℃状态下，谷物和饲料中98%～100%的AFT会被除去，并且使粮食中的含氮量增加，同时不会破坏赖氨酸。

3. 制定食品中黄曲霉毒素限量标准

限定各种食品中AFT含量是控制AFT对人体危害的重要措施。

三、食品的腐败变质及控制

食品的腐败变质一般是指食品在以微生物为主的各种因素作用下，食品原有的成分与感官性状发生变化，导致食品食用价值降低或完全丧失的过程。例如肉、禽、蛋、鱼的腐臭，粮食的霉变，蔬菜水果的溃烂，油脂的酸败等。

（一）食品腐败变质的原因和条件

食品腐败变质主要由微生物作用引起，是食品本身的组成和性质、外界环境因素和微生物共同作用的结果。

1. 微生物

微生物的作用是引起食品腐败变质的主要原因，食品中的腐败微生物主要有食品细菌、霉菌和酵母菌，一般情况下细菌更占优势。绝大多数细菌具有分解某些糖的能力，特别是利用单糖的能力极为普遍，某些细菌能利用有机酸或醇类；多数真菌都有分解简单碳水化合物的能力，能分解纤维素的真菌不多。对蛋白质分解能力强的需氧性细菌，大多数同时也能分解脂肪。分解脂肪的微生物能分泌脂肪酶，使脂肪水解为甘油和脂肪酸。能分解脂肪的真菌比细菌多，在食品中常见的有曲霉属、白地霉、戴氏根霉、芽枝霉属等。大多数酵母有利用有机酸的能力；酵母菌分解脂肪的菌种不多，主要是解脂假丝酵母，这种酵母菌不分解糖类，但分解脂肪和蛋白质的能力很强。

2. 食品本身的组成和性质

食品在发生腐败变质过程中，其本身的组成和性质起着决定作用。

（1）食品的营养成分和酶　食品所含的营养成分是微生物生长的良好培养基。不同的食品中营养成分组成比例差异很大，而各种微生物分解各类营养物质的能力不同，因此食品腐败变质的进程及特征也不同。作为动植物组织的某一部分，食品本身含有丰富的酶类，在宰杀或收获后一定时间内其所含酶类要继续进行一些生化反应，如新鲜肉的后熟，粮食、蔬菜、水果的呼吸作用等，可引起食品营养成分的分解，加速食品的腐败变质。

（2）食品中的水分　食品中的水分是微生物赖以生存的基础。微生物能利用的是游离水，用水分活度（A_w）表示。

每种微生物在食品中生长繁殖都有最低的A_w要求，低于这一要求，微生物的生长繁殖就会受到抑制。A_w低于0.6时，绝大多数微生物无法生长，故A_w小的食品不易出现腐败变质。一般情况下，细菌所需的$A_w > 0.9$，酵母所需$A_w > 0.87$，真菌所需$A_w > 0.8$。

（3）食品的理化性质　食品pH几乎在7.0以下，凡是pH低于4.5的食品称为酸性食品，如各种水果；pH在4.5以上者称为非酸性食品，如肉、鱼、乳等动物性食品和蔬菜。食品的pH值高低可改变微生物体内多种酶系的活动，影响其代谢，从而制约微生物生长。绝大多数细菌生长的最适pH在7.0左右，酵母菌为4.0～5.8，霉菌为3.0～6.0。pH低于5.5时，大多数腐败细菌生长基本被抑制。所以，酸性食品的腐败变质主要是酵母菌和霉菌引起的。

食品的渗透压与微生物的生命活动有密切关系。低渗和高渗环境均可造成菌体死亡，在食品中加入食盐或食糖，既可降低A_w，又可提高其渗透压，使微生物细胞脱水，抑制微生物生长。在高渗透压的环境中，多种霉菌和少数酵母能够生长，绝大多数细菌都不能生长。

（4）食品的状态　外观完好的食品，可有效抵御微生物的入侵。而食品组织溃破和细胞膜破裂则为微生物的侵入和发生作用提供了条件，如细碎的肉馅、解冻后的鱼和肉，籽粒不完整的粮豆和溃烂的蔬菜水果等，更易发生腐败变质。

3. 环境因素

微生物在食品中能否生长繁殖及引起腐败变质，还受到外界环境中温度、湿度、气体等因素的影响。

（1）温度　根据微生物对温度的适应性，可分为嗜冷、嗜温、嗜热三大类。嗜冷菌最适生长温度为−10～20℃，嗜温菌为20～45℃，嗜热菌一般在45℃以上生长。这三类群微生物又都可以在20～30℃生长繁殖。当食品处于此温度环境中，各种微生物都可以生长繁殖并引起腐败变质。

（2）湿度　空气中的湿度对食品A_w和食品表面微生物的生长有较大影响。如果原料未经包装或包装不严密，空气中的湿度又较大时，原料会吸潮，同时使A_w增大，从而使原料的易腐性加大。如长江流域梅雨季节，粮食容易发霉，就是因为空气湿度太大（相对湿度常在70%以上）的缘故。

（3）氧气　微生物有需氧型、厌氧型和兼性厌氧型三种。有氧环境中，需氧微生物引起的变质速度很快；一些兼性厌氧菌在有氧环境中引起的食品变质也比厌氧环境中快得多。缺氧条件下只有厌氧型细菌和酵母菌能引起腐败变质。

（二）食品腐败变质的化学过程与鉴定指标

食品腐败变质实质上是食品中的蛋白质、碳水化合物、脂肪等的分解过程，其程度常因食品种类、微生物的种类和数量以及其他条件的影响而异。食品腐败变质的评价一般采用感官、物理、化学和微生物4个指标，它们是根据食品保藏过程中，腐败产物的数量和各种感官性状改变的程度建立起来的。

1. 食品中蛋白质的分解和鉴定

富含蛋白质的肉、鱼、禽、蛋和大豆制品等，主要以蛋白质的分解为其腐败变质的特征。蛋白质在微生物分泌的蛋白酶作用下，水解为氨基酸，再通过脱羧基、脱氨基、脱硫作用，形成多种腐败产物。在细菌脱羧酶的作用下，组氨酸、酪氨酸、精氨酸和鸟氨酸分别生成组胺、酪胺、尸胺和腐胺，后两者具有恶臭气味；在细菌脱氨基酶的作用下，氨基酸脱去氨基生成氨，脱下的氨基与甲基构成一甲胺、二甲胺和三甲胺；色氨酸脱去羧基和氨基后形成吲哚和甲基吲哚而具有粪臭味；含硫氨基酸在脱硫酶作用下脱掉硫产生具有恶臭的硫化氢。

蛋白质含量丰富的食品的腐败变质鉴定，目前仍以感官指标最为敏感、快捷、可靠，特别是通过嗅觉就可以判定食品是否有轻微的腐败变质。由于微生物的繁殖，食品的固有色泽会发生改变，例如腊肠由于乳酸菌繁殖过程中产生过氧化氢促使肉褪色或变绿。食品上出现的异常色泽有时呈片状、斑点状，有时呈全部或局部分布等特点；蛋白质分解会使食品硬度和弹性下降，组织失去原有的坚韧度，致使食品变形软化，如鱼类出现肌肉松弛、弹性差、发黏等现象。蛋白质分解产物特有的气味更为明显。人的嗅觉刺激阈，在空气中的浓度（mol/L）：氨为2.14×10^{-8}、三甲胺5.01×10^{-9}、硫化氢1.91×10^{-10}、粪臭素1.29×10^{-11}。

物理指标，主要是根据蛋白质分解时小分子物质增多的现象，可采用食品浸出物量、浸出液电导度、折射率、冰点下降、黏度上升等指标。

化学指标包括：①挥发性盐基总氮（Total Volatile Basic Nitrogen，TVBN）。指食品水浸液在碱性条件下能与水蒸气一起蒸馏出来的总氮量。研究证明，TVBN与食品腐败变质程度之间有明确的对应关系。在我国食品安全标准中该指标已被列入鱼、肉类蛋白质腐败鉴定的化学指标，TVBN也适用于大豆制品腐败变质的鉴定。②三甲胺。三甲胺是季铵类含氮物经微生物还原产生的，新鲜鱼虾等水产品和肉中没有三甲胺，三甲胺主要用于测定鱼、虾等水产品的新鲜程度。③K值（K Value）。指三磷酸腺苷（ATP）分解的低级产物肌苷（H_xR）和次黄嘌呤（H_x）占ATP系列分解产物的百分比，K值指标主要适用于鉴定鱼类的早期腐败。若K≤20%，说明鱼体绝对新鲜；K≥40%，说明鱼体开始有腐败迹象。微生物指标中的常用指标有菌落总数和大肠菌群。④组胺：食品腐败变质时，细菌分泌的组氨酸脱羧酶可使鱼贝类的组氨酸脱羧基生成组胺。当鱼肉中的组胺超过200mg/100g，就可能引起人类过敏性食物中毒。

2. 食品中脂肪的酸败

出现脂肪酸败的食品主要是食用油及含油脂高的食品，脂肪酸败程度受脂肪酸饱和程度、紫外线、氧气、水分、天然抗氧化剂、食品中微生物的解酯酶等多种因素的影响。此外，铜、铁、镍等金属离子及油料中的动植物残渣均有促进油脂酸败的作用。

能分解脂肪的微生物主要是霉菌，其次是细菌和酵母菌。中性脂肪被分解为甘油和脂肪酸后，进一步氧化成低级的醛、酮、酸等；不饱和脂肪酸的双键被氧化形成过氧化物，进一步分解为醛、酮、酸。这些产物使酸败的油脂具有特殊的刺激性臭味，即所谓的"哈喇"味。

过氧化值是脂肪酸败最早期的指标，其次是酸价的上升。在脂肪分解的早期，酸败尚不明显，由于产生过氧化物和氧化物而使脂肪的过氧化值上升，其后则由于形成各种低级酮酸及脂肪酸而使油脂酸价升高。脂肪分解时，其固有碘价（值）、凝固点（熔点）、相对密度、折射率、皂化价等也发生明显改变。

3. 食品中碳水化合物的分解

含碳水化合物较多的食品主要是粮食、蔬菜、水果、糖类及其制品。这类食品在细菌、霉菌和酵母菌所产生的相应酶以及食品组织中固有酶的作用下发酵或降解，经过产生双糖、单糖、有机酸、醇、醛等一系列变化，分解为二氧化碳和水。在这个变化过程中，食品的酸度升高，并带有甜味、醇类气味等。

（三）食品腐败变质的食品安全风险

食品腐败变质时，首先使食品感官性状发生改变，如产生刺激性气味、异常色泽、组织溃烂等难以接受的感官性状恶化；其次是食品营养成分被分解，营养价值严重降低，不仅蛋白质、脂类、碳水化合物被分解破坏，维生素、矿物质等也被大量破坏和流失；再次，腐败变质食品必然受到微生物的严重污染，增加了致病菌和产毒霉菌的存在机会，引发相应的食源性疾病可能性增大。

食品腐败后的分解产物，虽然对人体的毒害尚不明确，但有关不良反应与中毒的报告越来越多，如某些鱼类腐败产物组胺和酪胺引起的过敏反应、血压升高；脂质过氧化分解产物刺激胃肠道引起胃肠炎，食用酸败的油脂引起食物中毒等。腐败的食品还为亚硝胺类化合物的合成提供了大量的胺类（如二甲胺）。有机酸类和硫化氢等一些产物虽然在体内可以代谢转化，但如果在短时间内大量摄入，也会对机体产生不良影响。

（四）防止食品腐败变质的措施

食品保藏的基本要求，在于防止食品腐败变质，保持食品的固有性状，减少营养损失，基本原理是改变食品的温度、水分、氢离子浓度、渗透压以及采用其他抑菌、杀菌的措施，将食品中的微生物杀灭或减弱其生长繁殖的能力，以达到防止食品腐败变质的目的。

1. 低温保藏

低温可以降低酶的活性和食品内化学反应的速度，使微生物生长繁殖延缓或停止，从而防止或减缓食品腐败变质，使食品在较长时间内保持应有的新鲜度。

（1）冷藏　冷藏是指在不冻结状态下低温保藏，温度一般设定在-1~10℃范围内。腐败菌大多为嗜温菌，大多数在低于10℃的条件下便难于生长繁殖。此时食品固有酶活性也大大降低，因此冷藏可延缓食品的变质。

（2）冷冻　冷冻是指将食品中大部分水分冻结成冰，在保持冻结状态的温度下贮藏的方法。温度一般设定在-18℃以下，此温度下几乎所有微生物不再繁殖。因此，冷冻保藏食品可以较长期保藏。当食品中的微生物处于冷冻状态时，细胞内游离水形成冰晶体，A_w降低，渗透压提高，细胞内细胞质因浓缩而黏性增大，引起pH和胶体状态的改变，从而使微生物活动受到限制，甚至死亡。同时，冰晶体对细胞也有机械性损伤作用，可直接导致部分微生物的裂解死亡。

冷冻可分为缓慢冷冻（简称缓冻或慢冻）和快速冻结（简称速冻）两种方法。速冻要先进行冻结，通常在-40℃以下，30~60min内完成，然后在-20~-18℃的低温中保藏。在工艺上，速冻更有利于保持食品（尤其是生鲜食品）的品质。当温度降至-1~-5℃时，为冰晶生成带，如果冷冻缓慢，在此温度潴留时间长，使食品中的冰晶体体积增大，冰晶体增大会使食品组织细胞膜破裂，释放出细胞液，当食品解冻时，就会引起汁液流失，食品的口感、风味及营养价值均受到影响。反之，快速冻结，形成的冰晶数量多，体积小，分布均匀，对组织结构的影响很小，能更好地保持食品的原有质地。在工艺上，快速冻结、缓慢解冻有利于保持食品（尤其是生鲜食品）的品质。

2. 高温保藏

高温保藏是将食品经高温处理，杀灭食品中微生物，以防止食品腐败变质的方法。若食品经高温后，结合密封、真空和低温等方法则可长期保藏食品。食品加热杀菌的方法主要有常压杀菌、加压杀菌、超高温瞬时杀菌和微波杀菌等。

（1）常压杀菌　常压杀菌即加热温度控制在100℃及以下，达到杀灭所有致病菌和繁殖型微生物的杀菌方式。常用于液态食物消毒，优点是能最大限度地保持食物原有的性质。采用巴氏杀菌法的食品有牛乳、pH<4的蔬菜和水果汁、啤酒、醋、葡萄酒等。以牛乳为例，低温巴氏杀菌法采用温度63℃，杀菌30min；高温短时巴氏杀菌法采用温度72℃，杀菌15s。

（2）加压杀菌　通常的温度为100~121℃（绝对压力为0.2MPa），常用于肉类制品、中酸性、低酸性罐头食品的杀菌，可杀灭繁殖型和芽孢型细菌。杀菌温度和时间随罐内物料、形态、罐形大小、灭菌要求和贮藏时间而异。

（3）超高温瞬时杀菌　该杀菌法既可达到一定的杀菌要求，又能最大限度地保持食品品质。根据温度对细菌及食品营养成分的影响规律，对热处理敏感的食品可考虑采用超高温瞬时杀菌法杀菌，即在封闭的系统中加热到120℃以上，持续几秒钟后迅速冷却至室温的一种杀菌方法。如果牛乳在高温下保持较长时间，其所含蛋白质和乳糖易发生美拉德反应，使牛乳产生褐变现象；蛋白质分解产生的硫化氢有不良气味；糖类焦糖化产生异味；乳清蛋白质变性、沉淀等。而采用超高温瞬时杀菌法进行灭菌，既能方便工艺条件，满足灭菌要求，又能减少对牛乳品质的破坏。

（4）微波杀菌　微波一般是指频率在300~30000MHz的电磁波。微生物在微波的作用下，吸收能量，产生热效应，从而导致死亡；另外微波造成分子加速运动使细胞内部受损致死。目前已广泛应用于微波加热的是915MHz和2450MHz两个频率。915MHz可以获得较大穿透厚度，适用于加热含水量高、厚度或体积较大的食品；而2450MHz适用于含水量低的食品。微波杀菌保藏食品是近年来国际上发展起来的一项新技术，具有快速、节能、对食品品质影响很小的特点，因此能保留更多的活性物质和营养成分。

3. 干燥脱水保藏

食品干燥保藏的机制是降低食品水分至15%以下或A_w值为0～0.60，以抑制腐败微生物的生长，使食品在常温下长期保藏。食品干燥、脱水方法主要有日晒、阴干、喷雾干燥、减压蒸发、冷冻干燥等。冷冻干燥是将食品先低温速冻，使食品中水结成冰，然后再放在高真空条件下，冰直接变成气态而挥发。此种方法可保持食品的营养成分，而且在食用时加水复原即可恢复其原有性状。

生鲜食品干燥和脱水保藏前，一般需要破坏其酶的活性，常用的方法有热烫（也称杀青、漂烫）、硫黄熏蒸（主要用于水果）、添加维生素C（0.05%～0.1%）及食盐（0.1%～1.0%）。肉类、鱼类及蛋中因含有0.5%～2.0%肝糖原，干燥时常发生褐变，可通过添加酵母菌或葡萄糖氧化酶处理或除去肝糖原再干燥。

4. 提高渗透压保藏

常用方法有盐腌法和糖渍法。一般食盐浓度达10%，可使大部分微生物停止生长繁殖，但杀灭微生物需要食盐浓度达到15%～20%。糖渍法是利用高浓度（60%～65%）糖液作为高渗溶液抑制微生物繁殖，这类食品还应在密封和防湿条件下保存，否则容易吸水而降低防腐效果，如果脯、蜜饯等。

5. 提高氢离子浓度保藏

大多数微生物不能在pH<4.5的条件下正常繁殖，因此可以利用提高氢离子浓度来防腐。常用方法有酸渍和酸发酵。酸渍法是向食品内加食醋或醋酸；酸发酵法是利用乳酸菌和醋酸菌等微生物发酵产酸来防止食品腐败，此法多用于各种蔬菜，如泡菜和渍酸菜等。

6. 食品辐照保藏

主要用于食品杀菌、灭虫、抑制蔬菜发芽、延迟果实后熟，以延长食品保藏期。目前使用的辐照源主要有^{60}Co和^{137}Cs产生的γ射线，以及电子加速器产生的低于10MeV的电子束。

食品辐照具有穿透力强、几乎不改变食品感官性状和营养成分、不会造成非食品成分的残留、节省能源、加工效率高等优点，因而发展空间较大。此方法要注意照射剂量的控制。

评价辐照食品是否安全一般考虑的因素：①是否在食品中产生放射性；②对食品感官性状的影响；③对食品营养成分的影响；④可能产生的有害物质。1980年，世界卫生组织（WHO）、联合国粮食及农业组织（FAO）和国际原子能机构（IAEA）三个国际组织的联合专家委员会，经过对10年的研究结果和各国进行辐照食品安全性数据的审查，得出"任何食品总体平均剂量低于10kGy没有毒理学危险，用此剂量辐照的食品不再要求做毒理学实验，同时在营养和微生物学上也是安全的"的结论。我国辐照技术已被应用于粮食、蔬菜、水果、肉类、干果、调味品6大类食品的杀菌保藏。

辐照食品的管理涉及辐照设施安全性管理、食品卫生管理和有关辐照工艺和剂量管理三个方面。我国《食品标识管理规定》和《食品安全国家标准 预包装食品标签通则》规定，经过电离辐射或者电离能量处理过的食品，应当在其标识上标注中文说明。国际食品法典委员会（CAC）提出了《辐照食品通用标准》和《用于处理食品辐照设施的实施细则》。

7．使用防腐剂保藏

常用于食品防腐的添加剂有防腐剂、抗氧化剂。防腐剂用于抑制或杀灭食品中引起腐败变质的微生物，如苯甲酸、山梨酸等；抗氧化剂可用于防止油脂酸败。防腐剂的使用，应该严格按照我国《食品安全国家标准 食品添加剂使用标准》（GB 2760—2014）的规定。

四、食品的病毒污染及预防

（一）概述

1．污染源

一般情况下，病毒只寄生在活细胞内才能存活和复制，因此，人和动物是病毒复制的主要宿主和传播的主要来源。

（1）患者和健康病毒携带者　患者是重要的传染源，尤其在临床症状明显时期，病毒传播能力最强。此外，有些病毒携带者表面健康，但处于传染病的潜伏期。在一定条件下可向外排毒。由于没有明显的临床症状，因而具有更大的传染隐蔽性。

（2）受病毒感染的动物　由于畜牧养殖业的发展和流通及人们捕食野生动物，使一些人畜共患病毒通过各种渠道流通，最终传染给人，对人类健康和生命造成威胁，如口蹄疫、禽流感、疯牛病等。

（3）环境和水产品中的病毒　有些病毒粒子可在土壤、水、空气中存活很长时间，可造成水产品、谷物、蔬菜等食品造成污染。例如，引起小儿麻痹症的脊髓灰质炎病毒可在污泥和污水中存活10天以上，使在其中生长的蔬菜等食品可能带上病毒。贝类浓缩海水中肠道病毒的能力非常强，一只毛蚶滤水5～6L/h，一只牡蛎滤水40L/h，它们可以将病毒存留在自己体内成为保毒宿主。当食用这些贝类时，如果加热不彻底，会引起食源性病毒感染，如甲型肝炎病毒。

2．污染路径

来源于污染源的病毒可通过各种路径污染食品，传播方式主要有以下几种。

（1）携带病毒的人和动物通过粪便、排泄物、尸体等直接污染食品原料和水源，如细小病毒、呼吸道病毒、肠道病毒等。

（2）带有病毒的食品从业人员通过手、生产工具、生活用品等在食品加工、运输、销售等过程中对食品造成污染，如肝炎病毒。

（3）感染或携带病毒的动物可能导致动物源性食品的病毒污染，如牛、羊、猪肉中的口蹄疫病毒，禽和禽蛋中禽流感病毒的污染。

（4）蝇、鼠、蟑螂等病媒生物可作为某些病毒的传播媒介，造成食品污染，如流行性出血热病毒。

（5）污染食品的病毒被人和动物食入并在体内繁殖后，又可通过生活用品、粪便、唾液、动物尸体等对食品造成再污染。

3．病毒污染食品的特点

（1）散在发生或流行性发生　病毒污染食品有可能是散在性发生，也有可能是流行性发生，两者之间没有联系或者相关性。散在性发生是指由于安全防范措施、地域及自然条件不同，使病毒污染食品的事件呈零星发生，污染事件之间没有明显的线性关系。流行性发生是指在同一时期、同一地区某种病毒污染食品的数量显著超过了平时的污染量，表现为流行性污染。此外，病毒污染大流行是指食品流行性污染的进一步发展，在一定时期内迅速传播，波及范围大。而暴发污染指发病具有突然性，食品在短时间内发生大批量的病毒污染。

（2）季节性和周期性　病毒污染和流行具有明显的季节性，如肠道病毒污染多发生在夏秋季节，而呼吸道病毒的污染多发生在冬春季节。此外，一些病毒对食品的污染具有周期性变化的特点。

（3）区域性和外来性　病毒污染和流行具有区域局限性，指有些病毒对食品的污染与其发生所需自然条件、传播媒介以及当地居民生活习惯等因素有关，并呈现区域局限性。此外，病毒污染和流行还表现出外来性，有些病毒本地区以前没有，随着商品的流通造成跨地区污染传播，如禽流感、口蹄疫、疯牛病等病毒可呈现跳跃式跨国传播。

（二）常见可经食品传播的病毒及控制

常见的可经食品传播的病毒主要有甲型肝炎病毒、戊型肝炎病毒、诺如病毒、轮状病毒、禽流感病毒、朊病毒、口蹄疫病毒等。它们的传播和污染食品的途径及控制措施见表2-2。

表2-2　常见可经食品传播的病毒及控制措施

病毒名称	污染食品途径	控制措施
甲型肝炎病毒（HAV）	甲型肝炎传染源通常是急性病人，病人自潜伏期末期至发病后10天传染性最大。粪—口途径是HAV的主要传播路径，随水和食物（尤其是水生贝类如毛蚶、牡蛎等）传播是甲肝暴发流行的主要传播方式，上海市1988年暴发的传染规模达31万人的甲型肝炎，就是因为食用了未熟透的被污染毛蚶所致。日常生活接触（不良的个人卫生习惯引起）可引起散发性传染，如患者体内病毒通过分泌物排出，使患者的手等体表部位带有病毒	预防措施主要为控制传染源、切断传播途径，加强饮食、饮水、环境卫生包括粪便的管理；养成良好的个人卫生习惯，改变不良饮食习惯。餐饮从业人员可主动接种甲肝病毒疫苗，以增强免疫力
戊型肝炎病毒（HEV）	HEV主要经粪—口途径传播，传染源为病人或病毒携带者，潜伏期末和急性期初的病人，粪便排毒量大，传染性最强，有研究显示，猪、牛、羊、狗、鼠和鸡等动物中也检测到HEV。HEV随粪便排出，主要经污染水源、食物引起散发或暴发流行。日常生活接触也是重要的传播方式	同HAV，切断粪—口传播途径预防是关键

续表

病毒名称	污染食品途径	控制措施
诺如病毒	主要经粪—口途径传播，传染源主要为病人或病毒携带者，其粪便及其他排泄物污染水源后，进而污染贝类、蔬菜等食品。进食生的或未煮熟的被污染贝类、蔬菜等容易被感染。生吃贝类食物是导致暴发流行的最常见原因。日常生活接触传播也会带来感染	做好个人防护，注意个人卫生，勤洗手；喝开水，不吃生冷食品和未烧熟煮透食品，尤其禁止生食贝类等水产品，生吃蔬菜、瓜果要彻底洗净；减少外出就餐，尤其无牌无证的街边小店
轮状病毒	感染路径为粪—口传播，感染源为病人和无症状带毒者。轮状病毒主要存在于人和动物肠道内，通过粪便污染土壤、食品和水源。在人群生活密集的地方，轮状病毒主要是通过带毒者的手造成食品污染而传播的，感染轮状病毒的从业人员在食品加工、运输和销售时可能使食品受到污染	食品加工企业应加强对员工的卫生健康管理，防止带毒人员通过各种路径污染食品；讲究个人卫生，饭前便后要洗手；冷藏食品食用前要进行加热处理，对可能污染的食品，一定要彻底加热杀；可接种轮状病毒疫苗，以增强免疫力
禽流感病毒	主要的传染源为患禽流感或携带禽流感病毒的鸡、鸭、鹅等家禽，其他禽类、野禽或猪、候鸟也有可能成为传染源。人感染禽流感病毒途径主要是接触传染，通过密切接触感的禽类及禽禽的粪便、羽毛、呼吸道分泌物、血液等，以及受病毒污染的水、食物、器具等引起感染，禽流感病毒可通过消化道和呼吸道进入人体传染给人，也可经过眼结膜和破损皮肤引起感染	不接触、不食用病（死）禽、畜肉，不购买无检疫证明的鲜、活、冻畜及其产品；生禽、畜肉和鸡蛋等一定要烧熟煮透；在食品加工、食用过程中，一定要做到生熟分开，避免交叉污染，处理生禽、畜肉的案板、刀具和容器等不能用于熟食；保持良好的个人卫生习惯，不喝生水；保持手部卫生，常洗手；在做食品之前、制作之中以及制作之后，以及餐前便后、处理生禽畜肉和生鸡蛋后等，均要洗手
朊病毒	目前已知朊病毒主要通过受孕母牛经胎盘传染给犊牛和食用患病动物肉骨加工成的饲料两种传播途径，而病牛粪便很可能是传播疯牛病的第三条途径。目前没有证据证明朊病毒会通过牛乳或乳制品传给人或动物，但是出于安全考虑，各国仍然被禁止饮用疑似患疯牛病的母牛所产的牛乳	对所有病畜及同群易感畜以无出血方式扑杀并进行焚化深埋处理
口蹄疫病毒	患病或带毒的牛、羊、猪、骆驼等偶蹄动物是口蹄疫病毒的主要传染源。发病初期排毒量最大，毒力最强，传染性最高。另外，处于潜伏期和痊愈后的带毒动物也可向外排毒。病毒排向外界后，可污染食品和水源。口蹄疫病毒可通过消化道、呼吸道、皮肤和黏膜感染到人，食用病畜乳、乳脂和挤乳、处理病畜时发生接触感染是主要的传播路径	动物做好防疫工作和成品检疫，加工生肉的刀、砧板、容器等要与熟食分开，避免交叉污染

五、食品的寄生虫污染及控制

部分寄生虫可以感染或污染食品，通过食品传播疾病。常见寄生虫的污染或感染食品途径及控制措施见表2-3。

表2-3 常见寄生虫污染或感染食品途径及控制措施

寄生虫	污染或感染食品途径	控制措施
蛔虫	蛔虫感染者为本病唯一传染源。宿主排出的粪便中含有大量蛔虫卵，可污染土壤、饮水、蔬菜瓜果、手；并可使蝇、鼠等病媒生物携带虫卵，经各种途径污染食品。人多因食用未经洗净或未经高温烧熟的受污染食物和饮水受到感染	凉菜制作中原料一定要清洗干净，生熟分开；食品从业人员要按规范操作，养成良好的个人卫生习惯；改水改厕，加强粪便管理，保护水源，保证生活用水的清洁卫生

寄生虫	污染或感染食品途径	控制措施
布氏姜片吸虫	感染的猪和人是终末宿主，为主要传染源。人主要因生食带有布氏姜片吸虫囊蚴的荸荠、茭白、菱角等水生植物而感染，也可因饮用囊蚴污染的生水而感染	注意饮食卫生，不生食水生植物，不喝河塘生水；及时治疗患者和病畜，切断传染源；推广舍饲养殖方法饲养猪，禁用未经热处理的水生植物或用生长有水生植物池塘的生水喂猪；加强粪便管理，消灭扁卷螺、圆扁螺等中间宿主
旋毛虫	旋毛虫宿主范围很广，目前已知猪、狗、羊、牛、鼠等120多种哺乳动物有自然感染，个别地区猪的感染率可高达50%。人类感染旋毛虫主要是因食或食用未熟的含有旋毛虫幼虫包囊的猪肉或其他动物肉而感染，其中以猪肉及其制品最多见，占发病人数的90%以上，因此，猪是人类旋毛虫病的主要传染源。经肉屑污染的刀具、砧板、餐具、手偶尔黏附有旋毛虫囊包，不慎时可污染食品而造成感染。粪便中、土壤中和苍蝇等昆虫体内的旋毛虫也可污染食物而感染人	认真执行肉的检疫制度，严禁未经检疫的肉和旋毛虫病肉上市销售；加强卫生宣传教育，不吃生的或未煮透的猪肉及野生动物肉；餐饮食品加工中保持良好习惯，防止生熟交叉污染；防止老鼠、苍蝇等病媒生物污染食品
绦虫	人是猪肉绦虫和牛肉绦虫的唯一终末宿主和传染源，猪是主要的中间宿主。感染者通过粪便排出猪肉绦虫或牛肉绦虫虫卵，污染饲料或饮水，分别使猪或牛感染囊尾蚴。人因食入生的或未煮熟的含囊尾蚴的猪肉或牛肉而感染猪肉绦虫病或牛肉绦虫病。也可因食用被污染的腌肉、熏肉、蔬菜等食品或饮用被污染的水而引起感染。肉品加工中生熟不分造成交叉污染也是导致感染的一个重要原因	做好采购原料肉的质量控制，禁止销售含囊尾蚴病肉；用水合格，蔬菜清洗干净，肉类食品应烧熟煮透；禁止生食肉；原料和成品分开，加工用的工具、容器要生熟分开，避免交叉污染；餐饮从业人员遵守操作规范。个人讲究卫生，饭前便后要洗手；查治患者，合理处理粪便，提倡以圈舍饲养猪和牛
华支睾吸虫	患者、带虫者、受感染的家畜和野生动物均可成为传染源，动物中以猫为主，其次为狗、猪和鼠。人因生食或食入未煮透的含有华支睾吸虫囊蚴的鱼、虾而感染。广东人因吃生鱼虾、生鱼粥或烫鱼片，华东地区部分居民喜食醉虾蟹而发病率较高	预防经口感染是防控关键，改进饮食习惯和烹调方法，不吃生鱼虾及未熟的鱼虾类；厨房卫生管理工作到位，生熟餐具严格分开，避免囊蚴污染食品；禁止用生鱼虾喂养猫、狗等，以免引起感染，定期对动物进行驱虫；规范人畜粪便管理，防止粪便污染水源和鱼塘；消灭中间宿主淡水螺
卫氏并殖吸虫	患者、带虫者、病畜和保虫宿主均为传染源。在某些地区，犬是主要传染源。囊蚴经口感染人体，人体感染主要是因为食用了生的或半生的含囊蚴的溪蟹或蝲蛄而感染；也有因食用含囊蚴的野猪肉或饮用生溪水感染	加强卫生宣传教育，养成良好饮食习惯，不吃生的和半生的溪蟹、蝲蛄、蝲蛄酱、蝲蛄豆腐和醉蟹，不饮用生溪水；加强水源管理，防止人畜粪便和病人痰液污染水源；查治病人和受感染的犬、猪等，以切断传染源；消灭中间宿主，在流行地区大量消灭蜗牛
广州管圆线虫	经口传染是广州管圆线虫的主要感染路径。人多因食用生的或半生的含有第三期幼虫的螺、虾、蟹等被感染。此外，被幼虫污染的水、蔬菜、瓜果也可能引起食用者感染	开展健康宣传教育，改变生吃或半生吃水产品的不良习惯，不要食用生鲜或未经彻底加热的螺、虾、蟹和其他水产品，尤其是福寿螺，一定要高温煮熟。生吃蔬菜瓜果要洗净，不喝生水；生熟用具分开，避免交叉污染；从事螺肉加工的工人、厨师等人员要做好防护；鼠类是广州管圆线虫的终宿主，做好灭鼠工作具有重要意义
异尖线虫	成虫主要寄生于海栖哺乳动物如鲸、海豚、海狮、海豹的胃中，第三期幼虫寄生于多种海产鱼类（可能携带该寄生虫的海鱼范围极广，可见于鳕鱼、浮鱼、太平洋鲑鱼、鲱鱼、比目鱼、鲅鳑鱼、带鱼、沙丁鱼、鲳鱼、黄鱼等）的肌肉、肠、肠系膜、胃、肝及腹腔中。人由于食用生的或未煮熟的含有异尖线虫三期幼虫的海鱼或海产软体动物而感染异尖线虫病	食用符合进口鱼类卫生检验的海产品，不食用三无食品；不建议生食，加工中要充分熟透。不建议食用海鱼内脏，如食用鱼肚、鱼肠等一定要熟透；在加工海产鱼类时，应注意生熟分开，避免交叉污染

六、食品的害虫污染及控制

食品害虫是指能引起食源性疾病、毁坏食品和造成食品腐败变质的各种害虫。食品害虫属于节肢动物门的昆虫纲和蛛形纲，大多是昆虫和螨类，主要危害储藏食品。

（一）食品害虫的特点和危害

食品害虫种类繁多、分布广泛、抵抗力强，耐热、耐寒、耐干燥、耐饥饿、食性复杂、适应力和繁殖力强，而且虫体小、易隐蔽，有翅的害虫可进行远距离飞行和传播。因此，食品害虫极易在食品中生长繁殖，粮食和油料被侵害非常普遍，干果、干菜、鱼干、腌腊制品、乳酪等食品中也会出现害虫滋生。

害虫在食品中生长繁殖，可蛀食、剥食和侵蚀食品，造成食品损失。据FAO调查发现，每年世界各国谷物及其制品在储藏期间的损失率为9%～50%，平均为20%。害虫分解食品蛋白质、脂类、淀粉和维生素等营养成分，使食品感官性状、营养价值和加工性能降低。害虫侵蚀食品后的遗留物，包括分泌物、虫尸、粪便、蜕皮和食品碎屑等，使食品更易被害虫和微生物污染。害虫大量滋生时产生的热量和水分，促进微生物生长繁殖，可能导致食品腐败变质，表现为发热、发霉、变味、变色和结块等。另外，苍蝇、蟑螂和螨还可携带病原体，通过食品传播疾病，危害人类健康。

（二）昆虫

昆虫有100多万种，是所有生物中种类和数量最多的一个群体。影响食品安全的主要是鞘翅目、鳞翅目、双翅目和蜚蠊目。广泛存在于粮食和其他储藏食品中的主要有玉米象、谷蠹、锯谷盗、赤拟谷盗、杂拟谷盗、大谷盗、麦蛾、印度谷螟、粉斑螟等，其中玉米象、谷蠹和麦蛾是我国三大仓虫。国内主要检疫的害虫有谷象、蚕豆象、豌豆象和谷斑皮蠹等。

（三）螨类

螨属于蛛形纲、蜱螨目，共有5万多种，是一类体型微小的节肢动物，肉眼不易观察到。许多螨类可在谷物、面粉、干果、干肉、干酪、蛋粉、干鱼等储藏食品中生长，危害严重，并有病原性或病媒性。食品中常见的螨类有粉螨、尘螨和革螨等。

（四）食品害虫的防治

防治食品害虫，必须遵循"以防为主、综合防治"的原则，可采取清洁卫生防治、物理与机械防治、生物防治、化学防治、检疫防治等多种措施。

1. 加强食品卫生管理

保持食品加工间和储藏库清洁卫生和干燥，妥善保藏食品，防止害虫滋生。使用风幕、纱幕和双道门等防止苍蝇进入食品加工车间。及时清理垃圾和废弃物，防止苍蝇和蟑螂的滋生。

2. 防虫、灭虫和灭鼠

改善仓储条件，控制库内温度、湿度，采用低温储藏、气调储藏、辐照或药剂熏蒸食品，防止害虫滋生。使用生物、物理和化学方法杀灭害虫和鼠类。

3．加强食品害虫检疫

加强食品害虫的检验检疫工作，特别是在食品入库前、储藏中和进出口时。

4．提高食品质量

粮食成熟度要高，保持食品完整，减少杂质，提高食品质量，增强食品抗虫性能，可抑制害虫滋生。

第三节　食品的化学污染及控制

食品的化学性污染是指各种有毒有害的有机和无机化学物质对食品造成的污染，主要包括农药污染、兽药污染、有毒金属污染、N-亚硝基化合物污染、多环芳烃类化合物污染、二噁英污染、多氯联苯污染、食品接触材料及制品对食品的污染等。其特点是：①污染物来源复杂、种类繁多，污染途径复杂多样，不易控制；②受污染的食品外观一般无明显的改变，不易鉴别；③污染物性质稳定，在食品中不易清除；④污染物蓄积性强，通过食物链的生物富集作用可在人体内达到很高的浓度，易对健康造成多方面的危害，特别是"三致"作用。

一、农药残留及控制

（一）概述

1．农药的概念

农药指用于预防、控制危害农业、林业的病、虫、草、鼠和其他有害生物以及有目的地调节植物、昆虫生长的化学合成药物或者来源于生物、其他天然物质的一种物质或者几种物质的混合物及其制剂。

2．农药的分类

（1）按其用途可分为杀虫剂、杀菌剂、杀螨剂、杀线虫剂、灭鼠剂、除草剂、熏蒸剂、植物生长调节剂等。

（2）按化学组成与结构可分为有机氯类、有机磷类、氨基甲酸酯类、拟除虫菊酯类、有机砷类、有机硫类等。

（3）按成分和来源可分为无机、有机和生物农药。

（4）按急性毒性大小可分为剧毒、高毒、中等毒、低毒农药。

（5）按残留特性可分为高残留、中等残留、低残留农药。

3．农药残留和残留限量

农药残留是指由于使用农药而在食品、农产品及动物饲料中出现的任何特定物质，包括被认为具有毒理学意义的原药及其衍生物，如农药转化物、代谢物、反应产物以及杂质等。

农药残留的数量称为农药残留量，以每千克样本中含有多少毫克表示。最大残留限量是指按照良好农业规范使用农药后，允许农药在各种农产品及食品中或其表面残留的最大浓度。再残留限量是指一些持久性农药虽已被禁用，但还长期存在于环境中，从而再次在食品中形成残留，为控制这类农药残留对食品的污染，我国还制定了其在食品中的再残留限量。

（二）食品中农药残留的主要来源

动植物在生长期间，食品在生产、加工、流通、储存等过程中均可受到农药的污染。农药主要通过以下途径污染食品。

1. 施药造成的直接污染

农作物生长过程中施用农药，部分农药可附着在农作物表面，也有部分农药可被农作物吸收，进入植株内部，经代谢后残留其中，皮、壳和根茎部的残留量较高；在畜禽和水产养殖过程中，为了杀灭动物寄生虫或其他生活害虫，也将部分农药用于养殖动物和养殖环境中，造成畜禽和水产品的农药污染及残留；农产品储存过程中，出于防止害虫侵袭、发芽以及保鲜防腐等目的使用农药造成农产品的二次农药污染。

2. 动植物从污染的环境中吸收农药

农药施用后，一部分会散落在土壤、大气和水中，成为环境污染物。农作物可从被污染的土壤和灌溉水中吸收农药，导致食品中的农药残留；鱼、虾、贝和藻类等水生生物可从被污染的水体中吸收农药而引起残留；畜禽类可通过饮用被污染的水吸收农药，引起畜禽产品的农药残留。

3. 通过食物链污染食品

受农药污染的饲料被畜禽食用后可使肉、蛋、乳等食品受到污染；含农药的工业废水污染江河湖海进而污染水产品；环境中有些农药的轻微污染经食物链传递和生物富集作用逐级浓缩而造成食品中农药的高度残留和对人体健康的危害。

4. 其他途径的污染

粮库内使用熏蒸剂可使粮食受到污染；食品在储存、运输、加工等过程中混装、混放可受到容器及车船沾染农药的污染等。

总的来说，食品中农药的残留受到农药的种类、性质、剂型、使用方法、施用浓度、施用时间、使用次数、环境条件、动植物的种类等因素的影响。性质稳定、生物半衰期长、与组织亲和力高及脂溶性强的农药，容易经食物链富集，在食品中的残留量就高。此外，施药次数多、浓度大、间隔时间短，食品中农药的残留量也高。

（三）食品中常见的农药残留及其毒性作用

1. 有机氯农药

有机氯农药是人类最早使用的化学合成农药，常用的有DDT、六六六、狄氏剂、艾氏剂、氯丹、毒杀芬等。有机氯农药持效期长、广谱、高效、急性毒性小，但不易降解，在环境中非常稳定，属于高残留农药。如DDT在土壤中的半衰期长达3～10年，降解95%的DDT需要16～33年。该类农药的脂溶性强，主要蓄积在脂肪组织，且生物富集作用强。有些品种如DDT、氯丹、艾氏剂、狄氏剂、灭蚁灵等属于禁用或严格限用的持久性有机污染物。

有机氯农药属中等毒或低毒类农药。急性毒性主要表现为神经系统和肝、肾的损害，慢性毒性主要是肝脏病变、血液和神经系统的损害；某些品种会扰乱激素分泌，具有一定雌激素活性；部分品种及代谢产物可通过胎盘屏障，对胎儿表现出一定致畸性。

我国已于1983年停止生产、1984年停止使用有机氯农药，但由于其强残留性，到现在仍对食物造成污染。《食品安全国家标准 食品中农药最大残留限量》（GB 2763—2021）中仍然规定了DDT、六六六、艾氏剂、狄氏剂、毒杀芬、林丹、氯丹、灭蚁灵、七氯、异狄氏剂的再残留限量。这10种有机氯农药也属于持久性有机污染物，被列入《斯德哥尔摩公约》。

2. 有机磷农药

有机磷农药是具有抗胆碱酯酶活性的一类化合物，是目前使用范围最广、使用量最大的农药，主要用作杀虫剂，约占杀虫剂总量的50%。部分品种可用作杀菌剂、杀线虫剂、除草剂、植物生长调节剂、昆虫不育剂等。大部分品种化学性质不稳定，易光解、碱解、水解和酶解，生物半衰期短，在土壤中仅存数天（个别品种长达数月），在农作物、动物和人体内的蓄积性也较低，具有降解快和残留量低的特点。但由于长期使用，害虫和杂草普遍对该类农药产生了抗药性，迫使用量越来越大，使其成为污染最为严重的农药。

有机磷农药是目前常用农药中毒性最大的一类农药，其毒性也有强弱之分。早期的有机磷农药多数为高效高毒品种，如对硫磷、甲胺磷、甲拌磷、治螟磷等；而后逐渐研制出高效中等毒、低毒、低残留品种，如乐果、敌百虫、马拉硫磷、杀螟硫磷、乙酰甲胺磷等。我国自2007年1月1日起，全面禁止在国内销售和使用甲胺磷、对硫磷、甲基对硫磷、久效磷、磷胺5种高毒有机磷农药。

有机磷农药的急性毒性主要是抑制胆碱酯酶的活性，使体内乙酰胆碱蓄积，导致胆碱能神经功能紊乱而出现的一系列神经系统中毒症状。有些品种有迟发性神经毒性，即在急性中毒后第二周出现神经系统症状。慢性毒性主要表现为神经系统、血液循环系统和视觉损伤。多数有机磷农药无明显的致突变、致癌、致畸作用。但敌百虫、敌敌畏联合使用可使小鼠精子畸形率、骨髓细胞微核率增加，有生殖毒性和致突变作用。

3. 氨基甲酸酯类

氨基甲酸酯类农药主要用作杀虫剂、除草剂，某些品种还可杀菌、杀螨、杀线虫。目前有50多种，大规模使用的仅十几种，主要有异丙威、硫双威、抗蚜威、仲丁威、甲萘威、杀螟丹等。该类农药优点是高效、选择性强，对温血动物、鱼类和人的毒性较低（个别品种毒性大，如克百威、涕灭威等）；生物半衰期短，易于降解，在生物体内蓄积性低。

氨基甲酸酯类也是胆碱酯酶抑制剂，但由于其与胆碱酯酶的结合是可逆的，而且在体内很快被水解，所以其毒性作用比有机磷农药小，且无迟发性神经毒性。有些品种如甲萘威的代谢产物可使染色体断裂，有致突变、致畸的可能性。在弱酸性条件下该类农药可与亚硝酸盐生成亚硝胺，故可能有一定的潜在致癌作用。

4. 拟除虫菊酯类

拟除虫菊酯类农药是一类模拟除虫菊所含的天然除虫菊素的化学结构合成的仿生农药，主要用作杀虫剂和杀螨剂。该类农药自20世纪80年代初开始在我国使用，品种已达80多种，与有机磷、氨基甲酸酯类一起，成为三大类农药。常用的有溴氰菊酯、氯氰菊酯、氟氯氰菊酯、胺菊酯、醚菊酯、氰戊菊酯等。该类农药高效、杀虫谱广、持效期长、毒性低、半衰期短、低残留，对人畜较为安全，但易使害虫产生抗药性。

拟除虫菊酯类多属中等毒或低毒农药，急性中毒主要由含氰基的溴氰菊酯、氯氰菊酯等引起，主要作用于神经系统，通过影响神经轴突的传导而导致肌肉痉挛等。因蓄积性和残留量低，慢性中毒少见。有的品种如溴氰菊酯、氯氰菊酯和氰戊菊酯对皮肤有刺激和致敏作用，可引起感觉异常（麻木、瘙痒等）和迟发性变态反应。个别品种（如氰戊菊酯）大剂量使用时有一定致突变性和胚胎毒性。

5. 除草剂

又称除莠剂，用以消灭或控制杂草的生长。由于杂草的生长，全世界谷物的损失率高达10%以上，因此除草剂用量很大。常用的有2，4-二氯苯氧乙酸、2，4，5-三氯苯氧乙酸、除草醚、敌草隆、草净津等。

大多数除草剂毒性较低，且由于多在农作物生长的早期使用，故收获后的残留量通常很低，因此对人和动物危害相对较小。但部分品种有不同程度的致畸、致突变、致癌作用和急性毒性。

6. 杀菌剂

杀菌剂是一类用于防治由各种由病原微生物引起的农作物病害的农药，一般指杀真菌剂。通常又作为处理农作物及其生长环境，以减少或消灭各类病原微生物，或改变农作物的代谢过程，提高农作物抗病能力，达到预防或阻止病害发生和发展的农药的总称，包括杀细菌剂和杀病毒剂。主要有有机汞、有机砷、有机硫、有机锡、苯并咪唑、有机磷、抗生素类杀菌剂等，其中有机汞、有机砷类农药不易降解，有蓄积作用，且毒性较大，在我国已停止使用。

有机硫杀菌剂对哺乳类动物的皮肤和呼吸器官有刺激作用，对甲状腺功能有不良影响，且有一定的致癌性；有机锡类属于毒性大的神经毒素，且有的品种有致癌性，在许多国家已被禁用；苯并咪唑类部分农药品种有一定的致畸、致癌作用。

7. 生物农药

用来防治病、虫、草等有害生物，具有农药特性的生物活体及其产生的生理活性物质和转基因产物，包括微生物农药、生物化学农药、植物源农药、农用抗生素、转基因生物农药和天敌生物农药。与传统化学农药相比，生物农药具有对人畜和非靶标生物安全性高、环境兼容性好、不易产生抗药性、可保护生物多样性等特点。所以，高效生物农药的开发应用对人类健康、环境保护和农业的可持续发展有着极其重要的意义。应注意的是，生物农药对环境生物也有一定的危害，如使用雷公藤、烟草碱制成的生物农药对鸟、蜜蜂和蚕的毒性较高。

（四）预防控制措施

1. 加强农药生产经营管理

为了加强农药生产和经营的法制化和规范化管理，许多国家设有专门的农药管理机构，建立了严格的登记制度。我国《农药管理条例》规定，农药的登记和监督管理归属于国务院农业行政主管部门，并实行农药登记制度、农药生产许可制度、产品检验合格证制度和农药经营许可制度。要求农药在投产前或国外农药进口前必须登记，凡需登记的农药必须提供农药的毒理学评价资料和产品的性质、药效、残留、对环境的影响等资料。未经登记的农药不准生产、进口、销售和使用。生产农药要由国务院工业产品许可管理部门核发农药生产许可证后才可投入生产；农药经营者要先取得经营许可证。

2. 加强农药使用管理

农业部门应当加强对农药使用的指导，重点加强对蔬菜、水果等生产企业、农民专业合作社的技术指导，督促其建立、健全和完善农产品生产记录；利用基层农技推广体系对农民进行合理使用农药的培训。农药使用者应严格按照规定的使用范围、方法、技术要求和注意事项使用农药，不得随意扩大使用范围、加大施药剂量或者改变使用方法，并遵守安全隔离期的规定。开展低毒生物农药示范推广和病虫害专业化统防统治。

3. 执行残留限量标准

我国的《食品安全国家标准 食品中农药最大残留限量》（GB 2763—2021）共规定了564种农药在376种（类）食品中10092项最大残留限量和相应的检测方法。农业部门应当制订并组织实施农药监督抽查计划，建立先进的农药残留分析检测系统，加强食品中农药残留的风险监测和风险评估。工商部门应禁止销售农药残留量超标的农产品。

4. 调整农药品种结构

禁用或限用高毒、高残留的农药，促进农药产品的升级换代，完善混配制剂，发展安全、高效的新品种，重点发展控制和调节有害生物生长、发育和繁殖过程的生物农药，应特别重视具有选择性高、低毒、易降解、不易产生抗药性的植物源农药的开发及应用。

5. 消除或降低食品中的农药残留

农药主要残留于粮食的糠麸、蔬菜的表面和水果表皮，可采用去壳、去皮、碾磨、浸泡、洗涤、发酵、蒸煮、油炸等加工烹制方式破坏或部分除去。

6. 尽可能减少农药的使用

通过推广生物防治、物理防治、先进施药器械等措施，减少农药使用量；改革农药剂型和施药方法，应用利用率高、使用量小、污染少的剂型（如微乳剂、悬乳剂、微胶囊剂、缓释剂等）取代污染严重、毒性高、用量大的剂型（如乳油、粉剂、粒剂等）；设立专业化病虫害防治服务组织，对专业化病虫害防治和限制使用农药的配药、用药进行指导、规范和管理；提倡综合防治，如培育抗病虫害的农作物品种，培养昆虫的天敌，改善农作物栽培技术，大力发展无公害食品、绿色食品和有机食品，减少对农药的依赖。

二、兽药残留及控制

（一）兽药与兽药残留概念

1. 兽药

兽药是指用于预防、治疗、诊断动物疾病或者有目的地调节动物生理功能的物质（含药物饲料添加剂）。主要包括疫苗、血清制品、诊断制品、中药材、中成药、化学药品、抗生素、放射性药品、消毒剂等。

2．兽药残留

兽药残留是指食品动物用药后，动物产品的任何可食用部分中所有与药物有关的物质的残留，包括原型药物或（和）其代谢产物《食品安全国家标准 食品中兽药最大残留限量》（GB 31650—2019）。兽药残留主要有抗微生物药物（抗生素类、磺胺类、呋喃类）、抗寄生虫药物（苯并咪唑类），甚至有违禁药物，如激素类、β–肾上腺素受体激动剂及其他促生长剂的残留。

（二）食品中兽药残留的来源

1．滥用药物

主要表现为治疗和预防动物疾病时用药品种、剂型、剂量、部位不当；出于非医疗目的的长期用药；随意加大药物用量；不按规定执行休药期，甚至屠宰前仍用药等。兽药的休药期是指从畜禽停止给药到允许屠宰或允许其产品（蛋、乳）上市的间隔时间。

2．使用违禁或淘汰药物

如在防治动物疾病时使用已禁用的氯霉素、氨苯砜、呋喃它酮、呋喃唑酮；为增加肉品瘦肉率而在动物饲料中加入违禁的盐酸克伦特罗；为预防和治疗鱼病，在水中使用违禁的孔雀石绿；为使甲鱼肥壮而使用违禁的己烯雌酚等。

3．不按规定在饲料中添加药物或违规使用饲料添加剂

如在饲料中添加抗生素等药物来抑制微生物生长、繁殖以减少动物患病带来的损失；使用《饲料药物添加剂使用规范》及有关规定以外的饲料添加剂；符合规定范围，但不按规定的用法与用量、注意事项使用；把治疗药物当成添加剂使用，如用抗生素菌丝体及其残渣作为饲料添加剂来饲养动物等。

（三）常见兽药残留的毒性作用

1．急性毒性

有些兽药毒性较大，过量使用或非法使用禁用品种可导致急性中毒。如红霉素等大环内酯类可导致急性肝损伤；盐酸克伦特罗（瘦肉精）含量过高可使人心跳加快、心律失常、肌肉震颤、代谢紊乱等。

2．慢性毒性和"三致"作用

如经常摄入低剂量的兽药残留物，残留物在体内慢慢蓄积，可导致各种器官的病变，或使人体产生一些不良反应。如磺胺类可破坏人体的造血功能，引起肾损害；氯霉素可引起再生障碍性贫血；四环素类可与骨骼中的钙结合，抑制骨骼和牙齿的发育；庆大霉素和卡那霉素等可损害前庭和耳蜗神经，导致眩晕和听力减退；雌激素类、硝基呋喃类、砷制剂等有致癌作用；某些喹诺酮类有致突变作用；苯并咪唑类抗蠕虫药有潜在的致突变性和致畸性。

3．产生耐药性和破坏肠道菌群平衡

细菌耐药性是指有些细菌对通常能抑制其生长繁殖的某种浓度的抗菌物质产生耐受性。细菌耐药性可降低抗生素的疗效，为达到治疗效果，抗生素的使用剂量不断加大，又加重了

细菌耐药性，这种恶性循环使得动物性食品中的抗生素残留量不断增加。抗生素类兽药的大量使用可使动物体内的金黄色葡萄球菌和大肠埃希菌等产生耐药菌株，甚至从单药耐药发展到多重耐药。有资料表明畜禽肉类、蛋、乳中都有耐药菌株存在。

人如果经常食用抗生素残留量高的动物性食品，会抑制甚至杀灭肠内敏感菌，而某些耐药菌和机会致病菌则会大量繁殖，使得肠道菌群平衡发生紊乱，从而导致肠道感染、腹泻和维生素缺乏病等。

4. 过敏反应

某些抗菌药物（青霉素类、四环素类、磺胺类、呋喃类、氨基糖苷类等）具有抗原性，可刺激人体内抗体的形成，引起过敏反应。严重者短时间内出现血压下降、皮疹、喉头水肿、呼吸困难等症状。其中以青霉素类引起的过敏反应最为常见，也最为严重。

5. 激素样作用

甲睾酮、丙酸睾酮、苯甲酸雌二醇等性激素在鳝鱼、鳗鱼等水产的养殖过程中常作为促生长剂使用。长期食用残留促生长剂的食品可引起儿童性早熟、女性男性化或男性女性化等问题，并可能诱发乳腺癌、卵巢癌。

（四）预防控制措施

1. 加强兽药的生产经营管理

兽药注册机关为国务院兽药行政管理部门。新兽药研制应按规定进行兽药残留试验并提供休药期、最高残留限量标准、残留检测方法及其制定依据的资料。兽药生产企业必须获得兽药生产许可证方可投入生产。兽药经营者应先取得经营许可证，遵守国家兽药经营质量管理规范，购进兽药时要严格核对检验，售出时要向购买者详细说明兽药使用知识，并建立购销记录。

2. 合理规范使用兽药

兽药使用单位应严格遵守兽药安全使用规定，建立用药记录，确保动物及其产品在用药期、休药期内不被用于食品消费。禁止将原药直接添加到饲料及动物饮水中或者直接饲喂动物。禁止使用违禁药物作为饲料添加剂。

3. 执行动物性食品的残留限量标准

《食品安全国家标准 食品中兽药最大残留限量》（GB 31650—2019）规定了动物性食品中阿苯达唑等104种（类）兽药的最大残留限量；规定了醋酸等154种允许用于食品动物，但不需要制定残留限量的兽药；规定了氯丙嗪等9种允许作治疗用，但不得在动物性食品中检出的兽药。农业、食品药品监督管理等相关部门应加强对农产品中兽药的检测，禁止销售含有违禁药物或者兽药残留量超标的动物性食品。

4. 调整兽药品种结构

为加强饲料、兽药的管理，禁止在饲料和动物饮用水中添加激素类药品和国家规定的其他禁用药品，原中华人民共和国农业部（简称原农业部）先后发布了《禁止在饲料和动物饮用水中使用的药物品种目录》（第176号公告）、《食品动物中禁用的兽药及其他化合物清单》（第193号公告）、《禁止在饲料和动物饮水中使用的物质》（第1519号公告）。兽药使用者应严格遵守相关规定。

5. 消除或减少食品中兽药残留

选择合适的烹调加工、冷藏等方法可减少食品中残留的兽药。肉制品中的四环素类兽药残留经加热烹调后降解率可达到80%，氯霉素经煮沸30min后至少85%失去活性。另有报道，冷冻虾经γ射线处理，氯霉素可达到检不出水平。

6. 尽可能减少兽药的使用

通过推广良好的养殖规范、改善动物饲养的环境卫生条件、改善营养等措施减少兽药的使用。

三、有毒金属污染及控制

自然界中存在各种金属元素，它们主要通过食物和饮水进入人体，也可以通过呼吸道吸入和皮肤接触等途径进入人体。其中有些金属元素是人体所必需的，但过量摄入时也会对人体产生不同程度的毒性作用，如铬、锰、锌、铜等。有些金属元素在较低摄入量的情况下，即能对人体产生毒性作用或潜在危害，这些金属常称为有毒金属，如汞、镉、铅等。

重金属在人体内能和蛋白质及各种酶发生强烈的相互作用，使它们失去活性，也可能在人体的某些器官中蓄积，如果超过人体所能耐受的限度，会造成人体急性中毒、亚急性中毒、慢性中毒及其他远期损害，对人体健康危害很大。

（一）有毒金属概述

1. 有毒金属污染食品的途径

（1）自然环境的高本底含量 生物体内的元素含量与其所生存环境中元素含量呈正相关。由于不同地区自然环境中元素分布不均，造成某些地区金属元素的本底含量高于其他地区，从而使这些地区生产的动植物中有毒金属含量较高。如我国北方和贵州某些地区，砷的本底含量高于其他地区。

（2）农药的使用和工业"三废"的排放 含有有毒金属的农药的施用、含有各种有毒金属的工业"三废"的不合理排放，会直接或间接地污染食品。即使这些金属毒物在环境中浓度很低，也可通过食物链富集，在食品及人体中达到很高的浓度。

（3）食品加工、储存、运输和销售过程中的污染 在食品加工、储存、运输和销售过程中所使用或接触的机械设备、管道、容器以及加入的某些食品添加剂中含有的有毒金属元素及其盐类，在一定条件下可污染食品。如酸性食品可从上釉的陶、瓷器中溶出铅和镉，从不锈钢器具中溶出铬，机械摩擦可使金属尘粒掺入面粉等。

2. 食品中有毒金属的毒性作用特点

（1）毒性与存在形式有关 以有机形式存在的金属及水溶性较大的金属盐类，通常毒性较大。如有机汞毒性大于无机汞；可溶于水的氯化镉、硝酸镉毒性大于难溶于水的硫化镉、碳酸镉。

（2）蓄积性强 有毒金属进入人体后排出缓慢，生物半衰期较长，易在体内蓄积。因此长期低剂量接触有毒金属可因蓄积而造成慢性损害。

（3）生物富集作用强　经过食物链的生物富集作用，有毒金属可在某些生物体内或人体内达到较高的浓度。如汞在鱼虾等水产品中含量可能高达其生存环境浓度的数百甚至数千倍。

（4）毒性作用以慢性中毒和远期效应为主　除了意外事故污染和故意投毒可引起急性中毒外，有毒金属在食品中的含量一般都比较低，对人体的危害不易及时发现。但在人体内蓄积到一定程度后，容易引起慢性中毒，并可能发生致癌、致畸、致突变作用。

3．预防控制措施

（1）严格监管工业生产中的"三废"排放。

（2）加强源头控制，农田灌溉用水和渔业养殖用水应符合国家相关规定，如《农田灌溉水质标准》（GB 5084—2021）和《渔业水质标准》（GB 11607—1989）。

（3）禁止使用含有毒金属农药并严格控制有毒金属和有毒金属化合物的使用；控制食品加工过程中有毒金属的污染，包括限制食品加工设备、管道、容器中铅、镉的含量，推广使用无铅汽油等。

（4）制定食品中有毒金属允许限量标准并加强监督检验。

（二）几种主要有毒金属对食品的污染及控制

1．汞

又名水银，银白色液体金属，易蒸发，常温下可形成汞蒸气。自然界中汞以单质汞、无机汞和有机汞三种形态存在。

（1）污染途径　汞及其化合物被广泛应用于工农业生产和医药卫生行业中，可通过废气、废水、废渣的排放污染环境，进而污染食品。

汞对食品的污染主要见于被污染的水产品。污染水体的金属汞或无机汞在某些微生物作用下可转化为毒性更强的有机汞（以甲基汞为主），并可通过食物链的生物富集作用在鱼、贝等体内达到很高的含量。除水产品外，汞还可以通过含汞废水灌溉农田污染农作物和饲料，从而造成粮豆类、蔬菜水果和动物性食品的汞污染。2007年进行的第四次中国总膳食研究结果显示，我国居民膳食中汞的平均摄入量为4.79μg/d，主要食物来源为水产品、谷类和蔬菜；膳食甲基汞的平均摄入量为0.37μg/d，主要食物来源为水产品。

（2）毒性作用　植物性食品中的汞以无机形态存在，而水产品中以甲基汞为主。金属汞几乎不被吸收，无机汞吸收率很低，而有机汞生物利用率很高，尤其甲基汞生物利用率可高达95%。被吸收的甲基汞可与蛋白质的巯基结合，通过血液循环迅速进入组织细胞，主要蓄积于肝、肾、脑等器官中。由于具有亲脂性，与巯基的亲和力很强，甲基汞可通过血脑屏障、胎盘屏障和血睾屏障，导致胎儿和新生儿汞中毒。大脑对汞亲和力很强，脑中汞浓度可比血液中高3~6倍，进入大脑后导致脑和神经系统损伤。甲基汞还有致畸和胚胎毒性作用。

有机汞是强蓄积性毒物，在人体内生物半衰期平均为70天，在脑内半衰期可达180~250天。长期摄入被甲基汞污染的食品可致甲基汞中毒，其主要表现为神经系统受损，初期表现为疲乏、头晕、失眠，而后肢体末端或口唇周围麻木疼痛，严重者出现共济失调、语言障碍、视觉模糊、听力下降、感觉障碍及精神症状等，严重的可致瘫痪、肢体变形、吞咽困难甚至死亡。孕妇接触后，可使胎儿发生中毒，严重的造成妇女流产、死胎，或使初生婴儿患先天性营养不良、智力低下，甚至发生脑麻痹而死亡。

20世纪50年代日本发生的"水俣病"，就是由于含汞工业废水严重污染水俣湾，当地居民长期大量食用该水域鱼类而引起的甲基汞中毒的典型事件。我国20世纪70年代在松花江流域也曾发生过因江水被含汞废水污染而致鱼体甲基汞含量明显增加，沿岸渔民长期食用被甲基汞污染的鱼类引起的慢性甲基汞事件。

（3）控制措施　①为减少汞对食品的污染，对含汞工业废料排放严格监管，对含汞化学农药我国早已禁止使用。②用烹调方法一般不能直接除汞，但由于汞可以转移进入汤汁中，故弃汤有一定效果。③应告诫公民吃近海水域捕的鲜鱼一周不要超过一次，而且一次不要吃得过多。少食富集汞较高的野鸟也是有效的预防措施。④制定食品中汞的允许限量标准并严格检测。CAC提出，无机汞和甲基汞暂定每周可耐受摄入量（Provisional Tolerable Weekly Intake，PTWI）分别为4μg/（kg·bw）和1.6μg/（kg·bw）。我国现行《食品安全国家标准 食品中污染物限量》（GB 2762—2022）中规定的食品中汞限量标准见表2-4。

表2-4　食品中汞限量标准

食品	限量（MLs）/（mg/kg）	
	总汞（以 Hg 计）	甲基汞
生乳、巴氏杀菌乳、灭菌乳、调制乳、发酵乳	0.01	—
新鲜蔬菜	0.01	—
鲜蛋	0.05	—
水产动物及其制品（肉食性鱼类及其制品除外）	—	0.5
金枪鱼及其制品	—	1.2

注：本表只选择了部分食品中汞限量，其他食品及污染物限量请查询 GB 2762—2022。

2. 镉

银白色金属，在自然界中以硫镉矿形式存在，并常与锌、铜、铅、锰等共存。镉主要用于电镀、油漆、陶瓷、冶炼等工业生产中。

（1）污染途径　含镉工业"三废"，尤其是含镉废水的排放，对环境和食品的污染较为严重。含镉废水灌溉农田，会引起土壤中镉的积累。农作物通过根部吸收土壤中的镉，施用过多含镉量相对较高的化肥（如磷肥）也会造成农作物的污染。因镉盐有鲜艳的颜色且耐高温，故常用做玻璃、陶瓷类容器的上色颜料、金属合金和镀层的成分以及塑料稳定剂等。使用这类食品容器和包装材料也可对食品造成镉污染。

食品中镉的含量一般在0.004～5mg/kg，但由于镉在生物体内的蓄积作用和食物链的生物富集作用，使镉在水产品、动物肾脏等动物性食品中浓度可达到几十到数百毫克每千克，水产品、动物性食品（尤其肾脏）含镉量通常远高于植物性食品。如日本镉污染区稻米平均镉含量为1.41mg/kg（非污染区为0.08mg/kg）；贝类含镉量可高达420mg/kg（非污染区为0.05mg/kg）。目前我国居民膳食镉的主要来源为谷类、蔬菜、水产品和肉类食品，平均摄入量为20.5μg/d。

（2）毒性作用　通过食物摄入是人体内镉的主要来源，吸收率约为5%。镉在人体的吸收受营养状况的影响，膳食中蛋白质、钙、锌等的缺乏可明显增加人体对镉的吸收能力，维生素D也会促进镉的吸收。大多数镉与低分子硫蛋白结合，形成金属硫蛋白，主要蓄积于肾脏（约占全身蓄积量的1/3）和肝脏（约占全身蓄积量的1/6）。镉在体内相当稳定，生物半衰期15～30年。体内的镉可通过粪便、尿液和毛发等途径排出。

镉对体内巯基酶有较强的抑制作用。镉中毒主要损害肾脏、骨骼和消化系统。肾脏是镉慢性中毒的靶器官，镉主要损害肾近曲小管，使其重吸收功能出现障碍，引起蛋白尿、氨基酸尿、糖尿和高钙尿。高钙尿导致体内出现负钙平衡，造成软骨症和骨质疏松。日本神通川地区出现的"痛痛病"（骨痛病），就是由于环境中镉污染通过食物链富集而引起的人体慢性镉中毒。此外，镉干扰膳食中铁的吸收和加速红细胞破坏，可引起贫血。研究表明镉及其化合物对动物和人体有一定的"三致"作用。国际癌症研究机构（IARC）将镉定为Ⅰ级致癌物。

（3）控制措施　①为减少镉对食品的污染，必须对含镉工业"三废"进行无害化处理，使其达到排放标准。②粮食中镉含量不高时，可采用稀释方法，使含镉量减少至符合卫生要求。镉含量较高时，一般经磨碎、水洗等方法加工成淀粉，使成品镉含量降低。③食品的生产和验收控制在国家标准限量内。

3. 铅

银白色重金属，地壳中含量最丰富的重金属元素之一。铅及其化合物广泛用于蓄电池、冶金、油漆、印刷、涂料、陶瓷、医药、农药、塑料等工业生产中。

（1）污染途径　含铅废水废渣的排放可污染土壤和水体，然后经食物链富集，污染食品。环境中某些微生物可将无机铅转变为毒性更大的有机铅。大气中的铅主要来自工业废气和汽车尾气。使用含有机铅的汽油使汽车等交通工具排放的废气中含有大量铅，造成公路干线附近农作物严重铅污染。农业生产中使用含铅农药（如砷酸铅等）可造成农作物的铅污染。食品加工中含铅食品添加剂或加工助剂的使用，如加工皮蛋时加入的黄丹粉（氧化铅）可造成食品铅污染。铅还可通过含铅量高的容器、餐具、食品包装材料带来污染，如用搪瓷杯喝咖啡、橙汁等酸性饮料，易使铅析出。此外，食品加工机械、管道和聚氯乙烯塑料中的含铅稳定剂等均可导致食品的铅污染。目前我国居民膳食铅的平均摄入量为50.5μg/d，主要食物来源为谷类、蔬菜和薯类。

（2）毒性作用　非职业性接触人群体内的铅主要来自食物。儿童吸收率高于成人，成人吸收率低于10%，3个月至8岁的儿童吸收率最高可达到50%。吸收入血的铅有90%以上与红细胞结合后转运至全身，主要储存在骨骼中，肝、肾、脑等组织中也有一定的分布并产生毒性作用。铅在人体内的生物半衰期为4年，在骨骼中的半衰期可长达10年，因此可长期在体内蓄积。

铅主要损害神经系统、造血系统和肾脏，常见症状表现为贫血、神经衰弱、烦躁、失眠，口有金属味、食欲不振、腹痛、腹泻或便秘，头昏、头痛、肌肉关节酸痛等，严重者可导致铅中毒性脑病。慢性铅中毒还可导致凝血过程延长，并可损害免疫系统。儿童对铅较成人敏感，过量摄入铅可影响其生长发育，导致智力低下。铅对试验动物有致癌、致畸和致突变作用，但还没有证据显示铅对人有致癌作用。

（3）控制措施　①铅污染的食品如为表面或局部污染，可剔除被污染部分。粮食受环境污染后，可通过提高米的精白度，来降低铅含量。做饭时反复淘洗，可去掉一部分，也可通过充分稀释使含铅量降至符合卫生要求后供食用。②食品的生产和验收控制在国家标准限量内。

4．砷

非金属元素，因许多性质类似于金属，所以常被归为"类金属"之列。砷及其化合物广泛应用于玻璃、木材、制革、纺织、化工、陶器、颜料、农药、化肥等工业生产中。

（1）污染途径　工业"三废"，尤其是含砷工业废水污染水体以及灌溉农田后污染土壤，可造成对水生生物和农作物的砷污染。水生生物尤其是甲壳类和某些贝类对砷有很强的富集能力，其体内砷含量可高出其生活水体数千倍，但其中大部分是毒性较低的有机砷；过量使用含砷农药或未遵守安全隔离期，可致农作物中砷含量明显增加；另外，食品加工过程中使用的原料、化学物和添加剂被砷污染和误用，以及被砷污染的容器或包装材料也可造成食品的污染。目前我国居民膳食总砷的平均摄入量为62.27μg/d，主要食物来源为谷类、水产品和蔬菜；膳食无机砷的平均摄入量为27.4μg/d，主要食物来源为谷类和蔬菜。

（2）毒性作用　砷化合物经消化道吸收进入血液循环后，主要与血红蛋白中的球蛋白结合，迅速分布到全身各组织器官，主要蓄积在肝、肾、脾、肺、毛发、指甲、皮肤和骨骼中。砷的生物半衰期为80～90天，主要经粪、尿排出。

砷的毒性与其存在形式和价态有关。单质砷几乎无毒，砷的硫化物毒性也很低，而其氧化物和盐类毒性较大。As^{3+}的毒性大于As^{5+}，无机砷毒性大于有机砷，其中毒性最强的为As_2O_3（砒霜）。

As^{3+}与巯基有很强的亲和力，可与多种含巯基的酶结合（如胰蛋白酶、丙酮酸氧化酶、α-酮戊二酸氧化酶、ATP酶等）使之失去活性，抑制细胞的正常代谢，引起体内代谢异常。砷还可导致毛细血管的通透性增高，引起多器官的广泛病变。

急性砷中毒主要表现为胃肠炎症状，如剧烈腹痛、腹泻、恶心、呕吐等，严重者可致中枢神经系统麻痹而死亡。慢性砷中毒主要表现为神经衰弱综合征，皮肤色素异常（白斑或黑皮症），手掌和足底皮肤过度角化等。日本曾发生的"森永奶粉中毒事件"，系因奶粉生产中使用了含大量砷盐的磷酸氢二钠作为稳定剂而引起。无机砷化物还有一定的"三致"作用。已证实多种砷化物具有致突变性，可导致基因突变、染色体畸变并抑制DNA损伤的修复。砷酸钠可透过胎盘屏障，对小鼠和仓鼠有一定的致畸性。流行病学调查也表明，无机砷化物与人类皮肤癌和肺癌的发生有关，被IARC定为Ⅰ级致癌物。

（3）控制措施　①厨房里的浸泡处理可使干制品中的砷溶出，溶出量随浸泡时间的延长而增加。②食品的生产和验收控制在国家标准限量内。

四、N-亚硝基化合物污染及控制

N-亚硝基化合物（N-Nitroso Compounds）是一类具有=N—N=O基本结构的有机化合物，包括N-亚硝胺和N-亚硝酰胺两大类。许多N-亚硝基化合物具有遗传毒性和动物致癌性。迄今已研究过的300多种亚硝基化合物中，90%以上对动物有不同程度的致癌性。人类的某些癌症如食管癌、鼻咽癌、胃癌、肝癌可能与之有关。

（一）污染来源

体内N-亚硝基化合物的来源有两个途径：通过食物摄入和在体内合成。食品中天然存在的N-亚硝基化合物含量极微，但其前体物硝酸盐、亚硝酸盐和胺类广泛存在于环境和食物中。在适宜的条件下，这些前体物质可发生亚硝基化反应，合成各种形式的N-亚硝基化合物。

1. N-亚硝基化合物的前体物

N-亚硝基化合物的前体物的食物来源包括以下几种。

（1）蔬菜中的硝酸盐和亚硝酸盐　土壤和肥料中的氮在土壤中固氮菌和硝酸盐生成菌的作用下可转化为硝酸盐，被蔬菜吸收用于氨基酸、蛋白质的合成。当光合作用不充分时，氨基酸、蛋白质合成受阻，使植物体内蓄积大量的硝酸盐。当蔬菜保存时间过长及在腌渍过程中，硝酸盐就会在硝酸盐还原菌作用下转变成亚硝酸盐。

（2）动物性食物中的亚硝酸盐　肉、鱼等动物性食物加工过程中，常加入硝酸盐和亚硝酸盐用作防腐剂和助色剂。腌制过程中，硝酸盐可在细菌作用下还原为亚硝酸盐。另外，超限量使用仍是动物性食物中硝酸盐和亚硝酸盐的重要来源。

（3）胺类物质　氨基酸的分解产物。食物中胺类的含量随新鲜程度、加工过程和储存条件的不同有很大差异。不新鲜或腐败的食物中通常含有胺类物质；晒干、烟熏、装罐等加工过程中，以及肉、鱼等动物性食物在烘烤、油煎、油炸等烹制工程中都会产生较多的胺类物质。

2. 食品中的N-亚硝基化合物

肉、鱼等动物性食物中含有的胺类化合物，在弱酸性或酸性环境中，能与亚硝酸盐反应生成亚硝胺；蔬菜水果含有的硝酸盐、亚硝酸盐和胺类在长期储存和加工过程中，可发生反应生成少量亚硝胺；一些乳制品，如干乳酪、奶粉等存在微量的挥发性亚硝胺；传统的啤酒酿造过程中，大麦芽在窑内加热干燥时，所含的大麦碱和仲胺能与空气中的氮氧化物发生反应，生成二甲基亚硝胺。但近年来随着生产工艺的改进，已很难在啤酒中检测出亚硝胺类化合物。此外，有些霉菌如黄曲霉、黑曲霉，也能促进亚硝胺的合成，所以霉变的食品中也有亚硝胺存在。

3.N-亚硝基化合物在人体内的合成

影响N-亚硝基化合物合成的因素主要有反应物浓度、pH、胺的种类及催化剂等。亚硝酸盐和胺类物质浓度越高，合成N-亚硝基化合物的速度越快；酸性环境更易产生反应，如pH<3时合成亚硝胺的反应较强；胺类化合物中，仲胺合成N-亚硝基化合物的能力最强，其次为叔胺、伯胺等；硫氰酸根离子（SCN^-）、氯离子等对N-亚硝基化合物的合成反应有明显的催化作用。

胃是人体合成N-亚硝基化合物的主要场所，胃内温度约37℃，是合成N-亚硝基化合物的最适温度，胃液pH为1～4，并存在SCN^-、NaCl等催化剂，非常有利于N-亚硝基化合物的合成。此外，在唾液中及膀胱内（尤其是尿路感染时）也可能合成一定量的N-亚硝基化合物。

（二）毒性作用

1.急性毒性

各种N-亚硝基化合物的急性毒性因化学结构的不同呈现较大的差异。肝脏是主要的靶器官，另外还有骨髓和淋巴系统的损伤。

2.致癌作用

已证实N-亚硝基化合物对动物具有较强的致癌性，在对包括5种灵长类动物的40多种种属的实验动物进行的研究中，没有一种动物能幸免于致癌作用，有的甚至还会通过胎盘引起子代的肿瘤。其致癌性具有如下特点：①多种途径包括消化道摄入、呼吸道吸入、皮下肌肉注射，甚至皮肤接触均可诱发肿瘤。②反复多次低剂量给药，或一次大剂量摄入都可以诱发动物的癌变，且有明显的剂量-效应对应关系。③对多种动物的多种器官均有致癌性：大鼠、小鼠、豚鼠、兔、猪、狗、鸟及灵长类等都不能抵抗N-亚硝基化合物的致癌作用。④具有器官特异性，不同的N-亚硝基化合物有不同的致癌靶器官。如对称性亚硝胺主要诱发肝癌，不对称性亚硝胺主要诱发食管癌。

目前尚缺乏N-亚硝基化合物对人类直接致癌的证据，但许多国家和地区的流行病学调查研究表明，人类的某些癌症可能与接触N-亚硝基化合物有关。研究显示，人类胃癌的病因可能与环境中硝酸盐和亚硝酸盐的含量，特别是饮水中的硝酸盐含量有关。日本人胃癌高发可能与其爱吃咸鱼和咸菜有关，因咸鱼中胺类（特别是仲胺）含量较高，而咸菜中亚硝酸盐与硝酸盐含量较高，故有利于亚硝胺的合成。我国林州市等地的食管癌高发区居民膳食亚硝胺暴露水平高于低发区。在一些肝癌高发区的流行病学调查也表明，喜食腌菜可能是肝癌发生的危险性因素之一，一些肝癌高发的腌菜中亚硝胺的检出率可高达60%以上。

3.致畸作用

N-亚硝酰胺对动物有一定的致畸性。如甲基（或乙基）亚硝基脲可诱发胎鼠的脑、眼、肋骨和脊柱等畸形，并存在剂量-效应关系。而亚硝胺的致畸作用很弱。

4.致突变作用

N-亚硝酰胺能直接引起细菌、真菌、果蝇和哺乳类动物细胞发生突变。亚硝胺则需经过哺乳动物微粒体混合功能氧化酶系统代谢活化后才有致突变性。N-亚硝基化合物的致突变性强弱与致癌性强弱无明显相关性。

（三）控制措施

1．防止食品霉变和其他微生物污染

由于某些细菌或真菌可将硝酸盐还原为亚硝酸盐，而且许多微生物可分解蛋白质，生成胺类化合物，或有酶促亚硝基化反应，因此，降低各种微生物对食品的污染程度，防止食品霉变应作为重要的预防措施。

2．阻断亚硝基化反应

维生素C、维生素E以及酚类、黄酮类化合物有较强的阻断亚硝基化反应的作用。许多流行病学调查表明，在食管癌高发区，维生素C摄入量很低，故增加维生素C摄入量可能有重要意义。大蒜和大蒜素可抑制胃内硝酸盐还原菌的活性，使胃内亚硝酸盐含量明显降低。茶叶、猕猴桃、沙棘果汁等对预防亚硝胺的危害也有较好的效果。人体摄入的硝酸盐可以在唾液中富集，并在微生物的作用下还原为亚硝酸盐，所以注意口腔卫生也可减少体内N-亚硝基化合物的合成。

3．施用钼肥

农业用肥及用水与蔬菜中亚硝酸盐和硝酸盐含量有密切关系。施用钼肥有利于降低蔬菜中硝酸盐和亚硝酸盐含量。例如，白萝卜和大白菜施用钼肥后，亚硝酸盐含量平均降低25%。

4．控制食品加工中硝酸盐和亚硝酸盐用量

通过减少亚硝基化前体物量从而减少亚硝胺的合成。加工工艺可行时，尽可能使用亚硝酸盐的替代品。我国《食品安全国家标准 食品添加剂使用标准》（GB 2760—2014）规定肉类罐头及肉类制品中硝酸盐最大使用量为每千克食物0.5g，亚硝酸盐为每千克食物0.15g。

5．制定食品中允许限量标准并加强检测

我国现行食品安全国家标准（GB 2762—2022）中，N-亚硝胺的限量为：水产制品（水产品罐头除外）中N-二甲基亚硝胺限量为4μg/kg；肉制品（肉类罐头除外）中N-二甲基亚硝胺限量为3μg/kg。应加强对食品中N-亚硝基化合物含量的检测，避免食用N-亚硝基化合物含量超标的食物。

五、多环芳烃化合物污染及预防

多环芳烃（Polycyclic Aeromatic Hydrocarbons，PAHs）是指由2个以上苯环稠合在一起的芳香族烃类化合物及其衍生物。目前已鉴定出数百种，多数具有致癌性。其中苯并［a］芘最为重要，研究也最为充分，一般以它作为多环芳烃化合物污染的评价指标。

苯并［a］芘，简称B［a］P，是由5个苯环构成的多环芳烃。常温下呈浅黄色针状结晶，沸点310～312℃，熔点178℃；水中溶解度很小，溶于脂肪、苯、甲苯、二甲苯、环己烷等有机溶剂；碱性介质中较为稳定，酸性介质中不稳定；日光和荧光可使其发生光氧化反应，臭氧也可使之氧化，与NO或NO_2可发生硝基化反应；能被带正电荷的吸附剂如活性炭、木炭等吸附。

（一）污染来源

环境中多环芳烃主要由各种有机物如煤、柴油、汽油及香烟的不完全燃烧产生。食品中多环芳烃和B［a］P主要来源有以下几方面。

1．食品在加工过程中受到污染

在烟熏、烧烤过程中，熏烟中以苯并［a］芘为代表的多环芳烃化合物直接接触食品而使食品受到污染。热烟比冷烟产生的苯并［a］芘多，对食品污染也较严重。快速将食品熏黑，污染更严重。熏制后的食品存放几周，苯并［a］芘可从食品表面渗透到较深层。

2．由食品中的成分在高温条件下产生

食品中的脂类在高温下可热聚成苯并［a］芘，这是食品中多环芳烃的主要来源。烘烤肉类时滴在火上的油也能热聚生成苯并［a］芘，多数附着在烤肉表面。食物烧焦、煮焦、炸焦等，均会使以苯并［a］芘为主的多环芳烃化合物增加。炸油条的油，反复循环使用会使油条中苯并［a］芘含量升高。油料种子在榨油前烘烤、咖啡和茶叶在炒制过程中也可形成多环芳烃。

3．食品在储存过程中受到污染

油墨和不纯的石蜡油中含有多环芳烃，可以通过包装材料污染食品。在柏油路上晒粮食可使粮食中苯并［a］芘含量较晒前增加。

此外，大气、土壤、水体中如含有多环芳烃，会使植物和水产品受到污染。很多细菌、藻类以及高等植物体内能合成微量苯并［a］芘。生活垃圾焚烧、吸烟、居室烧煤取暖、打扫烟囱等均可能直接或间接接触到多环芳烃化合物。

（二）毒性作用

多环芳烃通过食物或饮水进入人体后，很快分布于全身，几乎所有器官组织中都可发现，但以脂肪组织中含量最高。动物实验发现，多环芳烃可通过胎盘进入胎仔体内。

苯并［a］芘的急性毒性属于中等或低等毒性，但对动物来说是一种强致癌物。苯并［a］芘对多种动物，如大鼠、小鼠、地鼠、豚鼠、兔、鸭及猴等有明确的致癌性，并由于侵入途径和作用部位的不同，对各组织器官，如肺、胃肠、皮肤等均可致癌。而且可经胎盘使子代发生肿瘤，导致胚胎死亡或仔鼠免疫功能下降。

苯并［a］芘还是间接致突变物，在污染物致突变性检测及其他细菌突变实验、细菌DNA修复、姊妹染色单体交换、哺乳类动物细胞培养基因突变及哺乳类动物精子畸变等实验中均呈阳性反应。此外，在人组织培养试验中也发现苯并［a］芘有组织和细胞毒性作用，可导致上皮分化不良、细胞损伤、柱状上皮细胞变形等。

苯并［a］芘对人致癌作用尚无明确结论。但人群流行病学研究表明，食品中的苯并［a］芘含量与胃癌等多种肿瘤的发生有一定关系。如对波罗的海沿岸居民的调查发现，从事渔业的居民经常食用大量烟熏食物，胃癌的死亡率远高于该地区从事农业的居民。在匈牙利西部一个胃癌高发地区的调查也表明，经常食用家庭自制的含苯并［a］芘较高的熏肉是该地区居民胃癌发生的主要危险因素之一。

（三）控制措施

1. 防止污染

①加强环境质量监控，减少B［a］P等多环芳烃化合物对环境及食品的污染；②改进食品熏烤工艺，避免食品直接接触炭火或者熏烟，使用熏烟洗净器或冷熏液；③不在柏油路上晾晒粮食和油料种子，以防沥青中B［a］P污染；④烹调加工中防止食物焦化；⑤使用纯净的食品用石蜡做包装材料，不要用废旧报纸包装食品。

2. 去毒

①用吸附法可去除食品中部分B［a］P，活性炭是从油脂中去除B［a］P的优良吸附剂；②粮谷类可采用碾磨加工，在去除麸皮的同时，使B［a］P含量降低；③用紫外光或阳光照射食品，也能使B［a］P含量降低。

3. 制定食品中限量标准

目前CAC尚未制定B［a］P的每日允许摄入量（ADI）或每周可耐受摄入量（PTWI）。我国现行食品安全国家标准GB 2762—2022中B［a］P的限量标准为：粮食和熏制肉中B［a］P含量≤5μg/kg，食用植物油中B［a］P含量≤10μg/kg。

六、杂环胺类化合物污染及控制

杂环胺（Heterocyclic Amines）类化合物是食品中蛋白质、肽、氨基酸在烹调加工中受到高温作用所产生，是一类具有多环芳香族结构的化合物。因其结构中均含有杂环，且杂环上连接氨基，故称为杂环胺，包括氨基咪唑氮杂芳烃（AIAs）和氨基咔啉两类。20世纪70年代该类化合物首次被日本科学家在烧烤的鱼和肉制品表面的焦部发现，并证实其具有强致突变性。近年来已发现20多种杂环胺。

（一）污染来源

富含蛋白质的肉、鱼类食品经高温烹调加工是产生杂环胺类化合物的主要原因。食品中杂环胺的含量主要受食品的烹调方式、烹调温度和烹调时间的影响。

1. 烹调方式

肌肉组织中的氨基酸、肌酸或肌酐是形成杂环胺的前体物，多数为水溶性，加热反应主要生成AIAs类杂环胺。加热温度是影响杂环胺形成的重要因素。当温度从200℃升至300℃时，杂环胺的生成量可增加5倍。烹调时间也有一定影响，在200℃油炸温度下，杂环胺主要在前5min形成，5~10min时形成减慢，延长烹调时间杂环胺的生成量则不再明显增加。食品中的水分是抑制杂环胺生成的因素。所以，加热温度越高，时间越长，水分含量越少，生成的杂环胺就越多。烧、烤、煎、炸等直接与明火接触或与灼热的金属表面接触的烹调方法，由于可使水分很快丧失且温度较高，产生的杂环胺数量远大于炖、焖、煨、煮等温度较低、水分较多的烹调方法。

2. 食品成分

在烹调时间、温度、食物水分含量相同的情况下，蛋白质含量较高的食物产生杂环胺较多，而且蛋白质的氨基酸构成也直接影响所产生的杂环胺的种类。肌酸或肌酐是杂环胺中 α-氨基-3-甲基咪唑部分的主要来源，故含有肌肉组织的食品可产生大量AIAs类杂环胺。

糖与氨基酸、肌酸在一定条件下可产生大量杂环物质，所以美拉德反应在杂环胺的形成中可能起催化作用。不同氨基酸在美拉德反应中生成杂环物的种类和数量不同，因此生成的杂环胺差异也较大。

（二）毒性作用

经口摄入的杂环胺被人体吸收后经血液循环分布于体内的大部分组织，肝脏是其重要的代谢器官，肠、肺、肾等组织也有一定的代谢能力。杂环胺经代谢活化后才具有致突变性和致癌性。机体解毒能力与代谢活化的相对强度，是决定杂环胺致突变性、致癌变的重要因素之一。

实验表明，杂环胺对某些细菌的致突变性很强，但对哺乳动物细胞的致突变性相对较弱。杂环胺对啮齿类动物具有致癌性，主要靶器官为肝脏，此外，还可诱发血管、肠道、乳腺、淋巴组织、皮肤和口腔等部位肿瘤。喹啉类杂环胺对灵长类也有致癌性。

由于动物试验中所用杂环胺剂量较人类膳食中实际摄入量高很多，目前尚难评价其对人类致癌的危险性。由于杂环胺类能引起灵长类动物的肿瘤，可推测其对人类具有潜在危险性。

（三）控制措施

1. 改变不良的烹调方式和饮食习惯

杂环胺的生成与烹调加工方式密切相关，特别是高温烹调食物。应注意烹制肉和鱼类不要温度过高，不要烧焦食物；尽量少食用烧烤煎炸类食物；烹炸的鱼、肉表面挂糊，肉类烹调前先用微波预热，烧烤肉、鱼先用铝箔包裹后再烧烤，可适当减少杂环胺生成。

2. 增加蔬菜、水果的摄入量

蔬菜水果中的酚类、黄酮类等成分有抑制杂环胺的致突变性和致癌性的作用，而膳食纤维可吸附杂环胺并降低其活性。所以，多摄入蔬菜水果对防治杂环胺的危害有积极作用。

3. 加强检测

依据《食品安全国家标准 高温烹调食品中杂环胺类物质的测定》（GB 5009.243—2016）中规定，建立和完善杂环胺的检测方法，加强食品中杂环胺含量检测。同时，要尽快制定食品中杂环胺限量标准。

七、丙烯酰胺污染及控制

丙烯酰胺（Acrylamide，AA）是一类结构简单的小分子化合物。在工业生产中，丙烯酰胺常作为聚丙烯酰胺的前体物质。聚丙烯酰胺作为助凝剂、增稠剂广泛应用于造纸、纺织、塑胶等工业生产中。2002年4月瑞典国家食品管理局公布，在一些油炸和烘烤的淀粉类食品，如炸薯条、炸薯片、面包等中检出丙烯酰胺，含量高出WHO规定的饮用水中丙烯酰胺的限量（1μg/L）的500倍以上。因此认为，食物是人体内丙烯酰胺的主要来源。

（一）污染来源

油炸和焙烤的淀粉类食品是膳食中AA的主要来源。从24个国家获得的监测数据显示，

AA含量较高的是薯类制品、咖啡及类似制品、早餐谷物。炸薯条、炸薯片、咖啡、面包、脆饼、爆米花、速溶麦芽饮料、干乳酪、方便面、油条等食品中AA含量也相对较高。

丙烯酰胺主要是由天门冬氨酸与还原糖（葡萄糖、果糖、麦芽糖等）在高温下发生美拉德反应生成的。食品的种类、加工方式、温度、时间和水分等均影响食品中丙烯酰胺的形成。温度是影响丙烯酰胺形成的最重要因素，淀粉含量高的粮谷类、薯类等在高温加工时易生成丙烯酰胺，加热到120℃以上时，丙烯酰胺开始生成；170℃时生成量达到最高；超过190℃时丙烯酰胺的生成量则开始减少。炸薯条、薯片时，相同温度下，丙烯酰胺含量随油炸时间的延长而明显升高。食品的含水量也是影响丙烯酰胺生成的重要因素，如水煮时，食品中丙烯酰胺水平相当低，但在烘烤、油炸的最后阶段，因水分减少，表面温度升高，丙烯酰胺的生成量更多。另外，食品酸碱性为中性时最利于丙烯酰胺的产生，pH<5时即使加工温度较高，也很少产生丙烯酰胺。

（二）毒性作用

丙烯酰胺进入人体后，快速分布于全身组织，并可通过胎盘和乳汁进入胎儿和婴儿体内。

1．多种毒性作用

丙烯酰胺具有一定的毒性作用，包括一般毒性、神经毒性、生殖毒性和遗传毒性。流行病学资料表明，职业接触丙烯酰胺人群可出现恶心、呕吐、头晕、心慌、食欲减退、失眠多梦等一般毒性表现；如果长期进行职业接触，可能会进一步造成周围神经，甚至中枢神经的损伤，出现嗜睡、情绪和记忆改变、幻觉、震颤和无力等神经系统受损的症状和体征。

大量动物试验表明，丙烯酰胺对雄性啮齿类动物具有生殖毒性作用，可造成精子数减少、活力下降、形态改变等问题；可引起哺乳动物体细胞和生殖细胞的基因突变和染色体异常，表现出遗传毒性。

2．致癌性

丙烯酰胺可使大鼠乳腺、甲状腺、睾丸、肾上腺、口腔、脑垂体等多种组织器官发生肿瘤，诱发小鼠发生肺腺瘤和皮肤癌。有限的流行病学研究表明，职业接触丙烯酰胺、聚丙烯酰胺的人群脑癌、胰腺癌、肺癌的发生率增高。早在1994年，国际癌症研究机构将丙烯酰胺列为ⅡA类致癌物，即对人可能有致癌性的物质。

（三）控制措施

1．选择合适的烹调方法

煎、炸、烘、烤食品时，要避免温度过高、时间过长，如可能则应优先选用较低温度的烤制工艺；少用如拍粉、挂糊等淀粉类煎炸方法。尽量选择蒸、煮、煨等烹调方法。

2．改变食品加工工艺和条件，降低加工食品中丙烯酰胺的含量

如食品加工时加入苹果酸、琥珀酸、山梨酸、植酸、氯化钙、亚硫酸钠等降低食品pH，抑制丙烯酰胺的产生；用酵母菌发酵可降低原料中的天门冬氨酸和还原糖，从而降低丙烯酰胺的含量；用蔗糖（非还原糖）溶液代替糖浆生产饼干可减少产品中的丙烯酰胺；加入硫醇、B族维生素、抗氧化剂等均可抑制丙烯酰胺的生成；加入半胱氨酸、同型半胱氨酸、谷胱甘肽等含巯基化合物可促进丙烯酰胺的降解。

3．降低丙烯酰胺的毒性

大蒜素、茶多酚、白藜芦醇等对丙烯酰胺引起的氧化损伤有保护作用，可增加富含这些植物化学物食品的摄入。

4．增加蔬菜、水果的摄入

新鲜蔬菜水果富含维生素C和酚类、黄酮类等植物化学物，能抑制丙烯酰胺的合成。

5．建立标准，加强检测

WHO规定成年人每天摄入丙烯酰胺不应超过1μg。应加强膳食中丙烯酰胺的检测，将其列入食品安全风险检测计划，对人群丙烯酰胺的暴露水平进行评估，为建立食品中丙烯酰胺限量值提供依据。

八、二噁英污染及控制

二噁英是氯代三环芳烃类化合物，是多氯代二苯并对二噁英（PCDDs）和多氯代二苯并呋喃（PCDFs）的总称，共有210种同系物、异构体，其中毒性最强、有"世纪之毒"之称的是2，3，7，8-四氯二苯并对二噁英（2，3，7，8-TCDD）。二噁英类物质非常稳定，熔点较高，脂溶性强，容易在生物体内蓄积，对生态环境和人体健康具有很大的危害。发生在1999年3月的比利时"污染鸡事件"就是由鸡饲料中二噁英含量超标直接导致的，该事件及之后的蔓延使世界各国纷纷禁止欧洲的畜禽类产品和乳制品，给比利时带来的直接经济损失达3.55亿欧元，间接经济损失超过10亿欧元。2001年，二噁英作为持久性有机污染物被列入了《斯德哥尔摩公约》。

（一）污染来源

环境污染是食品二噁英污染的主要原因。火山爆发、森林火灾、污泥自然蒸发、动植物的自然腐化消解等过程都可产生二噁英，但主要还是源于人类活动。

1．垃圾焚烧

有关资料表明，环境中95%的二噁英是由于垃圾不完全燃烧产生。焚烧含有石油制品、含氯塑料（聚氯乙烯）、煤炭、含除草剂的枯草残叶等可产生二噁英；汽车尾气中也含有二噁英。这些进入环境中的二噁英可进一步污染水源和食品。

2．含氯化合物的生产和使用

在金属冶炼、包括农药在内的含氯化学物质，尤其是杀虫剂、除草剂、木材防腐剂、消毒剂、多氯联苯等含氯化合物的生产及使用过程中，都伴随着二噁英的产生。相关生产厂家的三废排放会带来大气、水体、土壤的二噁英污染，并最终造成对食品的污染。此外，包装材料（如发泡聚苯乙烯、聚氯乙烯塑料等）中的二噁英也可迁移至食品中。

3．生物富集作用

环境中二噁英可随着食物链的延伸在生物体内不断富集，对食品造成严重污染。

（二）毒性作用

人类接触二噁英，90%以上通过食物，主要是肉类、乳制品、鱼类和贝壳类食品。二噁英在人体内吸收率较高，主要分布在肝脏和脂肪组织。

二噁英具有极强的急性毒性、慢性毒性、致癌性、生殖毒性和免疫毒性等多种毒性作用，也是国际社会公认的环境内分泌干扰物。2，3，7，8-TCDD毒性是氰化钾的1000倍，长期低剂量接触可引起皮肤淀粉样变、皮肤炎等慢性中毒表现；二噁英可使男性雄性激素水平下降，精子数量减少，睾丸、附睾畸形，男性雌性化，女性出现子宫质量减轻、受孕率降低甚至不孕，孕期接触可致流产率上升；免疫毒性表现为胸腺萎缩、体液免疫和细胞免疫抑制，抗病毒能力下降；二噁英是强促癌剂，2，3，7，8-TCDD致癌性比黄曲霉毒素B_1强3倍，可引起多系统多部位恶性肿瘤，包括肝脏、肺、甲状腺、皮肤、软组织等。1997年，世界卫生组织国际癌症研究中心将其确定为Ⅰ级致癌物。母体中二噁英还可通过胎盘和乳汁进入胎儿和婴儿体内，对胎儿和婴儿造成不良影响，如发育受阻、认知能力受损、甲状腺功能紊乱等。

（三）控制措施

（1）严格控制生产操作规程，改进废弃物焚烧工艺，减少含氯化合物的使用，以减少二噁英的产生。国际食品法典委员会2001年通过了《降低食品化学污染源的措施的操作规程》（CAC/RCP 49—2001），2006年通过了《预防和降低食品中和饲料中二噁英和类二噁英PCB污染的操作规程》（CAC/RCP 62—2006）。各国也相继制定了二噁英类物质排放标准。我国现行二噁英排放相关标准有《危险废物焚烧污染控制标准》（GB 18484—2020）、《生活垃圾焚烧污染控制标准》（GB 18485—2014）、《水泥工业大气污染物排放标准》（GB 4915—2013）、《生活垃圾填埋场污染控制标准》（GB 16889—2008）。

（2）食品生产部门要遵循良好生产规范，使用安全的食品原料和食品接触材料。食品监管部门要切实做好监督检查，杜绝可能被污染的食品上市。

（3）强制性制定食品、空气、水中的二噁英的限量标准，并执行严格的监督检查。WHO建议二噁英每日可耐受摄入量为1～4pg TEQ/kg。

（4）进行相关健康教育，让消费者认识二噁英的来源和危害；鼓励垃圾分类处理，建议减少含氯杀虫剂的使用；养成良好饮食习惯，避免过量摄入动物性脂肪，选择可降低脂肪含量的烹调方法等。

九、多氯联苯污染及控制

多氯联苯（PCBs）是一系列由两个苯环组成且含氯量不同的同系物，属于二噁英类似物。自20世纪30年代起在许多国家开始生产，因其卓越的化学稳定性、抗燃性、绝缘性在工业中得到广泛应用，后来由于发现其对环境和人体健康的危害于1977年被禁止生产。在此期间，全世界大约生产近百万吨PCBs，而由于使用、保管不善，大部分PCBs（据20世纪90年代的估计，在PCBs的年产量中，只有20%得到使用，其余80%进入环境中）通过流失、泄漏、废弃、蒸发、燃烧、堆放、掩埋及废水处理等途径进入自然环境，对空气、土壤和水造成污染，进而污染食品。PCBs在环境中不易降解，会在环境中存在很长时间，并可通过空气传播到很远的地方，因此成为全球性的污染物。调查发现，PCBs对环境的影响和对食物的污染实际上比DDT还要严重，作为持久性有机污染物，2001年被列入《斯德哥尔摩公约》。PCBs对人体危害的最典型的事件是1968年发生在日本的"米糠油事件"，人们食用了被PCBs污染的米糠油（每千克米糠油中含PCBs 2000~3000mg），导致1684人中毒，30多人死亡（至1978年底的统计数据）。

（一）污染来源

多氯联苯蓄积性强，并通过食物链不断富集。由于PCBs主要富集于动物的脂肪组织中，因此人类主要通过食用动物性食物而摄入PCBs。总的来说，海洋生物的PCBs污染比其他类食品更严重。一些鱼体内富集的PCBs可以是其生活水域PCBs浓度的几万到几十万倍。

（二）毒性作用

PCBs进入人体后，广泛分布于全身组织，以脂肪组织和肝脏中含量较高，母体中PCBs能通过胎盘转移到胎儿体内。大量调查研究显示，PCBs会对人体肝脏、皮肤、呼吸道、内分泌系统、生殖系统、甲状腺、关节等造成损害，其致癌性研究还不够充分，但在动物研究中其对肝脏的致癌作用已得到证实。

（三）控制措施

（1）禁止多氯联苯的生产，杜绝焚烧含多氯联苯的废弃塑料。

（2）加强食品中多氯联苯的监测，不食用来自污染海域的鱼类和其他海产品。

（3）制定食品中的二噁英的限量标准，并执行严格的监督检查。我国《食品安全国家标准 食品中污染物限量》（GB 2762—2022）规定了水产动物及其制品中PCBs的限量为0.5mg/kg。

十、氯丙醇污染及控制

氯丙醇是丙三醇（甘油）上的羟基被1~2个氯取代形成的一系列产物的总称，氯丙醇酯则是氯丙醇与脂肪酸的酯化产物。氯丙醇主要存在于用盐酸水解法生产的酸水解植物蛋白调味液中，其中毒性大、含量高的是3-氯-1，2-丙二醇（3-MCPD）。食品中的氯丙醇很少以游离态存在，多数以酯的形式存在。氯丙醇酯在热、酸、微生物、胰脂酶作用下，水解成游离态的氯丙醇。氯丙醇是二噁英之后食品污染领域又一热点问题，被列为食品添加剂联合专家委员会（JECFA）优先评价项目。

（一）污染来源

食品中氯丙醇的污染最初是在酸水解蛋白中发现的，它产生于利用浓盐酸水解植物蛋白的加工过程中，原料中的脂肪被水解为甘油，甘油与盐酸的氯离子发生亲核取代反应，生成一系列氯丙醇产物。食品工业中将这种富含氨基酸的酸水解植物蛋白液作为一种增鲜剂，添加到酱油、鸡精、蚝油等调味汁及固体汤料等复合固体调味品中以增加鲜度，从而造成对食品的污染。1999年欧盟检测出我国出口酱油中氯丙醇严重超标，使我国酱油出口受到限制，也引起了我国对氯丙醇的关注和研究。氯丙醇也会在饮水中发现，某些发酵香肠中也含有氯丙醇。环氧树脂是食品工业中常用食品接触材料，可以水解产生3-MCPD，成为食品污染的又一来源。

3-MCPD酯主要存在于精炼的油脂中，如棕榈油、核桃油、红花油、葵花籽油、大豆油、菜籽油。含脂肪的食品中如果含有盐或其他氯化物，在高温条件下也会形成3-MCPD酯。精炼棕榈油中还存在较高水平的聚甘油酯，其水解产物聚甘油被国际癌症研究机构（IARC）认定是可能的人类致癌物。聚甘油酯与氯离子共存并受热作用也可形成氯丙醇酯。

（二）毒性作用

经消化道吸收后的3-MCPD广泛分布于各组织和器官中，并可通过血睾屏障和血脑屏障，在人乳中也可检出。氯丙醇对肾脏、肝脏毒性较高，但不同结构氯丙醇对肝肾毒性强弱不同；在生殖毒性方面，动物实验发现，3-MCPD可使精子数量减少、活性降低，且抑制雄性激素的生成，从而降低生殖能力；动物实验中神经毒性主要表现为脑干对称性损伤、四肢麻木。此外，氯丙醇具有致癌作用和遗传毒性。

（三）控制措施

1. 改进生产工艺

在生产酸水解植物蛋白调味液时，原料中脂肪多、盐酸用量大、温度高、反应时间长，产生的氯丙醇多。针对上述因素调整生产工艺可使氯丙醇的含量大大降低。蒸汽蒸馏法、酶解法、碱中和法及真空浓缩法等均可降低产品中氯丙醇的含量。蛋白质含量高、脂肪含量低的豆粕是生产酸水解植物蛋白调味液的理想原料。

2. 按照标准组织生产

《酸水解植物蛋白调味液》（SB 10338—2000）规定3-MCPD的限量为1mg/kg；《配制酱油》（SB/T 10336—2012）要求，作为原料的酸水解植物蛋白调味液应符合SB 10338—2000的规定。企业应严格按照GMP和产品标准组织生产，不得使用来自动物蛋白的氨基酸、味精废液、胱氨酸废液、非食品原料生产的氨基酸液作为原料。

3. 加强监测

《食品安全国家标准 食品中污染物限量》（GB 2762—2022）规定了3-MCPD的限量：添加酸水解植物蛋白的调味品（固态调味品除外）为0.4mg/kg，固态调味品为1.0mg/kg。应依据相关标准加强对酸水解植物蛋白调味液和添加酸水解植物蛋白的调味品的监测。

十一、食品接触材料及制品的污染及预防

食品接触材料及制品是指在正常使用条件下，各种已经或预期可能与食品接触，或其成分可能转移到食物中的材料和制品。包括食品生产、加工、包装、运输、贮存和使用过程中用于食品的包装材料、容器、工具和设备，及可能直接或间接接触食品的油墨、黏合剂、润滑油等。它们在与食品、食品添加剂的接触过程中，其中的有毒有害成分会向食品、食品添加剂迁移，特别是使用工业级原料和再生废料生产的产品。

（一）安全要求和安全监督管理

1. 安全要求

食品接触材料及制品中的物质迁移到食品中的量不应危害人体健康，在与食品接触时，

不应造成食品成分、结构或色香味等性质的改变，不应对食品产生技术功能，但有特殊规定的除外，如新型食品接触材料（活性和智能材料）。食品接触材料及制品中使用的物质在可达到预期效果的前提下应尽可能降低用量，并符合相应的质量规格要求。对于不和食品直接接触的、与食品之间有有效阻隔层阻隔的、未列入相应食品安全国家标准的物质，食品接触材料及制品生产企业应对其进行安全性评估和控制，使其迁移到食品中的量不超过0.01mg/kg。致癌、致畸、致突变物质及纳米物质不适用于以上原则，需按照相关法律法规规定执行。

食品接触材料及制品的总迁移量应符合相应产品安全标准中对于总迁移限量的规定。食品接触材料及制品中物质的使用量、特定迁移量、特定迁移总量和残留量等应符合相应食品安全国家标准对于最大使用量、特定迁移限量、特定迁移总量限量和最大残留量等的规定。

2．安全监督管理

我国正在建立和完善由基础标准、产品标准、检验方法标准、生产规范构成的食品接触材料标准体系和监督管理体系。因食品接触材料所使用的化学物质以及残留物质数量巨大，多数缺乏充分的毒理学资料，且迁移到食品中量极微，因此对其安全进行监督管理应以风险评估为基础，以企业对生产过程的安全控制为主。

（1）新产品的审批　生产食品接触材料新品种、用于生产食品接触材料的新原料或新添加剂、扩大使用范围或使用量的食品接触材料及其添加剂；首次进口食品接触材料新品种的，应当按照《食品相关产品新品种申报与受理规定》向国家卫生行政部门的技术审评机构报批。

（2）食品接触材料及制品用添加剂的管理　保证添加剂使用的安全是保证食品接触材料及制品安全的重要前提。鉴于有报道聚氯乙烯保鲜膜中的增塑剂己二酸二（2-乙基己基）酯可引起内分泌失调，对动物有致癌作用，其在塑料类、橡胶类食品接触材料及制品中的使用量应严格控制在最大使用量（35%）以下。鉴于邻苯二甲酸酯类有类似雌激素的作用，是潜在的内分泌干扰物，《食品安全国家标准　食品接触材料及制品用添加剂使用标准》（GB 9685—2016）删除了邻苯二甲酸、邻苯二甲酸二甲酯、邻苯二甲酸二异丁酯、邻苯二甲酸二异辛酯4种邻苯二甲酸酯类物质，并调整了其他5种允许使用的邻苯二甲酸酯类物质的使用范围、最大使用量和限制接触的食品类型，规定不得用于接触脂肪性食品、酒精含量高于20%的食品和婴幼儿食品。

（3）食品接触材料及制品的生产许可　按照国家有关工业产品生产许可证管理的规定，质量监督部门对食品接触材料及制品实施生产许可，并对其生产活动实施监督管理。

（4）进出口食品接触材料及制品的监督管理　出入境检验检疫部门对进出口食品接触材料及制品实施监督管理。

（二）食品接触塑料及其卫生问题

塑料是由大量小分子单体聚合而成的高分子化合物，以合成树脂为主要原料，加入适量的增塑剂、稳定剂、抗氧化剂等塑料添加剂，在一定条件下塑化而成，并且在常温下能保持一定的形状。根据受热后的性能变化，分为热塑性和热固性两类。目前我国允许用作食品容器、包装材料的热塑性塑料有聚乙烯、聚丙烯、聚苯乙烯、聚氯乙烯、聚碳酸酯、聚对苯二甲酸乙二醇酯等，热固性塑料有三聚氰胺甲醛塑料等。

1．塑料的主要卫生问题

（1）未参与聚合的游离单体、聚合不充分的低聚合度化合物、低分子降解产物易向食品中迁移，可能对人体有一定的毒性作用。

（2）含有的添加剂在一定条件下会向食品中迁移。

（3）印刷油墨和胶黏剂中存在的有毒有害化学物质，如有毒重金属（铅、汞、镉等）、苯及多环芳烃类、甲苯二胺等会向食品中迁移。

（4）使用不符合《食品安全国家标准 食品接触材料及制品用食品添加剂使用标准》的物质，对食品造成污染。如为了节约成本，在生产过程中大量添加工业级的石蜡、碳酸钙、滑石粉及回收废塑料等作为填充料；用标准规定的品种以外的苯、甲苯、二甲苯等有机溶剂稀释油墨。

（5）塑料的强度和阻隔性差，且带静电，易吸附微生物和微尘杂质，对食品造成污染；未经严格消毒和长期积压的一次性塑料制品微生物学指标易超标。

（6）含氯塑料在加热和作为垃圾焚烧时会产生二噁英。

2．常用塑料及其卫生问题

（1）聚乙烯和聚丙烯 均为饱和聚烯烃，与其他物质相容性很差，能加入的添加剂种类很少，难以印上彩色图案，吸水性差，但能耐大多数酸、碱，低温柔软性好，属于低毒性物质。

高压聚乙烯质地柔软，多制成薄膜或食具；低压聚乙烯质地坚硬，耐高温，可煮沸消毒，可制成吸管、砧板。聚丙烯防潮性、防透性、耐高温性、耐油性均优于聚乙烯，透明性和印刷适应性好，缺点是易老化、加工性差，主要用于制作成薄膜（尤其是复合薄膜袋）、螺纹盖、啤酒桶以及既耐高温又耐低温的食品容器，如保鲜盒和供微波炉使用的容器等。

（2）聚苯乙烯 吸水性差，耐热性较差，耐油性也有限，不适合盛放油脂含量高的、酸性、碱性食品。常用品种有透明聚苯乙烯和泡沫聚苯乙烯两类。前者质硬、透明、易着色，可用于制作食品盒、小餐具或保鲜膜。后者导热性较差，可用作隔热材料，曾用于制作一次性快餐饭盒。

聚苯乙烯本身无毒，但苯乙烯单体及其降解产物苯、甲苯、乙苯、异丙苯等具有一定的毒性，如可抑制动物的繁殖能力，使红细胞和白细胞数量减少，肝肾出现病变，出现神经系统症状等。用聚苯乙烯容器储存牛乳、肉汁、糖液及酱油等可产生异味；储放发酵乳饮料，会有少量苯乙烯迁移入饮料中。

（3）聚氯乙烯 易分解及老化，低温时易脆化，紫外线也易促进其降解，因此加工过程中需使用各种增塑剂、稳定剂、抗氧化剂、抗静电剂等添加剂。聚氯乙烯可制成薄膜（大部分供工业用）及盛装液体的瓶子。硬聚氯乙烯可制作管道。

聚氯乙烯本身无毒，但氯乙烯单体和降解产物有致癌作用。氯乙烯在体内可与DNA结合产生毒性作用，主要表现在神经系统、骨骼和肝脏。另一方面，聚氯乙烯加工中使用的各种添加剂，有一定毒性，并会向食品迁移。

（4）聚碳酸酯 具有无味、无毒、耐油的特点，广泛用于食品包装。聚碳酸酯不能接触高浓度的乙醇溶液。

聚碳酸酯生产过程中，4，4'-二羟基二苯丙烷（双酚A）与碳酸二苯酯进行酯交换时会产生中间体苯酚。苯酚对皮肤、黏膜有腐蚀性，对中枢神经有抑制作用，对肝脏、肾脏功能均有损害。双酚A本身也是环境内分泌干扰物，可导致婴幼儿等敏感人群内分泌失调，诱发儿童性早熟。我国已禁止生产聚碳酸酯婴幼儿奶瓶和其他含双酚A的婴幼儿奶瓶，禁止进口和销售此类奶瓶。

（5）三聚氰胺甲醛塑料　又名蜜胺，为三聚氰胺与甲醛缩合而成。这种塑料耐高温、耐油、耐醇、耐污染，耐冲击性强，经久耐用，隔热性好，质地光滑，色泽美观，可制成各种色彩的、仿瓷的食具和餐具。但应注意游离甲醛问题。三聚氰胺甲醛塑料制成的食具甲醛含量往往与模压时间有关，压制时间短，游离甲醛含量就高。

（6）聚对苯二甲酸乙二醇酯　简称聚酯，耐热性、耐油性、透明性、气体密封性好，可制成直接或间接接触食品的容器和薄膜，特别适合制作复合薄膜、含或不含CO_2的饮料瓶、油瓶及其他调味品瓶。

聚酯本身无毒，主要卫生问题在于聚合过程中使用含锑、锗、钴、锰等的催化剂，应防止这些催化剂的残留。

（7）不饱和聚酯树脂及玻璃钢制品　具有成型方便、耐寒、质轻、抗冲击等特性，主要用于制作盛装肉类、水产品、蔬菜、饮料以及酒类等食品的贮槽，以及饮用水水箱、酒和调味品的发酵罐等。

不饱和聚酯树脂及玻璃钢本身无毒，但聚合、固化时使用的引发剂和催化剂会残留在制品中。

（8）聚酰胺　俗称尼龙，含重复酰胺基团的聚合物的总称，多为二元酸和二元胺的酰胺共聚物，常以单体所含的碳原子数命名。尼龙具有耐磨、耐热、耐寒、强韧等特性，但耐酸性较差。因此，主要用于制作薄膜（作为复合食品包装袋的原料）、过滤网和食品加工机械等。尼龙本身无毒，但尼龙6中未聚合的己内酰胺单体可引起神经衰弱。

3．塑料添加剂

添加剂对于保证塑料制品的质量非常重要，有些添加剂对人体可能有毒害作用，必须加以注意。

（1）增塑剂　增加塑料制品的可塑性。一般多采用化学性质稳定，在常温下为液态并与树脂混合的有机化合物。如邻苯二甲酸酯类是最常用的一种，其毒性较低。

（2）稳定剂　防止塑料制品在空气中受光的作用，或长期在较高温度下降解的一类物质。大部分为金属盐类，其中铅盐、镉盐、钡盐毒性较强，因此应禁止用于食品容器以及自来水管道的塑料中。

（3）其他　此外还有抗氧化剂、抗静电剂、润滑剂和着色剂等，均应安全无毒或毒性较低。

（三）食品接触用橡胶材料及制品及其卫生问题

橡胶是一种具有高弹性的高分子化合物，分为天然橡胶和合成橡胶，可用于制作奶嘴、瓶盖、高压锅垫圈以及输送食品原料、辅料和水的管道等。天然橡胶是从橡胶树、橡胶草等植物中提取胶质后加工制成，是以$Z-1$，4-聚戊二烯为主要成分的天然高分子化合物，含量在90%以上；合成橡胶则是由具有二烯结构的单体聚合而成。

1. 天然橡胶

天然橡胶不被消化酶分解，也不能被细菌、霉菌的酶所分解，所以，天然橡胶本身既不分解，也不被人体吸收，一般认为无毒。毒性来源于基料中的杂质和加工过程中使用的添加剂。基料中的褐皱片杂质较多，烟胶片经烟熏，可能含有多环芳烃，所以不能用它们生产食品用橡胶制品。天然橡胶易老化，加工过程中使用的添加剂会带来安全风险。

2. 合成橡胶

品种较多，主要有硅橡胶、乙丙橡胶、丁苯橡胶、丁腈橡胶和氯丁橡胶等，毒性主要来源于单体和添加剂。硅橡胶化学性质稳定，毒性小，其橡胶制品生产周期短、性能好，在食品工业使用广泛，已替代很多天然橡胶制品。目前市售的橡胶奶嘴90%以上是用硅橡胶生产的。乙丙橡胶由乙烯和丙烯聚合而成，被广泛用来制作食品用橡胶制品，但乙烯和丙烯均有麻醉作用。丁苯橡胶本身无毒，可用于制作食品用橡胶制品，但其苯乙烯单体有毒。丁腈橡胶由丙烯腈和丁二烯聚合而成，虽可用于生产食品用橡胶制品，但残留的丙烯腈单体有较强毒性，可引起溶血、致畸作用。氯丁橡胶的单体氯丁乙烯局部接触有致癌作用，所以不能用于制作食品用橡胶制品。

3. 添加剂

橡胶加工成型时需加入大量的添加剂，有硫化促进剂、防老化剂和填充剂等。绝大多数橡胶制品需要通过高温硫化成型，而且硫化促进剂可使橡胶制品具有良好的弹性。常用的硫化促进剂大都含有仲胺结构，会与氮氧化物（NO_x）反应生成各种类型的亚硝胺；接触食品的橡胶不可使用氧化铅作硫化促进剂，也不宜使用如乌洛托品、乙撑硫脲，乌洛托品加温时可分解出甲醛，乙撑硫脲对动物有致癌性。防老剂的目的是提高橡胶的耐曲折性和耐热性，其中芳香胺类防老剂 N-苯基-β-萘胺、联苯胺对动物有致癌性，可引起膀胱癌。橡胶常用填充剂炭黑中含有较多的 B［a］P，使用前应用苯类溶剂将其提取掉。

我国规定在食品用橡胶制品中禁止使用下列材料和加工助剂：再生胶、氧化铅、α-巯基咪唑啉、α-硫醇基苯并噻唑（促进剂M）、二硫化二苯并噻唑（促进剂DM）、乙苯基-β-萘胺（防老剂J）、对苯二胺类、苯乙烯代苯酚、防老剂124。

（四）食品接触用涂料和涂层及其卫生问题

为了防止食品对容器的腐蚀，或为了防止容器中某些有害物质对食品的污染，往往在食品容器的内壁上涂上涂料，形成一层耐酸碱、抗腐蚀的涂膜。我国允许使用的涂料有非高温成膜涂料和高温成膜涂料两大类。

1. 非高温成膜涂料

包括环氧聚酰胺树脂涂料、过氯乙烯涂料、漆酚涂料等，主要用于饮料、酒类、酱油等液体调味品的储藏池、槽、罐的内壁。

环氧树脂由双酚A与环氧氯丙烷聚合而成，聚酰胺是其固化剂。聚合程度越高，相对分子质量越大，就越稳定，越不易迁移到食品中。所以，环氧树脂卫生问题主要涉及是否含有未完全聚合的单体、固化剂聚酰胺是否使用过量或固化不全。过氯乙烯涂料以过氯乙烯树脂为主要基料，辅以溶剂、增塑剂等添加剂而成膜。过氯乙烯树脂中含有氯乙烯单体，成膜后仍可能有氯乙烯的残留。漆酚涂料中的游离酚、甲醛可向食品中迁移。

2．高温成膜涂料

包括环氧酚醛涂料、水基改性环氧树脂涂料、有机硅防粘涂料、有机氟防粘涂料等，主要喷涂于盛装罐头食品的金属罐内壁以及锅、勺、铲等食品用工具和某些食品加工设备的表面。喷涂后需经高温烧结，固化成膜。

环氧酚醛涂料由环氧树脂和酚醛树脂聚合而成，成膜后涂层中仍可能含有游离酚和甲醛等未聚合的单体和低分子聚合物。水基改性环氧涂料中含有环氧酚醛树脂，也可能含有游离酚和甲醛。有机硅防粘涂料是较安全的食品容器内壁防粘涂料。有机氟防粘涂料包括聚氯乙烯、聚四氟乙烯、聚六氟丙烯涂料等，以聚四氟乙烯最为常用。虽然聚四氟乙烯是一种较安全的食品容器内壁涂料，但由于对被涂覆的坯料清洁程度要求较高，坯料在喷涂前常用铬酸盐处理，从而造成涂料中有铬盐的残留。聚四氟乙烯使用时加热温度不宜超过280℃，因其在280℃时会发生裂解，产生挥发性很强的有毒氟化物。

（五）食品接触用纸、纸板、纸制品及其卫生问题

食品接触用纸、纸板及纸制品是以纸和纸板为主要基材，经过涂蜡、淋膜或与其他材料（塑料或铝箔）复合加工而成的单层或多层食品包装材料和容器，食品烹饪、烘烤、加工处理用纸，以及纸浆模塑制品等。

1．造纸原料中的农药残留

造纸原料有木浆、草浆、棉浆等，以木浆最佳。由于种植过程中使用农药等，稻草、麦秸、甘蔗渣等造纸原料中往往会有农药的残留，有的还掺杂一定比例的回收纸。回收纸中油墨及颜料中的铅、镉、多氯联苯等会留在纸浆中。

2．造纸添加物的毒性

荧光增白剂具有一定的致癌性，应禁止在食品接触用纸中添加。造纸或纸浆加工等多个环节使用的甲醛，纸浆加工、储存过程中为防止微生物污染而添加的杀菌剂和防霉剂，复合食品包装材料和容器各层之间黏合所用聚氨酯型黏合剂中的添加剂2，4-甲苯二异氰酸酯水解产生的甲苯二胺，印刷用油墨及颜料中含有的铅、镉、甲苯、多氯联苯等，均有一定的毒性。石蜡中含有的多环芳烃有一定的致癌性。

3．增加微生物污染风险

用废旧报纸、纸张直接包装食品，会造成微生物的污染。

（六）其他食品接触材料及其卫生问题

1．金属材料及制品

金属材料制品的主要卫生问题是有毒金属向食品中迁移。

（1）不锈钢 不锈钢是由铁铬合金再掺入镍、钼、钛、钒等元素而制成，其金属性能好，耐腐蚀性强，被广泛用于制作食具容器、食品生产经营用工具、设备等。不锈钢材料中掺入的镍、钼、钛、钒以及铬等在食品中的溶出可造成食品污染。不锈钢型号不同，有毒金属的溶出量也不同。食品接触用不锈钢制品应符合《食品安全国家标准 不锈钢制品》（GB

9684—2011）的质量要求。不锈钢容器不可长时间盛放盐、酱油、醋、菜汤等，因为这些食品中含有很多电解质，会增加有毒金属元素的溶出。

（2）铝制品　铝材分为精铝和回收铝。精铝纯度高，适用于制作食具和食品容器；回收铝来源复杂，杂质含量高，不可用来制作食具和食品容器，只能用来制作菜铲、瓢、勺等炊具，但要注意回收铝的来源。铝制品需要注意有毒金属（铅、锌、砷、镉）的溶出，应加以严格控制。流行病学调查和动物实验表明，铝是老年痴呆症的危险因素。长期使用铝制品盛放盐以及碱性、酸性食物易使容器表面的氧化铝保护膜遭到腐蚀和破坏，从而使部分铝进入食物和水中，增加铝的摄入量。

（3）其他　铁制容器长期存放食物，尤其是油类，易引起铁氧化腐蚀，铁锈可引起呕吐、腹泻、食欲缺乏。马口铁罐由镀锡薄钢板制成，主要卫生问题是锡和铅的溶出。

2．陶瓷和搪瓷制品

陶瓷以黏土为主要原料，加入长石、石英等，经配料、粉碎、炼泥、成型、干燥及上釉、彩饰等工序，再经高温烧结而成。搪瓷是以铁皮做底坯，将瓷釉涂覆在底坯上经烧结而成。

陶瓷、搪瓷的主要卫生问题由彩釉引起，其主要成分是各种金属盐类，是铅、镉、砷等有害物质溶出的主要来源。陶瓷、搪瓷食具和容器长时间接触醋、果汁等酸性食品和酒时，有毒金属易大量溶出，污染食品。

3．玻璃制品

玻璃是由硅酸盐、碱性物质（碳酸钠、碳酸钙、碳酸钾等）为主要原料，配以着色剂（如氧化铜、氧化铅、三氧化二砷等）等辅料，经高温熔融而成。玻璃制品的主要的卫生问题是铅和砷的溶出，此类有害成分易迁移到食品中导致食品安全风险。

第四节　食品的物理性污染及控制

同生物性危害和化学性危害一样，食品物理性污染造成的危害也是威胁人类健康的重要食品安全问题之一。根据污染物的性质，可将物理性污染分为两类：杂物污染和放射性污染。

一、食品的杂物污染及预防

（一）杂物污染途径

食品杂物污染物纷繁复杂，以至于食品安全标准无法囊括全部杂物污染物，给食品杂物污染的预防及卫生管理带来诸多困难。食品中的杂物污染物可能不会直接威胁到消费者健康，但是严重影响了食品应有的感官性状和营养价值，使食品质量无法得到保证。按照杂物污染食品的来源，将污染食品的杂物分为来自食品产、储、运、销过程的污染物和食品的掺杂掺假污染物。

1．生产、储存、运输、销售过程中受到的污染

食品在生产、储存、运输、销售过程中每个环节，都可能受到杂物污染，主要包括以下几类。

（1）生产时的污染，如粮食收割时混入草籽；动物宰杀时血污、毛发、粪便等对畜禽肉的污染；食品加工过程中设备陈旧或故障引起加工管道中金属颗粒或碎屑对食品的污染等。

（2）食品储存过程中的污染，如苍蝇、昆虫的尸体和鼠、雀的毛发、粪便等对食品的污染。

（3）食品运输过程的污染，如运输车辆、装运工具、不洁铺垫物和遮盖物对食品的污染。

（4）意外污染，如头发、指甲、戒指、烟头、废纸、携带的个人物品和杂物的污染，及卫生清洁用品的污染。

2．掺杂掺假带来的污染

食品掺杂掺假是一种人为地向食品中加入杂物的过程，目的是非法获得更大利润。掺杂掺假涉及的食品种类繁杂，掺杂污染物众多，如粮食中掺入的沙石，肉中注入的水，奶粉中掺入的大量糊精，牛乳中加入的米汤等。掺杂掺假不仅严重破坏市场经济秩序，还会损害消费者身心健康，严重的甚至造成人员伤亡，必须严格监督管理。

（二）食品杂物污染的预防

（1）加强食品生产、储存、运输、销售过程中的监督管理，把住产品质量关，制定执行企业标准。

（2）采用先进的加工工艺、设备和检验设备，如筛选、磁选和风选去石，清除有毒的杂草籽及泥沙、石灰等异物，定期清洗专用池、槽，防尘、防蝇、防鼠、防虫，尽量采用食品小包装。

（3）严格执行相关食品标准，我国相关食品标准中对食品中杂物的含量有明确规定。如《小麦粉》标准（GB/T 1355—2021）中规定，小麦粉中含砂量≤0.02%，磁性金属物含量≤0.003g/kg。

（4）严格执行《中华人民共和国食品安全法》及其他相关规定，加强食品"从农田到餐桌"的质量监督管理，严厉打击食品掺杂掺假行为。

二、食品的放射性污染及预防

食品的放射性污染是指食品吸附或吸收了放射性核素，使其放射性高于自然放射性本底。放射性核素可对环境造成长期的污染，可通过食物、空气和水分进入人体，形成内照射，引起放射性损伤。因此，要对环境及食品进行放射性检测，以控制其对人体的损害。

（一）食品放射性污染物的来源和污染途径

人类赖以生存的食品都直接或间接来源于动、植物，它们与其生存的环境之间进行物质和能量的交换。在这个过程中，环境中存在的放射性核素就通过各种途径，如空气、水、土壤以及食物链被吸附或转移进入动、植物中，构成了食品的放射性污染物。

1. 食品中放射性物质分类

根据污染来源途径，食品中的放射性物质分为两大类。

（1）食品中的天然放射性核素 来自环境中的天然放射性本底，一是来自宇宙射线，它作用于大气层中稳定性元素的原子核产生放射性核素，有^{14}C、^3H、^{22}Na等；二是来自地壳中的天然放射性核素，主要包括^{238}U（铀）系和^{232}Th（钍）系的各级子代放射性核素及^{40}K（钾）。食品中的天然放射性核素主要有^{40}K、^{226}Ra、^{210}Po等。天然放射性污染物比较常见，在一些天然放射性高本底地区，种植和生产的食品中，会检测到高含量的天然放射性物质。

（2）食品中的人工放射性污染物 主要来自核爆炸、核武器试验落下的灰，核工业排放的"三废"，医疗、科研等用的放射源及含有放射性物质的废物，核工业或核电站发生意外事故导致的核泄漏等，引起某一地区某一时段内放射性污染物超标，从而污染环境和食品。污染食品的放射性核素主要有^{131}I、^{90}Sr、^{89}Sr、^{137}Cs。

2. 环境中放射性核素污染食品的途径

环境中放射性核素向食品中转移的主要途径有以下几种。

（1）向植物性食品的转移 放射性核素污染了水、土壤、空气以后，含有放射性核素的雨水和水源可直接渗透入植物组织或被植物的根系吸收，植物的根系也可以从土壤中吸收放射性核素。空气中的放射性核素通过降水或降尘直接污染植物体，也可以通过污染的土壤进入植物体。放射性核素向植物转移的量与气象条件、放射性核素和土壤的理化性质、土壤pH、植物种类和使用化肥的类型等因素相关。既往核事故的检测经验表明，露天生长的大叶、表面有微小绒毛的蔬菜，如菠菜，更容易吸附空气中沉降的放射性物质。

（2）向动物性食品的转移 动物饮用或吸入被放射性核素污染的水、空气，以及接触被放射性核素污染的土壤，都会使放射性核素进入体内，并可进入乳、蛋中。放射性核素向动物的转移过程中常表现出生物富集效应，如草食动物可通过食物链富集进入植物的放射性核素，以草食动物为食的动物则进一步富集草食动物体内的放射性核素。半衰期长的^{90}Sr和^{137}Cs是食物链中易于富集的放射性核素。

（3）向水生生物体内的转移 进入水体的放射性核素可溶解于水或以悬浮状态存在较长时间。水生植物和藻类对放射性核素有很强的富集能力，如^{137}Cs在藻类中的浓度可高于周围水域浓度的100～500倍。鱼体内的放射性核素可通过鳃和口腔进入，也可由附着于其体表的放射性核素逐渐渗透进入体内。鱼及水生动物还可通过摄入低等水生植物或动物富集放射性物质。由于放射性物质和含有放射性核素的水生生物残骸可长期沉积于海底并不断释放放射性核素，即使消除了人为放射性核素的污染源，该水体中的放射性核素也可保持较长时间，使水生生物继续受到污染。

（二）食品放射性污染对人体的危害

食品的放射性污染对人体的危害在于体内长时期小剂量的内照射作用。食品中放射性核素以天然放射性核素为主，有效剂量很低，达不到确定生物学效应的阈值，不足以产生局部或全身的确定性健康损伤。食品中放射性核素对人体的电离辐射生物学效应主要是低剂量长期内照射引起的随机性生物学效应，主要表现为对靶器官、免疫系统、生殖系统等的损伤和致癌、致畸、致突变作用。研究表明，低剂量辐射可引起动物免疫功能抑制或增强，如辅助性T细胞的活性增强，体液免疫反应增强。辐照可使精子畸形数增加，精子生成障碍，精子数减少以及睾丸重量下降。低剂量内照射可致暂时性不育。"三致"作用是低剂量长期内照射产生的主要生物学效应。$0.2 \sim 0.3Sv$的照射即可引起动物和人体细胞染色体畸变的发生率明显增高；甲状腺和骨髓是人体辐射致癌最敏感的组织，常见的辐射导致的癌症为白血病和甲状腺癌，还有乳腺癌和肺癌。

（三）控制食品放射性污染的措施

预防食品放射性污染及其对人体危害的措施主要分为两个方面：一方面防止食品受到放射性物质的污染，即加强对放射性污染源的管理；另一方面防止已经被污染的食品进入体内，即加强对食品中放射性污染的监督。

1. 加强放射防护工作

对产生和使用放射性物质的单位，加强放射性防护工作，重点是防止事故的发生和对其产生的废物、废水和废气进行严格管理和监督，防止环境受到污染。食品加工厂和食品仓库应建立在从事放射性工作单位的防护检测区以外的地方。《中华人民共和国放射性污染防治法》加速了我国放射性污染防治和管理法制化进程，详细规定了如何对放射源进行管理，防止意外事故的发生和放射性核素在采矿、冶炼、燃料精制、浓缩、生产和使用过程中应遵循的原则，并对放射性废弃物的处理和净化提出了具体的要求和管理措施。《电离辐射防护与辐射源安全基本标准》（GB 18871—2002）中规定对公众照射剂量的限制为年有效剂量5mSv（全身），皮肤50mSv，这对核物质的使用、环境污染的控制和保障食品的安全性起到了规范作用。

2. 强化食品安全监督管理，严格执行国家相关标准

定期进行食品中放射性物质的检测，使食品中放射性核素的量控制在允许范围之内。《食品中放射性物质限制浓度标准》（GB 14882—1994）中规定了粮食、薯类、蔬菜及水果、肉、鱼虾类和鲜乳等食品中人工放射性核素^3H、^{131}I、^{90}Sr、^{89}Sr、^{137}Cs、^{147}Pm和天然放射性核素^{210}Po、^{226}Ra、^{228}Ra、^{232}Th和^{238}U的限制浓度。在食品检测过程中，要严格执行这些标准，尤其对放射性高本底或高污染地区的食品要重点检查。

📝 思考与练习题

- 1. 食品污染的途径怎么分类？
- 2. 细菌适宜生长的条件及针对性的控制措施有哪些？
- 3. 防止食品腐败变质的措施有哪些？
- 4. 农药污染食品的途径有哪些？
- 5. 简述常见兽药残留的毒性作用。
- 6. 食物中N-亚硝基化合物的合成的影响因素有哪些？如何预防食品的N-亚硝基化合物污染？

第三章 食品安全保障
CHAPTER 3

食品安全保障

第一节　我国食品安全治理体系

一、食品安全的概念

根据《中华人民共和国食品安全法》的描述，食品是指各种供人食用或者饮用的成品和原料以及按照传统既是食品又是中药材的物品，但是不包括以治疗为目的的物品。食品安全，指食品无毒、无害，符合应当有的营养要求，对人体健康不造成任何急性、亚急性或者慢性危害。可以看出食品安全本质上是对食品无危害及营养供给的要求，也是对食品的最基本要求。

食品是人类生存的物质基础，食品安全概念的提出，可以追溯至1974年的世界粮食大会。由于第二次世界大战引发的粮食危机，当时的食品安全主要指粮食供应的安全，随着经济和社会发展，人们对食品安全的理解更为丰富。FAO认为，食品安全是"在任何时候，每个人为维持一种健康活跃的生活都能得到富有营养的和安全的食物"。国际食品法典委员会将其解释为"消费者所食用的食物应该是不含有任何对人体造成危害或可能造成危害的有毒有害因素或物质"。世界银行认为食品安全是指"无论何时，人们都能获得保证正常生活所需的足够的食品"。WHO则指出"食品安全是指食物对人类的身体健康不会造成不良影响，这种不良影响包括直接影响，也包括潜在的影响；从食品质量安全的角度考虑，指保证对消费者的身体健康不会造成损害的，并且是按照食物本身的方式进行加工和制作的质量要求"。目前，国际社会对食品安全概念的理解已经基本形成共识，即食品安全是指食品的种植养殖、加工、包装、贮藏、运输、销售、消费等活动符合国家强制标准和要求，不存在可能损害或威胁人体健康的有毒有害物质致消费者病亡或者危及消费者及其后代的隐患。食品安全既包括生产的安全，也包括经营的安全；既包括结果的安全，也包括过程的安全；既包括现实的安全，也包括未来的安全。

二、我国现行食品安全治理制度

在我国，食品安全经过长期的探索逐渐形成了"预防为主、风险管理、全程控制、社会共治”的治理格局，是建立了科学、严格的监督管理制度的全面治理体系。

县级以上人民政府食品安全监督管理部门和其他有关部门、食品安全风险评估专家委员会及其技术机构，按照科学、客观、及时、公开的原则，组织食品生产经营者、食品检验机构、认证机构、食品行业协会、消费者协会以及新闻媒体等，就食品安全风险评估信息和食品安全监督管理信息进行交流沟通。食品安全的保障工作主要由以下几部分构成。

（一）预防

食品安全工作以预防为主，指各项安全保障工作要关口前移，而不是等到发生问题再查处、追责，要提前消除食品安全隐患，防患于未然。

在《中华人民共和国食品安全法》中充分体现了预防为主的原则，如规定责任约谈制度。对于政府相关部门，要求食品安全监管部门及时监管，发现和消除隐患："县级以上人民政府食品安全监督管理等部门未及时发现食品安全系统性风险，未及时消除监督管理区域内的食品安全隐患的，本级人民政府可以对其主要负责人进行责任约谈。地方人民政府未履行食品安全职责，未及时消除区域性重大食品安全隐患的，上级人民政府可以对其主要负责人进行责任约谈。被约谈的食品安全监督管理等部门、地方人民政府应当立即采取措施，对食品安全监督管理工作进行整改。"此外，按照《中华人民共和国食品安全法》的要求，我国从2010年开始组织实施国家食品安全风险监测和风险评估工作，已初步掌握了主要食品污染状况和趋势，对发现的隐患及时开展风险评估，通报相关监管部门及时制定修订相关限量标准，有效发挥了监测评估的预警作用。

对于食品生产经营者，《中华人民共和国食品安全法》要求"食品生产经营过程中存在食品安全隐患，未及时采取措施消除的，县级以上人民政府食品安全监督管理部门可以对食品生产经营者的法定代表人或者主要负责人进行责任约谈。食品生产经营者应当立即采取措施，进行整改，消除隐患。责任约谈情况和整改情况应当纳入食品生产经营者食品安全信用档案"。《中华人民共和国食品安全法》还要求食品生产经营者建立自查制度，规定"食品生产经营者应当建立食品安全自查制度，定期对食品安全状况进行检查评价。生产经营条件发生变化，不再符合食品安全要求的，食品生产经营者应当立即采取整改措施；有发生食品安全事故潜在风险的，应当立即停止食品生产经营活动，并向所在地县级人民政府食品安全监督管理部门报告。"

国家在要求食品生产经营企业在遵守法律法规和食品安全国家标准基础上，还鼓励和支持食品生产经营者为提高食品安全水平采用先进技术和先进管理规范，鼓励食品生产经营企业符合良好生产规范要求，实施危害分析与关键控制点体系。

（二）风险管理

食品安全的风险管理是指食品安全风险监测、风险评估、风险交流、风险监督管理等与风险有关的制度与措施。我国已经逐渐建立起一套食品安全风险管理体系。

国务院卫生行政部门依照《中华人民共和国食品安全法》和国务院规定的职责，组织开展食品安全风险监测和风险评估，会同国务院食品安全监督管理部门制定并公布食品安全国家标准。

食品安全风险监测结果表明可能存在食品安全隐患的，县级以上人民政府卫生行政部门会及时将相关信息通报同级食品安全监督管理、农业行政等部门，并报告本级人民政府和上级人民政府卫生行政部门。

食品安全监督管理等部门会组织开展进一步调查。县级以上人民政府食品安全监督管理部门根据食品安全风险监测、风险评估结果和食品安全状况等，确定监督管理的重点、方式和频次，实施风险分级管理。食品安全风险监测结果表明存在食品安全隐患，食品安全监督管理等部门经进一步调查确认有必要通知相关食品生产经营者的，会通知食品生产经营者。为了强化食品生产经营风险管理，科学有效实施监管，落实食品安全监管责任，保障食品安全，原食品药品监督管理总局还印发了《食品生产经营风险分级管理办法》，以风险分析为基础，结合食品生产经营者的食品类别、经营业态及生产经营规模、食品安全管理能力和监督管理记录情况，按照风险评价指标，划分食品生产经营者风险等级，并要求结合地方监管资源和监管能力，对食品生产经营者实施的不同程度的监督管理。

（三）全程控制

我国正逐步建立起食品生产消费的全过程风险管控和监管机制，树立起从农田到餐桌全程风险防控理念，综合运用风险监测评估、行政许可、日常监管、监督抽检等手段，加强风险交流平台建设，切实做到严防、严管、严控食品安全风险。

我国已经逐步建立起程序公开透明、多领域专家广泛参与、评审科学权威的标准研制制度以及全社会多部门深入合作的标准跟踪评价机制，涵盖国家、省、市、县四级食品污染和有害因素监测、食源性疾病监测两大监测网络，以及国家食品安全风险评估体系。截至2023年9月，我国已发布食品安全国家标准1563项，涵盖从农田到餐桌、从生产加工到产品全链条、各环节主要的健康危害因素，保障各类人群的饮食安全。

（四）社会共治

食品安全社会共治，是指调动社会各方力量，包括政府相关职能部门、有关生产经营单位、社会团体、第三方企业、教育机构、媒体乃至社会成员个人，共同参与食品安全工作，推动完善社会管理手段，形成食品安全社会共治的格局。

依法治国要求政府在法律框架内行权，政府对食品安全的监管已难以做到"无所不在""无所不能"，需要各利益相关者和多社会主体的积极参与。《中华人民共和国食品安全法》在一些具体规定上充分体现了社会共治原则，比如：食品行业协会应当加强行业自律，按照章程建立健全行业规范和奖惩机制，提供食品安全信息、技术等服务，引导和督促食品生产经营者依法生产经营，推动行业诚信建设，宣传、普及食品安全知识；消费者协会和其他消费者组织对违反《中华人民共和国食品安全法》的规定，侵害消费者合法权益行为，依法进行社会监督；对查证属实的举报，应给予举报人奖励，对举报人的相关信息予以保密，保护其合法权益，对举报所在企业食品安全违法行为的内部举报人给予特别保护，明确企业不得通过解除或者变更劳动合同等方式，对举报人进行打击报复；强调监管部门应当准确、及时、客观公布食品安全信息，鼓励新闻媒体对食品安全违法行为进行舆论监督，同时规定有关食品安全的宣传报道应当客观、真实，任何单位和个人不得编造、散布虚假食品安全信息等。

社会共治是社会管理的新举措，是实现公共利益最大化的一种重要途径，也是解决食品安全监管中存在的监管力量相对不足等突出问题的有效手段。食品安全社会共治，需要政府监管责任和企业主体责任共同落实，行业自律和社会监督相互促进，形成社会各相关方良性互动、有序参与、共同监督的良好社会环境，引导食品生产经营者落实主体责任，强化道德观念，倡导诚信从业风气，促使食品安全保障由单纯依靠食品安全监管部门向多方主体主动参与、共同发挥作用的综合治理格局发展。

（五）监督管理制度

制度可理解为在一定历史条件下形成的法令、法规、规范、规定等。我国的食品安全监督管理制度主要是由一系列的法律法规、强制标准、规章、行政规范性文件等与食品安全有关的规范性的文件和条款构成。

1997年9月党的十五大报告提出"依法治国，建设社会主义法治国家"这一重大战略。党的十八届四中全会通过的《中共中央关于全面推进依法治国若干重大问题的决定》，对新形势下全面推进依法治国作出战略部署。2014年10月习近平总书记强调："推进国家治理体系和治理能力现代化，必须坚持依法治国，为党和国家事业发展提供根本性、全局性、长期性的制度保障。"随着依法治国的部署和推进，食品安全的监督管理也逐渐走向更加规范的依法监督管理，围绕"科学、统一、权威、高效"的目标，我国不断深化食品安全监管体制改革，走过了从分散监管、综合监管到统一监管的艰难过程。食品安全监管也逐渐进入新阶段，由单一监管走向了全面治理。

要全面深入地理解我国食品安全监督管理制度，就要深入地研究食品安全相关的法律法规、标准、规章、行政规范性文件等与食品安全有关的规范性的文件和条款。

三、我国食品安全治理体系主要参与者

（一）政府相关部门与机构

1．地方人民政府

《中华人民共和国食品安全法》对地方人民政府在食品安全中所负的责任进行了明确规定。

（1）县级以上地方人民政府对本行政区域的食品安全监督管理工作负责，统一领导、组织、协调本行政区域的食品安全监督管理工作以及食品安全突发事件应对工作，建立健全食品安全全程监督管理工作机制和信息共享机制。

（2）县级以上地方人民政府依照《中华人民共和国食品安全法》和国务院的规定，确定本级食品药品监督管理、卫生行政部门和其他有关部门的职责。有关部门在各自职责范围内负责本行政区域的食品安全监督管理工作。

（3）县级以上地方人民政府实行食品安全监督管理责任制。上级人民政府负责对下一级人民政府的食品安全监督管理工作进行评议、考核。县级以上地方人民政府负责对本级食品药品监督管理部门和其他有关部门的食品安全监督管理工作进行评议、考核。

（4）县级以上地方人民政府应当对食品生产加工小作坊、食品摊贩等进行综合治理，加强服务和统一规划，改善其生产经营环境，鼓励和支持其改进生产经营条件，进入集中交易市场、店铺等固定场所经营，或者在指定的临时经营区域、时段经营。

（5）县级以上人民政府应当将食品安全工作纳入本级国民经济和社会发展规划，将食品安全工作经费列入本级政府财政预算，加强食品安全监督管理能力建设，为食品安全工作提供保障。县级以上人民政府食品药品监督管理部门和其他有关部门应当加强沟通、密切配合，按照各自职责分工，依法行使职权，承担责任。

（6）县级以上地方人民政府应当根据有关法律法规的规定和上级人民政府的食品安全事故应急预案以及本行政区域的实际情况，制定本行政区域的食品安全事故应急预案，并报上一级人民政府备案。

（7）县级以上人民政府食品药品监督管理部门根据食品安全风险监测、风险评估结果和食品安全状况等，确定监督管理的重点、方式和频次，实施风险分级管理。县级以上地方人民政府组织本级食品药品监督管理、农业行政等部门制订本行政区域的食品安全年度监督管理计划，向社会公布并组织实施。

2．食品安全委员会

（1）国务院食品安全委员会　国务院食品安全委员会（简称食品安全委员会）是根据《中华人民共和国食品安全法》的规定，为贯彻落实《中华人民共和国食品安全法》，切实加强食品安全监管工作成立的机构。国务院食品安全委员会负责分析食品安全形势，研究部署、统筹指导食品安全工作，提出食品安全监督管理的重大政策措施，督促落实食品安全监督管理责任。县级以上地方人民政府食品安全委员会按照本级人民政府规定的职责开展工作。2018年3月，根据第十三届全国人民代表大会第一次会议批准的国务院机构改革方案，将国务院食品安全委员会具体工作交由国家市场监督管理总局承担。

（2）基层食品安全委员会（或食品安全工作领导小组）　通常负责综合协调食品安全的检测和评价工作，会同有关部门制定食品安全监管信息发布办法并监督实施，综合有关部门的食品安全信息并定期向社会公布，协调处理以政府名义开展的对外食品安全工作事宜，承办县委、县政府和县政府办公室交办的其他事项。

3．市场食品安全监督管理部门

市场食品安全监督管理部门在部级层面由国家市场监督管理总局负责，地方层面由省、市、区（县）的对应部门负责。国家市场监督管理总局和地方市场监督管理部门共同组成市场监督管理体系，国家市场监督管理总局职能更侧重政策层面，基层市场监督管理部门主要进行市场监督管理工作的执行。

（1）国家市场监督管理总局　国家市场监督管理总局下属的与食品安全监督管理相关的部门主要有：食品安全协调司、食品生产安全监督管理司、食品经营安全监督管理司、特殊食品安全监督管理司、食品安全抽检监测司、产品质量安全监督管理司等，它们分担不同的食品安全工作。

食品安全协调司：拟订推进食品安全战略的重大政策措施并组织实施；承担统筹协调食

品全过程监管中的重大问题，推动健全食品安全跨地区跨部门协调联动工作机制；承办国务院食品安全委员会日常工作。

食品生产安全监督管理司：分析掌握生产领域食品安全形势，拟订食品生产监督管理和食品生产者落实主体责任的制度措施并组织实施；组织食盐生产质量安全监督管理工作；组织开展食品生产企业监督检查，组织查处相关重大违法行为；指导企业建立健全食品安全可追溯体系。

食品经营安全监督管理司：分析掌握流通和餐饮服务领域食品安全形势，拟订食品流通、餐饮服务、市场销售食用农产品监督管理和食品经营者落实主体责任的制度措施，组织实施并指导开展监督检查工作；组织食盐经营质量安全监督管理工作；组织实施餐饮质量安全提升行动；指导重大活动食品安全保障工作；组织查处相关重大违法行为。

特殊食品安全监督管理司：特殊食品安全监督管理司，分析掌握保健食品、特殊医学用途配方食品和婴幼儿配方乳粉等特殊食品领域安全形势，拟订特殊食品注册、备案和监督管理的制度措施并组织实施；组织查处相关重大违法行为。

食品安全抽检监测司：拟订全国食品安全监督抽检计划并组织实施，定期公布相关信息；督促指导不合格食品核查、处置、召回；组织开展食品安全评价性抽检、风险预警和风险交流；参与制订食品安全标准、食品安全风险监测计划，承担风险监测工作，组织排查风险隐患。

产品质量安全监督管理司：拟订国家重点监督的产品目录并组织实施；承担产品质量国家监督抽查、风险监控和分类监督管理工作；指导和协调产品质量的行业、地方和专业性监督；承担工业产品生产许可管理和食品相关产品质量安全监督管理工作；承担棉花等纤维质量监督工作。

其他：国家市场监督管理总局还有一些部门也会涉及食品安全事宜，比如：法规司、认可与检验检测监督管理司、标准技术管理司、认证监督管理司等。

（2）基层市场监督管理部门　不同地方的区和县下设的市场监督管理局内部分科（股）可能有所不同，有的把食品生产安全监督管理和食品经营食品安全监督管理分开，有的则合并为食品安全监管科（股），还有的把食品安全监管工作分为食品生产流通安全监督管理科（股）和食品餐饮安全监督管理科（股）等。基层市场监督管理部门承担食品安全监督管理的具体执行工作。通常，基层市场监督管理部门在食品安全方面通常主要负责，但不局限于以下工作：拟订推进国家、省、市食品安全战略的重大政策措施并组织实施，统筹协调食品全过程监管中的问题，推动健全食品安全跨地区跨部门协调联动工作机制；拟订并组织实施食品生产监督管理和食品生产经营者落实主体责任的制度措施；负责辖区食品生产和经营许可的监督检查和许可信息的备案登记管理；组织实施食品安全监督抽检计划，定期公布相关信息；组织特殊食品生产质量安全监督管理工作和食盐专营管理和食盐质量安全监督管理工作；组织开展食品生产经营企业（可能含食品生产小作坊和流动摊贩）及食品相关品生产企业监督检查，并查处违法行为；在监督管理工作中发现需要进行食品安全风险评估的，向卫生健康部门提出建议；参与食品安全事故的调查与处理；组织实施不合格食品核查、处置、召回；参与食品安全宣传教育工作；指导企业建立健全食品安全可追溯体系。

4. 其他食品安全相关职能部门

（1）卫生行政部门　包括中华人民共和国国家卫生健康委员会（简称国家卫生健康委员会）和基层卫生行政部门。

国家卫生健康委员会：国家卫生健康委员会食品安全标准与监测评估司内设综合处、食品安全标准管理处、食品安全风险监测与评估处、食品营养处，主要负责组织会同相关部门拟订食品安全国家标准，开展食品安全风险监测、评估和交流，承担新食品原料、食品添加剂新品种、食品相关产品新品种的安全性审查。

基层卫生行政部门：基层卫生行政局在食品安全监督管理方面的工作主要有，负责食品安全风险评估工作；会同市场监督管理等部门制订、实施食品安全风险监测计划；对通过食品安全风险监测或者接到举报发现食品可能存在安全隐患的，组织进行检验和食品安全风险评估，并及时向同级市场监督管理局等部门通报食品安全风险评估结果；在调查处理传染病或者其他突发公共卫生事件中发现与食品安全相关的信息，及时通报同级食品安全监督管理部门；发生食品安全事故，疾病预防控制机构（隶属于卫生行政部门）对事故现场进行卫生处理，并对与事故有关的因素开展流行病学调查，并向同级食品安全监督管理、卫生行政部门提交流行病学调查报告；医疗机构（公办的隶属于卫生行政部门）发现其接收的病人属于或疑似食源性疾病病人的，应当按照规定及时将相关信息向所在地县级人民政府卫生行政部门报告。

（2）农业行政部门　包括中华人民共和国农业农村部（简称农业农村部）和基层农业农村部门。

农业农村部：农业农村部农产品质量监管司内设综合处、标准处、监测处、监督处、应急与评估处，主要负责组织实施农产品质量安全监督管理有关工作；指导农产品质量安全监管体系、检验检测体系和信用体系建设；承担农产品质量安全标准、监测、追溯、风险评估等相关工作。

基层农业农村部门：主要负责农产品质量安全监督管理。组织开展农产品质量安全监测、追溯、风险评估，发布有关农产品质量安全状况信息；参与制定和执行农产品质量安全地方标准；指导农业检验检测体系建设。

（3）出入境检验检疫部门　包括中华人民共和国海关总署（简称海关总署）和基层进出口食品安全部门。

海关总署：海关总署进出口食品安全局拟订进出口食品、化妆品安全和检验检疫的工作制度，依法承担进口食品企业备案注册和进口食品、化妆品的检验检疫、监督管理工作，按分工组织实施风险分析和紧急预防措施工作。依据多双边协议承担出口食品相关工作。海关总署还设有卫生检疫司、动植物检疫司和商品检验司与检验和检疫有关的部门，但食品安全局主要负责进出口食品安全相关工作。

基层进出口食品安全部门：拟订关区进出口食品、化妆品安全和检验检疫管理规范；依法承担进口食品企业备案注册和进口食品、化妆品检验检疫、监督管理工作；按分工组织实施风险分析和紧急预防措施；依据多双边协议承办出口食品相关工作。

（4）公安机关　在食品安全方面，公安部门主要负责建立完善行政执法和刑事司法衔接机制。县级以上人民政府食品安全监督管理等部门发现涉嫌食品安全犯罪的，会按照有关规定及时将案件移送公安机关。对移送的案件或公安部门发现的，经审查认为有犯罪事实需要追究刑事责任的，公安部门立案侦查。公安机关在食品安全犯罪案件侦查过程中认为没有犯罪事实，或者犯罪事实显著轻微，不需要追究刑事责任，但依法应当追究行政责任的，会将案件移送食品安全监督管理等部门和监察机关。

违反《中华人民共和国食品安全法》，情节严重，许可证被吊销，需依法拘留的，公安机关对其直接负责的主管人员和其他直接责任人依法实施拘留。违法使用剧毒、高毒农药的，除依照有关法律法规规定给予处罚外，可以由公安机关依法拘留。

违反《中华人民共和国食品安全法》规定，拒绝、阻挠、干涉有关部门、机构及其工作人员依法开展食品安全监督检查、事故调查处理、风险监测和风险评估，构成违反治安管理行为的，由公安机关依法给予治安管理处罚。

违反《中华人民共和国食品安全法》的规定，编造、散布虚假食品安全信息，构成违反治安管理行为的，由公安机关依法给予治安管理处罚。

公安机关对发现的食品安全违法行为，经审查没有犯罪事实或者立案侦查后认为不需要追究刑事责任，但依法应当予以行政拘留的，作出行政拘留的处罚决定；不需要予以行政拘留但依法应当追究其他行政责任的，将案件及有关材料移送同级食品安全监督管理等部门。

发布未依法取得资质认定的食品检验机构出具的食品检验信息，或者利用上述检验信息对食品、食品生产经营者进行等级评定，欺骗、误导消费者，构成违反治安管理行为的，由公安机关依法给予治安管理处罚。

阻碍食品安全监督管理等部门工作人员依法执行公务，构成违反治安管理行为的，由公安机关依法给予治安管理处罚。

（二）食品生产经营者

食品生产经营者对其生产经营食品的安全负责。食品生产经营者应当依照法律法规和食品安全标准从事生产经营活动，保证食品安全，诚信自律，对社会和公众负责，接受社会监督，承担社会责任。

消费者因不符合食品安全标准的食品受到损害的，可以向经营者要求赔偿损失，也可以向生产者要求赔偿损失。接到消费者赔偿要求的生产经营者，应当实行首负责任制，先行赔付，不得推诿；属于生产者责任的，经营者赔偿后有权向生产者追偿；属于经营者责任的，生产者赔偿后有权向经营者追偿。

（三）第三方机构

1．检验与认证机构

食品生产企业应当就原料检验、半成品检验、成品出厂检验等制定并实施控制措施；中央厨房和集体用餐配送单位应制订检验检测计划，定期对大宗食品原料、加工制作环境等自行或委托具有资质的第三方机构进行检验检测。食品检验机构、食品检验人员出具虚假检验报告的，由授予其资质的主管部门或者机构撤销该食品检验机构的检验资质，没收所收取的检验费用，并处检验费用五倍以上十倍以下罚款，检验费用不足一万元的，并处五万元以上十万元以下罚款；依法对食品检验机构直接负责的主管人员和食品检验人员给予撤职或者开除处分；导致发生重大食品安全事故的，对直接负责的主管人员和食品检验人员给予开除处分。食品检验机构出具虚假检验报告，使消费者的合法权益受到损害的，应当与食品生产经营者承担连带责任。

国家鼓励食品生产经营企业符合良好生产规范要求，实施危害分析与关键控制点体系，提高食品安全管理水平。认证机构出具虚假认证结论，由认证认可监督管理部门没收所收取的认证费用，并处认证费用五倍以上十倍以下罚款，认证费用不足一万元的，并处五万元以上十万元以下罚款；情节严重的，责令停业，直至撤销认证机构批准文件，并向社会公布；对直接负责的主管人员和负有直接责任的认证人员，撤销其执业资格。

2. 科研机构

国家鼓励和支持开展与食品安全有关的基础研究、应用研究，鼓励和支持食品生产经营者为提高食品安全水平采用先进技术和先进管理规范。国家对农药的使用实行严格的管理制度，加快淘汰剧毒、高毒、高残留农药，推动替代产品的研发和应用，鼓励使用高效低毒低残留农药。

3. 保险公司

国家鼓励食品生产经营企业参加食品安全责任保险。办理食品安全责任保险，是以被保险人对因其生产经营的食品存在缺陷造成第三者人身伤亡和财产损失时依法应负的经济赔偿责任为保险标的的保险。食品生产经营企业应积极参加食品安全责任险，通过投保提高企业风险承受能力，落实食品安全主体责任。

（四）社会团体

社会团体是指由自然人、法人和其他组织自愿组成，为实现会员的共同意愿，按照章程开展活动的非营利性社会组织。

1. 食品行业协会

食品行业协会通过加强行业自律，按照章程建立健全行业规范和奖惩机制，提供食品安全信息、技术等服务，引导和督促食品生产经营者依法生产经营，推动行业诚信建设，宣传、普及食品安全知识。

2. 消费者协会

消费者协会和其他消费者组织对损害消费者合法权益的行为，可依法进行社会监督。

（五）教育培训机构

国家将食品安全知识纳入国民素质教育内容，普及食品安全科学常识和法律知识，提高全社会的食品安全意识。涉及食品生产经营知识的相关教育培训机构应主动普及食品安全知识。

（六）媒体

新闻媒体开展食品安全法律法规以及食品安全标准和知识的公益宣传，并对食品安全违法行为进行舆论监督。

（七）其他组织及个人

任何组织或者个人都有权举报食品安全违法行为，依法向有关部门了解食品安全信息，对食品安全监督管理工作提出意见和建议。在食品安全工作中作出突出贡献的单位和个人，可按照国家有关规定得到表彰、奖励。

第二节　法律、法规、规章及规范性文件

一、法律、法规、规章及规范性文件概念

（一）法律

食品安全法律法规是食品生产经营者必须遵守的行为准则，是食品产业得以持续健康发展的重要保障。深入了解、充分掌握食品安全相关法律法规，对餐饮服务单位进行食品安全管理具有十分重要的意义。

法律有广义、狭义两种理解。广义的法律指法的整体，包括法律、有法律效力的解释及行政机关为执行法律而制定的规范性文件等。狭义的法律则专指拥有立法权的国家权力机关依照立法程序制定的规范性文件，在我国指全国人大及其常委会制定的规范性文件。在与法规等一起谈时，法律是指狭义上的法律。

（二）法规

法规也有广义和狭义之分，广义的法规是法律、法令、条例、规则、章程等法定文件的总称。狭义的法规分为行政法规和地方性法规。《中华人民共和国立法法》规定，由国务院根据宪法和法律制定，并由国务院总理签署国务院令公布的具有法律效力的文件称为行政法规。地方性行政法规则指法定的地方国家权力机关（地方各级人民代表大会）依照法定的权限，在不与宪法、法律和行政法规相抵触的前提下，制定和颁布的在本行政区域范围内实施的规范性文件。法规一般用"条例""规定""细则""规则""办法"等称谓，部分为"决议""决定"等，如《中华人民共和国食品安全法实施条例》《关于加强食品等产品食品安全监督管理的特别规定》等。

（三）规章

规章也可分为（国务院）部门规章和地方政府规章。规章主要指国务院组成部门及直属机构，省、自治区、直辖市人民政府及省、自治区政府所在地的市和设区市的人民政府，在它们的职权范围内，为执行法律法规，需要制定的事项或属于本行政区域的具体行政管理事项而制定的规范性文件。规章一般称为"规定""办法"，但不能用"条例"，如《食品经营许可和备案管理办法》《食品生产经营风险分级管理办法》《上海市行政规范性文件管理规定》等。

（四）规范性文件

1. 概念

我国法律法规对于规范性文件的含义、制发主体、制发程序和权限以及审查机制等尚无

全面、统一的规定。关于规范性文件可以从下面几方面理解：规范性文件也有广义、狭义两种理解。广义上讲，规范性文件指属于法律范畴（即法律法规、规章）的立法性文件和除此以外的由国家机关和其他团体、组织制定的具有约束力的非立法性文件的总和。狭义上讲，规范性文件多特指行政性规范文件，指除法律法规、规章以外的国家机关在职权范围内依法制定的具有普遍约束力的文件。日常使用多取规范性文件的狭义概念，以下是几条关于规范性文件的描述，可参考理解。

《中国共产党党内法规和规范性文件备案审查规定》（2019年修订版）："本规定所称规范性文件，指党组织在履行职责过程中形成的具有普遍约束力、在一定时期内可以反复适用的文件。"

《北京市行政规范性文件备案规定》（北京市人民政府令第268号公布，2016年4月12日市人民政府第112次常务会议审议通过，自2016年7月1日起施行）："本规定所称行政规范性文件，是指市人民政府工作部门、区人民政府及其工作部门、乡镇人民政府（以下统称制定机关）制定的，涉及公民、法人和其他组织权利和义务，具有普遍约束力的文件；不包括制定机关的内部工作制度、人事任免决定、对具体事项的处理决定，以及涉密和依法不对外公布的文件。"

《上海市行政规范性文件管理规定》（2019年6月5日上海市人民政府令第17号公布，自2019年8月1日起施行）："本规定所称的行政规范性文件（以下简称"规范性文件"），是指除政府规章外，由行政机关依照法定权限、程序制定并公开发布，涉及公民、法人和其他组织权利义务，具有普遍约束力，在一定期限内可以反复适用的公文。"

《云南省行政规范性文件制定和备案办法》（2017年11月20日云南省人民政府令第212号公布，自2018年1月1日起施行）："本办法所称行政规范性文件（以下简称规范性文件），是指行政机关和法律法规授权的具有管理公共事务职能的组织（以下简称法律法规授权组织）制定并公布，涉及公民、法人和其他组织权利义务，具有普遍约束力，在一定期限内反复适用的文件，但规章除外。"

《四川省行政规范性文件管理办法》（2018年1月2日四川省人民政府令第327号公布，2021年12月30日四川省人民政府令第351号修订）规范性文件分为政府规范性文件和部门规范性文件："地方各级人民政府（含办公机构）以自己名义制定的规范性文件为政府规范性文件；依法以自己名义履行行政管理职能的政府部门以及经法律、法规授权的具有管理公共事务职能的组织制定的规范性文件为部门规范性文件。"

《湖南省规范性文件管理办法》（2009年7月9日湖南省人民政府令第242号公布，2018年7月10日湖南省人民政府令第289号修改）："本办法所称规范性文件，是指除政府规章外，行政机关和法律、法规授权的组织制定的，涉及公民、法人或者其他组织权利义务，在一定时期内反复适用，具有普遍约束力的行政公文。"

规范性文件的名称应当符合简洁、醒目、全面、准确的要求，可以使用"办法""规定""决定""规则""细则""意见""通告"等，但不得使用"条例"。

2. 规章和（行政）规范性文件的区别

（1）制定主体差异　部门规章由国务院部门组织起草，地方政府规章由省、自治区、直辖市和设区的市、自治州的人民政府组织起草；行政规范性文件各级行政机关均有权制定规范性文件。

（2）效力差异　制定规章属于立法活动，规章效力高于政府规范性文件。

（3）内容不同　规章内容既包括为加强国务院组成部门及直属机构或地方事务管理的创设性规范，也包括为执行法律法规的执行性规范，所规定的权利义务，较全面、系统；行政规范性文件则较专一、狭窄，有较强的针对性，更多地表现为对法律法规、规章的执行、补充，以实现其所创设的权利义务，或使其更切合本地的实际情况。

凡是法律法规规定以规章形式规定的事项，应当制定规章。比如设定行政处罚，出台法律法规的配套制度，均属于规章。至于一般规范性文件，主要用于部署工作，通知特定事项，说明具体问题。

（五）党政机关公文

党政机关公文也属于广义的规范性文件（平时使用规范性文件的概念多取其狭义概念），是党政机关实施领导、履行职能、处理公务的具有特定效力和规范体式的文书，是传达贯彻党和国家的方针政策，公布法规和规章，指导、布置和商洽工作，请示和答复问题，报告、通报和交流情况等的重要工具。《党政机关公文处理工作条例》将党政机关公文分为以下几类。

1．决议

适用于会议讨论通过的重大决策事项。

2．决定

适用于对重要事项作出决策和部署、奖惩有关单位和人员、变更或者撤销下级机关不适当的决定事项。

3．命令（令）

适用于公布行政法规和规章、宣布施行重大强制性措施、批准授予和晋升衔级、嘉奖有关单位和人员。

4．公报

适用于公布重要决定或者重大事项。

5．公告

适用于向国内外宣布重要事项或者法定事项。

6．通告

适用于在一定范围内公布应当遵守或者周知的事项。

7．意见

适用于对重要问题提出见解和处理办法。

8．通知

适用于发布、传达要求下级机关执行和有关单位周知或者执行的事项，批转、转发公文。

9．通报

适用于表彰先进、批评错误、传达重要精神和告知重要情况。

10. 报告

适用于向上级机关汇报工作、反映情况，回复上级机关的询问。

11. 请示

适用于向上级机关请求指示、批准。

12. 批复

适用于答复下级机关请示事项。

13. 议案

适用于各级人民政府按照法律程序向同级人民代表大会或者人民代表大会常务委员会提请审议事项。

14. 函

适用于不相隶属机关之间商洽工作、询问和答复问题、请求批准和答复审批事项。

15. 纪要

适用于记载会议主要情况和议定事项。

我国对于食品安全治理是建立在相关的法律、行政法规、地方性法规、标准、规章及（行政）规范性文件基础之上的。在我国法律的效力高于行政法规；行政法规的效力高于地方性法规；地方性法规的效力高于本级和下级地方政府的规章；省、自治区的人民政府制定的规章的效力高于本行政区域内市人民政府制定的规章。同一机关制定的法律、行政法规、地方性法规、自治条例和单行条例、规章，特别规定与一般规定不一致的，适用特别规定；新的规定与旧的规定不一致的，适用新的规定。

二、法律法规体系与食品安全

（一）我国社会主义市场经济法规体系

社会主义市场经济法规体系是一个十分庞大的系统工程，我国社会主义市场经济法规体系结构如图3-1所示，它由8个部分构成，其具体内容符合《中华人民共和国宪法》的相关规定。

法和经济基础是密不可分的，其相互关系主要表现为：第一，法是建立在一定的经济基础之上的上层建筑的重要组成部分，其性质由产生它的经济基础的性质决定，但不能由此简单地认为法不受其他社会因素的影响和制约。第二，法反作用于产生它的经济基础。法的这种反作用有两种情况：一是促进生产力的发展，对社会起进步作用；二是阻碍生产力的发展，对社

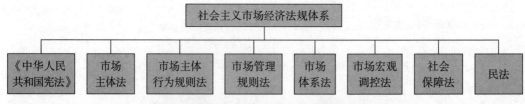

图3-1　我国社会主义市场经济法规体系结构

会发展起反作用。法律究竟起什么作用，这主要取决于它所确认和维护的生产关系的性质。

中国特色社会主义法律体系以宪法为统帅，由法律、行政法规、地方性法规等多个层次的法律规范构成。这些法律规范由不同立法主体按照宪法和法律规定的立法权限制定，具有不同法律效力，都是中国特色社会主义法律体系的有机组成部分，共同构成一个科学和谐的统一整体。

1.《中华人民共和国宪法》

《中华人民共和国宪法》第十五条规定"国家实行社会主义市场经济"。这是我国建设社会主义市场经济法规体系的依据和基础。就中国特色社会主义市场经济法规体系而言，必须遵守《中华人民共和国宪法》的规定，这是因为《中华人民共和国宪法》规定我国的经济制度、政治制度、调整经济关系的基本原则，还规定了各项立法应该遵循的基本原则。所以，只有以《中华人民共和国宪法》作为基础，才能保证法制的统一。

2．市场主体法

它是市场主体组织形式和地位的法律规范。市场主体就是以企业为主的法人以及事业性质的法人。主要法律包括公司法、中外合资经营企业法、中外合作经营企业法、外资企业法、国有企业法、集体企业法、个人企业法、企业破产法等。

3．市场主体行为规则法

它是关于市场主体之间交易行为的法律规范，主要包括债权法、票据法、证券交易法、保险法、海商法、知识产权法（专利法、著作权法、商标法）、仲裁法、广告法、拍卖法、担保法、对外贸易法等。

4．市场管理规则法

它是规定市场平等竞争条件，维护公平竞争秩序的具有普遍性的法律规范。包括反不正当竞争法、反垄断法、消费者权益保护法、计量法、标准化法、产品质量法、农产品质量安全法、食品安全法、进出口商品检验法、经济合同法、技术合同法、仲裁法、国家赔偿法、行政诉讼法、行政处罚法、环境保护法等。

5．市场体系法

它是确认不同市场、规定个别市场法则的法律规范。主要包括期货交易法、信贷法、技术贸易法、信息法、招投标法等。

6．市场宏观调控法

它是政府对市场实施宏观调控的法律规范。主要包括预算法、银行法、产业政策法、计划法等。

7．社会保障法

它是在社会主义市场经济条件下为劳动者提供社会保障的法律规范。包括劳动法、社会保险法、未成年人保护法、妇女权益保护法、老年人权益保障法、预防未成年人犯罪法、残疾人保障法、社会救济法等。

8．民法

它是调整平等主体之间的财产关系和人身关系的法律规范的总称。民法调整平等主体的公民之间、法人之间、公民和法人之间的财产关系和人身关系，在社会主义市场经济的法规体系中属于基本法的地位。如民法通则（民法典）、物权法、劳动合同法、收养法、债权责任法、就业促进法、劳动争议调解仲裁法、继承法、婚姻法等。

在这个法规体系中除了国内的法律法规外，还会涉及许多国家和国际上的法律法规、条约、协定等。如WTO的一系列规则和我国与其他国家签订的双边或多边协议。

新中国成立以来，各个法律部门中基本的、主要的法律已经制定，相应的行政法规和地方性法规日趋完备，法律体系内部总体做到科学、和谐、统一，中国特色社会主义法律体系已经形成。

法规与标准是保证社会主义市场经济正常运转和公平竞争的一个重要的特殊工具。根据前述情况，我们可以清楚地看到与食品有关的法律主要涵盖于市场管理规则法之中。

（二）食品标准与法规在社会主义市场经济法规体系中的作用

法律法规对社会主义市场经济的规范作用主要表现在规范社会主义市场经济运行过程中政府管理和市场主体的行为，明确什么是合法的，或者法定应该无条件执行的；什么是非法的，或者是必须明令禁止的。在我国社会主义市场经济和企业行为还不够完善和规范的情况下，运用国家政权的力量，制定规范社会主义市场经济运行的法规，对不合理的经济行为实行必要的干预，是一个很重要的措施。

我国现行食品安全的法律法规主要有：《中华人民共和国食品安全法》《中华人民共和国农产品质量安全法》《中华人民共和国产品质量法》，以及相关法律如《中华人民共和国计量法》《中华人民共和国国境卫生检疫法》《中华人民共和国标准化法》《中华人民共和国进出境动植物检疫法》《中华人民共和国进出口商品检验法》《中华人民共和国农业法》《中华人民共和国畜牧法》《中华人民共和国动物防疫法》等。

2009年颁布实施的《中华人民共和国食品安全法》，确定了我国食品安全监管体系地位，按照"从农田到餐桌"的全程监管的理念，坚持"预防为主、源头治理"的工作思路，形成了"全国统一领导，地方政府负责，部门指导协调，各方联合行动"的监管工作格局。《中华人民共和国食品安全法》在2015年进行修订，2018年进行了第一次修正，2021年第二次修正。

就标准本质而言，标准不等于法律法规，但标准与法律法规有着密切的内在联系，在功能上有许多相似之处。要保持社会主义市场经济良好的秩序，必须要有完善的标准体系来支撑法律法规体系的实施，否则，再好的法律法规也难以实施到位。只有法律法规与标准相互配套，各自发挥特有的功能，才能确保社会主义市场经济的正常运行，提高食品质量与安全性，使社会主义市场经济健康和可持续发展。

三、我国涉及食品安全相关法律法规和规章的典型代表

（一）《中华人民共和国食品安全法》

新中国成立后，20世纪50年代，我国原卫生部就已经发布了一系列的食品卫生监督管理相关规章和标准，1995年10月30日第八届全国人民代表大会常务委员会第十六次会议通过

《中华人民共和国食品卫生法》，并以第五十九号主席令公布，自公布之日起施行。其后，相继制定或修订了一系列相关的法律法规和标准，使得我国食品卫生与安全监督管理体系逐步完善。自2009年2月28日经第十一届全国人大常委会第七次会议审议通过，并于2009年6月1日起实施的《中华人民共和国食品安全法》（以下简称"食品安全法"）标志着"食品卫生"的概念发展到全面"食品安全"，使我国食品安全监督管理工作进入一个新的发展时期。随后食品安全法在2014年进行了大修，2018年为适应国家机构改革又进一步进行了修改，2021年进行第二次修订。2021版的食品安全法包括总则、食品安全风险监测和评估、食品安全标准、食品生产经营、食品检验、食品进出口、食品安全事故处置、监督管理、法律责任、附则共十章一百五十四条，成为我国食品安全法律体系中法律效力层次最高的规范性文件，也是制定从属性相关法规、规章及其他规范性文件的依据，建议读者详细研读原文。

（二）《中华人民共和国农产品质量安全法》

食品安全法规定供食用的源于农业的初级产品（食用农产品）的质量安全管理，遵守《中华人民共和国农产品质量安全法》（以下简称"农产品质量法"）的规定。但是，食用农产品的市场销售、有关质量安全标准的制定、有关安全信息的公布和食品安全法对农业投入品作出规定的，应当遵守食品安全法的规定。农产品是指来源于农业的初级产品，即在农业活动中获得的植物、动物、微生物及其产品。餐饮业使用的原料里大量来自食用农产品，原料采购控制是餐饮行业进行食品安全管理的重要内容。

农产品质量法是由中华人民共和国第十届全国人民代表大会常务委员会第二十一次会议于2006年4月29日通过的，自2006年11月1日起施行，2018年进行了修正，2022年再次修订。

2022年修订后的《中华人民共和国农产品质量安全法》共八章八十一条，压实了农产品质量安全各方责任，加大了对违法行为的处罚力度，与食品安全法实现更好的衔接。

（三）《中华人民共和国产品质量法》

为了加强对产品质量的监督管理，提高产品质量水平，明确产品质量责任，保护消费者的合法权益，维护社会经济秩序而制定，我国出台了《中华人民共和国产品质量法》。该法于1993年2月22日，经第七届全国人民代表大会常务委员会第三十次会议通过，根据2000年7月8日第九届全国人民代表大会常务委员会第十六次会议《关于修改〈中华人民共和国产品质量法〉的决定》第一次修正，根据2009年8月27日第十一届全国人民代表大会常务委员会第十次会议《关于修改部分法律的决定》第二次修正，根据2018年12月29日第十三届全国人民代表大会常务委员会第七次会议《关于修改〈中华人民共和国产品质量法〉等五部法律的决定》第三次修正。2018年修改后的《中华人民共和国产品质量法》共计六章七十四条。

（四）《中华人民共和国进出口食品安全管理办法》

为保证进出口食品安全，保护人类、动植物生命和健康，根据《中华人民共和国食品安全法》及其实施条例、《中华人民共和国进出口商品检验法》及其实施条例、《中华人民共和国进出境动植物检疫法》及其实施条例和《国务院关于加强食品等产品安全监督管理的特别规定》等法律法规的规定，制定该办法。

2011年原中华人民共和国国家质量监督检验检疫总局（简称原国家质量监督检验检疫总

局）发布《中华人民共和国进出口食品安全管理办法》，2016年进行修订，2021由中华人民共和国海关总署令第249号宣布新修订的《中华人民共和国进出口食品安全管理办法》，该办法包含六章七十九条。

（五）《中华人民共和国食品安全法实施条例》

《中华人民共和国食品安全法实施条例》（以下简称《条例》）于2009年7月20日由国务院第557号令公布并实施，其后根据2016年2月6日《国务院关于修改部分行政法规的决定》进行了修改，新的条例于2019年10月11日以国务院第721号公布并自2019年12月1日起施行。

《条例》根据《中华人民共和国食品安全法》制定，并细化了食品安全法的具体条款，使食品安全法的相关法律条款更具体和更具操作性，并进一步明确国家将食品安全知识纳入国民素质教育内容，普及食品安全科学常识和法律知识，增强全社会的食品安全意识。新的《条例》共计八十六条，是我国食品安全领域紧密联系食品安全法的重要的行政法规。

（六）《食品经营许可和备案管理办法》

国家对食品生产经营实行许可制度。从事食品生产、食品销售、餐饮服务，应当依法取得许可。

原中华人民共和国卫生部（简称原卫生部）曾于2005年12月15日发布《食品卫生许可证管理办法》，要求"任何单位和个人从事食品生产经营活动，应当向卫生行政部门申报，并按照规定办理卫生许可证"。《中华人民共和国食品安全法》出台后，原卫生部于2010年3月4日发布《餐饮服务许可管理办法》（同日《食品卫生许可证管理办法》失效），要求"餐饮服务实行许可制度。餐饮服务提供者应当取得《餐饮服务许可证》"，并规定"餐饮服务提供者在本办法施行前已经取得《食品卫生许可证》的，该许可证在有效期内继续有效"，2011年4月18日还发布《关于加强餐饮服务单位附设甜品站食品安全监管工作的通知》，对就甜品站餐饮服务许可和监管工作进行了规定。（2016年2月3日国务院发布《国务院关于整合调整餐饮服务场所的公共场所卫生许可证和食品经营许可证的决定》，规定"取消地方卫生部门对饭馆、咖啡馆、酒吧、茶座4类公共场所核发的卫生许可证，有关食品安全许可内容整合进食品药品监管部门核发的食品经营许可证，由食品药品监管部门一家许可、统一监管。"表明卫生许可证正式退出历史舞台。）

2015年8月31日，原中华人民共和国国家食品药品监督管理总局（简称国家食品药品监督管理总局）公布《食品经营许可和备案管理办法》（以下简称《办法》），要求"在中华人民共和国境内，从事食品销售和餐饮服务活动，应当依法取得食品经营许可"并于2015年9月30日发布《国家食品药品监督管理总局关于启用〈食品经营许可证〉的公告》："原食品流通、餐饮服务许可证有效期未届满的继续有效；食品经营者在原食品流通、餐饮服务许可证有效期内申请更换为食品经营许可证的，许可机关应按照有关规定予以更换；原食品流通、餐饮服务许可证有效期届满，由原发证机关予以注销"。"餐饮服务许可证"也开始逐渐退出历史舞台。

2017年11月7日，国家食品药品监督管理总局令第37号通过《国家食品药品监督管理总局关于修改部分规章的决定》，对《办法》进行了修改。《办法》分总则，许可审查基本要求，食品销售的许可审查要求，许可证管理，变更、延续、补办与注销，监督检查，法律责任，附则共八章五十七条。从事餐饮活动除有特殊规定的都应按照《食品经营许可和备案管理办法》取得"食品经营许可证"。

2023年6月国家市场监督管理总局发布了《食品经营许可和备案管理办法》，该办法于2023年12月1日生效，《食品经营许可管理办法》同期失效。

（七）《食品生产许可管理办法》

为规范食品、食品添加剂生产许可活动，加强食品生产监督管理，保障食品安全，根据《中华人民共和国行政许可法》《中华人民共和国食品安全法》《中华人民共和国食品安全法实施条例》等法律法规，制定该办法。

原国家食品药品监督管理总局2015年8月31日公布，2017年修正《食品生产许可管理办法》。2019年12月23日，进一步修订的版本经国家市场监督管理总局2019年第18次局务会议审议通过，2020年由国家市场监督管理总局令第24号发布并施行。2020年实施的《食品生产许可管理办法》共计六十一条。

（八）《食品生产经营风险分级管理办法》

为了强化食品生产经营风险管理，科学有效实施监管，落实食品安全监管责任，保障食品安全，2016年9月7日，原国家食品药品监督管理总局印发了《国家食品药品监督管理总局关于印发〈食品生产经营风险分级管理办法〉的通知》并于2016年12月1日起实施。食品生产经营风险分级管理是指食品安全监督管理部门以风险分析为基础，结合食品生产经营者的食品类别、经营业态及生产经营规模、食品安全管理能力和监督管理记录情况，按照风险评价指标，划分食品生产经营者风险等级，并结合当地监管资源和监管能力，对食品生产经营者实施的不同程度的监督管理。《食品生产经营风险分级管理办法》适用于食品药品监管部门对所有获得食品生产经营许可证的食品生产、食品销售和餐饮服务等食品生产经营者及食品添加剂生产者实施风险分级管理（还适用于婴幼儿配方乳粉、特殊医学用途配方食品、保健食品等特殊食品的生产经营）。《食品生产经营风险分级管理办法》明确了在食品安全管理中风险分级管理概念、风险分级管理的适用范围、风险分级原则、食品生产经营风险等级的划分依据、食品生产经营风险等级划分方法、风险因素量化指标制定权限、风险等级实行动态调整的要求、风险分级结果的运用，共五章（含总则、风险分级、程序要求、结果运用、附则）四十条。

（九）《学校食品安全与营养健康管理规定》

为贯彻《中华人民共和国食品安全法》，进一步加强学校食堂食品安全工作，确保学校食堂食品安全，保障师生身体健康，原国家食品药品监督管理局和中华人民共和国教育部（简称教育部）于2010年4月23日联合下发《关于进一步加强学校食堂食品安全工作的意见》。为适应我国社会发展，进一步保障学生和教职工在校集中用餐的食品安全与营养健康，加强监督管理，根据《中华人民共和国食品安全法》《中华人民共和国教育法》《中华人民共和国食品安全法实施条例》等法律法规，中华人民共和国教育部、国家市场监督管理总局、中华人民共和国卫生与健康委员会于2019年2月20日联合发布《学校食品安全与营养健康管理规定》，共分八章（分为总则、管理体制、学校职责、食堂管理、外购食品管理、食品安全事故调查与应急处置、责任追究、附则）六十四条，自2019年4月1日起施行，2002年9月20日教育部、原卫生部发布的《学校食堂与学生集体用餐卫生管理规定》同时废止。

（十）《国务院食品安全办等14部门关于提升餐饮业质量安全水平的意见》

为贯彻落实党中央、国务院关于加强食品安全工作的决策部署和习近平总书记关于抓好餐饮业质量安全的重要指示精神，满足人民群众日益增长的餐饮消费需求，国务院食品安全委员会办公室联合原农业部、中华人民共和国商务部（简称商务部）、原国家食品药品监督管理总局等14部门于2017年9月21日发布了《国务院食品安全办等14部门关于提升餐饮业质量安全水平的意见》（后简称《意见》），在落实餐饮服务食品安全主体责任、提升餐饮服务食品安全监管水平、开展餐饮业质量安全提升行动、提升餐饮业创新发展水平及组织实施方面作出全面部署。

随后原国家食品药品监督管理总局按照《意见》的要求，为进一步加强餐饮服务环境卫生及餐饮具清洗消毒监督管理，落实《中华人民共和国食品安全法》有关规定，保障餐饮消费安全于2017年12月22日发布《总局关于加强餐饮服务环境卫生监督管理的通知》，在加强餐饮服务环境卫生管理、加强餐饮具清洗消毒管理、加强监督检查方面要求各地食品安全监管部门督促餐饮服务提供者建立环境卫生管理制度。

（十一）《餐饮服务明厨亮灶工作指导意见》

为督促餐饮服务提供者加强食品安全管理，诚信守法经营，规范公开加工过程，推动餐饮服务食品安全社会共治，根据《中华人民共和国食品安全法》的有关规定，国家市场监管总局于2018年4月26日发布了《餐饮服务明厨亮灶工作指导意见》提出鼓励餐饮服务提供者实施明厨亮灶工程，鼓励餐饮服务提供者将视频信息上传至网络平台，并对实施明厨亮灶工程相关视频设备提出要求。《餐饮服务明厨亮灶工作指导意见》还明确：国家市场监督管理总局负责指导餐饮服务明厨亮灶工作；省级食品安全监管部门负责指导管理本行政区域餐饮服务明厨亮灶工作；市、县级食品安全监管部门负责管理本行政区域餐饮服务明厨亮灶工作。按照《意见》要求，各省、自治区、直辖市食品安全监管部门可结合本地实际，制定餐饮服务明厨亮灶工作实施方案。

（十二）《网络餐饮服务食品安全监督管理办法》

为加强网络餐饮服务食品安全监督管理，规范网络餐饮服务经营行为，保证餐饮食品安全，保障公众身体健康，根据《中华人民共和国食品安全法》等法律法规，原国家食品药品监督管理总局于2017年11月6日发布《网络餐饮服务食品安全监督管理办法》，2021年进行了修订，成为对网络餐饮服务第三方平台提供者、通过第三方平台和自建网站提供餐饮服务的餐饮服务提供者，利用互联网提供餐饮服务者的重要指导文件和食品安全行监管部门的重要监管依据。

（十三）《餐饮服务单位食品安全管理人员培训管理办法》

为加强和规范餐饮服务单位食品安全管理人员管理，提高餐饮服务单位食品安全管理能力和水平，2012年5月17日，原国家食品药品监督管理总局发布了《餐饮服务单位食品安全管理人员培训管理办法》（以下简称《办法》）。该《办法》共二十条，自2011年7月1日起实施，对餐饮服务单位食品安全管理人员的培训做出了相关规定。2011年8月3日原国家食品药品监督管理局还发出通知并印发了《餐饮服务单位食品安全管理人员培训大纲》。为落实《中华人民共和国食品安全法》规定，强化餐饮服务食品安全管理人员必备知识普及，督促餐饮服务提供者进一步落实食品安全主体责任，提升餐饮业质量安全水平，国家市场监督管理总局于2018年4月19日发布了《市场监管总局办公厅关于印发餐饮服务食品安全管理人员必备知识参考题库》的通知并附"餐饮服务食品安全管理人员必备知识参考题库"，进一步细化了对餐饮服务食品安全管理人员必备知识的要求。

（十四）《餐饮服务食品安全操作规范》

为加强餐饮服务食品安全管理，规范餐饮服务经营行为，保障消费者饮食安全，原国家食品药品监督管理总局曾于2011年8月22日发布《餐饮服务食品安全操作规范》（以下简称《规范》），长期以来该规范对于规范餐饮服务经营行为和指导食品安全监管部门进行餐饮服务食品安全管理起到很大的作用，但随着经济和社会的发展，旧的《规范》已经不能完全满足新的要求。

为指导餐饮服务提供者规范经营行为，落实食品安全法律、法规、规章和规范性文件要求，履行食品安全主体责任，提升食品安全管理能力，保证餐饮食品安全，国家市场监督管理总局修订了《餐饮服务食品安全操作规范》，并于2018年6月22日发布了《市场监管总局关于发布餐饮服务食品安全操作规范的公告》，新的《规范》自2018年10月1日起施行。该《规范》不但是食品安全监管的重要指导文件，更是对餐饮服务提供者进行食品安全制售的重要指导，建议餐饮服务从业者详细研读。

（十五）《关于深化改革加强食品安全工作的意见》

为了贯彻落实党的十九大报告提出的实施食品安全战略，让人民吃得放心，加强食品安全工作，国务院于2019年5月9日发布《关于深化改革加强食品安全工作的意见》（以下简称《意见》），在深化改革和加强食品安全工作进行了整体部署，成为我国在食品安全管理工作和下一步改革的重要指导性文件，研读该《意见》将有助于了解我国食品安全管理工作的重要趋势。

（十六）《企业落实食品安全主体责任监督管理规定》

为进一步贯彻党中央、国务院决策部署，落实食品安全法及其实施条例相关规定，督促企业落实食品安全主体责任，强化企业主要负责人食品安全责任，规范食品安全管理人员行为，2022年9月22日国家市场监督管理总局令第60号公布《企业落实食品安全主体责任监督管理规定》。

四、法律法规的效力及变更

需要说明的是，我国已经逐步形成围绕食品安全的系统性法律法规体系，在本节只列举了其中的一部分。在本教材的附录中列出了教材撰写过程参考的主要法律法规，并对相关法律法规与本教材的紧密程度进行了标注，建议读者研读原文。

另外，读者在阅读本节内容时还要注意以下方面。

（一）关于法律法规的效力

（1）宪法具有最高的法律效力，一切法律、行政法规、地方性法规、自治条例和单行条例、规章都不得同宪法相抵触。

（2）法律的效力高于行政法规、地方性法规、规章。行政法规的效力高于地方性法规、规章。

（3）地方性法规的效力高于本级和下级地方政府规章。省、自治区的人民政府制定的规章的效力高于本行政区域内的设区的市、自治州的人民政府制定的规章。

（4）自治条例和单行条例依法对法律、行政法规、地方性法规作变通规定的，在本自治地方适用自治条例和单行条例的规定。经济特区法规根据授权对法律、行政法规、地方性法规作变通规定的，在本经济特区适用经济特区法规的规定。

（5）部门规章之间、部门规章与地方政府规章之间具有同等效力，在各自的权限范围内施行。

（6）同一机关制定的法律、行政法规、地方性法规、自治条例和单行条例、规章，特别规定与一般规定不一致的，适用特别规定；新的规定与旧的规定不一致的，适用新的规定。

（7）法律、行政法规、地方性法规、自治条例和单行条例、规章不溯及既往，但为了更好地保护公民、法人和其他组织的权利和利益而作的特别规定除外。

（8）法律之间对同一事项的新的一般规定与旧的特别规定不一致，不能确定如何适用时，由全国人民代表大会常务委员会裁决。行政法规之间对同一事项的新的一般规定与旧的特别规定不一致，不能确定如何适用时，由国务院裁决。

（9）地方性法规、规章之间不一致时，由有关机关依照下列规定的权限作出裁决。

①同一机关制定的新的一般规定与旧的特别规定不一致时，由制定机关裁决。

②地方性法规与部门规章之间对同一事项的规定不一致，不能确定如何适用时，由国务院提出意见，国务院认为应当适用地方性法规的，应当决定在该地方适用地方性法规的规定；认为应当适用部门规章的，应当提请全国人民代表大会常务委员会裁决。

③部门规章之间、部门规章与地方政府规章之间对同一事项的规定不一致时，由国务院裁决。

根据授权制定的法规与法律规定不一致，不能确定如何适用时，由全国人民代表大会常务委员会裁决。

（10）法律、行政法规、地方性法规、自治条例和单行条例、规章有下列情形之一的，由有关机关依照《中华人民共和国立法法》规定的权限予以改变或者撤销。

①超越权限的。

②下位法违反上位法规定的。

③规章之间对同一事项的规定不一致，经裁决应当改变或者撤销一方的规定的。

④规章的规定被认为不适当，应当予以改变或者撤销的。

⑤违背法定程序的。

（二）改变或撤销法律法规的权限

（1）全国人民代表大会有权改变或者撤销它的常务委员会制定的不适当的法律，有权撤销全国人民代表大会常务委员会批准的违背宪法和《中华人民共和国立法法》规定的自治条例和单行条例。

（2）全国人民代表大会常务委员会有权撤销同宪法和法律相抵触的行政法规，有权撤销同宪法、法律和行政法规相抵触的地方性法规，有权撤销省、自治区、直辖市的人民代表大会常务委员会批准的违背宪法和《中华人民共和国立法法》规定的自治条例和单行条例。

（3）国务院有权改变或者撤销不适当的部门规章和地方政府规章。

（4）省、自治区、直辖市的人民代表大会有权改变或者撤销它的常务委员会制定的和批准的不适当的地方性法规。

（5）地方人民代表大会常务委员会有权撤销本级人民政府制定的不适当的规章。

（6）省、自治区的人民政府有权改变或者撤销下一级人民政府制定的不适当的规章。

（7）授权机关有权撤销被授权机关制定的超越授权范围或者违背授权目的的法规，必要时可以撤销授权。

（三）食品安全法与相关法规和规章关系

我国正处于社会快速发展阶段，近十年我国不管是在食品安全管理思路上，还是在部门管理上都发生了重大变化，而《中华人民共和国食品安全法》是我国食品安全法律体系中法律效力层次最高的规范性文件，是制定从属性相关法规、规章及其他规范性文件的依据，读者详细研读《中华人民共和国食品安全法》对于理解我国餐饮服务食品安全管理的其他法规、规章和规范条例将大有裨益。

（四）关注修法动态

由于历史原因和时代发展的需要，有些法规、规章或者规范性文件已经不能适应社会发展，目前还没有废除或修改，读者需注意相关法规、规章和规范性文件的废除和新发布动态。

（五）关注地方性法规和规章

本节内容主要集中于国家各部委涉及食品安全的重要法规、规章及规范性文件，对于地方性的法规、规章及规范性文件并未提及，而地方性法规、规章和规范性文件是进行地方食品安全管理的重要组成部分，读者需要结合地方性法规、规章和规范性文件学习才能使食品安全知识更好地"落地"。

第三节　食品安全标准

《中华人民共和国标准化法》（2017修订版）将标准定义为：农业、工业、服务业以及社会事业等领域需要统一的技术要求。标准包括国家标准、行业标准、地方标准和团体标准、企业标准。国家标准分为强制性标准、推荐性标准，行业标准、地方标准是推荐性标准。强制性标准必须执行。国家鼓励采用推荐性标准。

一、标准化与食品标准

（一）标准化与标准

标准化是指为了在一定范围内获得最佳的秩序，对实际的或潜在的问题制定共同使用和重复使用的条款。

标准化是人类经济社会发展的必然要求。标准化从萌芽到现在，已经伴随人类社会发展了几千年，但被当作一门科学来研究，也不过几十年的事，标准化概念也一直处在不断完善和发展的过程中。1983年，国际标准化组织发布的ISO第2号指南中对标准化的定义为："标准化主要是对科学、技术与经济领域内，重复应用的问题给出解决办法的目的活动，其目的在于获得最佳秩序。一般来说，包括制定、发布和实施标准的过程。"

我国国家标准《标准化工作指南 第1部分：标准化和相关活动的通用术语》（GB/T 20000.1—2014）将标准化定义为"为了在既定范围内获得最佳秩序，促进共同效益，对现实问题或潜在问题确立共同使用和重复使用的条款以及编制、发布和应用文件的活动。注：标准化活动确立的条款，可形成标准化文件，包括标准和其他标准化文件；标准化的主要效益在于为了产品、过程或服务的预期目的改进它们的适用性，促进贸易、交流以及技术合作。"这样的标准化的描述与国际标准化组织给出的概念基本一致。

（二）标准化的意义

标准化是国民经济建设和社会发展的重要基础工作之一，是各行业实现管理现代化的前提。搞好标准化工作，对参与国际经济大循环，促进科学技术向生产力的转化，使国民经济走可持续发展道路等都有重要的意义。实践证明，标准化在经济发展中起到的重要作用主要表现在以下几个方面。

1．不断提高产品质量和安全性的重要保证

标准化可以促进企业内部采取一系列的保证产品质量的技术和管理措施，使企业在生产过程中对所有生产原料、设备、工艺、检测、组织机构等都按照标准化要求进行，从根本上保证生产质量稳定性。

2．现代化大生产的必要条件和基础

现代化大生产以先进的科学技术和生产的高度社会化为特征。具体表现是规模大、速度高、节奏快、分工细，生产协作广泛、产品质量要求高、与经济联系密切，所以依据生产技术的发展规律和客观经济规律对企业进行标准化科学管理显然是现代化大生产必不可少的。

3．促进企业经济效益的提升

标准化应用于科学研究，可以避免重复劳动；应用于产品设计，可以缩短设计周期；应用于生产，可以使生产在科学和有秩序的基础上进行；应用于管理，可以提供目标和依据，促进统一、协调和高效率的工作。

4．使企业融入市场和供应链

标准化使企业内部管理与外部制约条件相协调，从而使企业具有适应市场变化的应变能力，并为企业采纳先进的供应链管理模式创造条件。

5．推广应用科技成果和新技术的桥梁

标准化的发展历史证明，标准是科研、生产和应用三者之间的重要桥梁。科技成果转化为生产力的过程无不经历新产品（或新工艺、新材料和新技术）的小试、中试、技术鉴定、制定标准、推广应用的阶段。

6．国家对企业产品进行有效管理的依据

食品是关系到人类生命安全的必需品，国家依据食品标准对食品行业进行有目的、系统和定期的质量抽查、跟踪，以监督食品质量，促进食品质量的提高，并根据实际情况，确定行业管理方向。

7．标准化可以消除贸易壁垒，促进国际贸易的发展

世界贸易组织成员方要遵守世界贸易组织规则，其目标就是在关税与贸易总协定（GATT）原则下促进国际贸易。国际贸易中的关税、知识产权和技术壁垒都有可能成为进出口贸易障碍。尤其是技术壁垒涉及标准、技术规范、合格评价程序，以及卫生与植物检疫检验，其中的标准和技术规范依国家不同而不同。

（三）国家标准的代号

国家标准的代号由大写汉字拼音字母构成，强制性国家标准代号为"GB"，推荐性国家标准的代号为"GB/T"。国家标准的编号由国家标准代号、标准发布顺序号和标准发布年代号（四位数组成），示例如图3-2。

国务院标准化行政主管部门审查确定并正式公布该行业标准代号。行业标准代号由汉字拼音大写字母组成。行业标准的编号由行业标准代号、标准发布顺序及标准发布年代号组成。

地方标准的编号，由地方标准代号、顺序号和年代号三部分组成。省级地方标准代号，由汉语拼音字母"DB"加上其行政区代码前两位数字组成。市级地方标准代号，由汉语拼音字母"DB"加上其行政区划代码前四位数字组成。

（四）食品标准

1．国际标准

目前，世界上约有300个国际和区域性组织，制定标准或技术规则。其中最大的知名组织有标准化组织（ISO）、国际电工委员会（IEC）和国际电信联盟（ITU）。ISO的主要功能

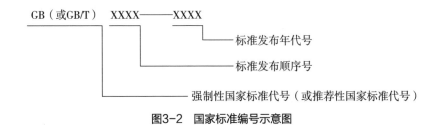

图3-2　国家标准编号示意图

是为制定国际标准达成一致意见提供一种机制。

国际标准化组织确认并公布的其他国际组织有50个左右，与食品相关的有国际计量局（BI-PM）、国际食品法典委员会（CAC）、世界卫生组织（WHO）、国际法制计量组织（OIML）、国际葡萄与葡萄酒组织（OTV）、国际谷物科学技术协会（ICC）、国际糖分析统一方法委员会（ICUMSA）、国际乳品联合会（IDF）、国际橄榄油理事会（IOC）、国际辐射单位和测量委员会（ICRU）、国际理论和应用化学联合会（IUPAC）、世界知识产权组织（WIPO）、世界动物卫生组织（OIE）、国际制冷学会（IIR）等。

2．我国食品标准化概况

中华人民共和国成立之初，政府设立了中央技术管理局标准规格处，1957年，成立了国家科学技术委员会标准局，负责全国的标准化工作。当时的标准化工作只是中央各部门在各自的业务领域范围内制定产品标准和技术操作规程，主要是企业标准和部颁标准。1962年，国务院颁布了《工农业产品和工程建设技术标准管理办法》。1963年，当时国家科学技术委员会正式颁布国家标准、部标准和企业标准统一代号、编号等规定，由此我国三级标准体制建立。随着经济体制从计划经济体制转向社会主义市场经济体制，三级标准体制在经历了20多年的发展后发生了重大改变，1988年7月，第七届人大常委会第五次会议通过了《中华人民共和国标准化法》，确立了我国的国家标准、行业标准、地方标准和企业标准的四级标准体制，该体制一直持续到现在。

自1949年，特别是改革开放以来，我国的标准化事业有很大发展，主要体现在：已经建立了一个比较完善的标准化管理体制；形成一个良好的标准化技术工作体系，标准化队伍建设得到了加强；标准的制定、修订速度逐步加快，标准水平有所提高；重点领域，如农业、环保、工程建设、服务业、产品安全与卫生，以及高新技术、信息技术等标准化工作得到明显的加强；积极参与国际标准化和区域性标准化的活动，与国际标准和国外先进标准接轨的步伐加快；标准化法制建设和管理逐步加强，形成了具有一定规模和多方位的从事标准信息采集、加工、研究和服务的网络；实行了标准的公告制度，包括备案的行业标准、地方标准；社会的标准和质量意识正在形成。

目前我国已初步建立起一个以国家标准为主体，行业标准、地方标准、团体标准、企业标准相互补充，门类比较齐全、相互配套，与我国食品产业发展、人民健康水平提高基本相适应的标准体系。

3．我国食品标准与分类

我国现行标准可以从不同角度进行分类，按效力性质可分为强制性标准和推荐性标准两类；按层次可分为国家标准、行业标准、地方标准、团体标准和企业标准五类；按标准内容可分为技术标准、管理标准和工作标准。

（1）标准按效力性质分类　强制性标准是由法律规定必须遵照执行的标准。强制性标准以外的标准是非强制性标准，又叫推荐性标准。依据《中华人民共和国标准化法》规定，国家标准分为强制性标准、推荐性标准，行业标准、地方标准是推荐性标准。

（2）标准按层次分类　国家标准、行业标准、地方标准、团体标准和企业标准。①对保障人身健康和生命财产安全、国家安全、生态环境安全以及满足经济社会管理基本需要的技术要求，制定强制性国家标准。对满足基础通用、与强制性国家标准配套、对各有关行业起引领作用等需要的技术要求，可以制定推荐性国家标准。②对没有推荐性国家标准、需要在全国某个行业范围内统一的技术要求，可以制定行业标准。③为满足地方自然条件、风俗习惯等特殊技术要求，可以制定地方标准。国家鼓励学会、协会、商会、联合会、产业技术联盟等社会团体协调相关市场主体共同制定满足市场和创新需要的团体标准，由本团体成员约定采用或者按照本团体的规定供社会自愿采用。④企业可以根据需要自行制定企业标准，或者与其他企业联合制定企业标准。

（3）标准按内容分类　标准按内容可以分为技术标准、管理标准和工作标准三类。技术标准是对标准化领域中需要统一的技术事项所制定的标准。技术标准按功能又可以进一步分为基础（通用）技术标准、产品标准、工艺标准、检验和试验方法标准、设备标准、原材料标准、安全标准、环境保护标准、卫生标准等。

管理标准是对标准化领域中需要协调统一的管理事项所制定的标准。主要是针对管理目标、管理项目、管理业务、管理程序、管理方法和管理组织所作的规定。

工作标准是为实现工作（活动）过程的协调、提高工作质量和工作效率，对每个职能和岗位的工作制定的标准。按岗位制定的工作标准通常包括岗位目标、工作程序和工作方法、业务分工和业务联系（信息传递）方式、职责权限、质量要求与定额、对岗位人员的基本技术要求、检查考核办法等内容。

（4）标准按信息载体分类　标准按信息载体可以分为标准文件和标准样品。标准文件是为了规范某行业内或某种工作而制定的统一标准，以文字形式表达，以文件形式颁布。标准样品是以实物形式表达的样品。

4．食品标准与法规的关系

（1）标准与法规的异同　人类活动的目的性和社会性决定了社会对人们的行为进行必要的社会调整，这种调整最初就是通过规范来实现的。在法学意义上，规范是指某一行为的准则、规则。规范通常分为两大类：一是社会规范，即调整人们在社会生活中相互关系的规范，如法律法规、规章、制度、政策、纪律、道德等；二是技术规范，即调整人与自然规律相互关系的规范。在科学技术和社会生产力高度发展的现代社会，越来越多的立法把遵守技术法规确定为法律义务，从而把社会规范和技术规范紧密结合在一起。

食品标准与法规的相同点主要表现在：①二者都是现代社会和经济活动不可缺少的统一规定，是社会和社会群体共同意识，具有一般性。②二者在制定和实施过程中都要公开透明，具有公开性。③二者都必须经过公认的权威机构批准，按照法定的职权和程序制定、修订或废止，文字表述严谨，具有明确性和严肃性。④二者都是进行社会调整、建立和维护社会正常秩序的机器工具，得到广泛的认同和普遍的遵守，具有权威性。⑤二者要求社会组织和个人要以此作为行为的准则，具有约束性和强制性。⑥二者都不允许擅自改变和轻易修改，具有稳定性和连续性。

食品标准与法规的差异主要表现在：①法律效力不同。食品法规是强制性的，从本质上看，是政府运用技术手段对食品市场进行干预和管理，是国家机器工具之一。而食品标准一般分为推荐标准和强制标准，而强制标准的强制力是法规赋予的。②制定主体不同。食品法规是由国家立法机关或其授权的政府部门制定法律规制，具有基础性和本源性的特点。而食品标准是经过协商一致制定、由公认机构批准的一种规范性技术文件，必须有法律依据，要严格遵守有关的法律和法规，不得与法律或法规相抵触和冲突。③制定目的不同。食品法规的制定主要出于国家食品安全的要求，保护人类健康、保障社会稳定、防止欺诈行为等，体现对公共利益的维护。食品标准则偏重于指导生产，保证食品的质量与安全。④内容不同。食品法规除了规定食品原料及其产品的基本要求外，还包括整个过程的管理与监督，一般较为宏观和有原则。食品标准涉及的是食品的规范生产，主要侧重于技术层面，一般较为微观和具体。⑤对国际贸易的影响力不同。与食品标准相比，食品法规的强制性和法律约束力使其对国际贸易的影响更大、更直接。对不符合食品法规要求的产品，禁止进口及销售。⑥形式不同。食品标准和法规都是规范性文件，但食品标准在形式上有文字的，也有实物的。⑦食品标准强调多方参与、协商一致，具有相对统一性、民主性和可协调性。食品法规缺乏这种特性，因国家或地区的不同而有一定的差异。此外，食品法规相对较稳定，而食品标准常随着科学技术和生产力的发展而不断被修订和补充。

（2）标准与法规的互补　标准就本质而言不等于法律法规，标准不具有像法律法规那样代表国家意志的属性，它更多地是以科学合理的技术规定，为人们提供一种最佳选择，但标准与法律法规之间关系密切。在我国社会主义市场经济逐步完善的过程中，要保持良好社会主义市场经济秩序，需要运用国家政权的力量，制定规范社会主义市场经济运行的法规，对不合理的经济行为进行必要的干预，同时必须要有完善的标准体系来支撑法规的实施。就食品行业而言，建立食品法规，实行多层次的监管，配合食品标准的使用，充分发挥各自特有的功能，才能有效地保证食品的质量与安全，才能保证社会主义市场经济的正常运行和健康可持续发展。

二、标准的制定

（一）术语和定义

1. 结构（Structure）

文件中层次、要素以及附录、图和表的位置和排列顺序。

2. 正文（Main Body）

从文件的范围到附录之前位于版心中的内容。

3. 规范性要素（Normative Element）

界定文件范围或设定条款的要素。

4. 资料性要素（Informative Element）

给出有助于文件的理解或使用的附加信息的要素。

5. 必备要素（Required Element）

在文件中必不可少的要素。

6. 可选要素（Optional Element）

在文件中存在与否取决于起草特定文件的具体需要的要素。

7. 条款（Provision）

在文件中表达应用该文件需要遵守、符合、理解或作出选择的表述。

8. 要求（Requirement）

表达声明符合该文件需要满足的客观可证实的准则，并且不允许存在偏差的条款。

9. 指示（Instruction）

表达需要履行的行动的条款。

10. 推荐（Recommendation）

表达建议或指导的条款。

11. 允许（Permission）

表达同意或许可（或有条件）去做某事的条款。

12. 陈述（Statement）

阐述事实或表达信息的条款。

13. 条文（Text）

由条或段表述文件要素内容所用的文字和/或文字符号。

（二）标准的一般结构

不同类型标准在内容上有很大的差异，因此，任何一个标准内容划分的规则都不可能适合各种类型标准。依据GB/T 1.1—2020，可以对标准进行层次和要素的划分。

1. 层次

按照文件内容的从属关系，可以将文件划分为若干层次。文件可能具有的层次见表3-1。

表 3-1 标准的层次及编号

层次	编号示例
部分	XXXX.2
章	3
条	3.1
条	3.1.1
段	［无编号］
列项	列项符号："——"和"·"，列项编号：a）、b）和1）、2）

2. 要素

按照功能，可以将文件内容划分为相对独立的功能单元，即要素。从不同的维度，可以将要素分为不同的类别。按照要素所起的作用，可分为规范性要素和资料性要素；按照要素存在的状态，可分为必备要素和可选要素。

要素的内容由条款和/或附加信息构成。规范性要素主要由条款构成，还可包括少量附加信息；资料性要素由附加信息构成。

条款类型分为要求、指示、推荐、允许和陈述。条款可包含在规范性要素的条文、图表脚注、图与图题之间的段或表内的段中。

附加信息的表述形式包括：示例、注、脚注、图表脚注，以及"规范性引用文件"和"参考文献"中的文件清单和信息资源清单、"目次"中的目次列表和"索引"中的索引列表等。除了图表脚注之外，它们宜表述为对事实的陈述，不应包含要求或指示型条款，也不应包含推荐或允许型条款。

构成要素的条款或附加信息通常的表述形式为条文。当需要使用文件自身其他位置的内容或其他文件中的内容时，可在文件中采取引用的表述形式。为了便于文件结构的安排和内容的理解，有些条文需要采取附录、图、表、数学公式等表述形式。表3-2中界定了文件中要素的类别及其构成，给出了要素允许的表述形式。

表3-2 文件中各要素的类别、构成及表述形式

要素	要素的类别		要素的构成	要素所允许的表述形式
	必备或可选	规范性或资料性		
封面	必备	资料性	附加信息	标明文件信息
目次	可选			列表（自动生成的内容）
前言	必备			条文、注、脚注、指明附录
引言	可选			条文、图、表、数学公式、注、脚注、指明附录
范围	必备	规范性	条款、附加性信息	条文、表、注、脚注
规范性引用文件[a]	必备/可选	资料性	附加信息	清单、注、脚注
术语和定义[a]	必备/可选	规范性	条款、附加性信息	条文、图，数学公式，示例、注、引用、提示
符号和缩略语	可选	规范性	条款、附加性信息	条文、图、表、数学公式、示例、注、脚注、引用、提示、指明附录
分类和编码/系统构成	可选			
总体原则和/或总体要求	可选			
核心技术要素	必备			
其他技术要素	可选			
参考文献	可选	资料性	附加信息	清单、脚注
索引	可选			列表（自动生成的内容）

注：[a] 章编号和标题的设置是必备的，要素内容的有无根据具体情况进行选择。

规范性要素中范围、术语和定义、核心技术要素是必备要素，其他是可选要素，其中术语和定义内容的有无可根据具体情况进行选择。不同功能类型标准具有不同的核心技术要

素。规范性要素中的可选要素可根据所起草文件的具体情况在表3-2中选取，或者进行合并或拆分，要素的标题也可调整，还可设置其他技术要素。

资料性要素中的封面、前言、规范性引用文件是必备要素，其他是可选要素，其中规范性引用文件内容的有无可根据具体情况进行选择。资料性要素在文件中的位置、先后顺序以及标题均应与表3-2所呈现的相一致。

（三）标准文件制定的原则

1. 一致性原则

每个文件内或分为部分的文件各部分之间，其结构以及要素的表述宜保持一致：相同的条款宜使用相同的用语，类似的条款宜使用类似的用语；同一个概念宜使用同一个术语，避免使用同义词；相似内容的要素的标题和编号宜尽可能相同。

2. 协调性原则

起草的文件与现行有效的文件之间宜相互协调，避免重复和不必要的差异：针对一个标准化对象的规定宜尽可能集中在一个文件中；通用的内容宜规定在一个文件中，形成通用标准或通用部分；文件的起草宜遵守基础标准和领域内通用标准的规定，如有适用的国际文件宜尽可能采用；需要使用文件自身其他位置的内容或其他文件中的内容时，宜采取引用或提示的表述形式。

3. 易用性原则

文件内容的表述宜便于直接应用，并且易于被其他文件引用或剪裁使用。

（四）标准的制定程序

1. 国家标准制定程序

制定标准是标准化工作三大任务之一。要使标准制定工作落到实处，那么制定标准就应有计划、有组织地按一定的程序进行。国家标准的制定程序分为9个阶段划分代码（GB/T 16733—1997）和任务，具体是：

第00阶段：预阶段提出新工作项目建议；

第10阶段：立项阶段提出新工作项目；

第20阶段：起草阶段提出标准草案征求意见稿；

第30阶段：征求意见阶段提出标准草案送审稿；

第40阶段：审查阶段提出标准草案报批稿；

第50阶段：批准阶段提供标准出版稿；

第60阶段：出版阶段提供标准出版物；

第90阶段：复审阶段定期复审；

第95阶段：废止阶段。

制定标准几个主要阶段工作的内容如下。

（1）预阶段（Preliminary Stage） 对将要立项的新工作项目进行研究及必要的论证，并在此基础上提出新工作项目建议。包括标准草案或标准大纲如标准的范围、结构及其相互关系等。

（2）立项阶段（Proposal Stage） 对新工作项目建议进行审查、汇总、协调、确定，直至下达《国家标准制定、修订计划》。

（3）起草阶段（Preparation stage） 项目负责人组织标准起草工作直至完成标准草案征求意见稿。完成标准编制说明和有关附件。

（4）征求意见阶段（Committee Stage） 将标准草案征求意见稿按照有关规定分发征求意见。在回复意见的日期截止后，标准起草工作组应根据返回的意见，及时完成意见汇总处理表和标准草案送审稿。时间周期不超过5个月。若回复意见要求对征求意见稿进行重大修改，则应分发第二征求意见稿（甚至第三征求意见稿）征求意见。此时，项目负责人应主动向有关部门提出延长或终止该项目计划的申请报告。

（5）审查阶段（Voting Stage） 对标准草案送审稿组织审查（会审或函审），并在（审查）协商一致的基础上，形成标准草案报批稿和审定会议纪要或函审结论。若标准草案送审稿没有被通过，则应分发第二标准送审稿，并再次进行审查。

（6）批准阶段（Approval Stage） ①主管部门对标准草案报批稿及报批材料进行程序、技术审核。对不符合报批要求的，一般应退回有关标准化技术委员会或起草单位。限时解决问题后再行审核。②国家标准技术审查机构对标准草案报批稿及报批材料进行技术审查，在此基础上对报批稿完成必要的协调和完善工作。若报批稿中存在重大技术方面的问题或协调方面的问题，一般应退回部门或专业标准化技术委员会，限时解决问题再行报批。③国务院标准化行政主管部门批准、发布国家标准。

（7）出版阶段（Publication Stage） 将国家标准出版稿编辑出版，提供标准出版物。

（8）复审阶段（Review Stage） 一般对实施周期达5年的标准进行复审，以确定是否确认（继续有效）、修改（通过技术勘误或修改单）、修订（提交一个新工作项目建议，列入工作计划）或废止。

（9）废止阶段（Withdrawal Stage） 对于经复审后确定为无存在必要的标准，应予以废止。

标准制定是一项十分严肃的工作，由起草到审批、发布、实施中间需经过几稿的讨论和修改，各项技术指标的确定应依据科学数据和实践经验。

2．企业标准制定

（1）企业标准的制定范围 ①企业生产的产品，因没有国家标准、行业标准和地方标准而制定的企业产品标准。②为提高产品质量和促进技术进步，制定的严于国家标准、行业标准和地方标准的企业产品标准。③对国家标准、行业标准的选择或补充的标准。④设计、采购、工艺、工装、半成品等方面的技术标准。⑤生产、经营活动中的管理标准和工作标准。

（2）制定、修订企业标准的原则 ①贯彻国家和地方有关标准化的方针、政策、法律法规，严格执行强制性国家标准、行业标准和地方标准。②保证安全、卫生，充分考虑使用要求、保护消费者利益、保护环境和有利于职业健康。③有利于企业技术进步，保证和提高产品质量，改善经营管理和增加社会经济效益。④积极采用国际标准和国外先进标准。⑤有利于合理利用国家资源、能源，推广科学技术成果，有利于产品的通用互换，符合使用要求，技术先进，经济合理。⑥有利于对外经济技术合作和对外贸易。⑦本企业内的企业标准之间应协调一致。⑧在没有国家标准、行业标准或地方标准的情况下制定企业标准。

（3）制定企业标准的一般程序　计划、准备→起草→征求意见→审定→批准与发布→实施与检查→复审。

①计划、准备阶段。计划、准备阶段包括制订计划、调研、资料收集、筛选与分析、数据及方法的验证的内容。制定涉及面较广的综合性企业标准，还应成立标准制定工作组，编制标准制（修）订计划，并按照计划开展标准的编制工作。

调研的目的是获得相关信息，企业应根据标准化对象所涉及的内容和适用范围，从以下方面进行调查研究：标准化对象的国内外的现状和发展方向；有关最新科技成果；顾客的需求和期望；生产（服务）过程及市场反馈的统计资料、技术数据。

②起草。在充分调研和分析、验证的基础上，根据标准的对象和目的，按照GB/T 1.1—2020规定的要求编写起草标准的征求意见稿，同时起草编制说明。编制说明是标准起草过程的真实记录和标准中一些重要内容的解释说明。每一个标准都应有标准编制说明，根据所编制标准的具体情况，其内容可包括：标准制（修）定的背景和必要性；标准制定的依据及标准主要技术指标的说明；与现有关的现行法律法规和强制性国家标准的关系；主要试验（或验证）的分析；产品应用情况；采用国际标准和国外先进标准的程度，以及与国际同类标准水平的对比情况，或与测试的国外样品的有关数据对比情况；重大分歧意见的处理经过和依据；其他需要说明的事项；主要参考资料及文献。

③征求意见。标准征求意见稿完成后，为使标准切实可行，具有较高的质量水平，应将标准征求意见稿和标准编制说明发送至有关的生产、使用、检验、科研、设计、采购、销售、设备、储运等部门，广泛征求意见，必要时应征求用户意见。征求意见一般采取会议征求和发函征求两种方式，发函征求时应明确收回时间、处理方式。

标准制定者在收到各方面意见后应分类整理，逐一分析研究，合理的意见应采纳，不予采纳的意见需作说明，对难以确定取舍的分歧意见可进一步分析研究、协商调整，再征求意见。根据意见对标准进行修改，并形成标准送审稿。

④审定。标准的审定是保证标准质量、提高标准水平的重要程序。企业在批准、发布企业标准前应组织有关技术人员或专家对标准进行审定。审定内容包括：企业标准与国家法律法规和强制性标准规定的符合性；标准中的技术内容是否符合国家方针政策和经济发展方向，做到技术先进，经济合理，安全可靠，是否适应当前科技水平和今后发展方向，符合企业实际；试验方法的科学性、检验规则的可操作性；是否采用了有关的国际标准和国外先进标准；标准编写的规则、格式与GB/T 1.1—2020系列标准的符合性；标准规定的要求是否有充分的依据，是否在试验研究和总结实践经验的基础上确定的，是否完整齐全；标准是否符合或达到预定的目的和要求；各方面的意见是否得到充分反映，是否得到协调解决；贯彻标准的要求、措施、建议和过渡办法是否适当。

标准审定方式可采取会议审定或函审，一般宜采用会议审定。对技术、经济意义重大，涉及面广，分歧意见较多的标准送审稿应进行会议审定。会议审定或函审由标准制定者决定。

在审定会召开前应提前将资料发送给审定人员，资料包括：标准送审稿；标准编制说明；标准征求意见汇总处理表。

采用会议审定，审定组成员应协商一致，并选出一名组长，由组长主持审定。标准审定应经审定人员三分之二以上同意方可通过。标准起草人不能参加表决，审定组应当根据审定意见填写《审定会议纪要》，并附《审定人员意见表》。出席会议的审定人员不足三分之二时，应重新组织审定。会审时应形成标准审定纪要。审定纪要应详细列出审查时间、地点、起草单位、组织审定的机构、参加会议的审定人员及其单位、审定意见和审定结论。审定结论主要涉及：评价意见、主要修改意见和采纳情况；所审定的企业标准是否符合法律法规和强制性标准的规定；低于推荐性国家标准、行业标准和地方标准的，应当有相应的理由和相关影响的说明；是否予以通过审定等内容。

采用函审方式时，接收函审的审定人员应按时认真填写并寄回审定意见，即使没有不同意见，也应按时回函表示同意；过期不予复函的，按同意处理。函审时，应有四分之三回函同意为通过。函审结束后应写出"函审结论报告"，并附《审定人员意见表》。函审回函率不足三分之二时，应重新组织审定。以函审方式审定标准时，其审定纪要内容应包括：参加函审的人员及其单位、发出和收回函审信息的时间及数量、标准中重大问题的一致审定意见、一般问题的原则审定意见、对标准起草单位的要求，如修改进度、修改方法以及修改后形成的标准送审稿的审定意见以及建议企业主管部门协调或帮助解决的问题汇总，审定结论。

标准送审稿经审定通过后，标准制定者应根据审定意见，对标准送审稿进行修改，修改后形成标准报批稿。

标准审定人员应来自本企业生产、使用、检验、科研、设计、采购、销售、设备、储运等有关部门，必要时应外请专家和用户代表，审定组成员原则上不少于5人。直接参与企业标准起草的人员不得作为审定组成员参加审定。

标准审定人员应具备相应的知识和能力，并具有中级以上专业技术职称或大专以上学历，从事相关行业工作3年以上，熟悉有关法律法规、规章和强制性标准，了解相关产品的工艺、技术要求和国内外该领域技术、标准发展的状况，能够独立解决本领域中相关的技术问题。

⑤批准与发布。标准报批稿完成后，将报批材料送企业法定代表人或其授权的人批准。报批所需的文件包括：标准报批稿、标准编制说明、标准审定纪要、标准审定人员意见表、标准批准和发布函。

标准经批准后应确定发布和实施日期，企业产品标准的发布日期与实施日期之间应留有过渡期，以方便标准使用方进行标准宣贯和实施前准备，以不低于一个月为宜。

企业产品标准应按各省、自治区、直辖市人民政府的规定备案。

⑥实施与检查。标准经批准发布后，企业内各相关部门应按照标准规定的时间组织实施。标准实施前应做好有关思想准备、组织准备、技术准备、人员准备和资金准备。经备案的企业产品标准，企业应严格执行。

标准实施包括：计划、准备、实施、检查、总结5个程序。

在实施标准之前，应根据实施标准的具体领域或单位的实际情况，制订出实施标准的计划。实施标准计划的内容主要包括：实施标准的方式、内容、步骤、负责人员、起止时间、应达到的要求等。

企业标准实施一定时期后，应组织有关人员对标准实施情况进行检查和总结，以评价实施效果；对标准实施过程中存在的问题进行分析、研究，为修改和补充标准做好技术准备。检查工作是标准实施过程中不可缺少的环节。通过检查，可以发现标准实施中存在的问题，以便及时采取纠正措施；同时，通过检查，还可以发现标准本身存在的问题，为以后的标准修订工作积累依据。

为完善和充实标准内容，对标准条文、图表做少量修改、补充时，按本企业有关修改文件的规定执行。

⑦复审。企业标准应定期复审，复审周期不得超过3年。有下列情形之一时，企业标准应当及时复审：国家有关法律法规、规章以及产业发展方针、政策做出调整或重新规定的；新发布了相关国家标准、行业标准、地方标准的；规范性引用文件中相应的国家标准、行业标准、地方标准作出修订的；企业生产工艺或原材料配方发生重大改变的；标准备案有效期届满的；其他应当进行复审的情况。对标准复审结果按下列情况分别处理。

标准内容不做修改，仍能适应当前需要，符合当前科学技术水平的，确认为继续有效。确认继续有效的标准，不改变标准的顺序号和年代号，由本企业标准的管理部门在标准封面上写明"××××年确认"字样。

标准的主要规定需要作大量改动才能适应当前生产、使用需要和科技水平的，应修订标准，按制（修）订标准的程序进行修订。修订后的标准不改变顺序号，只改变年代号；企业产品标准修订后，应到原备案机构办理备案手续。

标准的内容已不能适应当前的需要，或为新的标准所代替的，标准应予以废止。企业产品标准复审后应提出继续有效、修订或废止的明确结论。

经复审被确认继续有效或废止的企业产品标准，企业应报告原受理备案部门；被确认需要修订的企业产品标准，企业修订后重新办理备案。

三、食品产品标准的编写

对食品企业产品标准而言，资料性概述要素和规范性一般要素以及规范性技术要素中术语和定义、要求的编写格式和要素可以参考GB/T 1.1—2020的规定。经过食品标准化专家多年的实践，目前已形成了我国食品产品标准内容的基本框架，见表3-3。这里仅对规范性技术要素中试验方法，检验规则，标志、包装、运输与贮存的编写要求进行介绍如下。

表 3-3　食品产品标准内容基本框架

要素类型	要素编排
资料性概述要素	封面 目次 前言 引言

续表

要素类型	要素编排
规范性一般要素	标准名称 1 范围 2 规范性引用文件
规范性技术要素	3 术语和定义 4 要求 　4.1 原辅料要求 　4.2 感官指标 　4.3 理化指标 　4.4 微生物指标 5 试验方法 6 检验规则 　6.1 抽样 　6.2 检验 　　6.2.1 出厂检验 　　6.2.2 型式检验 　6.3 检验规则 7 标志、包装、运输与贮存 规范性附录
资料性补充要素	资料性附录 参考文献 索引

（一）试验方法

试验方法是标准中的可选要素。对产品技术要求进行试验、测定、检查的方法统称为试验方法。根据特定的程序，测定食品产品的一个或多个特性的技术操作就是我们所说的试验。试验方法是测定产品特性值是否符合规定要求的方法，并对测试条件、设备、方法、步骤以及抽样和对测试结果进行数据统计处理等做出统一规定。

（二）检验规则

检验规则一般在食品产品标准中以独立一章来编写，但对于比较简单的检验规则而言，可并入试验方法一章，这时章的名称可以称为"试验方法与检验规则"。检验规则是对产品试样和正式生产中的成品进行各种试验的规则。它是考核和测定产品是否符合标准而采取的一种方法和手段，也是生产企业和用户判定产品是否合格所共同遵守的基本准则。检验规则的内容一般包括检验分类，每类检验所包含的试验项目，产品组批，抽样和取样方法，检验结果的复验规则以及判定规则等。

（三）标志、包装、运输与贮存

标志、标签和包装是标准中的可选要素。食品产品标准技术内容中一般将这一章名称称为"标志、包装、运输与贮存"，编写这一部分的主要目的是在贮存和运输过程中，保证产品质量不受危害和损失以及发生混淆。

四、食品安全标准的管理

截至2023年9月，我国共有1563项有效的食品安全标准，基本已经形成了一套行之有效的食品安全标准体系。食品安全标准的管理需要遵守《中华人民共和国食品安全法》《中华人民共和国标准化法》和《食品安全标准管理办法》。食品安全标准是强制执行的标准，包括食品安全国家标准和食品安全地方标准。

（一）食品安全标准制定基本要求

食品安全标准的制定范围应当符合《中华人民共和国食品安全法》的规定。除法律法规规定外，不得制定食品安全标准。制定食品安全标准应当以食品安全风险评估结果为依据，以保障公众身体健康为宗旨，做到科学合理、安全可靠、公开透明。

（二）食品安全标准的制定部门

国家卫生健康委员会会同国务院有关部门负责食品安全国家标准的制定工作。

各省、自治区、直辖市人民政府卫生健康行政部门负责食品安全地方标准制定工作。

（三）食品安全标准的制定程序

1. 食品安全国家标准

食品安全标准制定工作包括规划、计划、立项、起草、征求意见、审查、批准、编号、公布以及跟踪评价和修订等。

（1）食品安全国家标准规划、计划和立项　国家卫生健康委员会会同国务院有关部门制定食品安全国家标准规划。食品安全国家标准规划草案应当公开征求意见。各有关部门认为本部门负责监管的领域需要制定（修订）食品安全国家标准的，应当在每年编制食品安全国家标准制定（修订）计划前，向国家卫生健康委员会提出立项建议。

国家卫生健康委员会组织成立食品安全国家标准审评委员会（以下简称审评委员会），负责审评食品安全国家标准年度立项计划，审评食品安全国家标准，提出实施食品安全国家标准的意见建议，研究解决食品安全国家标准实施中的重大问题。

（2）食品安全国家标准起草　国家卫生健康委员会采取委托、招标等形式，选择食品安全国家标准项目承担单位。秘书处办公室负责项目承担单位资格的初审，秘书处进行复审。审查合格的，由秘书处按程序办理。多家单位共同承担起草项目时，根据秘书处办公室的建议，由秘书处在其中指定牵头单位。

（3）食品安全国家标准征求意见和审查　秘书处办公室对项目承担单位送审材料的合法性、科学性、规范性、与其他食品安全国家标准之间的协调性以及社会稳定风险评估等材料的完整性进行初步审查。秘书处办公室初审通过后，提交专业委员会会议，对标准送审材料的科学性、实用性及其他技术问题进行审查。审查通过后形成标准征求意见稿，由秘书处公开征求意见，并按照规定履行向世界贸易组织的通报程序。

（4）食品安全国家标准批准、编号和公布　标准审查通过后，形成标准公告报批稿，提交副主任委员、常务副主任委员或主任委员审签。国家卫生健康委员会会同国务院有关部门以公告形式联合公布食品安全国家标准。食品安全国家标准编号由国家标准化管理委员会提供。

（5）食品安全国家标准跟踪评价和修订　国家卫生健康委员会应当组织审评委员会、省级卫生健康行政部门和相关责任单位对食品安全标准的实施情况进行跟踪评价。食品安全国家标准公布后，主要技术内容需要修订时，修订程序按照《食品安全标准管理办法》规定的立项、起草、征求意见、审查和批准公布程序执行。

2．食品安全地方标准

（1）地方食品安全标准的制定范围　地方标准不得与法律法规和食品安全国家标准相矛盾。食品安全国家标准（包括通用标准）已经涵盖的食品，婴幼儿配方食品、特殊医学用途配方食品、保健食品、食品添加剂、食品相关产品、农药兽药残留、列入国家药典的物质（列入按照传统既是食品又是中药材物质目录的除外）等不得制定地方标准。

地方标准包括地方特色食品的食品安全要求、与地方特色食品的标准配套的检验方法与规程、与地方特色食品配套的生产经营过程卫生要求等。

（2）负责部门、备案　省级卫生健康行政部门以食品安全风险评估结果为科学依据，组织制定、修订、公布、废止食品安全地方标准（以下简称地方标准），报送备案，开展地方标准宣传、跟踪评价、清理、解释、咨询等，对地方标准的安全性、科学性、实用性负责。

省级卫生健康行政部门应当在地方标准公布之日起30个工作日内向食品评估中心正式提交备案材料，包括地方标准发布公告、标准文本、编制说明，以及协作组出具的申请备案建议。同时在地方标准备案信息系统提交备案材料电子版。

地方标准备案是指对地方标准中食品安全相关内容进行形式审查，并登记、存档、公开地方标准目录和标准文本的过程，有关要求另行规定。

3．进口尚无食品安全国家标准食品

进口尚无食品安全国家标准食品（以下简称进口无国标食品），是指由境外生产经营的、符合相关国家（地区）标准或国际标准的，我国未制定公布相应食品安全国家标准的食品。进口无国标食品应当符合《中华人民共和国食品安全法》的要求和国务院有关部门的管理规定。

国家卫生健康委员会委托食品评估中心负责进口无国标食品指定适用标准的技术审查工作。境外出口商、境外生产企业或者其委托的进口商应当将所执行的相关国家（地区）标准或者国际标准等材料提交食品评估中心组织技术审查。

国家卫生健康委员会对食品评估中心提交的技术审查意见审核通过后，公布暂予适用的标准。需要对进口无国标食品制定食品安全国家标准的，按照《食品安全标准管理办法》相关规定执行。相应的食品安全国家标准公布后，原适用的标准自行废止。

📝 思考与练习题

- 1．试述我国食品安全保障体系的参与者及他们在食品安全保障中的作用。
- 2．试述法律法规、规章及规范性文件概念的区别和联系。
- 3．试述标准的分类及标准的结构。
- 4．制定一份企业标准包含哪些步骤？画一份企业标准制定流程图。

第四章

食品安全风险的监测与评估

第一节　食品安全风险控制

一、食品安全风险

"风险"一词的由来，最为普遍的一种说法是，在远古时期，以打鱼捕捞为生的渔民们深深地体会到"风"给他们带来的无法预测、无法确定的危险，每次出海前都要祈祷自己在出海时能够风平浪静，因为他们认识到在出海捕捞打鱼的生活中，"风"即意味着"险"，因此有了"风险"一词。现代意义上的风险一词，含义已经远远超出了"遇到危险"，通常指某种特定危险事件（事故或意外事件）发生的可能性和后果的组合。一般而言，如果某种危险发生的概率低于十万分之一，则属于低风险，我们稍加提防就能泰然处之，但如果危险概率较高，我们就必须采取适当的防范措施。

事实上，就食品安全风险而言，绝对不含有害物质、零风险的食品几乎是不存在的。以重金属污染为例，重金属元素是地球矿物质的组成部分，只要是食物，不管产于土壤还是水体，都会含有微量重金属元素。20世纪80年代，美国农业部、食品药物管理局和美国环保署做过一个全国主要粮食区的作物重金属含量的联合调查，结果显示288个小麦样品镉的含量变幅在0.001mg/kg～0.22mg/kg，平均值0.048mg/kg，166个稻米样品含镉量变化在0.001mg/kg～0.25mg/kg，而104个菠菜样品的镉含量最低为0.16mg/kg，最高1.90mg/kg，平均值0.27mg/kg，按照我国《食品安全国家标准 食品中污染物限量》（GB 2762—2022）的要求，叶菜类含镉量不能高于0.2mg/kg，而其他新鲜蔬菜（除叶菜蔬菜、豆类蔬菜、块根和块茎蔬菜、茎类蔬菜、黄花菜外）含镉量则不能高于0.05mg/kg，其调查的菠菜平均镉含量远远高于我国的标准最高限量要求。

可以说，只要是食物，不管来自陆地还是海洋，或者在食物的源头，或者在食物的储藏、加工过程甚至在蒸煮过程都可能含有、产生或者带入人体不需要的或有毒的物质。对于食品的风险和安全应该有一个客观的认识。有些大众媒体在食品安全的认识和宣传上存在一定误区，不管什么食物一经发现有害物质，抛开剂量就谈其有毒或是致癌，引起一些老百姓的恐慌，因为大家常常感觉不管吃了多少，只要是吃了含有这种物质的东西，就一定会被毒害致病或者致癌。实际上这涉及一个量的基本问题，需要媒体进行客观报道和分析。

二、食物中的危害和食品安全风险

食品可能本身含有或者可能被污染而含有对人体健康有危害的物质。在人类发展的初级阶段，即使食品供应十分匮乏，人们也不会去主动食用对自身健康有明显不良影响的有毒有害物质。当基本食物量得以保证，消费者生存的基本需要得以满足时，食物的安全性则更加受到消费者的重视。

危害通常是指可能对人体健康产生不良后果的因素或状态。食品安全危害是指在非受控状态下，有可能导致消费者产生疾病或身体伤害的生物的、化学的和物理的因素。规避风险是人类的本能，也可以说是自然界一切动物的本能。在消费者的心理上，食品安全性和人体健康是紧密联系在一起的。当消费者认识到某种食品对其健康和安全构成危害时，他们基本上不会甘冒风险去品尝这种食品，而是转而去购买另一种食品来代替。要求食品安全性没有任何问题、零风险几乎是不可能的，而且食品安全风险对于不同的人群也存在一个相对性的问题。分析食源性危害，确定食品安全性保护水平，采取风险管理措施，使食品在食品安全性风险方面处于可接受的水平，这就是食品风险分析在食品安全管理中的作用。

食物从形成至食用是一直处于不断变化的状态中的。这些变化是自然存在或人类在生产加工过程中所引起的。这些变化始于农场，并在加工和贮存过程中不断地进行。

食品发生的变化可能是有害的或是有益的。一旦植物被收获或动物被屠宰，植物和动物的自身防御系统即开始减弱，其组织开始变质。变质可分为内部的或外部的。内部的变质主要是自发的内部酶促催化反应；外部的变质是由外部的微生物、其他生物、化学反应或物理变化所引起的。

食品中的变化可能是有益的也可能是有害的。有益变化比如蔬菜、水果或动物的成熟，一定数量的微生物在发酵食品如乳酪、酸奶、腌菜、泡菜、某些类型的香肠和酒精性饮料中的代谢活动；有害变化比如食品原材料感染疾病；有害微生物例如黄曲霉产生的黄曲霉毒素对人体健康产生的危害等。

食品带来的危害通常称为食源性危害。食源性危害大致上分为生物性危害、物理性危害以及化学性危害这三大类。生物的、化学的、物理的危害，即指可以导致潜在的对健康有影响的食品中的生物性、化学性或物理性因素或其存在的状态。其中，生物危害是危害食品安全的基本因素。物理性危害可以通过一般性的控制措施比如良好操作规范（GMP）等加以控制。对于化学性危害的风险评估有关国际组织已经进行了大量的工作，形成了一些相对成熟的控制方法。目前风险评估所面临的主要难点是食品中有关生物性危害的作用和后果，这是因为与公众健康有关的生物性危害包括致病性细菌、病毒、寄生虫、藻类等以及它们产生的某些毒素，这些生物性危害的界定和控制均有较大的不确定性。当然，某些食品本身也可能含有对健康产生危害的成分。所有的食品安全问题，也就是上述几类危害都有可能对消费者健康造成不良后果，有的甚至能造成严重后果。

三、降低食品安全风险要点

在食品安全风险防范方面，各国政府及其他组织都做出了很多努力。世界卫生组织提出了食品安全五要点，成为各国公认简单有效且普遍实施的食品安全风险防范措施，对规范食品生产经营、指导家庭烹制食物具有重要意义。

（一）保持清洁

（1）拿食品前要洗手，准备食品期间还要经常洗手，便后要洗手。

（2）清洗和消毒用于准备食品的所有场所和设备。

（3）避免虫、鼠及其他动物进入厨房和接近食物。

（备注：多数微生物不会引起疾病，但泥土和水中以及动物和人体身上常常可找到许多危险的微生物。手上、抹布和尤其是切肉板等用具上可携带这些微生物，稍经接触即可污染食物并造成食源性疾病。）

（二）生熟分开

（1）生的肉、禽和海产食品要与其他食物分开。

（2）处理生的食物要有专用的设备和用具，例如刀具和切肉板。

（3）使用器皿储存食物以避免生熟食物互相接触。

（备注：生的食物，尤其是肉、禽和海产食品及其汁水，可含有危险的微生物，在准备和储存食物时可能会污染其他食物。）

（三）做熟

（1）食物要彻底做熟，尤其是肉、禽、蛋和海产食品。

（2）汤、煲等食物要煮开以确保达到70℃。肉类和禽类的汁水要变清，而不能是淡红色的。最好使用温度计。

（3）熟食再次加热要彻底。

（备注：适当烹调可杀死几乎所有危险的微生物。研究表明，烹调食物达到70℃的温度可有助于确保安全食用。需要特别注意的食物包括肉馅、烤肉、大块的肉和整只禽类。）

（四）保持食物的安全温度

（1）熟食在室温下不得存放2h以上。

（2）所有熟食和易腐烂的食物应及时冷藏（最好在5℃以下）。

（3）熟食在食用前应保持温度（60℃以上）。

（4）即使在冰箱中也不能过久储存食物。

（5）冷冻食物不要在室温下化冻。冷冻食物解冻的最好方法是：微波炉解冻、冰箱冷藏室解冻和清洁流动水解冻。

（备注：如果以室温储存食品，微生物可迅速繁殖。当温度保持在5℃以下或60℃以上，可使微生物生长速度减慢或停止。有些危险的微生物在5℃以下仍能生长。）

（五）使用安全的水和原材料

（1）使用安全的水或对饮用水进行处理以保安全。

（2）挑选新鲜和有益健康的食物。

（3）选择经过安全加工的食品，例如经过低热消毒的牛乳。

（4）水果和蔬菜要洗干净，尤其如果要生食。

（5）不吃超过保质期的食物。

（备注：原材料，包括水和冰，可被危险的微生物和化学品污染。受损和霉变的食物中可形成有毒化学物质。谨慎地选择原材料并采取简单的措施如清洗去皮，可减少危险。）

四、餐饮食品安全风险管理

风险管理是当今世界方兴未艾的一门管理学科，对于风险管理的过程，可以简单地用"辨识、分析、评估、处理"这八个字概括，这四项内容按时间顺序共同构成了整个风险管理过程，而这四项内容之间的关系也可以描述为"风险识别是前提，风险分析是基础，风险评估是关键，风险处理是手段"。中华文化中，从来就不乏风险管理的闪光思想。如"居安思危"的哲学，孔子"凡事豫则立、不豫则废"的思想。根据我国《风险管理指南》和国际标准化组织（ISO）的相关标准描述，风险管理过程可分为明确环境信息（建立环境或评估基础以确定风险准则）、风险评估、风险应对、沟通和记录、监督和检查组成（见图4-1）等过程。风险评估主要包括风险识别、风险分析和风险评价三个步骤，是进行风险管理的重要环节。

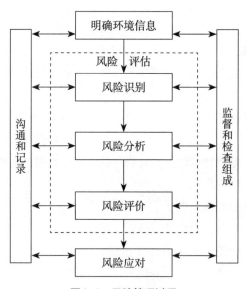

图4-1 风险管理过程

《中华人民共和国食品安全法》对于食品安全明确提出预防为主、风险管理、全程控制、社会共治的原则。食品生产经营单位进行有效的食品安全风险管理是一项必备的工作。食品生产经营单位进行食品安全风险管理可以从以下几方面着手。

（一）要牢固树立单位内部食品安全全面风险管理的意识

食品安全无小事，餐饮服务单位一定要把食品安全风险管理放在足够重视的地位。

（二）制定科学有效的标准和流程

应树立安全源于设计的理念，以博采众长的精神和确凿的科学数据为依据，加强单位内部食品安全环节研究和风险评估，制定高水平的科学标准，建立规范的食品加工和服务流程，制定风险管理计划书，编制现场风险管理控制表和检查表等。证件管理、台账管理、组织管理、设备管理、环境管理、原料和成品管理、加工和售卖管理、应急管理等都要建立必要的规章制度。

（三）全员进行风险管理交底与培训

树立严格的执行观念，建立严格的训练体系，全员、全过程开展风险识别与防范。

（四）建立完整的督导反馈系统

定期开展风险辨识与再分析，定期对风险管理系统进行有效性评价，不断完善防范措施。

第二节　食品安全风险监测和预警

食品安全风险监测是系统持续收集食源性疾病、食品污染以及食品中有害因素的监测数据及相关信息，并综合分析、及时报告和通报的活动。其目的是为食品安全风险评估、食品安全标准制定及修订、食品安全风险预警和交流、监督管理等提供科学支持。

一、发达国家的食品安全风险监测管理体系简介

不同国家的食品安全管理直接部门有所不同。尽管各国管理体制不同，但监管的内容基本一致，都包括完善的法律法规、从源头到终端的全过程监管、严格全面的检测体系、高效快速的追溯体系以及强有力的召回机制。

日本的食品安全监管体制是以风险分析为理念的。监管体制的职能主要是由监管部门来具体实施。具体负责日本食品安全的监管部门主要有食品安全委员会、厚生劳动省、农林水产省。由食品安全委员会、农林水产省和厚生劳动省组成的食品安全监督管理机构是一个既独立分工又相互合作的体系。食品安全委员会执行风险评估的职能，同时也是农林水产省与厚生劳动省的协调部门；风险管理的职能由农林水产省与厚生劳动省两机构根据食品安全委员会的风险评估结果，配合自己的管辖范围具体实施；风险交流由上述各机构联合实行，综合性的风险交流由食品安全委员会负责。

美国是世界上最早进行食品安全监管的国家，已经有上百年的历史，积累了丰富的经验。其食品安全监管过程是围绕几乎所有的食品的"从农田到餐桌"的全程监控。在美国上百年制定食品安全法律的过程中，涵盖了所有的食品的生产、加工、流通、销售过程，这些法律相互之间衔接紧密，形成了保障食品安全的严密的法规网。其监管部门的设置极为完

善，虽然负责食品安全管理的机构很多，但各部门分工明确、具体，采取品种监管，即不同品类的食品由不同的监管部门负责管理，为食品安全提供了有力的组织保障。此外，美国整个食品安全监管的过程中都融入了风险分析的理念，安全监管严格缜密，并注重细节管理。20世纪90年代的疯牛病、二噁英污染是欧盟重建食品安全监管体系的诱因。至此，欧盟的食品安全政策从强调供给转变为强调保护消费者的健康。欧盟的食品安全监管制度是从农场到餐桌的整条食物链的监管，其独特的食品安全监管体系可以归纳为完善的食品安全立法、独具特色的欧盟风险分析体系、食品和饲料快速预警系统与食品可追溯制度这几个方面。

二、我国食品安全风险监测管理体系

我国根据本国国情和《中华人民共和国食品安全法》及其实施条例、《中华人民共和国农产品质量安全法》构建我国的食品安全监测管理体系。关于食品安全风险监测，卫生部门还出台了《食品安全风险监测管理规定》。

（一）不同层级政府相关部门的分工

国家卫生健康委员会会同工业和信息化部、商务部、海关总署、国家市场监督管理总局、国家粮食和物资储备局等部门，制订实施国家食品安全风险监测计划。

省级卫生健康行政部门会同同级食品安全监督管理等部门，根据国家食品安全风险监测计划，结合本行政区域的具体情况，制定本行政区域的食品安全风险监测方案，报国家卫生健康委员会备案并实施。

县级以上卫生健康行政部门会同同级食品安全监督管理等部门，落实风险监测工作任务，建立食品安全风险监测会商机制，及时收集、汇总、分析本辖区食品安全风险监测数据，研判食品安全风险，形成食品安全风险监测分析报告，报本级人民政府和上一级卫生健康行政部门。

食用农产品质量安全的风险监测计划由国务院农业农村主管部门制订（教材第五章第一节）。

（二）食品安全风险监测会商

县级以上卫生健康行政部门会同同级工业和信息化、农业农村、商务、海关、市场监管、粮食和储备等有关部门建立食品安全风险监测会商机制，根据工作需要，会商分析风险监测结果。会商内容主要包括以下几点。

（1）通报食品安全风险监测结果分析研判情况。

（2）通报新发现的食品安全风险信息。

（3）通报有关食品安全隐患核实处置情况。

（4）研究解决风险监测工作中的问题。

参与食品安全风险监测的各相关部门均可向卫生健康行政部门提出会商建议，并应在会商会前将本部门拟通报的风险监测或监管有关情况报送卫生健康行政部门。会商结束之后，卫生健康行政部门应整理会议纪要分送各相关部门，同时抄报本级人民政府和上级卫生健康行政部门。

会商结果供各有关部门食品安全监管工作参用。

（三）监测计划的制订与调整

国家食品安全风险监测计划根据食品安全风险评估、食品安全标准制定与修订和食品安全监督管理等工作的需要制订。出现下列情况，有关部门会及时调整国家食品安全风险监测计划和省级监测方案，组织开展应急监测。

（1）处置食品安全事故需要的。

（2）公众高度关注的食品安全风险需要解决的。

（3）发现食品、食品添加剂、食品相关产品可能存在安全隐患，开展风险评估需要新的监测数据支持的。

（4）其他有必要进行计划调整的情形。

（四）农产品质量安全风险监测

农产品质量安全风险监测，是指为了掌握农产品质量安全状况和开展农产品质量安全风险评估，系统和持续地对影响农产品质量安全的有害因素进行检验、分析和评价的活动，包括农产品质量安全例行监测、普查和专项监测等内容。

农业农村部根据农产品质量安全风险评估、农产品质量安全监督管理等工作需要，制订全国农产品质量安全监测计划并组织实施。

县级以上地方人民政府农业农村主管部门根据全国农产品质量安全监测计划和本行政区域的实际情况，制订本级农产品质量安全监测计划并组织实施。

三、食品安全通报与预警

近年，我国在食品安全预警方面取得了积极进展，在法律法规方面已经基本形成预警框架，在实施中仍需要进一步整合相关资源，提高预警效率和效用。

（一）进出口相关食品安全信息

国家出入境检验检疫部门收集、汇总下列进出口食品安全信息，并及时通报相关部门、机构和企业：出入境检验检疫机构对进出口食品实施检验检疫发现的食品安全信息；食品行业协会和消费者协会等组织、消费者反映的进口食品安全信息；国际组织、境外政府机构发布的风险预警信息及其他食品安全信息，以及境外食品行业协会等组织、消费者反映的食品安全信息；其他食品安全信息。

境外发生的食品安全事件可能对我国境内造成影响，或者在进口食品、食品添加剂、食品相关产品中发现严重食品安全问题的，国家出入境检验检疫部门应当及时进行风险预警，可以对有关食品、食品添加剂、食品相关产品采取下列控制措施（退货或者销毁处理、有条件地限制进口、暂停或者禁止进口），并向国务院食品安全监督管理、卫生行政、农业行政部门通报。

（二）国内食品安全相关信息的通报与发布

1. 食品安全信息部门间通报

（1）食品安全风险监测结果表明可能存在食品安全隐患的，县级以上人民政府卫生行政部门应当及时将相关信息通报同级食品安全监督管理等部门，并报告本级人民政府和上级人民政府卫生行政部门。

（2）县级以上人民政府农业行政等部门在日常监督管理中发现食品安全事故或者接到事故举报，应当立即向同级食品安全监督管理部门通报。

（3）医疗机构发现其接收的病人属于食源性疾病病人或者疑似病人的，应当按照规定及时将相关信息向所在地县级人民政府卫生行政部门报告。县级人民政府卫生行政部门认为与食品安全有关的，应当及时通报同级食品安全监督管理部门。

（4）县级以上人民政府食品安全监督管理、卫生行政、农业行政部门应当相互通报获知的食品安全信息。省级以上人民政府卫生行政、农业行政部门应当及时相互通报食品、食用农产品安全风险监测信息。国务院卫生行政、农业行政部门应当及时相互通报食品、食用农产品安全风险评估结果等信息。

（5）县级以上人民政府食品安全监督管理部门对国内市场上销售的进口食品、食品添加剂实施监督管理。发现存在严重食品安全问题的，国务院食品安全监督管理部门应当及时向国家出入境检验检疫部门通报。

2．信息发布

国家建立统一的食品安全信息平台，实行食品安全信息统一公布制度。国家食品安全总体情况、食品安全风险警示信息、重大食品安全事故及其调查处理信息和国务院确定需要统一公布的其他信息由国务院食品安全监督管理部门统一公布。食品安全风险警示信息和重大食品安全事故及其调查处理信息的影响限于特定区域的，也可以由有关省、自治区、直辖市人民政府食品安全监督管理部门公布。未经授权不得发布上述信息。

县级以上人民政府食品安全监督管理、农业行政部门依据各自职责公布食品安全日常监督管理信息。

第三节　食品安全性评价

食品安全性评价是运用毒理学动物试验结果，并且结合流行病学的调查资料来阐明某种食品是否可以安全食用，食品中某种特定物质的毒性及潜在危害、对人体健康的影响性质和强度。

食品安全性评价主要包括食品安全风险评估和食品安全性毒理学评价两大方面内容，利用充分的食品毒理学资料确认物质的安全剂量，通过风险评估进行风险控制。食品安全性评价在食品安全性研究、监控和管理等方面具有重要意义。

一、毒性

毒性是指外源化学物与机体接触或进入人体的易感部位后，能引起损害的相对能力。物质的毒性与其本身的理化性质、与机体接触的途径、机体摄入的数量等因素有关。

二、外源化学物

外源化学物又称为"外源生物活性物质"，是存在于外界环境中能与机体接触并进入机体，在机体内呈现一定生物学作用的化学物质。

三、损害作用

当机体间断或连续地接触一定剂量的外源化学物后，引起机体功能容量降低或对额外应激状态代偿能力的损伤、机体维持内稳定的能力降低以及对其他外界不利因素影响的易感性提高。

四、剂量

剂量是决定外源化学物对机体损害作用的重要因素，指与机体接触的外源化学物的数量，或吸收入机体的数量，或在靶器官作用部位或体液中的浓度或含量。由于内剂量不易测定，所以一般剂量的概念是指给予机体的外源化学物的数量或机体所接触的数量。剂量一般包括以下指标。

（一）致死量

致死量为可以造成机体死亡的剂量。但在不同群体中，死亡个体数量差别很大，所需剂量也不一致。

（二）半数致死量

半数致死量（LD_{50}）简单讲是指引起一群受试对象50%个体死亡所需的剂量。因为LD_{50}不是实验测得的某一剂量，而是根据不同剂量组而求得的数据。故精确的定义是指统计学上获得的，预计引起动物半数死亡的单一剂量。LD_{50}单位为mg/kg体重，其数值越小，表示毒物毒性越强；反之，数值越大，毒物毒性越低。LD_{50}在毒理学中是最常用于表示化学物毒性分级的指标，其数值大小受如动物种属和品系、性别、接触途径等很多因素的影响。因此，在表示LD_{50}时，应注明动物种系和接触途径。

（三）绝对致死量

绝对致死量（LD_{100}）指某实验总体中引起一组受试动物全部死亡的最低剂量。由于个体差异，使群体100%死亡的剂量变化很大，因此很少使用LD_{100}来描述一种物质的毒性。

（四）最小致死量

最小致死量（MLD或MLC或LD_{01}）指某实验总体的一组受试动物中仅引起个别动物死亡的剂量，其低一档的剂量即不再引起动物死亡。

（五）最大耐受量

最大耐受量（MTD或LD_0或LC_0）指某实验总体的一组受试动物中不引起动物死亡的最

大剂量。

（六）最小有作用剂量或阈剂量或阈浓度

最小有作用剂量（LOAEL）指在一定时间内，一种毒物按一定方式或途径与机体接触，能使某项灵敏的观察指标开始出现异常变化或使机体开始出现损害作用所需的最低剂量，也称中毒阈计量。

（七）最大无作用剂量

最大无作用剂量（MNL）指在一定时间内，一种外源化学物按一定方式或途径与机体接触，用最灵敏的实验方法和观察指标，未能观察到任何对机体的损害作用的最高剂量。最大无作用剂量是根据亚慢性试验结果确定的，是评定外源化学物对机体损害作用的主要依据。

（八）每日允许摄入量

每日允许摄入量（ADI）指人类每日摄入某物质直至终生而不产生可检测到对健康产生危害的量。按体重计，可表示为mg/（kg·d）。

（九）安全系数

安全系数是根据无作用量（NOEL）计算每日允许摄入量时所用的系数。即将NOEL除以一定的系数得出ADI。所用的安全系数的值取决于受试物毒性作用的性质、受试物的用量和应用范围、适用的人群以及毒理学数据的质量等因素。

五、效应和反应

（一）效应

效应即生物学效应，指机体在接触一定剂量的化学物后引起的生物学改变。生物学效应一般具有强度性质，为量化效应或称计量资料。例如，有的神经性毒剂可抑制胆碱酯酶的活性。

（二）反应

反应指接触一定剂量的化学物后，表现出某种生物学效应并达到一定强度的个体在群体中所占的比例。生物学反应常以"阳性""阴性"等表示，为质化效应或称计数资料。如将一定量的化学物给予一组实验动物，引起50%的动物死亡，则死亡率为该化学物在此剂量下引起的反应。

效应仅涉及个体，即一个动物或一个人，可用一定计量单位来表示其强度。而反应涉及群体，如一组动物或一群人，以百分率或比值来表示。

六、剂量–效应关系和剂量–反应关系

剂量–效应关系是指外源化学物的剂量与个体或群体中发生的量效应强度之间的关系。剂量–反应关系是指外源化学物的剂量与其引起的质化效应发生率之间的关系。二者是毒理学的重要概念，如果某种毒物导致机体出现某种损害作用，一般就存在明确的剂量–反应关系（过敏关系除外）。

第四节 食品安全性毒理学评价

食品安全性毒理学评价是指通过动物试验和对人群的观察，阐明某种物质的毒性和潜在危害，对其能否投放市场作出决定，或阐明人类安全接触的条件，以最大限度减少其危害，保护消费者身体健康。

食品安全性毒理学评价应按照一定的程度进行，在此基础上，根据待评物质的毒性作用性质、特点、剂量-反应关系及人群实际接触情况等，进行综合评定，确定安全限量。2014年我国卫生部门修订了《食品安全国家标准 食品安全性毒理学评价程序》（GB 15193.1—2014），对各类食品的安全性毒理学评价程序做出了具体规定。该标准适用于评价食品从生产加工到销售各环节涉及的可能对人类健康造成危害的化学、生物、物理性因素的安全性。评价对象包括食品添加剂（含营养强化剂）、食品新资源及其成分、新资源食品、辐照食品、食品容器与包装材料、食品工具、设备、消毒剂、农药残留、兽药残留等。

一、食品安全性毒理学评价对受试物的要求

（1）应提供受试物的名称、批号、含量、保存条件、原料来源、生产工艺、质量规格标准、性状、人体推荐（可能）摄入量等有关资料。

（2）对于单一成分的物质，应提供受试物（必要时包括其杂质）的物理、化学性质（包括化学结构、纯度、稳定性等）。对于混合物（包括配方产品），应提供受试物的组成，必要时应提供受试物各组成成分的物理、化学性质（包括化学名称、化学结构、纯度、稳定性、溶解度等）有关资料。

（3）若受试物是配方产品，应是规格化产品，其组成成分、比例及纯度应与实际应用的相同。若受试物是酶制剂，应该使用在加入其他复配成分以前的产品作为受试物。

二、食品安全性毒理学评价试验的内容

食品安全性毒理学评价首先是对外源化学物进行毒性鉴定，通过一系列毒理学试验测定该化学物对实验动物的毒理作用和其他特殊毒性作用，从而评价和预测对人体可能造成的危害。通常情况下，进行食品安全性毒理学评价需要四个阶段的试验，并结合人群资料进行。

试验内容主要包括急性毒性试验、遗传毒性试验、28天经口毒性试验、90天经口毒性试验、致畸试验、生殖毒性试验和生殖发育毒性试验、慢性毒性试验、致癌试验、慢性毒性和致癌合并试验、毒物动力学试验。

三、不同受试物选择毒性试验的原则

（1）凡属我国首创的物质，特别是化学结构提示有潜在慢性毒性、遗传毒性或致癌性或该受试物产量大、使用范围广、人体摄入量大，应进行系统的毒性试验，包括急性毒性试验、遗传毒性试验、90天经口毒性试验、致畸试验、生殖发育毒性试验、慢性毒性试验和致癌试验（或慢性毒性和致癌合并试验）、毒物动力学试验。

（2）凡属与已知物质（指经过安全性评价并允许使用者）的化学结构基本相同的衍生物或类似物，或在部分国家和地区有安全食用历史的物质，则可先进行急性毒性试验、遗传毒性试验、90天经口毒性试验和致畸试验，根据试验结果判定是否需进行毒物动力学试验、生殖毒性试验、慢性毒性试验和致癌试验等。

（3）凡属已知的或在多个国家有食用历史的物质，同时申请单位又有资料证明申报受试物的质量规格与国外产品一致，则可先进行急性毒性试验、遗传毒性试验和28天经口毒性试验，根据试验结果判断是否进行进一步的毒性试验。

（4）食品添加剂、新食品原料、食品相关产品、农药残留和兽药残留的安全性毒理学评价试验的选择在GB 15193.1—2014中则有针对性的说明。

四、各项毒理学试验结果的判定

1. 急性毒性试验

如LD_{50}小于人的推荐（可能）摄入量的100倍，则一般应放弃该受试物用于食品，不再继续进行其他毒理学试验。

2. 遗传毒性试验

（1）如遗传毒性试验组合中两项或以上试验为阳性，则表示该受试物很可能具有遗传毒性和致癌作用，一般应放弃该受试物应用于食品。

（2）如遗传毒性试验组合中一项试验为阳性，则再选两项备选试验（至少一项为体内试验）。如再选的试验均为阴性，则可继续进行下一步的毒性试验；如其中有一项试验为阳性，则应放弃该受试物应用于食品。

（3）如三项试验均为阴性，则可继续进行下一步的毒性试验。

3. 28天经口毒性试验

对只需要进行急性毒性、遗传毒性和28天经口毒性试验的受试物，若试验未发现有明显毒性作用，综合其他各项试验结果可做出初步评价；若试验中发现有明显毒性作用，尤其是有剂量-反应关系时，则考虑进行进一步的毒性试验。

4. 90天经口毒性试验

根据试验所得的未观察到有害作用剂量进行评价，原则是：

（1）未观察到有害作用剂量小于或等于人的推荐（可能）摄入量的100倍表示毒性较强，应放弃该受试物用于食品；

（2）未观察到有害作用剂量大于100倍而小于300倍者，应进行慢性毒性试验；

（3）未观察到有害作用剂量大于或等于300倍者则不必进行慢性毒性试验，可进行安全性评价。

5. 致畸试验

根据试验结果评价受试物是不是实验动物的致畸物。若致畸试验结果为阳性则不再继续进行生殖毒性试验和生殖发育毒性试验。在致畸试验中观察到的其他发育毒性，应结合28天和（或）90天经口毒性试验结果进行评价。

6. 生殖毒性试验和生殖发育毒性试验

根据试验所得的未观察到有害作用剂量进行评价，原则是：

（1）未观察到有害作用剂量小于或等于人的推荐（可能）摄入量的100倍表示毒性较强，应放弃该受试物用于食品；

（2）未观察到有害作用剂量大于100倍而小于300倍者，应进行慢性毒性试验；

（3）未观察到有害作用剂量大于或等于300倍者则不必进行慢性毒性试验，可进行安全性评价。

7. 慢性毒性和致癌试验

（1）根据慢性毒性试验所得的未观察到有害作用剂量进行评价的原则是：未观察到有害作用剂量小于或等于人的推荐（可能）摄入量的50倍者，表示毒性较强，应放弃该受试物用于食品；未观察到有害作用剂量大于50倍而小于100倍者，经安全性评价后，决定该受试物可否用于食品；未观察到有害作用剂量大于或等于100倍者，则可考虑允许使用于食品。

（2）根据致癌试验所得的肿瘤发生率、潜伏期和多发性等进行致癌试验结果判定的原则是（凡符合下列情况之一，可认为致癌试验结果阳性，若存在剂量–反应关系，则判断阳性更可靠）：①肿瘤只发生在试验组动物，对照组中无肿瘤发生。②试验组与对照组动物均发生肿瘤，但试验组发生率高；试验组动物中多发性肿瘤明显，对照组中无多发性肿瘤，或只是少数动物有多发性肿瘤；试验组与对照组动物肿瘤发生率虽无明显差异，但试验组中发生时间较早。

8. 其他

若受试物掺入饲料的最大加入量（原则上最高不超过饲料的10%）或液体受试物经浓缩后仍达不到未观察到有害作用剂量为人的推荐（可能）摄入量的规定倍数时，综合其他的毒性试验结果和实际食用或饮用量进行安全性评价。

五、进行食品安全性评价时需要考虑的因素

1. 试验指标的统计学意义、生物学意义和毒理学意义

对试验中某些指标的异常改变，应根据试验组与对照组指标是否有统计学差异、其有无剂量–反应关系，同类指标横向比较、两种性别的一致性及与本实验室的历史性对照值范围等，综合考虑指标差异有无生物学意义，并进一步判断是否具毒理学意义。此外，如在受试物组发现某种在对照组没有发生的肿瘤，即使与对照组比较无统计学意义，仍要给予关注。

2．人的推荐（可能）摄入量较大的受试物

应考虑给予受试物量过大时，可能影响营养素摄入量及其生物利用率，从而导致某些毒理学表现，而非受试物的毒性作用所致。

3．时间-毒性效应关系

对由受试物引起实验动物的毒性效应进行分析评价时，要考虑在同一剂量水平下毒性效应随时间的变化情况。

4．特殊人群和易感人群

对孕妇、乳母或儿童食用的食品，应特别注意其胚胎毒性或生殖发育毒性、神经毒性和免疫毒性等。

5．人群资料

由于存在着动物与人之间的物种差异，在评价食品的安全性时，应尽可能收集人群接触受试物后的反应资料，如职业性接触和意外事故接触等。在确保安全的条件下，可以考虑遵照有关规定进行人体试食试验，志愿受试者的毒物动力学或代谢资料对于将动物试验结果推论到人具有很重要的意义。

6．动物毒性试验和体外试验资料

GB 15193.1—2014所列的各项动物毒性试验和体外试验系统是目前管理（法规）毒理学评价水平下所得到的最重要的资料，也是进行安全性评价的主要依据，在试验得到阳性结果，且结果的判定涉及受试物能否应用于食品时，需要考虑结果的重复性和剂量-反应关系。

7．不确定系数

即安全系数。将动物毒性试验结果外推到人时，鉴于动物与人的物种和个体之间的生物学差异，不确定系数通常为100，但可根据受试物的原料来源、理化性质、毒性大小、代谢特点、蓄积性、接触的人群范围、食品中的使用量和人的可能摄入量、使用范围及功能等因素来综合考虑其安全系数的大小。

8．毒物动力学试验的资料

毒物动力学试验是对化学物质进行毒理学评价的一个重要方面，因为不同化学物质、剂量大小，在毒物动力学或代谢方面的差别往往对毒性作用影响很大。在毒性试验中，原则上应尽量使用与人具有相同毒物动力学或代谢模式的动物种系来进行试验。研究受试物在实验动物和人体内吸收、分布、排泄和生物转化方面的差别，对于将动物试验结果外推到人和降低不确定性具有重要意义。

9．综合评价

在进行综合评价时，应全面考虑受试物的理化性质、结构、毒性大小、代谢特点、蓄积性、接触的人群范围、食品中的使用量与使用范围、人的推荐（可能）摄入量等因素。对于已在食品中应用了相当长时间的物质，对接触人群进行流行病学调查具有重大意义，但往往难以获得剂量-反应关系方面的可靠资料；对于新的受试物质，则只能依靠动物试验和其他试验研究资料。然而，即使有了完整和详尽的动物试验资料和一部分人类接触的流行病学研究资料，由于人类的种族和个体差异，也很难做出能保证每个人都安全的评价。所谓绝对的

食品安全实际上是不存在的。在受试物可能对人体健康造成的危害以及其可能的有益作用之间进行权衡，以食用安全为前提，安全性评价的依据不仅仅是安全性毒理学试验的结果，而且与当时的科学水平、技术条件以及社会经济、文化因素有关。因此，随着时间的推移，社会经济的发展、科学技术的进步，有必要对已通过评价的受试物进行重新评价。

第五节　食品安全风险评估

一、概念简述

风险评估是指对食品、食品添加剂、食品相关产品中的生物性、化学性和物理性危害对人体健康造成不良影响的可能性及其程度进行定性或定量估计的过程，包括危害识别、危害特征描述、暴露评估和风险特征描述等。WTO的卫生与植物卫生措施应用协定（SPS）中规定，在"确定各国适当的卫生和植物卫生措施的保护水平"时，应以危险性评估的结果为主要依据（SPS协定第5条），因此危险性评估的重要性日益突出。

危害（Hazard）：指食品中所含有的对健康有潜在不良影响的生物、化学、物理因素或食品存在状况。

危害识别（Hazard Identification）：根据流行病学、动物试验、体外试验、结构-活性关系等科学数据和文献信息确定人体暴露于某种危害后是否会对健康造成不良影响，造成不良影响的可能性，以及可能处于风险之中的人群和范围。

危害特征描述（Hazard Characterization）：对与危害相关的不良健康作用进行定性或定量描述。可以利用动物试验、临床研究以及流行病学研究确定危害与各种不良健康作用之间的剂量-反应关系、作用机制等。如果可能，对于毒性作用有阈值的危害应建立人体安全摄入量水平。

暴露评估（Exposure Assessment）：描述危害进入人体的途径，估算不同人群摄入危害的水平。根据危害在膳食中的水平和人群膳食消费量，初步估算危害的膳食总摄入量，同时考虑其他非膳食进入人体的途径，估算人体总摄入量并与安全摄入量进行比较。

风险特征描述（Risk Characterization）：在危害识别、危害特征描述和暴露评估的基础上，综合分析危害对人群健康产生不良作用的风险及其程度，同时应当描述和解释风险评估过程中的不确定性。

二、风险评估计划和承担机构

根据国家卫生健康委员会2021年印发的《食品安全风险评估管理规定》，国家食品安全风险评估中心承担国家食品安全风险评估专家委员会秘书处工作，负责拟定风险评估计划和规划草案，研究建立完善风险评估的技术和方法，收集国家食品安全风险评估科学信息数据，构建和管理信息数据库，对相关风险评估技术机构进行指导培训和技术支持。省级卫生健康行政部门依照法律要求和部门职责规定，负责组建管理本级食品安全风险评估专家委员会，制定委员会章程，完善风险评估工作制度，统筹风险评估能力建设，组织实施辖区食品安全风险评估工作。

鼓励有条件的技术机构以接受国家食品安全风险评估中心委托等方式，积极参与国家食品安全风险评估工作。承担风险评估项目的技术机构根据风险评估任务组建工作组，制定工作方案，组织开展评估工作。其工作方案应当报国家食品安全风险评估中心备案，按照规定的技术文件开展工作，接受国家食品安全风险评估专家委员会和国家食品安全风险评估中心的技术指导、监督以及对结果的审核。

承担风险评估项目的技术机构应当在规定的时限内向国家食品安全风险评估中心提交风险评估报告草案及相关科学数据、技术信息、检验结果的收集、处理和分析的结果，保存与风险评估实施相关的档案资料备查。

三、可列入国家食品安全风险评估计划的情形

（1）通过食品安全风险监测或者接到举报发现食品、食品添加剂、食品相关产品可能存在安全隐患的。

（2）为制定或者修订食品安全国家标准的。

（3）为确定监督管理的重点领域、重点品种需要进行风险评估的。

（4）发现新的可能危害食品安全因素的。

（5）需要判断某一因素是否构成食品安全隐患的。

（6）国家卫生健康委员会认为需要进行风险评估的其他情形。

四、国家食品安全风险评估结果的发布

国家食品安全风险评估结果由国家卫生健康委员会通报相关部门，委托国家食品安全风险评估中心分级分类有序向社会公布。风险评估结果涉及重大食品安全信息的按照《中华人民共和国食品安全法》及相关规定处理。

国家食品安全风险评估结果公布后，国家食品安全风险评估专家委员会、国家食品安全风险评估中心及承担风险评估项目的技术机构对风险评估结果进行解释和风险交流。

五、食品安全风险评估的技术性一般程序

完整的食品安全风险评估可包含确定风险评估项目、组建风险评估项目组、制定风险评估实施方案、采集风险评估数据、危害识别和危害特征描述、暴露评估、风险特征描述、报告起草与审议等程序（可参阅《食品安全风险评估工作指南》），技术性的评估核心也可以

概括为四个步骤：危害识别、危害特征描述、暴露评估和风险特征描述。

（一）危害识别

指识别可能对健康产生不良效果，且可能存在于某种或某类特别食品中的生物、化学和物理因素。对于化学因素（如食品添加剂、农药和兽药残留、重金属污染物和天然毒素）而言，危害识别主要是指要确定某种物质的毒性（即产生的不良效果），在可能时对这种物质导致不良效果的固有性质进行鉴定。实际工作中，危害识别一般采用动物试验和体外试验的资料作为依据。动物试验包括急性和慢性毒性试验，遵循标准化试验程序，同时必须实施良好实验室规范（Good Laboratory Practice，GLP）和标准化的质量保证/质量控制（Quality Assurance/Quality Control，QA/QC）程序。最少数据量应当包含规定的品种数量、两种性别、剂量选择、暴露途径和样本量。动物试验的主要目的在于确定无明显作用的剂量水平（No-observed Effect Level，NOEL）、无明显不良反应的剂量水平（No-observed Adverse Effect Level，NOAEL），或者临界剂量。通过体外试验可以增加对危害作用机制的了解。通过定量的结构–活性关系研究，对于同一类化学物质（如多环芳烃、二噁英），可以根据一种或多种化合物已知的毒理学资料，采用毒物当量的方法来预测其他化合物的危害。

（二）危害特征描述

评估方法一般是由毒理学试验获得的数据外推到人，计算人体的每日允许摄入量。严格来说，对于食品添加剂、农药和兽药残留，需制定ADI值；对于蓄积性污染物镉制定暂定每月耐受摄入量（Provisional Tolerable Monthly Intake，PIMI）；对于蓄积性污染物如铅、汞等，暂制定每周耐受摄入量（Provisional Tolerable Weekly Intake，PTWI）；对于非蓄积性污染物如砷，暂制定每日耐受摄入量（Provisional Tolerable Daily Intake，PTDI）；对于营养素，制定推荐膳食摄入量（Recommended Daily Intake，RDI）。目前，国际上由FAO和WHO下的食品添加剂委员会（Joint FAO/WHO Expert Committee on Food Additives，JECFA）制定食品添加剂和兽药残留的ADI值以及污染物的PTWI/PTDI值，由农药残留联席会议（Joint Meeting on Pesticide Residue，JMPR）制定农药残留的ADI值等。

（三）暴露评估

主要根据膳食调查和各种食品中化学物质暴露水平调查的数据进行，通过计算可以得到人体对于该种化学物质的暴露量。进行暴露评估需要有关食品的消费量和这些食品中相关化学物质浓度两方面的资料，一般可以采用总膳食研究、个别食品的选择性研究和双份饭研究。因此，进行膳食调查和国家食品污染监测计划是准确进行暴露评估的基础。一项具体的暴露评估工作包括三个方面：食物中化学物含量数据、食物消费量数据以及这两方面数据的整合方法。我国食品安全风险评估领域较多使用的是确定性点评估和简单评估，而概率分布评估由于对数据的要求较高，且需要复杂的计算机软件进行统计分析，耗时较长，成本较高，较少使用。

（四）风险特征描述

具体为就暴露对人群产生健康不良效果的可能性进行估量，CAC将风险特征描述定义为：在危害识别、危害特征描述和暴露评估的基础上，对特定人群中发生已知的或潜在的健康损害效应的概率、严重程度以及评估过程中伴随的不确定性进行定性和（或）定量估计。风险特征描述的主要内容可分为两个部分。

1. 评估暴露的健康风险

即评估在不同的暴露情形、不同人群（包括一般人群及婴幼儿、孕妇等易感人群），食品中危害物质导致人体健康损害的潜在风险，包括风险的特性、严重程度、风险与人群亚组的相关性等，并对风险管理者和消费者提出相应的建议。相应的方法包括基于健康指导值的风险特征描述、遗传毒性致癌物的风险特征描述和化学物联合暴露的风险特征描述。

2. 阐述不确定性

科学证据不足或数据资料、评估方法的局限性使风险评估的过程伴随着各种不确定性，在进行风险特征描述时，应对所有可能来源的不确定性进行明确的描述和必要的解释。

六、风险评估的类别与作用

在化学危害物的风险评估中，主要确定人体摄入某种物质（食品添加剂、农兽药残留、环境污染物和天然毒素等）的潜在不良效果、产生这种不良效果的可能性，以及产生这种不良效果的确定性和不确定性。暴露评估的目的在于求得某种危害物对人体的暴露剂量、暴露频率、时间长短、路径及范围，主要根据膳食调查和各种食品中化学物质暴露水平调查的数据进行。风险特征描述是就暴露对人群产生健康不良效果的可能性进行估量，是危害鉴定、危害特征描述和暴露评估的综合结果。对于有阈值的化学物质，就是比较暴露量和ADI值（或者其他测量值），暴露量小于ADI值时，健康不良效果的可能性理论上为零；对于无阈值物质，人群的风险是暴露量和效力的综合结果。同时，风险描述需要说明风险评估过程中每一步所涉及的不确定性。

生物危害物的风险评估，相对于化学危害物而言，目前尚缺乏足够的资料，以建立衡量食源性病原体风险的可能性和严重性的数学模型。而且，生物性危害物还会受到很多复杂因素的影响，包括食物从种植、加工、贮存到烹调的全过程，宿主的差异（敏感性、抵抗力），病原菌的毒力差异，病原体的数量动态变化，文化和地域的差异等。因此，对生物病原体的风险评估以定性方式为主。定性的风险评估取决于特定的食物品种、病原菌的生态学知识、流行病学数据，以及专家对生产、加工、贮存、烹调等过程有关危害的判断。

物理危害风险评估是指对食品或食品原料本身携带或加工过程中引入的硬质或尖锐异物被人食用后对人体造成危害的评估。食品中物理危害造成人体伤亡和发病的概率较化学和生物的危害低，一旦发生，则后果非常严重，必须经过手术方法才能将其清除。物理性危害的确定比较简单，暴露的唯一途径是误食了混有物理危害物的食品，也不存在阈值。根据危害识别、危害特征描述以及暴露评估的结果给予高、中、低的定性估计。

以下是以化学性危害为例的食品安全风险评估（图4-2）。

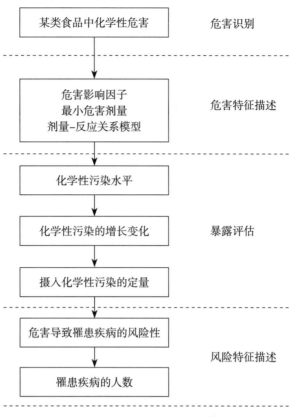

图4-2 化学性危害食品安全风险评估示例

📝 思考与练习题

- 1. 降低食品安全风险的要点有哪些?
- 2. 什么是食品安全毒理性评价? 其对受试物有哪些要求?
- 3. 进行食品安全性评价时需要考虑哪些因素?
- 4. 食品的安全性评价包括哪些内容?

第五章 食用农产品质量安全管理

农产品，是指来源于种植业、林业、畜牧业和渔业等的初级产品，即在农业活动中获得的植物、动物、微生物及其产品。

第一节　农产品质量安全的监督管理

一、监督管理部门

国务院农业农村主管部门、市场监督管理部门依照《中华人民共和国农产品质量安全法》规定的职责，对农产品质量安全实施监督管理。国务院其他有关部门依照该法规定的职责承担农产品质量安全的有关工作。

县级以上地方人民政府对本行政区域的农产品质量安全工作负责，统一领导、组织、协调本行政区域的农产品质量安全工作，建立健全农产品质量安全工作机制，提高农产品质量安全水平。

县级以上地方人民政府应当依照《中华人民共和国农产品质量安全法》和有关规定，确定本级农业农村主管部门、市场监督管理部门和其他有关部门的农产品质量安全监督管理工作职责。各有关部门在职责范围内负责本行政区域的农产品质量安全监督管理工作。

乡镇人民政府应当落实农产品质量安全监督管理责任，协助上级人民政府及其有关部门做好农产品质量安全监督管理工作。

二、风险监测和评估

（一）农产品风险监测

国务院农业农村主管部门制订国家农产品质量安全风险监测计划，并对重点区域、重点农产品品种进行质量安全风险监测。省、自治区、直辖市人民政府农业农村主管部门根据国家农产品质量安全风险监测计划，结合本行政区域农产品生产经营实际，制定本行政区域的农产品质量安全风险监测实施方案，并报国务院农业农村主管部门备案。县级以上地方人民政府农业农村主管部门负责组织实施本行政区域的农产品质量安全风险监测。

县级以上人民政府市场监督管理部门和其他有关部门获知有关农产品质量安全风险信息后，立即核实并向同级农业农村主管部门通报。接到通报的农业农村主管部门及时上报。制订农产品质量安全风险监测计划、实施方案的部门及时研究分析，必要时进行调整。

（二）农产品风险评估与管理

国务院农业农村主管部门设立农产品质量安全风险评估专家委员会，对可能影响农产品质量安全的潜在危害进行风险分析和评估。国务院卫生健康、市场监督管理等部门发现需要对农产品进行质量安全风险评估时，应当向国务院农业农村主管部门提出进行风险评估的建议。

国务院农业农村主管部门根据农产品质量安全风险监测、风险评估结果采取相应的管理措施，并将农产品质量安全风险监测、风险评估结果及时通报国务院市场监督管理、卫生健康等部门和有关省、自治区、直辖市人民政府农业农村主管部门。

国家建立健全农产品质量安全标准体系，确保严格实施。农产品质量安全标准是强制执行的标准，包括以下与农产品质量安全有关的要求。

（1）农业投入品质量要求、使用范围、用法、用量、安全间隔期和休药期规定。

（2）农产品产地环境、生产过程管控、储存、运输要求。

（3）农产品关键成分指标等要求。

（4）与屠宰畜禽有关的检验规程。

（5）其他与农产品质量安全有关的强制性要求。

《中华人民共和国食品安全法》对食用农产品的有关质量安全标准作出规定的，依照其规定执行。

第二节　农产品的生产和销售

一、农产品产地环境

县级以上地方人民政府农业农村主管部门应当会同同级生态环境、自然资源等部门按照保障农产品质量安全的要求，根据农产品品种特性和产地安全调查、监测、评价结果，依照《中华人民共和国土壤污染防治法》等法律法规的规定提出划定特定农产品禁止生产区域的建议，报本级人民政府批准后实施。

任何单位和个人不得在特定农产品禁止生产区域种植、养殖、捕捞、采集特定农产品和建立特定农产品生产基地。

任何单位和个人不得违反有关环境保护法律法规的规定向农产品产地排放或者倾倒废水、废气、固体废物或者其他有毒有害物质。农产品生产者应当科学合理地使用农药、兽药、肥料、农用薄膜等农业投入品，防止对农产品产地造成污染。

二、农产品的生产经营

（一）生产制度

农产品生产经营者应当对其生产经营的农产品的质量安全负责。农产品生产企业、农民专业合作社、农业社会化服务组织应当加强农产品质量安全管理。农产品生产企业应当建立农产品质量安全管理制度，配备相应的技术人员；不具备配备条件的，应当委托具有专业技术知识的人员进行农产品质量安全指导。

（二）生产记录

农产品生产企业、农民专业合作社、农业社会化服务组织应当建立农产品生产记录，如实记载下列事项：使用农业投入品的名称、来源、用法、用量和使用、停用的日期；动物疫病、农作物病虫害的发生和防治情况；收获、屠宰或者捕捞的日期。农产品生产记录应当至少保存二年。禁止伪造、变造农产品生产记录。

（三）农业投入品

农产品生产经营者应当依照有关法律、行政法规和国家有关强制性标准、国务院农业农村主管部门的规定，科学合理地使用农药、兽药、饲料和饲料添加剂、肥料等农业投入品，严格执行农业投入品使用的安全间隔期或者休药期的规定；不得超范围、超剂量使用农业投入品危及农产品质量安全。禁止在农产品生产经营过程中使用国家禁止使用的农业投入品以及其他有毒有害物质。

（四）设施设备

农产品生产场所以及生产活动中使用的设施、设备、消毒剂、洗涤剂等应当符合国家有关的质量安全规定，防止污染农产品。

三、农产品的销售

销售的农产品应当符合农产品质量安全标准。农产品生产企业、农民专业合作社应当根据质量安全控制要求自行或者委托检测机构对农产品质量安全进行检测；经检测不符合农产品质量安全标准的农产品，应当及时采取管控措施，且不得销售。

农产品在包装、保鲜、储存、运输中所使用的保鲜剂、防腐剂、添加剂、包装材料等，应当符合国家有关强制性标准以及其他农产品质量安全规定。储存、运输农产品的容器、工具和设备应当安全、无害。禁止将农产品与有毒有害物质一同储存、运输，防止污染农产品。

农产品批发市场应当按照规定设立或者委托检测机构，对进场销售的农产品质量安全状况进行抽查检测；发现不符合农产品质量安全标准的，应当要求销售者立即停止销售，并向所在地市场监督管理、农业农村等部门报告。

农产品销售企业对其销售的农产品，应当建立健全进货检查验收制度；经查验不符合农产品质量安全标准的，不得销售。食品生产者采购农产品等食品原料，应当依照《中华人民共和国食品安全法》的规定查验许可证和合格证明，对无法提供合格证明的，应当按照规定进行检验。

属于农业转基因生物的农产品，应当按照农业转基因生物安全管理的有关规定进行标识。

四、转基因食品

近年来，转基因生物和转基因食品一直备受关注。转基因技术作为一项新兴的生物技术手段，成为人们关注的焦点。然而转基因食品的安全有别于其他传统类别的食品，故应当从特殊的角度加以审视和理解。

根据联合国粮食及农业组织和国际食品法典委员会及《卡塔赫纳生物安全议定书》的定义，转基因技术（Transgene Technology）是指利用基因工程和分子生物学技术，将外源遗传物质导入活细胞或生物体中产生基因重组现象，使之遗传并表达，又称为基因工程技术、DNA重组技术。通过转基因技术获得的含有外源基因的生物体就是转基因生物，包括转基因动物、转基因植物和转基因微生物。利用转基因技术可以有目的地实现动物、植物和微生物等物种之间的DNA重组和转移，使现有物种的性状在短时间内趋于完善，或为其创造出新的生物特性。简而言之，转基因技术是指将人工分离和修饰过的基因导入生物体基因组并使之定向表达，进而引起生物体性状变化的一系列手段。

转基因食品（Genetically Modified Food，GMF）是指利用转基因技术改变基因组构成的动物、植物和微生物生产的食品和食品添加剂。包括三大类：①转基因动植物、转基因微生物产品，如转基因大豆、转基因玉米；②由转基因动植物、转基因微生物直接加工品，如由转基因大豆制取的豆油；③以转基因动植物、转基因微生物或以其直接加工品为原料生产的食品和食品添加剂，如用转基因大豆油加工的食品。目前市场上转基因食品以植物性食品为主，许多转基因作物早已被大面积种植，如转基因大豆、转基因玉米、转基因油菜、转基因木瓜等。应用转基因技术也获得了诸如牛、羊、猪、淡水鱼等转基因动物。

世界上很多国家都投入了大量的人力、物力、财力来扶持转基因食品的发展，美国、巴西、阿根廷、加拿大是全世界种植转基因作物最多的国家。我国政府也高度重视转基因技术的研究与应用。

（一）转基因食品的主要安全问题

根据现有的科学知识推测，转基因食品可能对环境和人体健康造成危害。

1．对环境的可能影响

（1）超级杂草问题　如转基因高产作物一旦通过花粉导入方式将高产基因传给周围杂草，可能会导致超级杂草的出现，对天然森林造成基因污染甚至对该地区其他物种带来难以评估的后果。

（2）不育基因问题　转基因不育品种的不育基因在种植地大量传播，可能会导致种植地农业的灾难。

（3）毒蛋白基因问题　导入毒蛋白基因的植物，如果毒蛋白能在花蜜中表达，则可能引起蜜蜂等传粉昆虫和植物群落的崩溃，甚至有可能危及人类和其他动物的栖居环境和身体健康。

（4）产生药性问题　如果用于食品原料的植物通过基因改良成为药用植物，通过异花授粉会使食用植物产生药性，从而污染人类的食物。

2. 对人体健康的可能影响

（1）引起食物过敏反应　转基因生物引入了外源性目的基因后，会产生新的蛋白质，使部分个体可能很难或无法适应而诱发过敏症，特别是对儿童和具有过敏体质的成人。

（2）对抗生素产生耐药性　转基因植物绝大多数用抗生素抗性基因作为标记基因，标记基因可能使感染人类的细菌产生抗药性。人类食用了这些转基因食品后，食品在体内将抗药性基因传给致病性细菌，从而使病菌产生抗药性，使抗生素失效。

（3）改变食物营养价值　转基因食品中的外源性基因可能会改变食物的成分，包括营养成分构成和抗营养因子的变化。如抗除草剂转基因大豆中具有防癌功能的异黄酮成分含量较传统大豆减少14%；转基因油菜中类胡萝卜素、维生素E、叶绿素含量均发生变化。这些变化会导致食品营养价值降低、人体营养结构失衡，影响机体的健康。

（4）突变毒性作用　由于目前的转基因技术不能完全有效地控制转基因后的结果，导入的基因来自不同类、种、属的其他生物，包括各种细菌、病毒等生物体，如果导入的基因发生突变则可能产生有毒物质，或者使食品中原有的毒素含量增加，产生毒性作用。

（二）转基因食品的安全管理

随着转基因食品大量投放至市场，人们将会更加关注其安全性问题。对转基因食品实施卫生管理，主要是对这类食品的源头进行安全性管控。

世界各国普遍采用"实质等同性"原则作为转基因食品安全性评价的基本原则，即对转基因食品的主要营养成分、主要抗营养物质、毒性物质和过敏性成分等物质的种类及含量进行分析测定，并与同类传统食品作比较，如果两者之间无差异，则认为两者具有实质等同性，不存在安全性问题。如果不具有实质等同性，需逐条进行安全性评价。任何一种转基因食品在上市之前，都由研究人员进行了包括"实质等同性"对比在内的大量科学试验，每个国家也都制定了法律法规予以监督和管理。

目前国际上对转基因食品的管理有两种模式。一种是以产品为基础的管理模式，以美国、加拿大等生产和出口大国为代表，指导思想为"如果没有证据表明转基因食品是不安全的，那么它就可能是安全的"，管理是针对生物技术产品，而不是生物技术本身，对转基因食品持认同态度。另一种是以技术为基础的管理模式，以欧盟为代表，指导思想是"如果没有证据表明转基因食品是安全的，那么它就可能是不安全的"，认为基因重组技术本身具有潜在的危险性，只要与基因重组相关的活动都应接受管理，对转基因食品持怀疑态度。

我国十分重视转基因食品的卫生管理，早在20世纪90年代，我国政府有关部门就已颁布相关法律法规，用于指导我国的基因工程研究和开发工作，加强安全管理，以防止遗传工程及其产品对人类健康、人类赖以生存的环境和农业生态平衡可能造成的危害。我国遵循国际通行指南，建立了一整套适合我国国情并与国际接轨的转基因生物安全管理法律法规、技术规程和管理体系。2001年，国务院颁布了《农业转基因生物安全管理条例》（分别于2011年和2017年进行了修订）；农业农村部制定并实施了《农业转基因生物安全评价管理办法》《农业转基因生物进口安全管理办法》《农业转基因生物标识管理办法》和《农业转基因生物加工审批办法》4个配套规章，原国家质量监督检验检疫总局实施了《进出境转基因产品检验检疫管理办法》（2018年海关总署进行了修订）。

目前，国际上对于转基因标识管理主要分为4类：一是自愿标识，如美国、加拿大、阿根廷等；二是定量全面强制标识，即对所有产品只要其转基因成分含量超过阈值就必须标识，如欧盟规定转基因成分超过0.9%、巴西规定转基因成分超过1%即必须标识；三是定量部分强制性标识，即对特定类别产品只要其转基因成分含量超过阈值就必须标识，如日本规定对豆腐、玉米小食品、纳豆等24种由大豆或玉米制成的食品进行转基因标识，设定阈值为5%；四是定性按目录强制标识，即凡是列入目录的产品，只要含有转基因成分或者是由转基因作物加工而成的，必须标识。目前，我国是唯一采用定性按目录强制标识方法的国家，也是对转基因产品标识最多的国家。2002年，原农业部发布了《农业转基因生物标识管理办法》（2017年进行了修订），制定了首批标识目录，包括大豆、油菜、玉米、棉花、番茄5类17种转基因产品。国内批准商业化生产的农产品仅有棉花和番木瓜，批准进口用作加工原料的农产品种类有转基因大豆、转基因玉米、转基因棉花、转基因油菜和转基因甜菜，这些是在国内市场能见到的转基因农产品，与首批标识目录基本一致。

第三节　无公害食品、绿色食品及有机食品

一、无公害食品

（一）无公害食品的含义

无公害食品是指产地环境、生产过程和产品质量符合国家有关标准和规范的要求，经认证合格获得认证证书并允许使用无公害农产品标志的、未经加工或者初加工的食用农产品。无公害食品生产过程中允许限量、限品种、限时间地使用人工合成的安全的化学农药、兽药、渔药、肥料、饲料添加剂等。无公害食品应作为对农产品安全质量的基本要求。

为了改善农药生产条件和生态环境，从根本上解决我国农产品和食品因滥用农药和化肥、不合理使用兽药而引起的各种问题，我国原农业部从2001年开始实施"无公害食品行动计划"。该计划以全面提高我国农产品质量安全水平为核心，以建设农产品质量标准体系和检验检测体系为基础，通过实施"从农田到餐桌"全过程质量控制，逐步实现我国农产品的无公害生产、加工和消费。

（二）无公害农产品的认证

根据《无公害农产品管理办法》（原农业部、原国家质量监督检验检疫总局2002年第12

号令），无公害农产品认证分为产地认定和产品认证，产地认定由省级农业行政主管部门组织实施，产品认证由原农业部农产品质量安全中心组织实施，获得无公害农产品产地认定证书的产品方可申请产品认证。经过严格审查、评审，符合无公害农产品标准者，颁发无公害农产品证书并许可加贴"无公害农产品"标志。无公害农产品认证证书有效期为3年，期满后需要继续使用的，证书持有人应在有效期期满前90天内按照申请程序重新办理。

图5-1 中国无公害农产品标志

　　无公害农产品的标志（图5-1）由中华人民共和国原农业部和国家认证认可监督管理委员会联合制定并发布，是加施于获得全国统一无公害农产品认证的产品或产品包装上的证明性标记。无公害农产品标志图案为圆形，由麦穗、对勾和无公害农产品字样组成。

　　（三）无公害农产品的管理

　　原农业部、原国家质量监督检验检疫总局、国家认证认可监督管理委员会和国务院有关部门根据职责分工依法组织对无公害农产品的生产、销售和无公害农产品标志使用等活动进行监督管理。包括查阅或者要求生产者、销售者提供有关材料，对无公害农产品产地认定工作进行监督，对无公害农产品认证机构的认证工作进行监督，对无公害农产品的检测机构的检测工作进行检查，对使用无公害农产品标志的产品进行检查、检验和鉴定，必要时对无公害农产品经营场所进行检查。无公害农产品认证机构对获得认证的产品进行跟踪检查，受理有关的投诉、申诉等。

二、绿色食品

　　（一）绿色食品的含义

　　绿色食品是遵循可持续发展原则，按照绿色食品标准生产，经过专门机构认定，许可使用绿色食品标志的无污染、安全、优质、营养类食品。绿色食品比一般食品更强调"无污染"或"无公害"的安全卫生特征，具备"安全"和"营养"的双重质量保证。

　　1990年5月，我国原农业部就正式规定了绿色食品的名称、标准及标志。绿色食品应具备以下4个条件：①产品或产品原料的产地必须符合绿色食品的生态环境质量标准；②农作物种植、禽畜饲养、水产养殖及食品加工必须符合生产操作规程；③产品必须符合绿色食品的质量和安全标准；④产品的包装、储运必须符合绿色包装储运标准。

　　（二）绿色食品的等级

　　中国绿色食品发展中心将绿色食品分为AA级和A级两个等级。

　　1．AA级绿色食品

　　指生产地的环境质量符合《绿色食品 产地环境质量》（NY/T 391—2013）的要求，生产过程中不使用化学合成的肥料、农药、兽药、饲料添加剂、食品添加剂和其他有害于环境和身体健康的物质，按有机生产方式生产，产品质量符合绿色食品产品标准，经专门机构认定，许可使用AA级绿色食品标志的产品。

2．A级绿色食品

指产地环境质量符合《绿色食品 产地环境质量》（NY/T 391—2013）要求，生产过程中严格按照绿色食品生产资料使用准则和生产操作规程的要求，限量使用限定的化学合成生产资料，产品质量符合绿色食品产品标准，经专门机构认定，许可使用A级绿色食品标志的产品。

AA级绿色食品与A级绿色食品最主要的区别是AA级绿色食品在生产过程中不使用任何化学合成的物质。

（三）生产加工的要求

1．原辅材料

95%或全部的农业原料应来自经认证的绿色食品产地，其产地条件符合《绿色食品 产地环境质量》（NY/T 391—2013）的要求。非农业原料（矿物质、维生素等）必须符合相应的标准和有关的规定。生产用水应符合《生活饮用水卫生标准》（GB 5749—2022）的要求。食品添加剂严格按照《绿色食品 食品添加剂使用准则》（NY/T 392—2013）的规定执行，生产AA级绿色食品只允许使用天然食品添加剂。

2．生产加工过程

生产企业应有良好的卫生设施、合理的生产工艺、完善的质量管理体系和卫生制度。生产过程中严格按照绿色食品生产加工规程的要求操作。生产AA级绿色食品时，禁用石油馏出物进行提取、浓缩及辐照保鲜。清洗、消毒过程中使用的清洁剂和消毒液应无毒、无害。

3．包装与储存

食物接触材料应安全、无污染，不准使用聚氯乙烯和膨化聚苯乙烯等包装材料，标识应符合《食品安全国家标准 预包装食品标签通则》（GB 7718—2011）、《中国绿色食品商标标志设计使用规范手册（2021版）》及其他有关规定的要求。储库应远离污染源，库内须通风良好、定期消毒，并设有各种防止污染的设施和温控设施，避免将绿色食品与其他食品混放。储存AA级绿色食品时，禁用化学储藏保护剂。

（四）绿色食品的认证

中国绿色食品发展中心成立于1992年，1993年加入国际有机农业运动联盟，负责组织和指导我国绿色食品开发和管理工作，是绿色食品标志的所有者。具有绿色食品生产条件的国内企业向中国绿色食品发展中心及其所在地绿色食品管理部门递交申请，首先由地方绿色食品管理部门委派专职管理人员赴企业进行实地考察，考察合格后进行环境监测，并对申报产品以及绿色食品质量和卫生标准进行检测。综合审查通过后，与符合条件的申请人签订"绿色食品标志使用协议"，颁发绿色食品标志使用证书及编号，并备案和公示。绿色食品标志认证一次有效许可使用期限为3年，期满后通过认证审核后方可继续使用绿色食品标志。

绿色食品标志图形由三部分组成，即上方的太阳、下方的叶片和中心的蓓蕾。标志为圆形，寓意为保护、安全。AA级绿色食品标志与标准字体为绿色，底色为白色；A级绿色食品标志与标准字体为白色，底色为绿色（图5-2 中国绿色食品标志）。

（五）绿色食品的管理

按照《绿色食品标志管理办法》的规定，申请使用绿色食品标志的产品，应当符合《中华人民共和国食品安全法》和《中华人民共和国农产品质量安全法》等法律法规规定，在国家知识产权局商标局核定的范围内，并具备下列条件：产品或产品原料产地环境符合绿色食品产地环境质量标准；农药、肥料、饲料、兽药等投入品使用符合绿色食品投入品使用准则；产品质量符合绿色食品产品质量标准；包装储运符合绿色食品包装储运标准。

A级绿色食品标志　　　AA级绿色食品标志

图5-2　中国绿色食品标志

三、有机食品

（一）有机食品的含义

有机食品指来自有机农业生产体系，根据有机农业生产的规范生产加工，并经独立的认证机构认证的农产品及其加工产品。与传统农业相比，有机农业是遵照一定的有机农业生产原则，在生产中不采用基因工程获得的生物及其产物，不使用化学合成的农药、化肥、生长调节剂、饲料添加剂等物质，遵循自然规律和生态学原理，协调种植业和养殖业的平衡，采用一系列可持续发展的农业技术以维持持续稳定的农业生产体系的一种农业生产方式。

有机食品必须符合四个条件：①原料来自有机农业生产体系或采用有机方式采集的野生天然食品；②生产和加工过程严格遵循有机食品生产、采集、加工、包装、贮藏、运输标准；③有机食品生产和流通过程中，必须有完善的质量追踪审查体系和完整的生产及销售记录档案；④必须通过合法的有机食品认证机构的认证。

有机食品与绿色食品、无公害食品比较，其安全质量要求更高，AA级绿色食品在标准上与有机食品类似。从总体上讲，以上三类食品都具有无公害、无污染、安全、营养等特征，但三者在产地环境、生产资料和生产加工技术、标准体系和管理上又存在一定的差异。

（二）有机食品的认证

我国有机食品开发与认证始于1995年，先是国外认证机构入驻，后成立自己的认证机构。我国的有机食品认证体系由两个层次组成：一是国家认证认可监督委员会对认证机构的批准和认证；二是认证机构对有机食品生产企业的认证。有机食品由原农业部"中绿华夏有机食品认证中心"和原国家环境保护总局"有机食品发展中心"两个部门认证管理，认证主要由申请、受理、检查准备与实施、认证决定、监督和管理等程序组成，获得有机食品认证的企业方可使用有机产品认证标志，并在实际生产中仍要接受认证后的管理。2019年新修订的《有机产品认证实施规则》中规定，有机配料含量等于或高于95%并获得有机产品认证的加工产品，方可在产品名称前标示"有机"，在产品或者包装上加施国家有机产品认证标志、唯一编号（有机码）和认证机构名称（标志）。中绿华夏有机食品认证中心有机食品标志认证一次有效许可期限为1年。期满后可申请"保持认证"，通过检查、审核合格后方可继续使用有机食品标志。

中国有机产品认证标志标有中文"中国有机产品"字样和相应的英文（ORGANIC），图案由三部分组成，即外围的圆形、中间的种子图形及其周围的环形线条，图案以绿色为主色调（图5-3）。

图5-3 中国有机产品认证标志

（三）有机食品的管理

有机食品的管理应遵循国家相应的法律法规和标准，如《中华人民共和国食品安全法》《中华人民共和国认证认可条例》《有机产品认证管理办法》等。有关管理部门和单位对有机产品认证以及有机产品的生产、加工、销售活动进行监督检查，包括组织同行进行评议，向被认证的企业或者个人征求意见，对认证及相关检测活动及其认证决定、检测结果等进行抽查，要求从事有机产品认证及检测活动的机构报告业务情况，对证书、标志的使用情况进行抽查，对销售的有机产品进行检查，受理认证投诉、申诉，查处认证违法、违规行为。

第四节　农产品分类管理

一、粮豆质量安全

粮食类食品及其制品是我国居民的主食。豆类食品及其制品因其营养价值高、产量大、食用广泛，也在膳食中占有较大比重。导致粮豆质量变化的主要因素有微生物、农药、有毒金属、仓储害虫等，同时环境中温度、水分、氧气条件、地理位置、仓库结构等也具有重要影响。

（一）粮豆的主要质量安全问题

1. 霉菌及霉菌毒素

易污染粮豆类的常见霉菌有镰刀菌、曲霉、青霉、毛霉和根霉等。粮豆类在农田生长期间就会受到污染；成品如果水分过高，或者含有未成熟的、破损的籽粒，或者在混有异物的情况下储存，当环境温度增高、湿度较大时，霉菌易在粮豆中生长繁殖，分解吸收其营养成分并可能产生毒素，使得粮豆霉变而使感官性状发生改变，营养和食用价值降低甚至丧失。

2. 农药残留

粮豆类的农药残留主要来自两方面：①农田施用农药或者作物对环境中农药的直接吸收，以有机磷农药残留为主；②在储运、销售等环节中受到污染，如粮食熏蒸剂的残留、运输工具受农药污染后清洗消毒不彻底。

3．其他有毒有害化学物质

粮豆中其他有毒有害化学物质的污染来源有：①未经处理或处理不彻底的工业废水和生活污水灌溉农田、菜地；②某些地区自然环境中本底含量过高；③加工过程或食品接触材料及制品造成的污染。这些有毒有害化学物质包括有毒金属和酚、氰化物等。有毒重金属不易降解，生物半衰期长，可通过生物富集作用严重污染农作物。目前在我国污染粮豆的重金属主要是镉、铅、汞。重金属超标率比较高的是我国南方和西南方的粮食产区。

4．仓储害虫

我国常见的仓储害虫有甲虫（大谷盗、米象和黑粉虫等）、螨虫（粉螨）及蛾类（螟蛾）等50余种。当仓库温度在18～21℃、相对湿度65%以上时，害虫易在原粮、半成品粮豆上孵化虫卵、生长繁殖，使粮豆发生变质，失去或降低食用价值；当仓库温度在10℃以下时，害虫活动能力减弱。我国每年因储存不当损失的粮食达2500万吨。

5．无机夹杂物和有毒种子的污染

泥土、砂石和金属是粮豆的主要无机夹杂物，来自田间、晒场、农具及机械设备，这类污染物不仅影响粮豆的感官性状，并且还会对牙齿和胃肠道组织造成一定损害。毒麦、麦仙翁籽、毛果、洋茉莉籽、槐籽、曼陀罗等植物种子容易在收割时混入。这些种子含有有毒成分，误食后对机体可产生一定的毒性作用。

6．其他问题

（1）自然陈化　即粮豆类在储存过程中，由于自身酶的作用，营养素发生分解，从而导致其风味和品质发生改变的现象。

（2）掺杂、掺假　指在产品中掺入杂质或者异物，致使产品质量不符合国家法律法规或者产品质量标准规定的质量要求，降低、失去应有使用性能的行为。如新米中掺入霉变米、陈米，米粉和粉丝中加入有毒的荧光增白剂、滑石粉、吊白块，小米、黑米染色等。

（二）粮豆的质量安全管理

1．粮豆的安全水分及真菌毒素限量

粮豆所含的水分和环境的相对湿度是霉菌生长繁殖和产毒的重要条件。粮豆水分含量过高时，其代谢活动增强而发热，容易引起真菌、仓储害虫生长繁殖而发生变质。因此，可以采用晒干、烘干、定期翻晒等方法将粮豆水分含量控制在安全水分含量以下，并采用自然通风、机械通风、全仓密闭等手段控制粮豆储存环境的相对湿度。粮谷的安全水分含量为12%～14%，豆类为10%～13%。一般来说，相对湿度在65%～70%可以有效地抑制真菌、细菌和仓储害虫的生长繁殖。同时应定期监测粮食中真菌毒素限量指标（表5-1），以保证产品质量和食用安全。手工加工的粮豆制品因水分含量高更易遭受微生物的污染，因此粮豆制品的水分也需要特别控制在合理的水平。

2.仓储的要求

粮豆具有季节生产、全年供应的特点，为使粮豆在储藏期保持原有的质量，要严格执行粮库的质量安全管理要求。

（1）加强粮豆入库前的质量检查，优质粮粒应颗粒完整，大小均匀，坚实丰满，表面光

滑，具有各种粮粒固有的色泽和气味。无异味、无霉变、无虫蛀、无杂质等，各项理化指标应符合食品安全国家标准。籽粒饱满、成熟度高、外壳完整、晒干扬净的粮豆储藏性更好。

（2）仓库建筑应坚固、不漏、不潮，能防鼠防雀；保持粮库的清洁卫生，定期清扫消毒。

（3）控制仓库内温度、湿度，按时通风、翻仓、晾晒，降低粮温，掌握顺应气象条件的门窗启闭规律。

（4）监测粮豆温度和水分含量的变化，同时注意气味、色泽变化及虫害情况，发现问题立即采取措施。

表 5-1 粮食中真菌毒素限量指标

毒素种类	粮食种类	限量（μg/kg）
黄曲霉毒素 B_1	玉米、玉米面(渣、片)及玉米制品	20
	稻谷、糙米、大米	10
	小麦、大麦、其他谷物	5.0
	小麦粉、麦片、其他谷物	5.0
脱氧雪腐镰刀菌烯醇	玉米、玉米面(渣、片)	1000
	大麦、小麦、麦片、小麦粉	1000
玉米赤霉烯酮	小麦、小麦粉	60
	玉米、玉米面(渣、片)	60
赭曲霉毒素 A	谷物	5.0
	谷物碾磨加工品	5.0

3. 运输、加工、销售过程要求

运粮应有清洁卫生的专用车，运输工具应尽量密闭，以防止意外污染；对装过毒品、农药或有异味的车船且未经彻底清洗消毒的，禁止用于装运粮豆。粮豆包装必须专用并在包装上标明"食品包装用"字样；一切用于粮食的包装材料都应符合有关卫生或安全标准和相关规定。生产加工过程应满足良好生产规范（GMP）和危害分析关键控制点（HACCP）的要求，以保证粮食安全。加工环境卫生良好，应与有毒、有害场所保持规定的距离，并采取措施消除苍蝇、老鼠、蟑螂和其他害虫。设备布局合理，工艺流程努力做到标准化，保障食品在生产经营过程中无交叉污染。食品生产、经营人员必须严格遵守个人卫生要求，加工生产用水必须符合国家规定的生活饮用水卫生标准。销售单位应按食品经营企业的食品安全管理要求设置各种经营房舍，搞好环境卫生。加强成品粮卫生管理，对不符合食品安全标准的粮豆不进行加工和销售。

4. 控制农药残留

严格遵守《农药管理条例》的规定，确定农药品种、使用剂量、次数、安全间隔时间，慎重使用激素类农药；为防止各种仓储害虫使用的杀虫剂、杀菌剂、杀螨剂、熏蒸剂等，应注意其使用剂量。农药残留量必须控制在《食品安全国家标准 食品中农药最大残留限量》（GB 2763—2021）规定的范围内。粮食中部分农药最大残留限量见表5-2。

表 5-2　粮食中部分农药最大残留限量

项目	最大残留限量（mg/kg）	项目	最大残留限量（mg/kg）
磷化物（以磷化氢计）	0.05	氯化苦（谷物、大豆）	0.1
吡蚜酮（小麦）	0.02	敌百虫（稻谷、小麦）	0.1
甲基毒死蜱（谷物）	5	氟酰胺（大米）	1
甲基嘧啶磷（稻谷、小麦）	5	溴氰菊酯（稻谷、麦类）	0.5

5. 防止有害金属、无机夹杂物和有毒种子的污染

污水灌溉前应先经过无害化处理，水质符合《农田灌溉水质标准》（GB 5084—2021）并定期检测农田污染程度及农作物的无机有害物残留量，防止污水对粮豆的重金属污染，最终农产品中重金属的含量符合《食品安全国家标准 食品中污染物限量》（GB 2762—2022）。应加强选种、种植及收获后的管理，尽量减少有毒种子污染；在粮豆加工过程中使用过筛、吸铁和风车筛选等设备有效去除有毒种子和无机夹杂物；制定粮豆中各种有毒种子的限量标准并进行监督。

二、蔬菜、水果质量安全

我国蔬菜、水果的生产基地主要集中在城镇郊区，栽培过程中容易受到工业废水、生活污水、农药等有毒有害物质污染。

（一）蔬菜、水果的主要质量安全问题

1. 肠道致病菌和寄生虫污染

土壤和灌溉用水是蔬果中肠道致病菌和寄生虫卵的主要来源，尤其是使用人畜粪便和用生活污水灌溉农田，蔬果被肠道致病菌和寄生虫卵污染的情况较为严重。据调查，有的地区番茄、黄瓜和葱的大肠杆菌检出率为67%～95%，蛔虫卵检出率为48%，钩虫检出率为22%。流行病学调查也证明生食不洁的黄瓜和番茄是痢疾的重要感染途径。水生植物，如红菱、茭白、荸荠等有可能污染姜片虫囊蚴，生吃可导致姜片虫病。另外，蔬果在运输、储藏或销售过程中若卫生管理不当，也可受到肠道致病菌的污染，表皮破损严重的水果大肠埃希菌检出率更高。

2. 农药污染

蔬菜和水果最严重的污染问题是农药残留。近年来，由于蔬菜、水果中残留剧毒、高毒农药而引发的食品安全事件时有发生，主要因为蔬果生长过程中农药使用不规范所致。如甲

胺磷为高毒杀虫剂，禁止用于蔬菜、水果，但调查结果显示甲胺磷不仅广泛存在于各类蔬菜、水果中，且含量也较检出的其他有机磷农药含量高。此外，还要注意激素类药物在蔬果中的残留问题。

3. 工业废水污染

工业废水中含有许多有害物质，如镉、铅、汞、酚等。若不经处理就直接灌溉农田，这些有害物质可通过蔬果进入人体。例如，某地区用含砷废水灌溉农田，使小白菜含砷量高达 $60 \sim 70mg/kg$，而一般蔬菜中砷平均含量在 $0.5mg/kg$ 以下。不同的蔬菜对有害金属的富集能力差别较大，一般规律是叶菜>根茎>瓜类>茄果类>豆类。在污染区内选取富集能力弱的蔬果品种种植，可以适当减少污染。

4. 硝酸盐和亚硝酸盐

正常生长情况下，蔬菜、水果中硝酸盐和亚硝酸盐含量很少，但如果在生长时遇到干旱，收获后在不适当环境下存放或腌制，以及土壤长期过量施用氮肥，硝酸盐和亚硝酸盐的量会有所增加。

（二）蔬菜、水果的质量安全管理

1. 防止肠道致病菌及寄生虫卵的污染

可采取的措施有：①人畜粪便应经无害化处理后再施用，如采用沼气池处理不仅可杀灭致病菌和寄生虫卵，还可提高肥效、增加能源途径；②生活或工业废水必须先经沉淀去除寄生虫卵和杀灭致病菌后方可用于灌溉；③水果和蔬菜在生食前应清洗干净，必要时可消毒；④蔬菜水果在运输、销售过程中，应及时剔除烂根残叶、腐败变质及破损部分，推行清洗干净后小包装上市。

2. 施用农药的要求

蔬菜的特点是生长期短，植株的大部分或全部均可食用而且无明显成熟期，有的蔬菜自幼苗期即可食用，一部分水果食用前也无法去皮。因此，应严格控制蔬菜水果中的农药残留，具体措施是：①应严格遵守并执行有关农药安全使用规定，高毒农药不准用于蔬菜、水果，如甲胺磷、对硫磷等；②选用高效低毒低残留农药，并根据农药的毒性和残效期来确定对作物使用的次数、剂量和安全间隔期；③制定和执行农药在蔬菜和水果中最大残留量限量标准，应严格依据《食品安全国家标准 食品中农药最大残留限量》（GB 2763—2021）的规定；④慎重使用激素类农药。

3. 工业废水灌溉要求

工业废水应经无害化处理，水质符合《城市污水再生利用 农田灌溉用水水质》（GB 20922—2007）的标准后方可灌溉农田；应尽量采用地下灌溉方式，避免污水与瓜果蔬菜直接接触，并在收获前 $3 \sim 4$ 周停止使用工业废水灌溉。根据《食品安全国家标准 食品中污染物限量》（GB 2762—2017）的要求监测污染物的残留。

4. 储藏的要求

蔬菜、水果水分含量高，组织娇嫩，易损伤和腐败变质，保持蔬菜水果新鲜度的关键是合理储藏。应根据蔬菜、水果的种类和品种特点来设定储藏条件。一般保存蔬菜、水果的适宜温度是10℃左右，该温度既能抑制微生物生长繁殖，又能防止蔬菜、水果间隙结冰，避免冰融时因水分溢出而造成蔬菜水果的腐败。蔬菜水果大量上市时可用冷藏或速冻的方法。保鲜剂虽可延长蔬菜水果的储藏期限并提高保藏效果，但也会造成污染，应合理使用。采用 $^{60}Co-\gamma$ 射线辐射法低剂量辐射蔬菜水果，能延长其保藏期，效果比较理想，但应符合我国现行《辐照新鲜水果、蔬菜类卫生标准》（GB 14891.5—1997）的要求。

5. 降低蔬菜、水果中硝酸盐的含量

推广科学施肥技术，以施有机肥为主，无机态氮肥宜少量多次施用，同时控制总体施肥量，特别是叶菜类蔬菜，应严格控制速效氮肥的施用量，且不应使用硝基氮化肥进行叶面喷洒。选育和发展硝酸盐含量低的蔬菜品种。腌制蔬菜时要掌握好腌制时间。

三、畜禽肉类质量安全

（一）肉类的主要质量安全问题

1. 肉的腐败变质

牲畜宰杀后，从新鲜到腐败变质一般要经僵直、后熟、自溶和腐败四个过程。若肉类保存不当，从自溶阶段开始就会发生腐败变质。刚宰杀的畜肉呈弱碱性（pH7.0~7.4），肌肉中的糖原和含磷有机化合物在组织酶的作用下分解为乳酸和游离磷酸，使肉的酸度增加。pH为5.4时达到肌凝蛋白等电点，肌凝蛋白开始凝固，导致肌纤维硬化出现僵直，此时肉有不愉快气味，肉汤浑浊，食用时味道较差。接下来肉内糖原继续分解，使pH进一步下降，肌肉结缔组织变软并具有一定的弹性，此时肉松软多汁、滋味鲜美，表面因蛋白凝固形成一层干膜，可以阻止微生物侵入，这一过程称为后熟。后熟过程与畜肉中糖原含量和外界温度有关，处于僵直和后熟阶段的肉为新鲜肉。

宰杀后的畜肉若在常温下存放，使畜肉原有体温维持较长时间，则其组织酶在无菌条件下仍然可继续活动，分解蛋白质、脂肪而使畜肉发生自溶。此时，蛋白质分解产物硫化氢、硫醇与血红蛋白或肌红蛋白中的铁结合，在肌肉的表层和深层形成暗绿色的硫化血红蛋白并伴有肌肉纤维松弛现象，影响肉的质量。内脏因酶含量高，自溶速度较肌肉快。当变质程度不严重时，这种肉必须经高温处理后才可食用。自溶为细菌的入侵、繁殖创造了条件，细菌的酶使蛋白质、含氮物质分解，使肉的pH上升，该过程即为腐败过程。腐败变质主要表现为肉发黏、发绿、发臭。腐败肉含有蛋白质和脂肪的分解产物，如吲哚、硫化氢、硫醇、粪臭素、尸胺、醛类、酮类，甚至含有细菌毒素，可导致人体中毒，故腐败变质的肉不能食用。

为防止肉尸发生自溶，宰后的肉尸应及时降温或冷藏。不适当的生产加工和保藏条件也会促进肉类腐败变质，其原因有：①健康牲畜在屠宰、加工、运输、销售等环节中被微生物污染；②病畜宰前就有细菌侵入，并蔓延至全身各组织；③宰杀后肉的后熟力不强，产酸少，难以抑制细菌的生长繁殖，会加速肉的腐败变质。

肉类中有两类微生物污染：一类为病原微生物，如沙门菌、金黄色葡萄球菌和其他致病菌，这些病原菌侵入肌肉深部，如食前未充分加热可引起食物中毒或传染病；另一类为假单

胞菌等非致病性微生物，能在低温下生长繁殖，引起肉类感官性状改变甚至腐败变质。

2．人畜共患传染病和寄生虫病

常见的人畜共患传染病主要有炭疽、鼻疽、口蹄疫、猪瘟、猪丹毒、猪出血性败血症、结核病和布鲁氏菌病、疯牛病、禽流感、鸡新城疫等；人畜共患寄生虫病主要有囊虫病、旋毛虫病、蛔虫病、姜片虫病（以生的水生饲料饲喂牲畜引起）、猪弓形虫病等。这些人畜共患传染病和寄生虫病会对人体健康造成极大危害，严重时甚至引起死亡。进食病死畜肉、接近病畜及其产品是引起这些疾病传播的主要原因。

3．兽药残留

为防治牲畜疫病及提高产量，养殖过程中经常会使用各种药物，如抗生素、抗寄生虫药、生长促进剂、雌激素等。这些药物不论是大剂量短时间治疗还是小剂量在饲料中长期添加，在畜肉、内脏都会有残留，残留过量会危害食用者健康。

4．其他污染

饲料中若重金属元素含量超标，可能导致肉产品中重金属残留。加工肉制品中滥用食品添加剂可使亚硝酸盐等含量过高，制作熏肉、火腿、烟熏香肠等带来多环芳烃化合物的污染等。

（二）畜禽肉类质量安全管理

1．养殖与屠宰

畜禽养殖应严格遵守相关饲料和兽药的使用标准，屠宰应符合《食品安全国家标准 畜禽屠宰加工卫生规范》（GB 12694—2016）、《生猪屠宰管理条例》要求。畜禽的检疫严格遵守原农业部发布的《动物检疫管理办法》。

2．运输销售的卫生要求

肉类食品的合理运输是保证肉品卫生质量的一个重要环节，运输新鲜肉和冻肉应有密闭冷藏车，车上有防尘、防蝇、防晒设施，鲜肉应挂放，冻肉可堆放。合格肉与病畜肉、鲜肉与熟肉不得同车运输，肉尸和内脏不得混放。卸车时应有铺垫。

3．产品追溯与召回管理

建立完善的可追溯体系，确保肉类及其产品存在不可接受的安全卫生质量风险时，能进行追溯。畜禽屠宰加工企业应建立产品召回制度，当发现出厂产品不合格或有潜在质量安全风险时，应及时、完全地召回不合格批次的产品，并报告官方兽医。对召回后产品的处理，应符合《食品安全国家标准 食品生产通用卫生规范》（GB 14881—2013）的相关规定。

四、水产类质量安全

（一）水产品的主要质量安全问题

1．腐败变质

水产品水分含量高，pH高于畜肉，且酶的活性高，与畜禽肉类相比，更易发生腐败变质。水产类生物死后的变化与畜肉相似，其僵直持续时间短，随后在体内酶作用下，蛋白质发生分解，肌肉逐渐变软失去弹性，出现自溶。自溶时微生物侵入，在体内酶和微生物共同作用下，鱼体出现腐败变质，表现为鱼鳞脱落、眼球凹陷、腮呈暗褐色、腹部膨胀、肛门肛管突出、鱼肌肉碎裂并与鱼骨分离，并有臭味。

2．病原微生物污染

由于人畜粪便及生活污水的污染，使鱼类及其他水产品受到病原微生物的污染，常见致病微生物有副溶血性弧菌、沙门菌、志贺菌、大肠埃希菌、霍乱弧菌以及甲型肝炎病毒、诺如病毒等。甲型肝炎病毒、诺如病毒等肠道病毒主要通过污染水体或手接触后污染水产品。已报道的所有与水产品有关的病毒感染事件中，绝大多数是由于食用了生的或加热不彻底的贝类引起的。

3．寄生虫感染

在自然环境中，有许多寄生虫是以淡水鱼、螺、虾、蟹等作为中间宿主，以人作为其中间宿主或终宿主，常见的有华支睾吸虫（肝吸虫）、并殖吸虫（肺吸虫）、广州管圆线虫、阔节裂头绦虫等；寄生于海产鱼体内的有异尖线虫、太平洋阔节裂头绦虫等。当生食或烹调加工的温度和时间没有达到杀死感染性幼虫的条件时，可使人感染这类寄生虫病。

4．有毒化学物质污染

水产品中有毒化学物质包括有毒重金属、农药、兽药、多氯联苯和其他化学性污染物，主要来自受污染的水域。水域污染来源包括：工业三废的排放，农田施用农药、化肥以及未经处理的生活污水排入水体，海洋运输、海上石油开采等引起的原油泄漏，人工养殖水产品时滥用抗生素、激素、饲料添加剂及其他违禁物品等。

鱼类和其他水生生物生长于受污染水域，水中的有毒化学物质可以直接或间接进入水生生物体内，导致有毒物质残留。此外，水生生物对有害化学物质的富集能力很强，经食物链和生物放大作用，其体内有毒化学物质，尤其是有毒重金属的残留量往往高于肉、蛋、乳等动物性食品。有些水产动物还可将某些有毒金属转变为毒性更强的形式，如将汞转变为甲基汞。

5．含有天然毒素

许多水产品体内含有天然毒素，人摄入后会引起中毒，甚至导致死亡，如河豚毒素、贝类毒素、雪卡毒素、组胺等。水产品中部分天然毒素的特点、危害详见第一章第二节相关内容。

（二）水产品的质量安全管理

1．养殖环境

对水产类养殖环境的安全管理包括：①加强水域环境管理，有效控制工业废水、生活污水和化学农药等污染水体；②维持合理的养殖密度，以维持鱼类等水产品健康；③定期监测养殖水体的生态环境。

2．保鲜

水产品保鲜的目的是抑制其组织酶的活力和防止微生物的污染并抑制其繁殖，延缓自溶和腐败的发生。我国对各类鲜、冻动物性水产品要求在《食品安全国家标准 鲜、冻动物性水产品》（GB 2733—2015）中均有规定，如海水鱼虾的挥发性盐基总氮≤30mg/100g，淡水鱼虾的挥发性盐基总氮≤20mg/100g。高组胺鱼类（鲐鱼、秋刀鱼、金枪鱼、马鲛鱼等青皮红肉海水鱼）组胺含量≤40mg/100g，其他海水鱼类的组胺≤20mg/100g等。有效的保鲜措施是低温、盐腌、防止微生物污染和减少鱼体损伤。

低温保鲜有冷藏和冷冻两种。冷藏是使鱼体温度降至10℃左右，保存5～14天；冷冻储存是选用鲜度较高的鱼在-25℃以下速冻，使鱼体内形成的冰块小而均匀，组织酶和微生物处于休眠状态，然后在-15～-18℃的冷藏条件下储存，保鲜期可达6～9个月。含脂肪多的鱼不宜久藏，因鱼的脂肪酶需在-23℃以下才会受到抑制。盐腌保藏简单易行，可广泛使用，用盐量视鱼的品种、储存时间及气温高低等因素而定。一般盐分为15%左右的水产品具有一定的耐储藏性。

3.运输销售过程

生产运输渔船（车）应经常冲洗，保持清洁卫生，减少污染；外运供销的鱼类及水产品应达到该产品一、二级鲜度的标准；尽量冷冻调运，用冷藏车船装运。鱼类及水产品在运输销售时应避免污水和化学毒物的污染，凡接触鱼类及水产品的设备用具应由无毒无害的材料制成。提倡用桶或箱装运，尽量减少鱼体损伤。

运送活虾可选用专门包装物，包装物可用聚乙烯作内层，泡沫苯乙烯作外层，在双层之间放入碎冰。内层要防止漏水，外层要防止碰损。在活虾活动的聚乙烯内槽里，装入杀菌消毒的海水并灌入一定量的氧气，然后用盖封严，即可运送。采用这种方法，即使在外部气温高达40℃的条件下，在24h内活虾的生存率还可保持在90%以上，外部气温低时，活虾的生存率还会更高。

为保证鱼类及水产品的卫生质量，供销各环节均应建立质量检收制度，不得出售和加工已死亡的黄鳝、甲鱼、乌龟、河蟹及各种贝类；含有天然毒素的水产品，如鲨鱼等必须去除肝脏，河豚不得流入市场，如有混杂应剔除并集中妥善处理。有生食鱼类习惯的地区应限制食用品种，严格遵守卫生要求。

五、禽蛋的质量安全

（一）禽蛋的主要质量安全问题

1.微生物的污染

鲜蛋的主要卫生问题是致病菌和腐败微生物的污染。蛋中微生物既可来自产前污染，也可来自产后污染。禽类（特别是水禽）感染传染病后病原微生物通过血液进入卵巢卵黄部，使蛋黄带有致病菌，如鸡伤寒沙门菌等，这样的污染方式称为产前污染。产后污染主要是指蛋壳在泄殖腔、不洁的产蛋场所及运输、贮藏过程中受到污染，在适宜条件下，微生物通过蛋壳气孔进入蛋内并迅速生长繁殖，使禽蛋腐败变质。蛋中的腐败微生物主要是细菌和真菌，致病菌主要是沙门菌，还有金黄色葡萄球菌、致病性大肠杆菌、变形杆菌等。鸭蛋、鹅蛋等水禽蛋中沙门菌检出率较高。

微生物侵入蛋内后，在组织酶和微生物的共同作用下，鲜蛋中蛋白系带首先分解断裂导致蛋黄移位、蛋黄膜破裂，蛋黄松乱，形成"散黄蛋"。散黄蛋进一步被微生物利用，蛋黄与蛋清混在一起，称为"浑汤蛋"，蛋白质分解形成的硫化氢、胺类、粪臭素等产物使蛋具有恶臭气味。此外，外界真菌进入蛋内，在真菌作用下蛋液产生各种颜色的霉斑，贴附在蛋壳内壁和蛋壳膜上，称为"黑斑蛋"。腐败变质的蛋不得食用，应予销毁。

2．储藏中的质量变化

鲜蛋在贮藏期间因环境温度高、干燥或久藏，会发生系列变化，包括水分蒸发、重量减轻、气室扩大、浓厚蛋白层逐渐变稀、蛋黄水分增加、CO_2逸出、蛋清pH升高，蛋黄膜破裂、营养物质减少等，同时溶菌酶减少，耐贮藏性下降。禽蛋在超过25℃贮藏时，会使其胚胎发生生理学变化，受精蛋逐渐发育，形成血圈蛋、血筋蛋。未受精蛋受热后，胚胎膨大，形成热伤蛋。

3．有毒有害化学物质的残留

鲜蛋及蛋制品中残留的有害物质主要有兽药、农药、有毒金属及其他化学物质。环境中的汞、镉、铅、六六六、滴滴涕、多氯联苯、苯并［a］芘、二噁英及真菌毒素等被联合国环境规划署列为目前普遍污染人类食品的物质，可通过食物链进入家禽体内并残留蓄积于蛋内；蛋鸡养殖过程中使用的抗生素、激素类药物、药物添加剂及违禁物（如苏丹红）等也可对禽蛋造成污染。

（二）禽蛋贮藏的质量安全管理

鲜蛋贮藏前要进行消毒杀菌，而且要保证新鲜、无破损。鲜蛋贮藏方法很多，具体可根据贮藏量、贮藏时间及经济条件等来选择合适的贮藏方法。

（1）冷藏法　冷藏贮藏可利用低温抑制微生物，延长蛋清中溶菌酶的活性，防止蛋内水分蒸发和腐败变质，并能保持蛋原有的理化性状。冷藏操作简单、管理方便、贮藏效果好，贮藏期可长达半年以上，适宜大批量贮藏。

蛋在正式冷藏前需先进行预冷，一般可采用在3～4℃预冷2～3天。若将蛋直接移入冷库，蛋壳表面易形成水珠，使霉菌容易入侵。经预冷的蛋可移至冷库贮藏，库温需保持在0±0.5℃，湿度85%～88%为宜。在冷藏期间应每隔1～2个月定期检查，每次开箱取样2%～3%进行灯光照检，根据蛋的品质变化，决定冷藏是否应该继续进行，一般情况下贮藏6～8个月，品质不会有明显的变化。蛋在出库前应事先经过预热，待蛋温升至比外界温度低3～5℃时方可出库，这样可以避免因突然升温，蛋壳表面产生冷凝水而引起微生物污染，缩短出库鲜蛋的存放时间。此外，不能与带有特殊气味的物品一起贮存，否则易发生风味的改变，特别是不能和鱼、虾、乳酪等一起贮存。

（2）气体贮藏法　常用二氧化碳（CO_2）、氮气（N_2）、臭氧（O_3）等气体，利用气体的作用来抑制微生物的活动，减缓蛋内容物的各种变化，从而保持蛋的新鲜状态。该方法贮藏期长、贮藏效果好，既可少量也可大批量贮藏。采用此法需备有密闭的库房或容器，以保持一定的气体浓度。常用的方法是首先将蛋装入箱内，并通入CO_2气体，置换箱内空气，然后将蛋箱放在含有3%的CO_2库房内贮藏。此法如和冷藏法配合使用效果更理想。用这种方法贮存鲜蛋，霉菌一般不会侵入蛋内，浓蛋白很少水化，蛋黄膜弹性较好且不易破裂，即使贮藏10个月，品质也无明显下降。

（3）石灰水贮藏法　利用蛋内呼吸产生的CO_2与石灰水反应生成碳酸钙沉积于蛋壳表面，将蛋气孔阻塞，从而减弱蛋内呼吸作用，延缓蛋内生化变化，阻止微生物入侵，防止蛋腐败变质。该方法操作简便、费用低廉、效果较好、贮藏期较长，适宜于大量贮藏，一般可贮藏4~5个月不变质，但蛋壳外观差，在煮制时蛋壳易破裂。贮藏期间应每日早、中、晚3次检查库温和水质，夏季库温不可超过23℃，水温不高于20℃，冬季库温不得超过3~5℃，水温不得高于1~2℃，也不可结冰，若发现石灰水发浑、发绿、有臭味，应及时处理。一旦发现上浮蛋、破损蛋、臭蛋，应及时剔除。

（4）表面涂膜法　将被覆剂涂布于蛋壳表面，使蛋壳上形成一层人工保护膜，堵塞气孔，降低蛋内CO_2和水分的逸散，同时防止外界微生物进入蛋内，从而达到保鲜的目的。被覆剂应无毒无害、无异味、易干燥、成膜性好、附着性强、吸湿性小。常用液体石蜡涂布，也有用植物油、明胶、蜂蜡和树脂类等涂布。

（5）巴氏杀菌贮藏法及民间简易贮蛋法　巴氏杀菌贮藏法先将鲜蛋放入特制的铁丝或竹筐内，然后将蛋筐沉浸在95~100℃的热水中5~7s后取出。待蛋壳表面的水分沥干、温度降低后，即可放入阴凉、干燥的库房中存放1.5~2个月。巴氏杀菌贮藏法是一种经济、简便、适用于偏僻山区和多雨潮湿地区的少量短期贮藏法。鲜蛋经巴氏杀菌后，能杀死蛋壳表面的大部分细菌，同时，靠近蛋壳的一层蛋清凝固，能防止蛋内水分、CO_2的逸出及外界微生物的侵入，达到贮藏的目的。

民间常用谷糠、小米、豆类、草木灰、松木屑等与蛋分层共贮。其优点是简便易行，适于家庭少量鲜蛋的短期贮藏。

六、乳品的质量安全

（一）生乳的质量安全问题

生乳，又称生鲜乳或生鲜奶，是指从符合国家有关要求的健康乳畜的乳房中挤出的无任何成分改变的常乳，即未经杀菌、均质等工艺处理的原乳。其感官要求、理化指标及污染物、真菌毒素、微生物、农药残留和兽药残留限量均应符合《食品安全国家标准　生乳》（GB 19301—2010）的要求。生乳主要用于乳制品生产，煮沸后也可饮用，但不适宜直接饮用。

生乳的主要卫生问题包括以下几个方面。

1. 微生物污染

乳类富含多种营养成分，特别适宜微生物的生长繁殖。按污染途径可将乳的微生物污染分为一次污染和二次污染。一次污染是指乳在挤出之前受到微生物污染，因为健康乳畜的乳房中常有细菌存在，当乳畜患乳腺炎和传染病时，乳汁很容易被病原菌污染。二次污染是指在挤乳过程中或乳被挤出后被污染，这些微生物主要来源于乳畜体表、环境、容器、加工设备、挤乳员的手和蝇类等。

污染生乳的微生物主要分为以下三类。

（1）腐败菌　引起乳类腐败变质，主要有乳酸菌、丙酸菌、丁酸菌、芽孢杆菌属、肠杆菌科等，其中乳酸菌是乳中数量最多的一类，可引起乳品的发酵变质。

（2）致病性微生物　这类微生物可引起各种人畜疾病，如可引起食物中毒的有沙门菌、大肠埃希菌、金黄色葡萄球菌等；引起肠道传染病的有伤寒杆菌、痢疾杆菌、霍乱弧菌等；引起人畜共患传染病的有炭疽杆菌、布鲁氏杆菌、结核杆菌、口蹄疫病毒等。美国疾病预防控制中心、CAC的报告指出，布鲁氏杆菌的风险可能来自于未经过巴氏消毒的乳制品和未煮熟的肉制品。

（3）真菌　包括霉菌和酵母菌，主要有乳粉孢霉、乳酪粉孢菌、黑念珠菌等，可引起干酪、奶油等乳制品中真菌毒素残留。

2．化学性污染

饲料中残留的农药、兽药（特别是抗生素和激素）、饲料霉变后产生的霉菌毒素及有毒金属等有毒有害化学物质，都会对生乳造成污染。

3．掺伪

掺伪是指人为地、有目的地向食品中加入一些非固有成分的行为。除掺水以外，在牛乳中还掺入许多其他物质，主要包括：

（1）电解质类　如盐、明矾、石灰水等，掺入这些成分，有的是为了增加比重，有的是为中和乳的酸度以掩盖变质现象。

（2）非电解质类　包括能以真溶液形式存在的小分子物质（如尿素）、针对因腐败所致乳糖含量下降而掺入的蔗糖、为虚假提高乳制品中蛋白质含量而掺入的化工原料三聚氰胺等。

（3）胶体物质　一般为大分子液体，以胶体溶液、乳浊液形式存在，如米汤、豆浆等。

（4）防腐剂　如甲醛、硼酸、苯甲酸、水杨酸等，也有人为掺入青霉素等抗生素的情况，其目的是防止腐败，延长保质期。

（5）其他杂质　在掺水后为保持牛乳表面活性而再掺入洗衣粉，也有的掺入白硅粉、白陶土等。

（二）挤乳要求

生乳的安全既涉及养殖过程，又涉及挤乳的规范性。挤乳前应做好充分准备工作，如挤乳前1h停止喂干料并用0.1%高锰酸钾溶液或0.5%漂白粉温水消毒乳房，保持乳畜清洁和挤乳环境的卫生，防止微生物的污染。挤乳的容器、用具应严格执行卫生要求。挤乳人员应穿戴好清洁的工作服，洗手至肘部。挤乳时注意，每次开始挤出的第一、二把乳应废弃，以防乳头部细菌污染乳汁。

此外，产犊前15天的胎乳、产犊后7天的初乳、应用抗生素期间和休药期间的乳汁及患乳房炎的牛产出的乳汁等应废弃，不应用作生乳。但近些年来牛初乳及其制品受到消费者关注，牛初乳指从正常饲养的、无传染病和乳腺炎的健康乳牛分娩72h内所挤出的乳汁。

现在，机械化挤乳已取代人工挤乳，成为主要挤乳手段，大致分为厅式挤乳设备、管道式挤乳设备和移动式挤乳车三大类。大型挤乳设备已经实现自动化、智能化。采用机械化挤乳方式的卫生要求与人工挤乳基本相同，特别要注意对所用挤乳杯、集乳器、输乳管等部件进行清洗和消毒处理。

七、食用油脂质量安全

食用油脂根据来源分为植物油脂、动物油脂。植物油脂主要由油料作物的种子制取，如大豆油、花生油、菜籽油等，绝大多数植物油不饱和脂肪酸比例高，常温下呈液态；动物油脂来源于动物的脂肪组织和乳类，如猪油、牛油、鱼油、动物奶油等，多数动物油脂中饱和脂肪酸比例高，因此常温下呈固态或半固态。食用油脂在生产、加工、储存、运输、销售的各个环节，均有可能受到有毒有害物质的污染，导致其食用价值降低，并损害食用者的健康。

（一）食用油脂主要质量安全问题

各种天然油脂中都含有少量色素，由此形成其特定的颜色。食用植物油多为深浅不一的黄色或棕色，具有很高的透明度、固有的滋味与气味，无异味。食用动物油脂多为白色或微黄色，组织细腻，呈软膏状态，熔化后呈微黄色、澄清透明，具有其固有的滋味与气味，无异味。如果这些正常感官性状发生了变化，就意味着存在不同程度的卫生问题。

1．油脂酸败

油脂和含油脂高的食品在不当条件下存放过久会发生一系列化学变化，呈现出变色、变味等不良感官性状，这种现象称为油脂酸败。酸败的油脂所散发出的不良气味俗称哈喇味。

（1）油脂酸败的原因。

导致油脂酸败的原因包括两个方面：一是脂肪在动植物组织残渣和微生物中的酶的作用下分解为游离脂肪酸，酸价升高，脂肪酸进一步发生氧化，产生具有特殊刺激臭味的酮酸、甲醛和酮等；二是油脂在储存环境中受空气、光线、温度、水和金属离子等因素影响而发生的水解和自动氧化，多发生在富含不饱和脂肪酸特别是多不饱和脂肪酸的油脂中。当接触空气中的氧后，油脂自身水解生成甘油和不饱和脂肪酸，后者在紫外线、氧以及铜、铁、锰等金属离子的作用下，形成过氧化物，再继续分解为低分子脂肪酸和易挥发的醛、酮、醇等物质，使油脂的酸度增加并散发强烈的刺鼻气味。在油脂酸败过程中，酶解和自动氧化反应往往同时发生，但以后者为主。

（2）评价油脂酸败状况的指标。

①酸价（Acid Value，AV），指中和1g油脂中游离脂肪酸所需氢氧化钾（KOH）的毫克数。油脂酸败时游离脂肪酸增加，酸价随之增高，因此可用酸价来评价油脂酸败的程度。我国现行食品安全国家标准规定的AV限量是：食用植物油≤3mg/g，食用动物油≤2.5mg/g；煎炸过程中的食用植物油≤5mg/g。

②过氧化值（Peroxide Value，POV），指油脂中不饱和脂肪酸被氧化形成过氧化物的量，以100g被测油脂使碘化钾析出碘的克数表示，是一个反映油脂酸败早期状态的指标。一般情况下，当POV超过0.25g/100g时，即表示酸败。我国现行食品安全国家标准规定，食用植物油POV≤0.25g/100g，食用动物油POV≤0.20g/100g。

③羰基价（Carbonyl Group Value，CGV），指油脂酸败时产生的含有醛基和酮基的脂肪酸或甘油酯及其聚合物的总量。羰基价通常是以被测油脂经处理后在440nm下相当1g（或100mg）油样的吸光度表示，或以相当1kg油样中羰基的mEq（毫克当量，表示某物质和1mg氢的化学活

性或化合力相当的量）表示。大多数酸败油脂和加热劣化油的CGV超过50mEq/kg，有明显酸败味的食品可高达70mEq/kg。我国现行国家标准规定食用植物油煎炸过程中CGV≤50mEq/kg。

④丙二醛（Malondialdehyde，MDA）含量，油脂氧化酸败的重要产物之一，通常用来反映动物油脂酸败的程度。一般用硫代巴比妥酸（TBA）法测定，以TBA值表示丙二醛的浓度。丙二醛含量的多少可灵敏地反映猪油酸败的程度，并且随着氧化反应的进行而不断增加，是猪油氧化型酸败最灵敏的指标之一。我国现行食品安全国家标准规定，食用动物油脂≤0.25mg/100g。对植物油脂中MDA含量目前没有明确的限量规定。

（3）油脂酸败的危害　油脂酸败直接影响产品的质量和食用安全。轻者使某些理化指标发生变化，重者引起感官性状改变，产生强烈的不愉快气味和味道；酸败过程中，人体必需脂肪酸、维生素A、维生素D、维生素E被破坏，降低了油脂的营养价值；酸败的氧化产物对机体的酶系统（如琥珀酸脱氢酶和细胞色素氧化酶）有破坏作用，并通过损伤DNA导致肿瘤的发生；动物实验表明，酸败的油脂可导致动物的能量利用率降低、体重减轻、肝脏肿大及生长发育障碍等。因油脂酸败而引发的中毒事件国内外均有报道。

（4）防止油脂酸败的措施。

①保证油脂的纯度。采用任何制油方法生产的毛油均需经过精炼，以去除动、植物残渣等成分。要使油脂得以长期储存，须设法使各种杂质含量低于0.2%，以增强油脂的稳定性。水分可促进微生物繁殖和酶的活动，我国现行植物油质量标准规定，油脂含水量应≤0.20%。

②防止油脂自动氧化。自动氧化是导致油脂酸败的主要机制，氧、紫外线、金属离子在其中起着重要的催化作用。因此，在油脂加工过程中应避免金属离子污染，储存时应做到密封断氧、低温和避光。

③应用抗氧化剂。合理应用抗氧化剂是防止油脂酸败的重要措施。常用的人工合成抗氧化剂有丁基羟基茴香醚、二丁基羟基甲苯和没食子酸丙酯。不同抗氧化剂的混合或与柠檬酸混合使用均具有协同作用。维生素E是天然存在于植物油中的抗氧化剂，在生产油脂制品时，可根据需要添加一定量的维生素E。

2．食用油脂污染和天然存在的有害物质

（1）油脂中的污染物。

①真菌毒素。油脂中最常见的真菌毒素是黄曲霉毒素。在各类油料种子中，花生最容易受到污染，其次为棉籽和油菜籽。碱炼法和吸附法均为有效的去毒方法。我国现行食用植物油卫生标准规定了黄曲霉毒素B$_1$的限量，花生油、玉米胚芽油为20μg/kg，其他植物油为10μg/kg。

②多环芳烃类化合物。油脂在生产和使用过程中，可受到多环芳烃类化合物的污染，其主要源自油料种子的污染、油脂加工过程中受到的污染以及使用过程中油脂的热聚。通过活性炭吸附、脱色处理等精炼工艺可降低油脂中多环芳烃类化合物含量。我国现行国家标准规定，油脂及其制品中苯并［a］芘的限量为10μg/kg。

③其他污染。包括有毒金属、农药残留和微生物带来的污染。油脂中的砷、铅主要源自油料和运输、生产过程中使用不符合食品卫生要求的工具及设备等造成的污染。我国现行食品安全国家标准规定，油脂及其制品中砷、铅的限量均为0.1mg/kg。食用油脂中各种农药残

留限量应符合《食品安全国家标准 食品中农药最大残留限量》（GB 2763—2021）的要求。《食品安全国家标准 食用油脂制品》（GB 15196—2015）规定大肠菌群≤10CFU/g，真菌≤50CFU/g。此外，加工中溶剂如使用不当就可能导致有机溶剂残留，掺杂使假（比如掺加废弃油）也有可能污染油脂产生毒害。

（2）油脂中的天然有害物质。

①棉酚。棉籽未经蒸炒就直接榨取（冷榨法）的粗制棉籽油含有多种有毒物质，主要是存在于棉籽色素腺体中的游离棉酚、棉酚紫和棉酚绿三种色素物质。棉酚有游离型和结合型，其中游离型有毒。游离棉酚是一种原浆毒，一次性大量食用含有较高游离棉酚的棉籽油引起急性中毒，长期少量食用可引起亚急性或慢性中毒，主要对生殖系统、神经系统和心、肝、肾等实质脏器功能产生严重损害。冷榨法生产的棉籽油中游离棉酚的含量很高，而采用热榨法和碱炼或精炼工艺可大大降低棉籽油中游离棉酚的含量。我国现行食用植物油卫生标准规定，棉籽油中游离棉酚含量应≤0.02%。

②芥子油苷。芥子油苷普遍存在于十字花科植物中，以油菜籽中含量较多，在植物组织中葡萄糖硫苷酶的作用下可水解为硫氰酸酯、异硫氰酸酯和腈。硫氰化物可阻断甲状腺对碘的吸收，有致甲状腺肿大的作用；腈的毒性很强，能抑制动物生长发育或致死。这些含硫化合物大多具有挥发性，一般可以通过加热除去。

③芥酸。为二十二碳单不饱和脂肪酸，在菜籽油中含量较高。它可使动物心肌中脂肪聚积，心肌单核细胞浸润和心肌纤维化，并损害肝、肾等器官，另外可引起动物生长发育障碍和生殖功能下降。CAC已建议，食用菜籽油中芥酸不得超过5%。许多国家对食用油中的芥酸含量作出严格限制，比如欧盟限制不能超过5%，美国限制其含量不能超过2%。我国的国家标准《菜籽油》（GB/T 1536—2021）规定，一般菜籽油芥酸含量为3.0%~60.0%，低芥酸菜籽油芥酸含量应≤3.0%。我国已培育出芥酸含量低、饼粕硫苷含量低的"双低"油菜，用这种油菜籽可制取"双低"菜籽油，且在不断优化品种，大力推广种植。

（二）食用油脂生产的质量安全要求

油脂的卫生管理须依据《中华人民共和国食品安全法》《中华人民共和国农产品质量安全法》《食品安全国家标准 食品生产通用卫生规范》《食品安全国家标准 食品经营过程卫生规范》及食用油脂的相关标准进行管理和生产。

1. 原辅材料

生产食用油脂的动植物原料、所用溶剂、食品添加剂和生产用水都必须符合国家标准和有关规定。此外，要重视对原料的预处理，对动物油脂原料应清洗干净，去除脂肪组织以外的肌肉、淋巴结等附着物；对油料作物种子要清除各种杂质和碎屑等，以防止油脂被污染，保证其卫生与安全。

2. 生产过程

生产食用油脂的车间一般不宜加工非食用油脂。由于某些原因加工非食用油脂后，或设备使用时间较长时，应将所有输送机、设备、中间容器及管道地坑中积存的油料或油脂全部清除，防止残留或者腐烂的油料重复被加工，并应在加工食用油脂的投料初期抽样检验，符合食用油脂的质量、卫生、安全标准后方可视为食用油，不合格的油脂应作为工业用油。用浸出法生产食用植物油的设备、管道必须密封良好，严防溶剂跑、冒、滴、漏。生产过程应防止润滑油和矿物油对食用油脂的污染。

3．成品检验及包装

油脂成品经严格检验达到国家有关质量、卫生或安全标准后才能进行包装。食品接触材料及制品、食用油脂的标签、销售包装和标识应符合国家标准的规定。由转基因原料加工制成的油脂应符合国家有关规定，应当在产品标签上明确标示。

4．储存、运输及销售

油脂产品应储存在阴凉、干燥、通风良好的场所，食用植物油储油容器的内壁和阀不得使用铜质材料，大容量包装应尽可能充入氮气或二氧化碳气体，储存成品油的专用容器应定期清洗，保持清洁。为防止与非食用油相混，食用油桶应有明显的标记，并分区存放。储存、运输、装卸时要避免日晒、雨淋，防止有毒有害物质的污染。

5．产品追溯与撤回

油脂生产企业应该建立产品追溯系统及产品撤回程序，明确规定产品撤回的方法、范围等，定期进行模拟撤回训练，并记录存档。严禁不符合国家有关质量、卫生、安全要求的食用油脂流入市场。

八、其他农产品质量安全管理

（一）食糖

食糖是以蔗糖为主要成分的糖厂产品的统称。根据加工环节、深加工程度、加工工艺及专用性的不同，食糖可以分为原糖、白砂糖、绵白糖、赤砂糖、红糖、方糖和冰糖（《食品安全国家标准 食糖》（GB 13104—2014））。食糖（白砂糖、绵白糖等）作为调味品，常被广泛应用在饮食、烹饪和食品加工中。

食糖的卫生管理主要包括：①制糖原料甘蔗、甜菜必须符合《食品安全国家标准 食品中农药最大残留限量》（GB 2763—2021）的规定，不得使用变质或发霉的原料，避免有毒、有害物质的污染。生产用水、食品添加剂应符合相应标准的规定。②生产加工过程应符合《食品安全国家标准 食品生产通用卫生规范》（GB 14881—2013）的规定，硫漂所用的SO_2应符合相关的标准和有关的规定。成品符合《食品安全国家标准 食糖》（GB 13104—2014）的各项要求。③包装与标识。食糖必须采用二层包装袋（内包装为食品包装用塑料袋）包装后方可出厂，食物接触材料及制品应符合相应的标准和有关规定；标签按《食品安全国家标准 预包装食品标签通则》（GB 7718—2011）的规定执行。④储存仓库应做到通风、干燥、防尘、防蝇、防鼠、防虫，不得与有毒、有害、有异味、易挥发、易腐蚀的物品同处储存；储存散装食糖应保持仓库密封。运输产品时应避免日晒、雨淋，不得与有毒、有害、有异味或影响产品质量的物品混装运输。⑤污染物限量应符合《食品安全国家标准 食品中污染物限量》（GB 2762—2022）规定，其中铅、总砷限量均为0.5mg/kg。

（二）蜂蜜

蜂蜜是蜜蜂采集植物的花蜜、分泌物或蜜露，与自身分泌物混合后，经充分酿造而成的天然甜味物质。蜂蜜的感官要求为：依蜜源品种不同，从水白色（近无色）至深色（按褐色），具有特有的滋味、气味，无异味，常温下呈黏稠流体状，或部分及全部结晶，不得含有蜜蜂肢体、幼虫、蜡屑及正常视力可见杂质（含蜡屑巢蜜除外）。

蜂蜜的卫生管理：①蜜源要求：蜜蜂采集植物的花蜜、分泌物或蜜露应安全无毒，不得来源于雷公藤、博落回、狼毒等有毒蜜源植物。②污染物限量应符合《食品安全国家标准 食品中污染物限量》（GB 2762—2022）的规定。接触蜂蜜的容器、用具、管道、涂料以及包装材料等，必须符合相应的标准和要求。蜂蜜含有机酸，如用镀锌金属容器可导致锌的溶出。蜂蜜中铅的限量为1mg/kg，锌限量为25mg/kg。③兽药残留限量应符合《食品安全国家标准 食品中兽药最大残留限量》（GB 31650—2019）的规定，蜜蜂病虫害的防治应使用国家允许的无污染的高效、低毒蜂药，严格遵循休药期的管理，避免违规使用抗生素，造成抗生素残留；农药残留限量应符合《食品安全国家标准 食品中农药最大残留限量》（GB 2763—2021）及相关规定。④食品添加剂的品种和使用量应符合《食品安全国家标准 食品添加剂使用标准》（GB 2760—2014）的规定。⑤成品应达到《食品安全国家标准 蜂蜜》（GB 14963—2011）的各项标准。不得掺杂使假，不得生产和出售劣质蜂蜜。⑥蜂蜜应储存在干燥、通风良好的场所，不得与有毒、有害、有异味、易挥发、易腐蚀的物品同处储存；运输产品时应避免日晒、雨淋，不得与有毒、有害、有异味或影响产品质量的物品混装运输。

（三）其他说明

食用农产品的范围很广，在此不逐一进行阐述，但它们的生产和销售都需要严格遵守《中华人民共和国食品安全法》和《中华人民共和国农产品质量安全法》。此外，不同的农产品所涉及的风险因素不同，除了遵守其生产加工的通用标准外，有产品标准的还要研究其对应的产品标准，严格按照安全标准进行生产加工，从而保证它们的质量安全。

📝 思考与练习题

- 1. 如何正确理解无公害食品、绿色食品和有机食品？
- 2. 粮豆类食品的主要安全问题有哪些？
- 3. 肉类食品主要存在哪些质量安全问题？
- 4. 简要叙述食用油脂存在的主要安全问题。
- 5. 谈谈你对转基因食品安全性的看法。

第六章
CHAPTER 6

食品生产经营的安全控制

第一节　食品生产经营的基本要求

　　食品生产经营，是围绕企业食品产品的投入、产出、销售、分配乃至保持简单再生产或实现扩大再生产所开展的各种有组织的活动的总称。食品生产经营是食品企业各项工作的有机整体，是一个系统。食品生产经营者，是指一切从事食品生产经营的单位或者个人，包括食堂职工、食品商贩、食品工人等。

一、食品生产经营的内容范围

　　食品生产经营的内容范围一般有以下几种。
　　（1）农产品、粮油、畜禽产品、乳制品、水产品，以及上述产品的加工品、食品添加剂、调味品、饮料、酒类的批发、佣金代理（拍卖除外）；上述商品的进出口、技术服务、咨询服务及其相关的配套业务；农副产品的收购（不涉及国营贸易管理商品，涉及配额、许可证管理商品的，按国家有关规定办理申请）。
　　（2）预包装食品（不含熟食卤味、冷冻冷藏）、饮料的批发、进出口、佣金代理（拍卖除外），提供相关配套服务及商务信息咨询（涉及配额、许可证管理、专项规定管理的商品按照国家有关规定办理）。
　　（3）食用农产品（不含生猪产品）的销售。
　　（4）预包装食品（含冷冻冷藏、不含熟食卤味，凭许可证经营）的批发非实物方式，食用农产品（除生猪产品）的销售。
　　（5）销售预包装食品（不含熟食卤味、冷冻冷藏食品）等。

二、食品生产经营的要求与禁止

　　《中华人民共和国食品安全法》除了要求"食品生产经营应当符合食品安全标准"外，还要求食品生产经营需符合一定的必要条件，并指明了禁止生产销售的食品、食品添加剂、食品相关产品。

（一）从事食品生产经营的基本要求

（1）具有与生产经营的食品品种、数量相适应的食品原料处理和食品加工、包装、贮存等场所，保持该场所环境整洁，并与有毒、有害场所以及其他污染源保持规定的距离。

（2）具有与生产经营的食品品种、数量相适应的生产经营设备或者设施，有相应的消毒、更衣、盥洗、采光、照明、通风、防腐、防尘、防蝇、防鼠、防虫、洗涤以及处理废水、存放垃圾和废弃物的设备或者设施。

（3）有专职或者兼职的食品安全专业技术人员、食品安全管理人员和保证食品安全的规章制度。

（4）具有合理的设备布局和工艺流程，防止待加工食品与直接入口食品、原料与成品交叉污染，避免食品接触有毒物、不洁物。

（5）餐具、饮具和盛放直接入口食品的容器，使用前应当洗净、消毒，炊具、用具用后应当洗净，保持清洁。

（6）贮存、运输和装卸食品的容器、工具和设备应当安全、无害，保持清洁，防止食品污染，并符合保证食品安全所需的温度、湿度等特殊要求，不得将食品与有毒、有害物品一同贮存、运输。

（7）直接入口的食品应当使用无毒、清洁的包装材料、餐具、饮具和容器。

（8）食品生产经营人员应当保持个人卫生，生产经营食品时，应当将手洗净，穿戴清洁的工作衣、帽等；销售无包装的直接入口食品时，应当使用无毒、清洁的容器、售货工具和设备。

（9）用水应当符合国家规定的生活饮用水卫生标准。

（10）使用的洗涤剂、消毒剂应当对人体安全、无害。

（11）法律法规规定的其他要求。

非食品生产经营者从事食品贮存、运输和装卸的，应当具备贮存、运输和装卸食品的容器、工具和设备应当安全、无害，保持清洁，防止食品污染，并符合保证食品安全所需的温度、湿度等特殊要求，不得将食品与有毒、有害物品一同贮存、运输。

（二）禁止生产经营的食品、食品添加剂、食品相关产品

（1）用非食品原料生产的食品或者添加食品添加剂以外的化学物质和其他可能危害人体健康物质的食品，或者用回收食品作为原料生产的食品。

（2）致病性微生物、农药残留、兽药残留、生物毒素、重金属等污染物质以及其他危害人体健康的物质含量超过食品安全标准限量的食品、食品添加剂、食品相关产品。

（3）用超过保质期的食品原料、食品添加剂生产的食品、食品添加剂。

（4）超范围、超限量使用食品添加剂的食品。

（5）营养成分不符合食品安全标准的专供婴幼儿和其他特定人群的主辅食品。

（6）腐败变质、油脂酸败、霉变生虫、污秽不洁、混有异物、掺假掺杂或者感官性状异常的食品、食品添加剂。

（7）病死、毒死或者死因不明的禽、畜、兽、水产动物肉类及其制品。

（8）未按规定进行检疫或者检疫不合格的肉类，或者未经检验或者检验不合格的肉类制品。

（9）被包装材料、容器、运输工具等污染的食品、食品添加剂。

（10）标注虚假生产日期、保质期或者超过保质期的食品、食品添加剂。

（11）无标签的预包装食品、食品添加剂。

（12）国家为防病等特殊需要明令禁止生产经营的食品。

（13）其他不符合法律法规或者食品安全标准的食品、食品添加剂、食品相关产品。

三、关于许可

（一）普通的食品生产经营者

国家对食品生产经营实行许可制度。从事食品生产、食品销售、餐饮服务，应当依法取得许可。但是，销售食用农产品和仅销售预包装食品的，不需要取得许可。仅销售预包装食品的，应当报所在地县级以上地方人民政府食品安全监督管理部门备案。

食品生产经营者可以根据《中华人民共和国行政许可法》《食品生产许可管理办法》《食品经营许可和备案管理办法》的规定，向县级以上地方人民政府食品安全监督管理部门依法申请许可。

（二）食品生产加工小作坊和食品摊贩

食品生产加工小作坊和食品摊贩等从事食品生产经营活动，应当符合《中华人民共和国食品安全法》规定的与其生产经营规模、条件相适应的食品安全要求，保证所生产经营的食品卫生、无毒、无害，食品安全监督管理部门应当对其加强监督管理。

食品生产加工小作坊和食品摊贩等的具体管理办法由省、自治区、直辖市制定。

（三）新食品生产

利用新的食品原料生产食品，或者生产食品添加剂新品种、食品相关产品新品种，应当向国务院卫生行政部门提交相关产品的安全性评估材料。国务院卫生行政部门应当自收到申请之日起六十日内组织审查；对符合食品安全要求的，准予许可并公布；对不符合食品安全要求的，不予许可并书面说明理由。

（四）食品添加剂的生产

国家对食品添加剂生产实行许可制度。从事食品添加剂生产，应当具有与所生产食品添加剂品种相适应的场所、生产设备或者设施、专业技术人员和管理制度，并依法取得食品添加剂生产许可。

（五）其他许可说明

以上许可主要围绕食品安全进行审批，事实上一个合法生产经营的企业还有可能涉及其他"许可"，比如营业执照、排污、消防等，要视具体情况咨询当地相关部门。

第二节　生产经营过程控制

一、食品安全管理制度

食品生产经营企业应当建立健全食品安全管理制度，对职工进行食品安全知识培训，加强食品检验工作，依法从事生产经营活动。食品生产经营企业的主要负责人应当落实企业食品安全管理制度，对本企业的食品安全工作全面负责。

食品生产经营企业应当配备食品安全管理人员，加强对其的培训和考核。经考核不具备食品安全管理能力的，不得上岗。食品安全监督管理部门应当对企业食品安全管理人员随机进行监督抽查考核并公布考核情况。监督抽查、考核不得收取费用。

二、从业人员健康管理

食品生产经营者应当建立并执行从业人员健康管理制度。患有国务院卫生行政部门规定的有碍食品安全疾病的人员，不得从事接触直接入口食品的工作。

从事接触直接入口食品工作的食品生产经营人员应当每年进行健康检查，取得健康证明后方可上岗工作。

三、食品生产标准控制

食品生产企业应当就下列事项制定并实施控制要求，保证所生产的食品符合食品安全标准：原料采购、原料验收、投料等原料控制；生产工序、设备、贮存、包装等生产关键环节控制；原料检验、半成品检验、成品出厂检验等检验控制；运输和交付控制。

四、食品安全自查制度

食品生产经营者应当建立食品安全自查制度，定期对食品安全状况进行检查评价。生产经营条件发生变化，不再符合食品安全要求的，食品生产经营者应当立即采取整改措施；有发生食品安全事故潜在风险的，应当立即停止食品生产经营活动，并向所在地县级人民政府食品安全监督管理部门报告。

五、食品安全控制体系

国家鼓励食品生产经营企业符合良好生产规范要求，实施危害分析与关键控制点体系，提高食品安全管理水平。

对通过良好生产规范、危害分析与关键控制点体系认证的食品生产经营企业，认证机构应当依法实施跟踪调查；对不再符合认证要求的企业，应当依法撤销认证，及时向县级以上人民政府食品安全监督管理部门通报，并向社会公布。认证机构实施跟踪调查不得收取费用。

六、食用农产品的生产

食用农产品生产者应当按照食品安全标准和国家有关规定使用农药、肥料、兽药、饲料和饲料添加剂等农业投入品，严格执行农业投入品使用安全间隔期或者休药期的规定，不得使用国家明令禁止的农业投入品。禁止将剧毒、高毒农药用于蔬菜、瓜果、茶叶和中草药材等国家规定的农作物。

食用农产品的生产企业和农民专业合作经济组织应当建立农业投入品使用记录制度。

七、采购食品的安全控制

（一）食品生产者

食品生产者采购食品原料、食品添加剂、食品相关产品，应当查验供货者的许可证和产品合格证明；对无法提供合格证明的食品原料，应当按照食品安全标准进行检验；不得采购或者使用不符合食品安全标准的食品原料、食品添加剂、食品相关产品。

食品生产企业应当建立食品原料、食品添加剂、食品相关产品进货查验记录制度，如实记录食品原料、食品添加剂、食品相关产品的名称、规格、数量、生产日期或者生产批号、保质期、进货日期以及供货者名称、地址、联系方式等内容，并保存相关凭证。记录和凭证保存期限不得少于产品保质期满后六个月；没有明确保质期的，保存期限不得少于二年。

（二）食品经营者

食品经营者采购食品，应当查验供货者的许可证和食品出厂检验合格证或者其他合格证明（以下称合格证明文件）。

食品经营企业应当建立食品进货查验记录制度，如实记录食品的名称、规格、数量、生产日期或者生产批号、保质期、进货日期以及供货者名称、地址、联系方式等内容，并保存相关凭证。记录和凭证保存期限应当符合《中华人民共和国食品安全法》的规定。

实行统一配送经营方式的食品经营企业，可以由企业总部统一查验供货者的许可证和食品合格证明文件，进行食品进货查验记录。

从事食品批发业务的食品经营企业应当建立食品销售记录制度，如实记录批发食品的名称、规格、数量、生产日期或者生产批号、保质期、销售日期以及购货者名称、地址、联系方式等内容，并保存相关凭证。记录和凭证保存期限应当符合《中华人民共和国食品安全法》的规定。

（三）食品添加剂的生产经营者

食品添加剂生产经营者采购食品添加剂，应当依法查验供货者的许可证和产品合格证明文件，如实记录食品添加剂的名称、规格、数量、生产日期或者生产批号、保质期、进货日期以及供货者名称、地址、联系方式等内容，并保存相关凭证。记录和凭证保存期限不得少于产品保质期满后六个月；没有明确保质期的，保存期限不得少于二年。

八、出厂检验与记录

食品生产企业可以自行对所生产的食品进行检验，也可以委托符合食品安全法规定的食品检验机构进行检验。

食品生产企业应当建立食品出厂检验记录制度，查验出厂食品的检验合格证和安全状况，如实记录食品的名称、规格、数量、生产日期或者生产批号、保质期、检验合格证号、销售日期以及购货者名称、地址、联系方式等内容，并保存相关凭证。记录和凭证保存期限不得少于产品保质期满后六个月；没有明确保质期的，保存期限不得少于二年。

食品、食品添加剂、食品相关产品的生产者，应当按照食品安全标准对所生产的食品、食品添加剂、食品相关产品进行检验，检验合格后方可出厂或者销售。

食品添加剂生产者应当建立食品添加剂出厂检验记录制度，查验出厂产品的检验合格证和安全状况，如实记录食品添加剂的名称、规格、数量、生产日期或者生产批号、保质期、检验合格证号、销售日期以及购货者名称、地址、联系方式等相关内容，并保存相关凭证。记录和凭证保存期限应当符合《中华人民共和国食品安全法》的规定。

婴幼儿配方食品生产企业应当实施从原料进厂到成品出厂的全过程质量控制，对出厂的婴幼儿配方食品实施逐批检验，保证食品安全。

九、食品经营者食品贮存要求

食品经营者应当按照保证食品安全的要求贮存食品，定期检查库存食品，及时清理变质或者超过保质期的食品。

食品经营者贮存散装食品，应当在贮存位置标明食品的名称、生产日期或者生产批号、保质期、生产者名称及联系方式等内容。

十、餐饮服务提供者过程控制基本要求

（一）一般要求

1. 原料

餐饮服务提供者应当制定并实施原料控制要求，不得采购不符合食品安全标准的食品原料。倡导餐饮服务提供者公开加工过程，公示食品原料及其来源等信息。

2．加工过程

餐饮服务提供者在加工过程中应当检查待加工的食品及原料，发现有腐败变质、油脂酸败、霉变生虫、污秽不洁、混有异物、掺假掺杂或者感官性状异常的食品、食品添加剂的，不得加工或使用。

3．设施设备维护

餐饮服务提供者应当定期维护食品加工、贮存、陈列等设施、设备；定期清洗、校验保温设施及冷藏、冷冻设施。

4．餐饮用具

餐饮服务提供者应当按照要求对餐具、饮具进行清洗消毒，不得使用未经清洗消毒的餐具、饮具；餐饮服务提供者委托清洗消毒餐具、饮具的，应当委托符合《中华人民共和国食品安全法》规定条件的餐具、饮具集中消毒服务单位。

（二）集中用餐单位要求

学校、托幼机构、养老机构、建筑工地等集中用餐单位的食堂应当严格遵守法律法规和食品安全标准；从供餐单位订餐的，应当从取得食品生产经营许可的企业订购，并按照要求对订购的食品进行查验。供餐单位应当严格遵守法律法规和食品安全标准，当餐加工，确保食品安全。

学校、托幼机构、养老机构、建筑工地等集中用餐单位的主管部门应当加强对集中用餐单位的食品安全教育和日常管理，降低食品安全风险，及时消除食品安全隐患。

十一、餐具、饮具集中消毒服务单位基本要求

餐具、饮具集中消毒服务单位应当具备相应的作业场所、清洗消毒设备或者设施，用水和使用的洗涤剂、消毒剂应当符合相关食品安全国家标准和其他国家标准、卫生规范。

餐具、饮具集中消毒服务单位应当对消毒餐具、饮具进行逐批检验，检验合格后方可出厂，并应当随附消毒合格证明。消毒后的餐具、饮具应当在独立包装上标注单位名称、地址、联系方式、消毒日期以及使用期限等内容。

十二、出租柜台的食品入场审查

集中交易市场的开办者、柜台出租者和展销会举办者，应当依法审查入场食品经营者的许可证，明确其食品安全管理责任，定期对其经营环境和条件进行检查，发现其有违反《中华人民共和国食品安全法》规定行为的，应当及时制止并立即报告所在地县级人民政府食品安全监督管理部门。

十三、网络食品交易平台义务

网络食品交易第三方平台提供者应当对入网食品经营者进行实名登记，明确其食品安全

管理责任；依法取得许可证的，还应当审查其许可证。

网络食品交易第三方平台提供者发现入网食品经营者有违反《中华人民共和国食品安全法》规定行为的，应当及时制止并立即报告所在地县级人民政府食品安全监督管理部门；发现严重违法行为的，应当立即停止提供网络交易平台服务。

十四、食品召回

国家建立食品召回制度。食品生产者发现其生产的食品不符合食品安全标准或者有证据证明可能危害人体健康的，应当立即停止生产，召回已经上市销售的食品，通知相关生产经营者和消费者，并记录召回和通知情况。

食品经营者发现其经营的食品有不符合食品安全标准或有证据证明能危害人体健康的，应当立即停止经营，通知相关生产经营者和消费者，并记录停止经营和通知情况。食品生产者认为应当召回的，应当立即召回。由于食品经营者的原因造成其经营的食品有前述规定情形的，食品经营者应当召回。

食品生产经营者应当对召回的食品采取无害化处理、销毁等措施，防止其再次流入市场。但是，对因标签、标志或者说明书不符合食品安全标准而被召回的食品，食品生产者在采取补救措施且能保证食品安全的情况下可以继续销售；销售时应当向消费者明示补救措施。食品生产经营者应当将食品召回和处理情况向所在地县级人民政府食品安全监督管理部门报告；需要对召回的食品进行无害化处理、销毁的，应当提前报告时间、地点。食品安全监督管理部门认为必要的，可以实施现场监督。

十五、农产品销售与批发市场管理

食用农产品销售者应当建立食用农产品进货查验记录制度，如实记录食用农产品的名称、数量、进货日期以及供货者名称、地址、联系方式等内容，并保存相关凭证。记录和凭证保存期限不得少于六个月。

进入市场销售的食用农产品在包装、保鲜、贮存、运输中使用保鲜剂、防腐剂等食品添加剂和包装材料等食品相关产品，应当符合食品安全国家标准。

食用农产品批发市场应当配备检验设备和检验人员或者委托符合食品安全法规定的食品检验机构，对进入该批发市场销售的食用农产品进行抽样检验；发现不符合食品安全标准的，应当要求销售者立即停止销售，并向食品安全监督管理部门报告。

十六、关于食品添加剂的使用

食品添加剂是指为改善食品品质和色、香、味，以及为防腐、保鲜和加工工艺的需要而加入食品中的人工合成或者天然物质。食品用香料、胶基糖果中基础剂物质、食品工业用加工助剂、营养强化剂也包括在内。添加剂的使用需遵循《食品安全国家标准 食品添加剂使用标准》（GB 2760—2014）。

（一）食品添加剂使用的基本要求

（1）不应对人体产生任何健康危害。

（2）不应掩盖食品腐败变质。

（3）不应掩盖食品本身或加工过程中的质量缺陷或以掺杂、掺假、伪造为目的而使用食品添加剂。

（4）不应降低食品本身的营养价值。

（5）在达到预期效果的前提下尽可能降低在食品中的使用量。

（二）可以使用食品添加剂的情况

（1）保持或提高食品本身的营养价值。

（2）作为某些特殊膳食用食品的必要配料或成分。

（3）提高食品的质量和稳定性，改进其感官特性。

（4）便于食品的生产、加工、包装、运输或者贮藏。

（三）带入原则

在下列情况下食品添加剂可以通过食品配料（含食品添加剂）带入食品中：根据该标准，食品配料中允许使用该食品添加剂；食品配料中该添加剂的用量不应超过标准中允许的最大使用量；应在正常生产工艺条件下使用这些配料，并且食品中该添加剂的含量不应超过由配料带入的水平；由配料带入食品中的该添加剂的含量应明显低于直接将其添加到该食品中通常所需要的水平。

当某食品配料作为特定终产品的原料时，批准用于上述特定终产品的添加剂允许添加到这些食品配料中，同时该添加剂在终产品中的量应符合GB 2760—2014的要求。在所述特定食品配料的标签上应明确标示该食品配料用于上述特定食品的生产。

（四）食品添加剂的分类

每个添加剂在食品中常常具有一种或多种功能。在《食品安全国家标准 食品添加剂使用标准》中每个食品添加剂的具体规定中，列出了该食品添加剂常用的功能，并非详尽地列举。

（1）酸度调节剂 用以维持或改变食品酸碱度的物质。

（2）抗结剂 用于防止颗粒或粉状食品聚集结块，保持其松散或自由流动的物质。

（3）消泡剂 在食品加工过程中降低表面张力，消除泡沫的物质。

（4）抗氧化剂 能防止或延缓油脂或食品成分氧化分解、变质，提高食品稳定性的物质。

（5）漂白剂 能够破坏、抑制食品的发色因素，使其褪色或使食品免于褐变的物质。

（6）膨松剂 在食品加工过程中加入的，能使产品发起形成致密多孔组织，从而使制品具有膨松、柔软或酥脆感的物质。

（7）胶基糖果中基础剂物质 赋予胶基糖果起泡、增塑、耐咀嚼等作用的物质。

（8）着色剂　赋予和改善食品色泽的物质。

（9）护色剂　能与肉及肉制品中呈色物质作用，使之在食品加工、保藏等过程中不致分解、破坏，呈现良好色泽的物质。

（10）乳化剂　能改善乳化体中各种构成相之间的表面张力，形成均匀分散体或乳化体的物质。

（11）酶制剂　由动物或植物的可食或非可食部分直接提取，或由传统或通过基因修饰的微生物（包括但不限于细菌、放线菌、真菌菌种）发酵、提取制得，用于食品加工、具有特殊催化功能的生物制品。

（12）增味剂　补充或增强食品原有风味的物质。

（13）面粉处理剂　促进面粉的熟化和提高制品质量的物质。

（14）被膜剂　涂抹于食品外表，起保质、保鲜、上光、防止水分蒸发等作用的物质。

（15）水分保持剂　有助于保持食品中的水分而加入的物质。

（16）营养强化剂　为了达到营养强化的目的而加入食品中的维生素、矿物质和（或）其他营养成分的化合物。

（17）防腐剂　防止食品腐败变质、延长食品储存期的物质。

（18）稳定剂和凝固剂　使食品结构稳定或使食品组织结构不变，增强黏性固形物的物质。

（19）甜味剂　赋予食品甜味的物质。

（20）增稠剂　可以提高食品的黏稠度或形成凝胶，从而改变食品的物理性状、赋予食品黏润、适宜的口感，并兼有乳化、稳定或使呈悬浮状态作用的物质。

（21）食品用香料　添加到食品产品中以产生香味、修饰香味或提高香味的物质。

（22）食品工业用加工助剂　有助于食品加工能顺利进行的各种物质，与食品本身无关。如助滤、澄清、吸附、脱模、脱色、脱皮、提取溶剂等。

（23）其他　上述功能类别中不能涵盖的其他功能。

（五）食品添加剂的使用注意事项

在《食品安全国家标准 食品添加剂使用标准》（GB 2760—2014）使用附录的方式对添加剂的使用加以说明。在该标准中有附录A、B、C、D、E、F：食品添加剂的使用应符合附录A的规定；用于生产食品用香精的食品用香料的使用应符合附录B的规定；食品工业用加工助剂的使用应符合附录C的规定；食品添加剂的功能类别见附录D；食品分类系统用于界定食品添加剂的使用范围，见附录E；附录A中食品添加剂使用规定索引见附录F。

1．添加剂使用范围和食品分类号

《食品安全国家标准 食品添加剂使用标准》（GB 2760—2014）中附有食品分类系统（附录E），该系统使用标号的形式将食品分为十六大类，每一大类下分若干亚类，亚类下分次亚类，次亚类下分小类，有的小类还可再分为次小类。

食品分类系统用于界定食品添加剂的使用范围。如果允许某一食品添加剂应用于某一食品类别时，则其下的亚类、次亚类、小类和次小类所包含的食品均可使用；亚类可以使用的，则其下的次亚类、小类和次小类可以使用。在界定某种食品添加剂的使用范围时，一般可以遵循以上原则，另有规定的除外。

另外《食品安全国家标准 食品添加剂使用标准》（GB 2760—2014）中的食品分类系统有别于CNS编号（中国食品添加剂的编码系统编号）和INS编号（食品添加剂在国际编码系统的国际编码，用于代替复杂的化学结构名称表述，由世界卫生组织和联合国粮食及农业组织建立的国际食品法典委员会编制）。《食品安全国家标准 食品添加剂使用标准》（GB 2760—2014）食品分类系统只用于该标准中食品添加剂使用的查询。

2. 最大使用量

添加剂的最大使用量即食品添加剂使用时所允许的最大添加量。在附录A中除部分标注为"按生产需要适量使用"外，大部分添加剂规定了最大使用量，在使用中不能大于该使用量。

（六）食品添加剂使用常见违规的类型

1. 使用非食品添加剂

所使用的添加剂（包括香料、加工助剂、胶基糖果中基础剂物质及其配料）超出标准规定的食品添加剂品种范围或属于违禁添加物。如使用了不属于食品添加剂的物质：如苏丹红、吊白块等。

2. 超范围使用食品添加剂

比如某种食品中使用了一种食品添加剂，该食品超出食品添加剂所允许使用的食品范围。例如番茄红素，其CNS编号为08.017，属于着色剂，按《食品安全国家标准 食品添加剂使用标准》（GB 2760—2014）规定其使用范围用量见表6-1。

表6-1　番茄红素使用范围和用量

食品分类号	食品名称	最大使用量 / (g/kg)	备注
01.01.03	调制乳	0.015	以纯番茄红素计
01.02.02	风味发酵乳	0.015	以纯番茄红素计
05.02	糖果	0.06	以纯番茄红素计
06.06	即食谷物，包括碾轧燕麦（片）	0.05	以纯番茄红素计
07.0	焙烤食品	0.05	以纯番茄红素计
12.10.01.01	固体汤料	0.39	以纯番茄红素计
12.10.02	半固体复合调味料	0.04	以纯番茄红素计
14.0	饮料类［14.01 包装饮用水、14.02.01 果蔬汁（浆）、14.02.02 浓缩果蔬汁（浆）除外］	0.015	以纯番茄红素计
16.01	果冻	0.05	以纯番茄红素计

经查番茄红素适用上述几类食物，若进一步经查其他附件、说明等未见其可用于肉及肉制品，那么在肉及肉制品中就不能使用。

3. 超量使用

食品添加剂的使用量或残留量超过了标准规定的最大使用量或残留量。超量的情况一般有两种：单个超量，某个食品添加剂的使用量超过规定的量；累计超量，多个同一功能的食品添加剂（同种色泽着色剂、防腐剂、抗氧化剂）在食品中混合使用时，通过计算累计超过标准的规定。

第三节　标签和广告

一、食品标签

食品标签的使用需遵循《食品安全国家标准 预包装食品标签通则》(GB 7718—2011)，特别需要注意标签的强制标注内容及其标准的规范性。

（一）主要概念

1．食品标签

食品标签是指预包装食品容器上的文字、图形、符号，以及一切说明物。

2．预包装食品

预先定量包装或者定量制作在包装材料和容器中的食品，并且在一定量限范围内具有统一的质量或体积标识。

3．属性名称

能反映食品本身不必说明或已经说明的固有特性的专用名称。属性名称包括对配料特性、工艺特点、食品类别等一种或多种食品专属特征的描述。

4．生产日期

食品成为最终产品的日期。

5．保质期

预包装食品在标签指明的贮存条件下，保持品质的期限。在此期限内，产品完全适于销售，并保持标签中不必说明或已经说明的特有品质。

6．配料

在制造或加工食品时使用的，并存在（包括以改性的形式存在）于产品中的任何物质，包括食品添加剂。

7．规格

同一预包装内含有多件预包装食品时，对净含量和内含件数关系的表述。

（二）食品标签的要求

（1）应符合法律法规的规定，并符合相应食品安全标准的规定。

（2）应清晰、醒目、持久，应使消费者购买时易于辨认和识读。食品标签不应与食品或者其包装物（容器）分离。

（3）应通俗易懂、有科学依据。不得标示封建迷信、色情、贬低其他食品或违背科学常识的内容。

（4）应真实、准确，不得虚假、夸大，不应使用欺骗性的语言文字、图形、符号等方式介绍食品；也不得利用字号大小或色差误导消费者将购买的食品或食品的某一性质与另一产品混淆。

（5）不应以语言文字、图形、符号等方式明示或暗示食品或食品中的某成分具有预防、治疗疾病的作用。非保健食品不得明示或者暗示具有保健作用。

（6）应使用规范汉字（商标除外）。具有装饰作用的各种艺术字，应书写正确，易于辨认。

①可以同时使用拼音或少数民族文字，拼音的字高不得大于对应的规范汉字（商标除外）。

②国内生产销售的预包装食品可以同时使用外文和繁体字，但强制性标示内容应与规范汉字含义一致（商标、国外经销者的名称和地址、网址除外）。所有外文、繁体字的字高不得大于相应内容的规范汉字（商标除外）。

③进口预包装食品标签可以同时使用中文和外文或繁体字，但其含义应基本一致。GB 7718—2011以及其他法律法规、食品安全标准要求的强制性标识内容，规范汉字与外文或繁体字应有对应关系（商标、进口食品的制造者和地址、国外经销者的名称和地址、网址除外）；非强制性内容和其他食品标准中规定的内容可以选择标示。同一展示面上的外文或繁体字的字体高度不得大于相应的规范汉字（商标除外）。

（7）预包装食品的包装物或包装容器最大表面面积大于$40cm^2$时，强制标示内容的文字、符号、数字的高度不得小于2.0mm。

（8）一个销售单元的包装中含有不同品种、多个独立包装的可单独销售的预包装食品，每件独立包装的预包装食品标识应当分别标注。若外包装易于开启识别或透过外包装物能清晰地识别内包装物（容器）上的所有强制标示内容或部分强制标示内容，可不在外包装物上重复标示相应的内容；否则应在外包装物上按要求标示所有强制标示内容。

（三）食品标签的标示内容

1. 直接向消费者提供的预包装食品标签标示内容

（1）一般必须标注的内容　直接向消费者提供的预包装食品标签标示内容应包括食品名称、配料表、净含量和规格、生产者和（或）经销者的名称、地址和联系方式、生产日期和保质期、贮存条件、食品生产许可证编号、产品标准代号及其他需要标示的内容。

直接向消费者提供的进口预包装食品标签应用简体中文标示食品名称，配料表，净含量和规格，经销者或进口者、代理者的名称、地址和联系方式，生产国（地区），生产日期和保质期，贮存条件等内容。

（2）其他说明　以下食品配料可能导致部分人群产生过敏反应，如用作配料，需要在配料表中标示，或在配料表邻近位置标示：含有麸质的谷物及其制品（如小麦、黑麦、大麦、燕麦、斯佩耳特小麦或它们的杂交品系）；甲壳纲类动物及其制品（如虾、龙虾、蟹等）；鱼类及其制品；蛋类及其制品；花生及其制品；大豆及其制品；乳及乳制品（包括乳糖）；

坚果及果仁类制品。上述配料以外的致敏物质可自愿标示。

经电离辐射线或电离能量处理过的食品，应在食品名称附近标示"辐照食品"。经电离辐射线或电离能量处理过的任何食品配料，应在配料表中，或在其邻近位置标明。

转基因食品的标示应符合相关法律法规的规定。

特殊膳食类食品和专供婴幼儿的主辅类食品，应当标示主要营养成分及其含量，标示方式按照《食品安全国家标准 预包装特殊膳食用食品标签》（GB 13432—2013）执行，除上述食品外，营养标签的标注方式按《食品安全国家标准 预包装食品营养标签通则》（GB 28050—2011）执行。

需特殊审批的食品，其标签标识中需审批事项按照国家相关规定执行。

除需特殊审批的食品，国家标准、行业标准、地方标准中已规定特定食用人群的食品，经充分科学依据证明能够满足不同人群特殊营养需求的食品外，不得在标签和说明书中进行与特定食用人群相关的标示。

2．非直接提供给消费者的预包装食品标签标示内容

非直接提供给消费者的预包装食品标签应标示食品名称、规格、净含量、生产日期、保质期和贮存条件，其他内容如未在标签上标注，则应在说明书或合同中注明。

（四）标示内容的豁免

（1）下列预包装食品可以免除标示保质期：酒精度大于等于10%的饮料酒；食醋；食用盐；固态食糖类；味精。

（2）当预包装食品包装物或包装容器的最大表面面积小于20cm² 时可以只标示产品名称、净含量、生产者（或经销商）的名称和地址。

（3）由单一配料制成的预包装食品可以免除标示配料表。在加工过程中已挥发或去除的配料不需要在配料表中标示。

二、食品广告

食品广告是指利用各种媒介或形式发布的各种供人食用或者饮用的成品和原料的广告，包括普通食品广告、保健食品广告、新资源食品广告和特殊营养食品广告。食品广告文案的写作要注重产品味觉、视觉的有效传达以及产品功用的准确表述，同时严格遵守相关法规，杜绝虚假广告。

（一）食品广告发布监管的范围

食品，是指各种供人食用或者饮用的成品和原料以及按照传统既是食品又是中药材的物品，但是不包括以治疗为目的的物品。

食品广告包括普通食品广告、保健食品广告、新资源食品广告和特殊营养食品广告。保健食品是指具有特定保健功能，适用于特定人群，具有调节机体功能，不以治疗疾病为目的的食品。新资源食品是指以在我国新研制、新发现、新引进的无食用习惯或者仅在个别地区有食用习惯的，符合食品基本要求的物品生产的食品。特殊营养食品是指通过改变食品的天然营养素成分和含量比例，以适应某些特殊人群营养需要的食品。保健食品、新资源食品、特殊营养食品的批准文号应当在其广告中同时发布。

（二）发布食品广告禁止出现的内容

发布食品广告，应当遵守《中华人民共和国广告法》和《中华人民共和国食品安全法》。食品广告不得含有"最新科学""最新技术""最先进加工工艺"等绝对化的语言或者表示。食品广告不得出现与药品相混淆的用语，不得直接或者间接地宣传治疗作用，也不得借助宣传某些成分的作用明示或者暗示该食品的治疗作用。食品广告不得明示或者暗示可以替代母乳，不得使用哺乳妇女和婴儿的形象。食品广告中不得使用医疗机构、医生的名义或者形象。食品广告中涉及特定功效的，不得利用专家、消费者的名义或者形象做证明。

（三）发布保健食品广告应遵守的规定

保健食品的广告内容应当以国务院卫生行政部门批准的说明书和标签为准，不得任意扩大范围。保健食品不得与其他保健食品或者药品进行功效对比。普通食品、新资源食品、特殊营养食品广告不得宣传保健功能，也不得借助宣传某些成分的作用明示或者暗示其保健作用。

发布保健食品广告还需注意以下事项。

（1）在针对未成年人的大众传播媒介上不得发布保健食品广告。

（2）广播电台、电视台、报刊、音像出版单位、互联网信息服务提供者不得以介绍健康、养生知识等形式变相发布保健食品广告。

（3）发布保健食品广告应当在发布前由有关部门（以下称广告审查机关）对广告内容进行审查，未经审查，不得发布。

（4）保健食品广告不得含有下列内容：

①表示功效、安全性的断言或者保证；

②涉及疾病预防、治疗功能；

③声称或者暗示广告商品为保障健康所必需；

④与药品、其他保健食品进行比较；

⑤利用广告代言人作推荐、证明；

⑥法律、行政法规规定禁止的其他内容。

保健食品广告应当显著标明"本品不能代替药物"。

（四）保健食品广告审查

依据国家市场监督管理总局2019年发布的《药品、医疗器械、保健食品、特殊医学用途配方食品广告审查管理暂行办法》（2019年12月24日国家市场监督管理总局令第21号公布），发布保健食品广告应当依法提交《广告审查表》，与发布内容一致的广告样件，以及下列合法有效的材料。

（1）申请人的主体资格相关材料，或者合法有效的登记文件。

（2）产品注册证明文件或者备案凭证、注册或者备案的产品标签和说明书，以及生产许可文件。

（3）广告中涉及的知识产权相关有效证明材料。

经授权同意作为申请人的生产、经营企业，还应当提交合法的授权文件；委托代理人进行申请的，还应当提交委托书和代理人的主体资格相关材料。

第四节　特殊食品要求

一、特殊食品及分类

特殊食品指为满足某些特殊人群的生理需要，或某些疾病患者的营养需要，按特殊配方而专门加工的食品。这类食品的成分或成分含量，应与可类比的普通食品有显著不同。特殊食品主要包括保健食品、特殊医学用途配方食品（简称特医食品）和婴儿配方食品等。

（一）保健食品

保健食品是指声称并具有特定保健功能或者以补充维生素、矿物质为目的的食品。即适用于特定人群食用，具有调节机体功能，不以治疗疾病为目的，并且对人体不产生任何急性、亚急性或慢性危害的食品。《食品安全国家标准 保健食品》（GB 16740—2014）保健食品的专有标识为蓝帽子标志，形状如图6-1所示。

图6-1　保健食品标志

（二）特殊医学用途配方食品

为了满足进食受限、消化吸收障碍、代谢紊乱或特定疾病状态人群对营养素或膳食的特殊需要，专门加工配制而成的配方食品。该类产品必须在医生或临床营养师指导下，单独食用或与其他食品配合食用。依据《食品安全国家标准 特殊医学用途配方食品通则》（GB 29922—2013），特殊医学用途配方食品分为全营养配方食品、特定全营养配方食品和非全营养配方食品。

特殊医学用途配方食品的配方应以医学和（或）营养学的研究结果为依据，其安全性及临床应用（效果）均需要经过科学证实。特殊医学用途配方食品的生产条件应符合国家有关规定。特殊医学用途配方食品也具有相关标识。

二、注册与备案

与普通食品不同，保健食品和特殊医学用途配方食品都要求注册。保健食品的注册和特殊医学用途配方食品的注册比较相似，他们分别主要依据《保健食品注册与备案管理办法》和《特殊医学用途配方食品注册管理办法》。

（一）保健食品注册与备案

保健食品注册，是指市场监督管理部门根据注册申请人申请，依照法定程序、条件和要求，对申请注册的保健食品的安全性、保健功能和质量可控性等相关申请材料进行系统评价和审评，并决定是否准予其注册的审批过程。

保健食品备案，是指保健食品生产企业依照法定程序、条件和要求，将表明产品安全性、保健功能和质量可控性的材料提交市场监督管理部门进行存档、公开、备查的过程。

1．政府相关部门管理分工

国家市场监督管理总局负责保健食品注册管理，以及首次进口的属于补充维生素、矿物质等营养物质的保健食品备案管理，并指导监督省、自治区、直辖市市场监督管理部门承担的保健食品注册与备案相关工作。

省、自治区、直辖市市场监督管理部门负责本行政区域内保健食品备案管理，并配合国家市场监督管理总局开展保健食品注册现场核查等工作。

市、县级市场监督管理部门负责本行政区域内注册和备案保健食品的监督管理，承担上级市场监督管理部门委托的其他工作。

2．政府相关部门受理分工

国家市场监督管理总局行政受理机构负责受理保健食品注册和接收相关进口保健食品备案材料。

省、自治区、直辖市市场监督管理部门负责接收相关保健食品备案材料。

国家市场监督管理总局保健食品审评机构负责组织保健食品审评，管理审评专家，并依法承担相关保健食品备案工作。

国家市场监督管理总局审核查验机构负责保健食品注册现场核查工作。

3．注册申请材料

申请保健食品注册应当提交下列材料。

（1）保健食品注册申请表，以及申请人对申请材料真实性负责的法律责任承诺书。

（2）注册申请人主体登记证明文件复印件。

（3）产品研发报告，包括研发人、研发时间、研制过程、中试规模以上的验证数据，目录外原料及产品安全性、保健功能、质量可控性的论证报告和相关科学依据，以及根据研发结果综合确定的产品技术要求等。

（4）产品配方材料，包括原料和辅料的名称及用量、生产工艺、质量标准，必要时还应当按照规定提供原料使用依据、使用部位的说明、检验合格证明、品种鉴定报告等。

（5）产品生产工艺材料，包括生产工艺流程简图及说明，关键工艺控制点及说明。

（6）安全性和保健功能评价材料，包括目录外原料及产品的安全性、保健功能试验评价材料，人群食用评价材料；功效成分或者标志性成分、卫生学、稳定性、菌种鉴定、菌种毒力等试验报告，以及涉及兴奋剂、违禁药物成分等检测报告。

（7）直接接触保健食品的包装材料种类、名称、相关标准等。

（8）产品标签、说明书样稿；产品名称中的通用名与注册的药品名称不重名的检索材料。

（9）3个最小销售包装样品。

（10）其他与产品注册审评相关的材料。

4．需要备案的保健品

生产和进口下列保健食品应当依法备案。

（1）使用的原料已经列入保健食品原料目录的保健食品。

（2）首次进口的属于补充维生素、矿物质等营养物质的保健食品。

首次进口的属于补充维生素、矿物质等营养物质的保健食品，其营养物质应当是列入保健食品原料目录的物质。

5．备案申请

（1）申请保健食品备案需要提交以下资料。

①产品配方材料，包括原料和辅料的名称及用量、生产工艺、质量标准，必要时还应当按照规定提供原料使用依据、使用部位的说明、检验合格证明、品种鉴定报告等。

②产品生产工艺材料，包括生产工艺流程简图及说明，关键工艺控制点及说明。

③安全性和保健功能评价材料，包括目录外原料及产品的安全性、保健功能试验评价材料，人群食用评价材料；功效成分或者标志性成分、卫生学、稳定性、菌种鉴定、菌种毒力等试验报告，以及涉及兴奋剂、违禁药物成分等检测报告。

④直接接触保健食品的包装材料种类、名称、相关标准等。

⑤产品标签、说明书样稿；产品名称中的通用名与注册的药品名称不重名的检索材料。

⑥保健食品备案登记表，以及备案人对提交材料真实性负责的法律责任承诺书。

⑦备案人主体登记证明文件复印件。

⑧产品技术要求材料。

⑨具有合法资质的检验机构出具的符合产品技术要求全项目检验报告。

⑩其他表明产品安全性和保健功能的材料。

（2）申请进口保健食品备案的，除提交以上材料外，还应当提交以下材料。

①产品生产国（地区）政府主管部门或者法律服务机构出具的注册申请人为上市保健食品境外生产厂商的资质证明文件。

②产品生产国（地区）政府主管部门或者法律服务机构出具的保健食品上市销售一年以上的证明文件，或者产品境外销售以及人群食用情况的安全性报告。

③产品生产国（地区）或者国际组织与保健食品相关的技术法规或者标准。

④境外注册申请人委托境内的代理机构办理注册事项的，应当提交经过公证的委托书原件以及受委托的代理机构营业执照复印件。

（二）特殊医学用途配方食品注册

特殊医学用途配方食品注册，是指国家市场监督管理总局根据申请，依照《特殊医学用途配方食品注册管理办法》规定的程序和要求，对特殊医学用途配方食品的产品配方、生产工艺、标签、说明书以及产品安全性、营养充足性和特殊医学用途临床效果进行审查，并决定是否准予注册的过程。

1．注册管理

国家市场监督管理总局负责特殊医学用途配方食品的注册管理工作。

国家市场监督管理总局食品审评机构承担特殊医学用途配方食品注册申请的受理、审评等工作。

国家市场监督管理总局核查机构负责特殊医学用途配方食品注册申请的现场核查工作。

省、自治区、直辖市市场监督管理部门应当配合特殊医学用途配方食品注册申请的现场核查等工作。

2. 注册申请

申请人应当具备与所生产特殊医学用途配方食品相适应的研发能力、生产能力，设立特殊医学用途配方食品研发机构，按照良好生产规范要求建立与所生产食品相适应的生产质量管理体系，具备按照特殊医学用途配方食品国家标准和技术要求规定的全部项目逐批检验能力。

研发机构中应当有食品相关专业高级职称或者相应专业能力的人员。申请特殊医学用途配方食品注册，应当提交下列材料。

（1）特殊医学用途配方食品注册申请书。

（2）产品研发报告。

（3）产品配方设计依据。

（4）生产工艺资料。

（5）产品标准和技术要求。

（6）产品标签、说明书样稿。

（7）试验样品检验报告。

（8）研发、生产和检验能力材料。

（9）其他与产品注册相关的材料。

申请特定全营养配方食品注册，一般还应当提交临床试验报告。

三、特殊食品的生产经营在《中华人民共和国食品安全法》中的要求

《中华人民共和国食品安全法》对特殊食品的管理做了专门的规定，以下引自食品安全法。

第七十四条　国家对保健食品、特殊医学用途配方食品和婴幼儿配方食品等特殊食品实行严格监督管理。

第七十五条　保健食品声称保健功能，应当具有科学依据，不得对人体产生急性、亚急性或者慢性危害。

保健食品原料目录和允许保健食品声称的保健功能目录，由国务院食品安全监督管理部门会同国务院卫生行政部门、国家中医药管理部门制定、调整并公布。

保健食品原料目录应当包括原料名称、用量及其对应的功效；列入保健食品原料目录的原料只能用于保健食品生产，不得用于其他食品生产。

第七十六条　使用保健食品原料目录以外原料的保健食品和首次进口的保健食品应当经

国务院食品安全监督管理部门注册。但是，首次进口的保健食品中属于补充维生素、矿物质等营养物质的，应当报国务院食品安全监督管理部门备案。其他保健食品应当报省、自治区、直辖市人民政府食品安全监督管理部门备案。

进口的保健食品应当是出口国（地区）主管部门准许上市销售的产品。

第七十七条　依法应当注册的保健食品，注册时应当提交保健食品的研发报告、产品配方、生产工艺、安全性和保健功能评价、标签、说明书等材料及样品，并提供相关证明文件。国务院食品安全监督管理部门经组织技术审评，对符合安全和功能声称要求的，准予注册；对不符合要求的，不予注册并书面说明理由。对使用保健食品原料目录以外原料的保健食品作出准予注册决定的，应当及时将该原料纳入保健食品原料目录。

依法应当备案的保健食品，备案时应当提交产品配方、生产工艺、标签、说明书以及表明产品安全性和保健功能的材料。

第七十八条　保健食品的标签、说明书不得涉及疾病预防、治疗功能，内容应当真实，与注册或者备案的内容相一致，载明适宜人群、不适宜人群、功效成分或者标志性成分及其含量等，并声明"本品不能代替药物"。保健食品的功能和成分应当与标签、说明书相一致。

第七十九条　保健食品广告除应当符合本法第七十三条第一款的规定外，还应当声明"本品不能代替药物"；其内容应当经生产企业所在地省、自治区、直辖市人民政府食品安全监督管理部门审查批准，取得保健食品广告批准文件。省、自治区、直辖市人民政府食品安全监督管理部门应当公布并及时更新已经批准的保健食品广告目录以及批准的广告内容。

第八十条　特殊医学用途配方食品应当经国务院食品安全监督管理部门注册。注册时，应当提交产品配方、生产工艺、标签、说明书以及表明产品安全性、营养充足性和特殊医学用途临床效果的材料。

特殊医学用途配方食品广告适用《中华人民共和国广告法》和其他法律、行政法规关于药品广告管理的规定。

第八十一条　婴幼儿配方食品生产企业应当实施从原料进厂到成品出厂的全过程质量控制，对出厂的婴幼儿配方食品实施逐批检验，保证食品安全。

生产婴幼儿配方食品使用的生鲜乳、辅料等食品原料、食品添加剂等，应当符合法律、行政法规的规定和食品安全国家标准，保证婴幼儿生长发育所需的营养成分。

婴幼儿配方食品生产企业应当将食品原料、食品添加剂、产品配方及标签等事项向省、自治区、直辖市人民政府食品安全监督管理部门备案。

婴幼儿配方乳粉的产品配方应当经国务院食品安全监督管理部门注册。注册时，应当提交配方研发报告和其他表明配方科学性、安全性的材料。

不得以分装方式生产婴幼儿配方乳粉，同一企业不得用同一配方生产不同品牌的婴幼儿配方乳粉。

第八十二条　保健食品、特殊医学用途配方食品、婴幼儿配方乳粉的注册人或者备案人应当对其提交材料的真实性负责。

省级以上人民政府食品安全监督管理部门应当及时公布注册或者备案的保健食品、特殊医学用途配方食品、婴幼儿配方乳粉目录，并对注册或者备案中获知的企业商业秘密予以保密。

保健食品、特殊医学用途配方食品、婴幼儿配方乳粉生产企业应当按照注册或者备案的产品配方、生产工艺等技术要求组织生产。

第八十三条　生产保健食品，特殊医学用途配方食品、婴幼儿配方食品和其他专供特定人群的主辅食品的企业，应当按照良好生产规范的要求建立与所生产食品相适应的生产质量管理体系，定期对该体系的运行情况进行自查，保证其有效运行，并向所在地县级人民政府食品安全监督管理部门提交自查报告。

第五节　食品生产经营者的法律责任

在《中华人民共和国食品安全法》中，涉及食品安全法律责任的相关处罚共计28条（第一百二十二条至第一百四十九条），其中直接针对食品的生产经营者（包含对为非法食品生产经营者提供场地等生产条件者的处罚）的主要有16条（第一百二十二条至一百三十六条），相关的法律责任请见附录：《中华人民共和国食品安全法》原文。

✍ 思考与练习题

○ 1. 简述若要合法从事食品生产经营，应当经过哪些步骤。

○ 2. 食品标签应该具有哪些要素？

○ 3. 什么是保健食品？保健食品的生产经营有哪些特殊要求？

第七章　食品安全检验

第一节　检验检测基础

一、检验和检测的意义

随着科学技术的发展，大量的新技术、新原料和新产品被应用于农业和食品工业中，食品污染的因素也日趋复杂化。食品安全的风险可能来自种植过程中被微生物、重金属污染，也可能在加工包装过程中添加了超范围、超剂量的添加剂等。粮食油料、肉鱼禽蛋、蔬菜水果等可能存在激素、抗生素等滥用问题，也可能被催熟、染色、增重、过度防腐、翻新、仿真等，使有害化学物质迁移到食品中。食品安全问题，范围广，伤害大，查处难度高，向来是食品产业发展的一大障碍，因此，食品安全检验和检测就显得尤其重要，利用食品安全检测技术对食品进行检测，可以将食品安全问题扼杀在摇篮中，从而保护人民群众的生命财产安全，维护我国食品产业的健康、有序发展。

二、检验与检测的概念

（一）检验

检验是科学名词，指用工具、仪器或其他分析方法检查各种原材料、半成品、成品是否符合特定的技术标准、规格的工作过程。检验强调"符合性"，不仅提供结果，还要将结果与相关规定要求进行比较，做出合格与否的判定。

（二）检测

检测是通过观察、测量或试验来获得定性或定量数据的技术性活动。检测不涉及技术所得数据与相关要求之间的对比，也不涉及所得技术指标是否与要求相符的判断。

三、检验作用

（一）鉴别职能

食品检验过程中，根据法规、技术标准等，对食品形成的各阶段进行检验，并将检验结果与要求比较，做出符合或不符合产品要求的判断，或对产品安全水平进行评价，起到鉴别产品的作用。

（二）把关职能

把关职能也称保证职能，是通过检验，剔除不合格品并予以"隔离"，做到"三不准"，即不合格的原材料不准用于生产，不合格的半成品不准转序（工序），不合格的成品不准出售，这是最重要、最基本的职能。

（三）预防职能

通过抽样检验进行过程能力分析和运用控制图判断过程状态，从而预防不合格品的出现。检验人员通过进货检验、首件检验、巡回检验等，及早发现不合格品，防止不合格品进入工序加工，避免造成更大的损失。

（四）报告职能

通过各阶段的检验，记录和汇集产品质量的各种数据，这些数据是证实产品符合性及质量管理体系有效运行的重要证据。此外，当产品质量发生异动时，这些检验记录能及时向有关部门及领导报告，起到信息反馈作用。

四、检验一般步骤

（一）检验准备

首先要熟悉检验要求的质量特性和具体内容，确定测量的项目和量值。要确定检验方法，选择精密度、准确度及符合检验要求的计量器具和测试、试验及理化分析用的仪器设备。确定检验条件，确定检验实物的数量，对批量产品还需确定抽样方案。将确定的检验方法和方案用文字形式做出书面规定，制定检验规程和指导文件，绘制流程图等。

（二）检测

按已确定的检验方法和方案，对产品的一项或多项质量与安全符合性进行定性或定量的观察、测量、试验，得到需要的量值。

（三）数据记录与整理

把所检验的相关数据，按要求做好记录并进行整理。质量与安全检验数据要客观真实，字迹要清晰、整齐，不得随意涂改，需要更改的要按规定程序和要求办理。除记录检验目标数据外，检验过程还应记录检验日期、样品名称、检验人员签名等辅助信息。

（四）数据分析、比较和判定

将检验数据进行分析得出结果，将结果与要求进行对照，确定质量与安全特性是否符合要求，从而判定被检验的产品是否合格。

（五）确认和处置

对合格品准予放行，并及时转入下一作业过程，对不合格产品给予相应的处置，形成质量与安全报告，改进相关工序的缺陷与不足。

五、检验形式

（一）原始凭证检验

在供方质量稳定、有充分信誉的条件下，餐饮企业的质量检验往往采取查验原始质量凭证的方式，如许可证明、营业执照、合格证、检验或试验报告等，以认定其质量状况。

（二）实物检验

实物检验是指由本单位专职检验人员或委托外部检验单位按规定的程序和要求进行的检验。

（三）派员检验

采购方派员到供货方对其产品、产品的形成过程和质量控制进行现场查验认定供货方产品生产过程质量受控、产品合格，给予认可接受。

六、质量与安全检验分类

（一）按生产过程的顺序分类

1. 进货检验

进货检验主要是对原料及相关凭证的检验，指企业对供应方资质、所采购的原料、配料、包装材料及半成品等在入库之前所进行的接收检验。

2. 过程检验

过程检验也称工序检验、制程检验，是在产品形成过程中对各加工工序进行的检验。一般由生产部门和质检部门分工协作、共同完成。过程检验可包括首件检验、巡回检验、在线检验。

（1）首件检验　首件检验指特定工艺下对加工的第一件产品进行的检验或在生产开始时（上班或换班）或工序因素调整（调整工装、设备、工艺）后对前几件产品进行的检验。

（2）巡回检验　巡回检验指在生产现场按一定的时间间隔对有关工序的产品和生产条件进行的监督检验，不仅要抽检产品，还需检查影响产品质量的生产因素以及重点关键工序。

（3）在线检验　在线检验指在流水线生产中，完成每道或数道工序后所进行的检验。通常需要在流水线中设置若干个检验工序。

3. 完工检验

完工检验又称最后检验或最终检验，是指对某一产品全部工序结束后的半成品或成品进行全面的检验。

（二）按被检验产品的数量分类

1. 全数检验

全数检验又称百分之百检验、全面检验，是对所提交检验的全部产品逐件按规定的标准检验，以判定每个产品合格与否。

2. 抽样检验

按预先确定的抽样方案，从交验批中抽取规定数量的样品构成一个样本，通过对样本的检验推断批合格或批不合格。对于抽样检验，需要注意抽样的科学性和统计学意义。

（三）按检验目的分类

1. 生产检验

生产检验指生产企业在产品形成的整个生产过程中的各个阶段所进行的检验。其目的是保证生产企业所生产的产品质量。

2. 验收检验

验收检验指顾客（需方）在接收生产企业（供方）提供的产品前所进行的检验。验收检验执行验收标准。

3. 监督检验

监督检验指经政府主管部门授权的独立检验机构，按主管部门制订的计划，从市场抽取商品或直接从生产企业抽取产品所进行的监督检验。目前对于餐饮食品的监督检验主要集中在食品的安全性方面。

4. 验证检验

验证检验指各级政府主管部门所授权的独立检验机构，从企业生产的产品中抽取样品，通过检验验证企业所生产的产品是否符合所执行的要求的检验。如产品质量认证中的型式检验（依据产品标准，由检验机构对技术要求中规定的所有项目指标进行的全面检验）。

5. 仲裁检验

仲裁检验指当供需双方因产品质量发生争议时，由各级政府主管部门所授权的独立检验机构抽取样品进行检验，提供仲裁的技术依据。

（四）按特性的数据性质分类

1. 计量值检验

计量值检验需要测量和记录具体数值，并根据数值对要求对比，判定产品是否合格。

2. 计数值数据

所获得的质量数据合格品数等计数值数据，不能取得质量要素的具体数值。

（五）按检验的效果分类

1. 判定性检验

判定性检验指依据产品的质量与安全要求，通过检验判断产品合格与否的符合性判断。

2. 信息性检验

信息性检验指利用检验所获得的信息进行质量控制的检验。

3. 寻因性检验

寻因性检验指通过检验，寻找可能产生不合格产品的原因，并有针对性地设计和制造修正，杜绝不合格品的产生。

（六）按检验后样品的状况分类

1. 破坏性检验

破坏性检验指将被检验的样品破坏以后才能取得检验结果的检验，如食品品尝检验等。

2. 非破坏性检验

非破坏性检验指检验过程中产品不受破坏、产品质量不发生实质性变化的检验。如食品重量的测量、造型评价等。

（七）按检验方法分类

1．感官检验

食品感官检验是根据人的感觉器官对食品的各种质量与安全特征的"感觉"，如：味觉、嗅觉、听觉、视觉等，用语言、文字、符号或数据进行记录，再运用统计学的方法进行统计分析，从而得出结论的检验方法。

2．理化检验

食品理化检验，是指借助物理、化学的方法，使用测量工具或仪器设备对食品所进行的检测和验证。

3．微生物检验

食品微生物检测是运用微生物学的理论与方法，检验食品中微生物的种类、数量、性质及其对人的健康的影响，以判别食品是否符合相关要求的检验方法。

（八）按检验人员分类

1．自检

自检指由生产者在生产过程中对自己所生产的产品进行的自我检验。

2．互检

互检指由同工种或上下道工序的生产者之间对生产的产品进行相互检验。

3．专检

专检指由企业质量与安全检验机构直接领导检验的主体进行的检验。

此外，食品质量与安全的检验还可以按检验利益相关方、检验周期等进行分类。

第二节　食品检验机构资质与管理

《中华人民共和国食品安全法》规定，除法律另有规定的，食品检验机构按照国家有关认证认可的规定取得资质认定后，方可从事食品检验活动。食品生产企业可以自行对所生产的食品进行检验，也可以委托符合食品安全法规定的食品检验机构进行检验。食品行业协会和消费者协会等组织、消费者需要委托食品检验机构对食品进行检验的，也应当委托符合食品安全法规定的食品检验机构进行。

一、检验机构资质认定的主要依据

对检验机构资质的认定的实施依据主要包括：《中华人民共和国食品安全法》《中华人民共和国食品安全法实施条例》《中华人民共和国计量法》《中华人民共和国认证认可条例》《检验检测机构资质认定管理办法》《检验检测机构资质认定评审准则》《食品检验机构资

质认定条件》等。

二、进行食品检验资质认定的条件

食品检验机构按照国家有关认证认可的规定取得资质认定后，方可从事食品检验活动（法律另有规定的除外）。食品检验机构的资质认定条件和检验规范，由国务院食品安全监督管理部门规定。国务院有关部门以及相关行业主管部门依法成立的检验检测机构，其资质认定由市场监督管理总局负责组织实施；其他检验检测机构的资质认定，由其所在行政区域的省级市场监督管理部门负责组织实施。申请资质认定的检验检测机构应当符合以下条件。

（1）依法成立并能够承担相应法律责任的法人或者其他组织。

（2）具有与其从事检验检测活动相适应的检验检测技术人员和管理人员。

（3）具有固定的工作场所，工作环境满足检验检测要求。

（4）具备从事检验检测活动所必需的检验检测设备设施。

（5）具有并有效运行保证其检验检测活动独立、公正、科学、诚信的管理体系。

（6）符合有关法律法规或者标准、技术规范规定的特殊要求。

另外，申请食品检验资质认定的还可以进一步参阅《食品检验机构资质认定条件》。《食品检验机构资质认定条件》对资质认定技术评审内容：组织、管理体系、检验能力、人员、环境和设施、设备和标准物质等方面作了更加详细的具体要求。

三、认定程序

检验检测机构资质认定程序分为一般程序和告知承诺程序。除法律、行政法规或者国务院规定必须采用一般程序或者告知承诺程序的之外，检验检测机构可以自主选择资质认定程序。采用告知承诺程序实施资质认定的，按照市场监督管理总局有关规定执行。

检验检测机构资质认定一般程序的技术评审方式包括：现场评审、书面审查和远程评审。根据机构申请的具体情况，采取不同技术评审方式对机构申请的资质认定事项进行审查。检验检测机构资质认定一般程序如下。

（1）申请资质认定的检验检测机构（以下简称申请人），应当向市场监督管理总局或者省级市场监督管理部门（以下统称资质认定部门）提交书面申请和相关材料，并对其真实性负责。

（2）资质认定部门对申请人提交的申请和相关材料进行初审，自收到申请之日起5个工作日内作出受理或者不予受理的决定，并书面告知申请人。

（3）资质认定部门自受理申请之日起，在30个工作日内，依据检验检测机构资质认定基本规范、评审准则的要求，完成对申请人的技术评审。技术评审包括书面审查和现场评审（或者远程评审）。技术评审时间不计算在资质认定期限内，资质认定部门将技术评审时间告知申请人。由于申请人整改或者其他自身原因导致无法在规定时间内完成的情况除外。

（4）资质认定部门自收到技术评审结论之日起，在10个工作日内，作出是否准予许可的决定。准予许可的，自作出决定之日起7个工作日内，向申请人颁发资质认定证书。不予许可的，书面通知申请人，并说明理由。

四、检验要求与法律责任

（一）检验的基本要求

食品检验机构的资质认定条件和检验规范，由国务院食品安全监督管理部门规定。市场监管总局对省级市场监督管理部门实施的检验检测机构资质认定工作进行监督和指导。

（1）食品检验由食品检验机构指定的检验人独立进行。检验人应当依照有关法律法规的规定，并按照食品安全标准和检验规范对食品进行检验，尊重科学，恪守职业道德，保证出具的检验数据和结论客观、公正，不得出具虚假检验报告。

（2）食品检验实行食品检验机构与检验人负责制。食品检验报告应当加盖食品检验机构公章，并有检验人的签名或者盖章。食品检验机构和检验人对出具的食品检验报告负责。

（二）违法处罚

（1）检验检测机构有下列情形之一的，资质认定部门应当依法办理注销手续：资质认定证书有效期（6年）届满，未申请延续或者依法不予延续批准的；检验检测机构依法终止的；检验检测机构申请注销资质认定证书的；法律法规规定应当注销的其他情形。

（2）以贿赂等不正当手段取得资质认定的，资质认定部门应当依法撤销资质认定。被撤销资质认定的检验检测机构，三年内不得再次申请资质认定。

（3）检验检测机构申请资质认定时提供虚假材料或者隐瞒有关情况的，资质认定部门应当不予受理或者不予许可。检验检测机构在一年内不得再次申请资质认定。

（4）检验检测机构未依法取得资质认定，擅自向社会出具具有证明作用的数据、结果的，依照法律法规的规定执行；法律法规未作规定的，由县级以上市场监督管理部门责令限期改正，处3万元罚款。

（5）检验检测机构有下列情形之一的（检测机构在需要办理变更手续而未按要求进行办理或检验检测机构向社会出具具有证明作用的检验检测数据、结果，未在其检验检测报告上标注资质认定标志），由县级以上市场监督管理部门责令限期改正；逾期未改正或者改正后仍不符合要求的，处1万元以下罚款。

（6）检验检测机构有下列情形之一的，法律法规对撤销、吊销、取消检验检测资质或者证书等有行政处罚规定的，依照法律法规的规定执行；法律法规未作规定的，由县级以上市场监督管理部门责令限期改正，处3万元罚款。

①基本条件和技术能力不能持续符合资质认定条件和要求，擅自向社会出具具有证明作用的检验检测数据、结果的。

②超出资质认定证书规定的检验检测能力范围，擅自向社会出具具有证明作用的数据、结果的。

（7）检验检测机构违反《检验检测机构资质认定管理办法》规定，转让、出租、出借资质认定证书或者标志，伪造、变造、冒用资质认定证书或者标志，使用已经过期或者被撤销、注销的资质认定证书或者标志的，由县级以上市场监督管理部门责令改正，处3万元以下罚款。

第三节　食品安全实验室检测技术

一、现阶段食品安全主要检测技术

现阶段的食品安全检测技术主要有色谱技术、光谱分析、生物检测技术、食品快速检测技术等。

（一）色谱技术

色谱技术实质上是一种物理化学分离方法，即当两相作相对运动时，由于不同的物质在两相（固定相和流动相）中具有不同的分配系数（或吸附系数），通过不断分配（即组分在两相之间进行反复多次的溶解、挥发或吸附、脱附过程）从而达到各物质被分离的目的。色谱技术已经发展成熟，具有检测灵敏度高、分离效能高、选择性高、检出限低、样品用量少、方便快捷等优点，已被广泛应用于食品工业的安全检测中。色谱中常用的方法有气相色谱法、高效液相色谱法、薄层色谱法和免疫亲和色谱法。

（二）光谱分析

光谱分析法是利用物质发射、吸收电磁辐射以及物质与电磁辐射的相互作用而建立起来的一种方法，通过辐射能与物质组成和结构之间的内在联系及表现形式，以光谱测量为基础形成的方法。光谱分析是一种无损的快速检测技术，分析成本低。其中，拉曼光谱、红外光谱、近红外光谱以及荧光光谱等在食品安全检测中应用较为广泛。

（三）生物检测技术

生物检测技术近年来飞速发展，且在食品检测中备受关注。由于食品多数来源于动植物等自然界生物，因此自身天然存在辨别物质和反应的能力。利用生物材料与食品中化学物质的反应，来达到检测目的的生物技术在食品检验中显示出巨大的应用潜力，具有特异性生物识别功能、选择性高、结果精确、灵敏、专一、微量和快速等优点。应用较广泛的方法有酶联免疫吸附（ELISA）技术、聚合酶链式反应（PCR）技术、生物传感技术以及生物芯片技术等。

（四）食品快速检测技术

食品快速检测技术作为保障食品安全的主要手段，越来越受到各监管部门的重视。由于食品原料中大量使用农药、激素、抗生素以及加工过程中非法添加的有毒有害物质，食品中毒事件频发，且突发性强、蔓延快，传统的检测手段已经无法满足快速监督和预警需要。食品快速检测技术是相对传统检验检测而言的。用快速检测技术方法在现场对样品进行筛查，其特点是对危害指标进行定性检测，检测速度快，能赢得时间，可消除食品安全隐患。产品实验室检测结果虽然准确、可靠，但周期长、费用高、操作烦琐。

二、实验室常规检测概念

常规检测和快速检测是相比较而言的，实验室内的常规检测可以指除快速检测外的其他检测。因此，实验室常规检测没有具体的起源时间，可以说有实验的地方就有检测，有实验室检测的地方就有实验室常规检测。

三、实验室常规检测基本内容

实验室常规检测范围涵盖很广，食品安全实验室常规检测可以概括为以下常见主要检测项目。

（1）常规理化及营养成分检测（含理化指标、宏量营养素、微量营养素等）。

（2）食品添加剂和非食品物质检测（食品添加剂、非食用物质等）。

（3）农药残留检测（有机氯农药、有机磷农药、氨基甲酸甲酯类农药、拟除虫菊酯类农药等）。

（4）兽药残留检测（硝基呋喃类、沙星类、四环素族类、磺胺类药物等）。

（5）食品毒害物质检测（重金属、硝酸盐类、生物毒素、其他污染物及有毒有害物质等）。

（6）微生物检测（非致病性菌、食源性致病菌）。

（7）转基因产品检测（动物性成分检测、食品及原料中过敏原成分检测、农作物转基因筛选、常见转基因农作物品系检测）。

（8）营养标签检测（保健成分、营养标签等）。

（9）食品接触材料测试（塑料、涂料、树脂、玻璃、金属、陶瓷、包装用纸等）。

四、实验室常规检测的影响和发展趋势

实验室常规检测可以说是快速检测的成长土壤，实验室常规检测依然不能被快速检测完全取代。在国家相关食品安全检测标准中，实验室常规检测依然占有不可替代的重要地位。实验室常规检测的新手段和科技含量在逐步提高，检测速度和精度上也在不断提高。近年来，色谱技术、PCR技术、ELISA技术、化学发光免疫分析、毛细管电泳技术、生物芯片技术、生物传感技术、纳米技术、超声技术等在食品安全检测的应用中日趋成熟和完善，逐步融入食品安全实验室常规检测中，进一步提高了食品安全检测的精度和速度。此外，食品安全检测除在特定项目检测上灵敏度越来越高外，由于食品安全检测涉及食品种类繁多、涉的检测项目也比较多，食品安全实验室检测向集成化发展也是一个重要的发展方向。

五、实验室检测要求

（一）实验室设施要求

1．环境场所

实验室的设计及工程施工必须合理，实验室要有足够的空间与合理的布局、便利的水源（上、下水）、相对稳定的电源，以及能够满足实验室日常工作必要的实验室内温度、湿度、照明度、噪声、洁净度、通风、光照、安全防护设施等条件。

2．仪器设备配备

实验室设备种类及数量，应足以满足日常工作的要求，分析仪器与辅助设施配备要合理。涉及定量分析的仪器设备，要进行定期计量与校准。有特殊要求仪器设备如微生物检验的无菌间、存放特殊气体的气瓶间或气瓶柜、存放剧毒药品等的防护用具措施。

3．合理的资源配置

实验室人员结构要合理，分工相对合理，相应岗位的人员，应具备相应的知识技能。实验室的分析检测所用药品、试剂、气体纯度等资源要合理利用，存放符合条件，避免不必要的污染。要符合要求，存放合理，避免交叉污染或失效。

4．数据记录及分析

实验室要建立大型仪器、精密仪器的仪器档案和操作规程，建立实验室资料的管理及更新制度，确保所用资料的现行有效性，与实验有关的原始记录要建立良好的保管制度，保证数据记录的准确性、完整性。

（二）化学分析技术操作及环境要求

化学分析是指利用化学反应和它的计量关系来确定被测物质的组成和含量的一类分析方法，又称为经典分析。进行化学分析时使用药品是化学试剂，工具则是天平和一些玻璃器皿。由于化学分析是以化学反应为基础的分析方法，其反应可用通式表示为：

$$X+R = P$$

式中，X代表被测成分；R代表试剂；P代表生成物。由于反应类型不同，操作方法和环境要求也有差异。化学分析技术又可以分为重量分析、容量（滴定）分析及气体分析技术。下面分别以重量分析和容量分析为例对化学分析进行简要介绍。

1．重量分析

重量分析是根据化学反应生成物的质量求出被测成分含量的方法，又称为称量分析法。以沉淀重量分析法为例，在进行重量分析时的步骤主要有试样溶解、待测组分的沉淀、过滤和洗涤、烘干和灼烧至恒重等。

在试样溶解时，要确保待测组分全部溶解在溶剂中。过滤待测成分时，要根据实验的目的（定性实验还是定量实验）选用合适的滤纸，重量分析沉淀一般选用定量滤纸。当涉及沉淀的性质时，要考虑滤纸的流速，细晶形沉淀一般选慢速滤纸；粗晶形沉淀宜选择中速滤纸；胶状沉淀应选快速滤纸。在实验过程中应注意在过滤和洗涤沉淀时尽量减少沉淀损失，以免影响实验结果的准确性。

沉淀的烘干操作可以在100℃左右的烘箱中进行，也可以在电炉或煤气灯上处理，请注意不要使滤纸发生燃烧，以免影响实验结果的准确性。

2．容量分析

容量分析又称滴定分析，是一种重要的定量分析方法。此法将一种已知浓度的试剂溶液滴加到被测物质的试液中，根据完成化学反应所消耗的试剂量来确定被测物质的量。容量分析所用的仪器简单，还具有方便、迅速、准确的优点，特别适用于常量组分测定和大批样品的例行分析。使用容量分析检测的样品需符合以下几个条件。

（1）反应按一定的反应方程式进行完全，不能有副反应，这是定量计算的基础。

（2）反应迅速，滴定反应最好能瞬间定量完成，如果反应速度不够快，就很难确定理论终点，甚至完全不能确定。

（3）主反应不受共存物的干扰，或有消除的措施。如果滴定体系中有其他共存离子，它们应完全不干扰滴定反应的进行。即滴定反应应当是专属的，或者可以通过控制反应条件或利用掩蔽剂等手段加以消除。

（4）有确定理论终点的方法，通常确定理论终点的最简便方法就是使用指示剂。所选用的指示剂，应恰能在滴定突跃范围内发生敏锐的颜色变化，以便停止滴定。

在滴定操作中，温度低，则反应慢；温度高，则反应快。其次，有无催化剂以及有无干扰离子，都会干扰滴定效果。要注意标准溶液的浓度对滴定结果的影响，标准溶液的浓度越大，则滴定突跃越大，反之则滴定突跃越小。一般操作中，标准浓度的大小要依据被滴定组分的浓度而定，两者总是近似相同。不仅便于操作，也有利于获得较大的突跃。在测定被测物质的质量时，应根据不同物质的性质选择合适的测量方式。

3．仪器分析技术操作及环境要求

仪器分析是通过测量待表征物质的某些物理或化学性质的参数来完成物质的化学组成定性确证、含量测定和结构分析任务。

仪器分析在化学分析的基础上吸收了物理学、光学、电子学等内容，根据光、电、磁、声、热的性质进行分析，并依靠特定仪器装置来完成。由于计算机技术的引入，使仪器分析的快速、灵敏、准确等特点更加明显，多种技术的结合、联用使仪器分析的应用面更加广泛。仪器分析的方法很多，而且相互比较独立，可以自成体系。根据测量原理不同，通常把仪器分析方法分为光学分析法、电化学分析法、色谱法、核磁与顺磁共振波谱法以及热分析法等。不同的分析仪器的操作和环境要求各有特点，差异很大。

（1）气相色谱仪的操作及环境要求　气相色谱仪的基本操作步骤是装柱、通载气、试漏、通电，设置柱温、汽化温度、检测器温度、流速或设置热丝电流（TCD），开启数据处理机；设置数据处理机参数；进样分析。

在具体操作中，应根据分析物的特点和性质合理选择不同的色谱柱、检测器。选择色谱柱时，分析烃类和脂肪酸酯物质最好选用机械强度好的不锈钢柱；分析活性物质及使用高分子微球固定相时多用玻璃柱；合理选用色谱柱有利于测定结果的准确性和稳定性。对检测器的操作来说，若使用热导检测器时，要在接通检测器热丝电流之前，确保载气流过检测器，在使用氢焰检测器、火焰光度检测器、氮磷检测器时，要注意检测器温度必须高于110℃，以防水汽的冷凝，载气的种类、纯度和流速会在一定程度上影响色谱分析的可靠性。气相色谱使用的载气要求纯净、惰性度应比被测气体高10倍以上，否则将出负峰。而在使用电子捕获检测器时，则要求电子捕获检测器中的载气氮纯度至少应大于99.999%，而且必须经净化以除去残留的氧（强烈吸电子）和水。载气的流速对峰高和峰面积有很大影响，载气流速过高，会降低柱效，但保留时间短，可根据速率理论来选择一个最佳气流。此外，柱温对分离的影响也比较复杂，柱温的高低直接影响分配系数K的大小。通常温度升高，K值下降，分析速度加快，但分离度下降。

（2）液相色谱仪的操作及环境要求　目前，很多型号的高效液相色谱（HPLC）仪都是自动分析检测的，如自动进样、自动分析、自动检测、自动出具实验报告，实验人员需要操作的程序较为简单。但一定要严格按照仪器操作规程进行操作，依次打开仪器的高压泵、检测器、工作站，设置试验参数。每次分析结束后，要反复冲洗进样口、色谱柱，防止样品的交叉污染。为了延长紫外灯寿命，在分析前，柱基本平衡后，打开检测器；在分析完成后，马上关闭检测器。

由于液相色谱仪有多种检测器，不同检测器的原理对环境的要求不同，目前多数液相色谱仪使用的检测器是紫外检测器。紫外检测器对温度、流动相组成和流速变化不敏感，适宜用作梯度洗脱；光散射检测器对各种物质都有响应，且响应因子基本一致，基线漂移不受温度变化的影响，信噪比也较高；而示差折光检测器则易受温度变化波动的影响。

高效液相色谱仪是精密仪器，对于分析的样品和试剂的纯度要求比较高，所以在对待测物进行分析之前，所有的样品和试剂都要经过高度纯化，否则样品中的细小颗粒会使进样阀堵塞、磨损，更重要的是污染色谱柱。流动相的pH和流动相的强度都会影响样品的分析，流动相的pH变化将会影响酸性或碱性样品组分的分离度，在反相色谱中向含水流动相中加入酸、碱或缓冲溶液，调节流动相的pH，抑制溶质的离子化，减少谱带拖尾，改善峰形，提高分离的选择性。操作中系统的压力也会影响测定效果，一般操作系统的压力应低于15MPa。通常HPLC仪器可承受 30～40MPa的压力，但实际工作中，最好是工作压力小于泵最大允许压力的50%，因为长期在高压状态下工作，泵、进样阀、密封垫的寿命将缩短。另外，随着色谱柱的使用，微粒物质会逐步堵塞柱头而使柱压升高。

（3）原子吸收分光光度计操作及环境要求　原子吸收分光光度计是专门进行元素分析测定的仪器。原子吸收分光光度计的开机和关机顺序是相反的，开机后先打开电源预热，调节各种工作参数，仪器稳定后打开气源。样品全部测定完，应先关燃气源总阀，然后是压力表阀、空气压缩机、总电源等。工作时要注意，防止"回火"现象的发生。如果使用的是石墨炉原子化系统，则要注意冷却水的使用，首先接通冷却水源，待冷却水正常流通后方可开始下一步操作。且要求有不间断冷却水，中途保证不能停水。此外，各种元素灯（即空心阴极灯）在长时间不用时，要定期通电加热一定时间延长灯寿命。当发现空心阴极灯的石英窗口有污染时，应用脱脂棉蘸无水乙醇擦拭干净。

六、样品预处理技术要求

在食品安全监督检测以及科学研究等工作中，正确的采样方法对于取得可靠真实的分析数据是十分重要的。样品是获得分析、测试数据的基础，如果采样不合理，就会使得实验数据失实，导致实验结果的不准确或实验的失败。随着科学技术的迅速发展，各种先进分析技术应用分析检测工作时很容易取得高精密、高准确的数据，这些都是建立在正确合理的采样基础上的，由此可见，正确采样以及样品的恰当保存是一项十分重要的工作。

（一）样品采集

样品的采集也称为抽样或取样，是从原料或产品整体中抽取样品，对整体的质量作出评估。如果采样不正确，分析检测结果就会失去真实性。因此，样品采集是食品安全测定中的第一步。

1. **样品采集的原则**

（1）代表性　采样时必须考虑食品品种、产地、成熟期、含水率、加工方法、运输、贮藏条件的不同，从具有复杂特征的被检物质中采集分析样品。在防止成分逸散和被污染的情况下，均匀、随机地采集有代表性的样品。采样器、容器、包装纸等应清洁、干燥、无异味，不应将任何有害物质带入样品中。供细菌检验用的样品，应遵守无菌操作规程。微量与痕量分析时，对容器要进行预处理。

（2）典型性　依据检测目的，样品应采集接近污染源的食品或易受污染的那一部分，同时还应采集确实被污染的同种食品作空白对照。中毒的食品采集，可选含毒量最多的样品。掺假食品，采集有问题的典型样品。设法保持样品原有微生物状况和理化指标，不应有其他物质污染样品，不发生变化。

（3）适时性　不少被检物质总是随时间发生变化，根据样品的性质和环境，有严格的时间要求。采样到样品分析的整个过程中，食品不能发生明显的特性改变。采样后应在4h内迅速送往实验室进行分析，使其保持原来的理化状态及有毒物质特征，在检测前不应发生变质、腐败、霉变、微生物死亡、毒物分解或组分挥发以及水分增减等变化。

（4）适量性　采样数量应根据检验项目和目的而定，一般每份样品不少于检验需要量的三倍，一式三份供检验、复验、备查或仲裁之用。

（5）程序性　注明样品名称、采样地点、采样日期、样品批号、采样方法、采样数量、外观特征、分析项目及采样人。采样、送检、留样和出具报告，均按照规定程序进行，各阶段有完整的手续，责任分明。

2. **样品采集的方法**

食品采样的方式如下。

（1）随机采样　总体中的每一部分都有同样的机会被抽取。

（2）系统采样　在一个时间段内选取一个开始点，然后按有规律的间隔抽选样品。

（3）整群采样　从总体中一次抽选一组或一群样品。

（4）混合采样　从各个散包中抽采样品，然后将两个或更多的样品组合在一起。

（5）指定代表性采样　在总体中拥有某种特殊检验重点的样品采集等方法。

（二）样品制备

按采样规程采取的样品往往数量多、颗粒较大，而且组成也不十分均匀，应按照检验方法先将样品制备为可检状态，从而确保分析结果的正确性。

（1）液体、浆体或悬浮液体样品，要摇匀或充分搅拌。常用的搅拌工具有玻璃搅拌棒和电动搅拌器。

（2）互不相溶的液体，如油与水的混合物，应首先使不相溶的成分分离，然后分别进行采样，再制备成均匀样品。

（3）固体样品，应采用切细、粉碎、捣碎、研磨等方法将样品制成均匀可检状态。根据水分以及硬度的不同，采用不同的处理方法。

（4）罐头制品，如水果罐头在捣碎前须清除果核；肉禽罐头应预先清除骨头；鱼类罐头要将调味品（葱、辣椒及其他）分出后再捣碎。常用捣碎工具有高速组织捣碎机等。

（三）样品的预处理

样品的预处理是指食品样品在测定前消除干扰成分，浓缩待测组分，使样品能满足分析方法要求的过程。样品没有统一的预处理方法，需要依据样品的种类、测试的目的、检测的方法等方面确定具体的预处理方法。处理的结果会直接影响检测的结果，甚至可能会造成判断错误，样品的预处理是检测成败的关键。样品的预处理是食品安全检验中非常重要的环节，其效果的好坏直接关系着分析工作的成败。常用的预处理方法较多，根据不同需要选择不同的方法。

1. 灰化

灰化是指先将样品炭化后，用高温加热分解破坏样品中的有机物，又称灼烧法。大多数金属元素和部分非金属元素都可以用该法进行预处理，即将一定数量的样品置于坩埚中加热，使其中的有机物脱水、炭化、分解、氧化之后，再置于高温的灰化炉中（一般温度为500~550℃）灼烧灰化，使有机成分彻底分解为二氧化碳、水和其他气体而挥发，直至残渣为白色或浅灰色为止，所得的残渣即为无机成分，可供测定用。

灰化的优点在于操作过程中使用的试剂很少，操作简单，有机物分解彻底。多数食品经灼烧后所剩下的灰分体积很小，因而能够处理较多量的样品，故可加大称样量，在方法灵敏度相同的情况下，可提高检出率。但这种方法也存在不足：处理样品所需要的时间较长；由于高温灼烧使坩埚材料结构发生改变形成微小孔穴，使某些被测组分吸留于孔穴中很难溶出，致使测定结果和回收率偏低。

2. 消化

消化是在食品样品中，在加热条件下加入强氧化性物质，如硫酸、硝酸、高氯酸、高锰酸钾等，破坏分解有机物，形成不挥发的无机化合物，以便进行分析检测测定。

消化的优点是加热温度低，减少了成分挥发逸散的损失，简便快捷效果好。但因在消化的过程中产生大量的酸雾以及硫的氧化物等有害气体，操作需在通风设备中进行。此外，在消化初期，会产生大量的泡沫，易冲出瓶颈，造成损失，故操作中应控制火力，同时注意防爆和防止炭化损失，所以要细心操作。常用的消化技术有敞口消化法、回流消化法、微波消解法、密封罐消化法、冷消化法等。

3．待测组分的提取

测定食品中的各种有机成分时，可以采用多种预处理方法，将待测的主要成分与样品进行分离、提取后再进行检测。根据有机物的不同性质特点，可以采用不同的方法进行提取。

（1）萃取法　萃取是利用被测成分在两种互不相溶的溶剂中溶解度的差异，用适当的溶剂将样品中的某种待测成分浸提出来，从而与其他基体成分分离，是食品检验中最常用的提取方法之一。根据有机物易溶于有机溶剂而难溶于水，有机物的盐类易溶于水而难溶于有机溶剂，常使用的方法有溶剂萃取法、液–液萃取法、固相微萃取法（SPME）；利用物质在色谱柱的两相，即流动相与固定相之间相对运动时间的分配系数差异可以采用色谱分离法、固相萃取法（SPE）；依据样品中的不同组分在不同的压力和温度下溶解度的变化，可以采用超临界流体萃取法。

（2）蒸馏法　蒸馏是利用待测成分的挥发性或通过化学反应将其转变成为具有挥发性的气体，而与样品中的基体分离，经吸收液或吸附剂收集后用于测定，也可直接导入检测仪测定。这种方法的优点在于可以排除大量非挥发性基体成分对测定的干扰。

（3）透析法　利用高分子物质不能透过半透膜，而小分子或离子能通过半透膜的性质，实现大分子与小分子物质的分离。

（4）沉淀分离法　利用沉淀反应进行分离的方法。在试样中加入适当的沉淀剂，使被测成分或干扰成分沉淀下来，经过滤或离心达到分离的目的。

由于食品或食品原料种类繁多，组成复杂，被测组分不稳定性，常给分析带来干扰。这就需要根据样品的种类、待测成分与干扰成分的性质差异，选择合适的样品预处理方法，对样品进行适当的处理，使被测组分同其他组分分离，或者将干扰物质除去。

七、常见食品安全风险因子检测方法

（一）常见食品添加剂的检测

由于当前食品行业中的食品添加剂问题日益突出，对食品进行添加剂等的安全检测是极其必要的。检测食品添加剂，主要包括检测食品的质量及食品中添加剂的残留量。按照我国现有的食品添加剂残留测定国家标准或行业标准，对相关食品添加剂在食品中的残留量进行严格检测，控制食品的安全质量。现对常用食品添加剂的检测方法进行分析，具体内容如下所述。

1．食品甜味剂的检测方法

常见合成甜味剂有糖精钠、天门冬酰苯丙氨酸甲酯（甜味素）、乙酰磺胺酸钾（安赛蜜）、阿力甜和环已基氨基磺酸钠等。当前对于检测甜味剂的方法主要包括气相色谱法、液相色谱法、离子色谱法、紫外分光光度法、薄层色谱法、液质联用法。其中，高效液相色谱法不仅可以分析大多数甜味剂，而且可以将多种甜味剂同时分离，有利于检测工作的进行。

2．着色剂的检测方法

着色剂一般包括天然色素与食品合成色素两种，其中，人工合成的食品色素主要包括：苋菜红、胭脂红、柠檬黄、日落黄、靛蓝、诱惑红等。当前，我国主要通过采用高效液相色谱法对人工合成色素进行检测。高效液相色谱法不仅灵敏度较高，精确度也较高。另外，人工合成色素也可以通过使用纸色谱法、示波极谱法、高效液相色谱-质谱联用法、超高效液相色谱法、毛细管电泳法、试剂盒法等检测方法进行检测。

3．护色剂的检测方法

食品行业中的护色剂主要包括亚硝酸盐、硝酸盐之类的添加剂，不良商贩将护色剂添加到火腿、腊肉、香肠等食品中，以便提高肉制品的外观色泽度，刺激消费者的购买欲望，从而赚取利润。当前我国《食品安全国家标准 食品添加剂使用标准》（GB 2760—2014）中规定了亚硝酸盐与硝酸盐类的最新检测标准，通过采取相关检测方法对护色剂的残留量及使用范围进行检测，确保产品符合食品安全卫生质量要求。对于亚硝酸盐与硝酸盐类的护色剂，我国主要采用离子色谱法进行检测，另外还可以通过分光光度法、示波极谱法、毛细管电泳法、高效液相色谱法等检测技术进行该护色剂的残留量检测，可以有效监控食品中的添加剂种类与含量，保障消费者的切身利益。

4．防腐剂的检测方法

当前，我国食品行业中的不良商贩为防止食品腐烂变质，在食品中添加各种各样的防腐剂。其中，常用防腐剂主要有山梨酸及其盐、苯甲酸及其盐、对羟基苯甲酸乙酯、对羟基苯甲酸丙酯、亚硝酸盐和硝酸盐、亚硫酸盐、双乙酸钠等添加剂。我国主要通过采用分光光度法、气相色谱法、离子色谱法、毛细管电泳色谱法与高效液相色谱法等检测技术对防腐剂进行检测，较常使用的检测方法为气相色谱法与高效液相色谱法，这两种检测方法可以同时对多种防腐剂进行测定，简便快速，而且检测结果较为精确。由于越来越多的食品混合使用防腐剂，过于单一的检测方法已经无法准确检测食品中残留的防腐剂含量及种类，而高效液相色谱法可以有效、精确、快速地检测出食品中的防腐剂类别。

5．食品漂白剂的检测方法

当前很多不良商贩使用漂白剂浸泡食品，例如将豆芽与菌菇浸泡于含漂白剂、防腐剂的水之中，可以使野山菌外观更鲜嫩，吸引消费者购买。甚至在制作卤味时，掺杂双氧水等化学物质，使得卤制品外观色泽亮丽、美观可口；或将莲藕置于草酸中，用以增白，严重危害消费者的身体健康。检测亚硫酸盐主要有以下几种方法。

（1）盐酸副玫瑰苯胺法 我国当前主要通过采取盐酸副玫瑰苯胺法对食品中游离态亚硫酸盐及亚硫酸盐的总量进行检测，盐酸副玫瑰苯胺法的检测原理为络合比色法。此种检测法应用广泛，但由于该检测法在检测过程中，使用了剧毒试剂四氯汞钠，极易对人及环境造成危害。而且检测过程中所使用的二氧化硫标准溶液不稳定，其浓度随放置时间逐渐降低。因此，为了降低检测结果的误差大小，检测过程中必须现用现配，以免影响检测的准确度、灵敏度、不确定度，保证检测结果的高度准确性。另外，部分食品可能存在干扰物质，干扰络合反应导致假阳性的产生。

（2）亚硫酸盐总量检测法　除了盐酸副玫瑰苯胺法之外，还可以通过采取蒸馏碘量法、重量法、离子色谱法、高效液相色谱法、电化学色谱法、酶催化法等，进行亚硫酸盐的总量检测。

（二）食品中常见污染物的检测

1. 有害元素的检测

对食品加工分析来说，测定食品中有害元素水平是很重要的一部分，分析研究各个元素的毒理学性质和其营养性质，控制食品加工生产、包装过程中的元素污染，需要广泛调查各种食品中有害元素的含量水平，以及元素在食品中的存在形态。

在已往分析技术的研究中，研究分析最多的是砷，约占1/3，然后依次是铬、汞、氟、硒、锡、铅、铜、锰、钒、铂和镍等。在研究食品加工中有害元素的工作中，分析检测技术发展很快，如微波消解样品预处理技术、原子吸收光谱法（AAS）、原子荧光光谱技术、连续光源光谱技术、电感耦合等离子体原子发射光谱技术（ICP-AES）。电感耦合等离子体质谱技术（ICP-MS）、高效液相色谱（HPLC）与ICP-MS联用、毛细管电泳、超临界色谱和气相色谱等各种分离方法与ICP-AES或者ICP-MS联用等技术目前正广泛应用。

2. 食品中残留药物的检测概述

食品中残留药物是指在食品原料的生产过程，生长、运输、储存等阶段由于种种原因而导致食品原料中存在对人类健康有隐患的物质，例如，农药、兽药、饲料添加剂。食品中残留的农药和兽药会通过食物的表面或者植物的组织，也会通过被动植物消化吸收在食物链中进行传递，其中的有害物质难以被分解，可以直接威胁人体的安全健康。

现阶段可以发现的食品中残留的农药成分有很多，危害比较大的主要有持久性有机氯残留、有机磷农药残留、有机菊酯类农药残留、氨基甲酸酯农药残留等。兽药中主要残留的有危害作用的物质是抗生素药物、抗寄生虫类药物和激素类药物等。由于不同的农兽药残留物质的化学结构、性质、毒性、在环境中的降解速度、食品中的残留情况不尽相同，相应的分析检测技术手段也有差异。食品中农兽药残留量的检测方法有比色法、分光光度法、生物学方法及色谱分析方法等。

目前，农药残留检测中需要重视的是有机磷、有机氯和氨基甲酸酯类，因为这三种物质的使用范围比较广泛，使用率较高。兽药残留检测主要是对抗生素中的青霉素类残留、四环素类残留、磺胺类残留等的检测。

青霉素类兽药残留常用检测技术有酶联免疫法（ELISA）、高效液相色谱-质谱法（HPLC-MS）、高效液相色谱法（HPLC）、液相色谱-荧光检测法（HPLC-FL）、杯碟法、薄层色谱法等。这里主要介绍液相色谱-串联质谱法。此检测技术采用的原理是依据样品中青霉素类药物残留，用0.15mol/L磷酸二氢钠（pH=8.5）缓冲溶液提取，经离心，上清液用固相萃取柱净化，液相色谱-质谱联用仪测定，外标法定量。

食品中氨基甲酸酯类残留的分析检测方法很多，例如，酶化学比色分析法，气相色谱-质谱（GC-MS）法、高效液相色谱（HPLC）法、高效液相色谱-质谱（HPLC-MS）法等。

由于氨基甲酸酯类化合物的热稳定性较差，所以用HPLC法分析、检测氨基甲酸酯类农药是应用很广泛的手段。HPLC检测氨基甲酸酯类的原理是利用乙腈提取食品样品中氨基甲酸酯农药残留，用氨基固相萃取柱净化提取物，利用甲醇∶二氯甲烷（1∶99，V/V）作为洗脱剂洗脱。净化后的样品液在高效液相色谱仪上进行分析，C_{18}色谱柱分离后，在水解管中碱性条件下氨基甲酸酯类水解产生甲胺，甲胺与衍生试剂邻苯二甲醛、筑基乙醇反应（柱后衍生），生成一种强荧光物质，利用荧光检测器检测。与标准系列溶液比较，可以对11种氨基甲酸酯类农药的残留水平进行检测。

（三）食品中有害微生物的检测

现阶段，随着人们对食品的需求量越来越大，食品中所含有的有害微生物对食品的品质和人类身体健康造成的损害也日趋严重。现在人们已经查明的有害微生物主要包括沙门菌、大肠杆菌、金黄色葡萄球菌、李斯特菌、致病弧菌等。

食品微生物检验的一般步骤，可分为以下几步。

1．样品送检

（1）及时将采集好的食品微生物样品送到微生物检验室，一般送至微生物检验室的时间不宜超过3h，对那些采集路途较远，又不宜冷冻保存的样品应保存在1～5℃的环境中，勿使其冻结，以防止微生物的急速生长。

（2）在送检样品时，要认真地填写申请单，为检验人员检验作参照。

（3）检验人员接到送检单后，应立即登记，填写序号，并按检验要求，立即将样品放在冰箱或冰盒。

2．样品处理

所用的样品处理必须都在无菌室内进行，对已冷冻的样品应该在原容器中解冻，解冻温度为2～5℃不超过18h或45℃不超过15min。

一般固体食品的样品处理方法有以下几种。

（1）捣碎均质方法　取100g或者100g以上的样品均匀捣碎，取25g放入装有225mL的无菌均质杯中，于8000～10000r/min下均质1～2min。

（2）剪碎振摇法　剪碎10g或100g以上的样品，将其混合均匀，取出25g，放入装有225mL稀释液和的稀释瓶中，用力振摇50次混合液。

（3）研磨法　取100g或100g以上的样品均匀剪碎，从中取出25g，放入无菌乳钵中充分研磨后再放入带有225mL的无菌稀释液的稀释瓶中，盖紧盖后充分混匀。

（4）整粒振摇法　直接称取如蒜瓣、青豆等有完整自然保护膜的颗粒状样品25g置入装有玻璃珠和225mL的无菌稀释溶液的容量瓶中，盖紧盖，以40cm以上的振幅，用力振摇50次。所得结果一般都比实际值低，是因为大蒜素具有杀菌作用。若采取的是冻蒜瓣试样，应该将其剪碎。

3．检验

检验同一种指标的方法有多种，具体选用哪种方法来检验，要依据不同食品的不同检测目的，选取检验方法。现行的国家标准是常规检验方法通常所选用的，另外，还有行业标准、国际标准、每个食品进口国的标准等。

一般阴性试样样品可以及时处理，阳性样品发出报告后3日方能处理样品；进口食品的阳性样品，需保存6个月方能处理。

4．结果报告

检验人员应该在样品检验完毕后立刻填写结果报告单，并签名，将其送往主管人处核实签字，加盖印章，以表生效，食品卫生管理人员应给予及时处理。

以上举例均为比较传统的检测手段和方法，需要注意的是，在一些食品安全风险因子的检测方法方面，需要跟踪国家标准的变化，如果用于生产实践最好按照国家标准进行检测，用于食品安全检验更要依据标准进行检测。

第四节　食品安全快速检测技术

一、食品安全快速检测技术的概念

食品安全快速检测技术是为检测食品安全相关指标，包括样品制备在内，能够在短时间内出具检测结果的技术。

快速检测目前没有经典的定义，而是一种约定俗成的概念，也没有明确的起源。快速检测的时间目前没有统一规定，但基本上有一种共识，即：理化检验在实验室中能够在2h以内出具检测结果，或者如果检测方法能够应用于现场，在30min内出具检测结果，即可视为快速检测方法，如果现场能够在十几分钟甚至几分钟内得到检测结果，可视其为比较理想的现场快速检测方法；微生物检测中，如果与传统检测方法相比，能够大幅度缩短检测时间（多指能够缩短1/2或1/3以上的检测时间）而发现阳性结果或超标样品，且能用传统方法复检（特殊样品除外）得到基本相同结果的方法，可视为微生物快速检测方法。

二、快速检测在食品安全中的应用

快速检测技术已经广泛应用于食品安全检测中。近年来，食品安全快速检测技术发展迅猛，检测范围可涵盖大部分的农药、化肥、兽药、重金属离子、生物毒素和致病菌，并且随着技术的发展检测范围还在延伸。目前食品安全快速检测方法主要有试纸法、试管显色法、滴瓶法、便携式仪器法、聚合酶链式反应等。就食品安全现场快速检测而言，各国依其国情所研发的检测重点有所不同，我国有不少研发单位都在开发快速检测方法与设备，其中有不少方法与产品成功应用到现场快速检测中，快速检测技术除了部分应用在实验室，已经开始向现场倾斜，一些现代的快速检测技术陆续出现并实用化，传感器技术、可视化技术、酶联免疫检测技术、小型化光谱及色谱技术均是现代快速检测技术的研发重点。

三、食品安全快速检测的常见形式

（一）试纸法

试纸可分为多种类别，一般是化学指示剂浸过的纸条，可以用试纸显色来定性并用来作为限量指示（如农药、敌鼠钠盐等），也可以用试纸层析显色来定性并用来作为限量指示（如苏丹红、瘦肉精等），或用试纸显色的深浅来进行半定量检测（如食用油酸价、过氧化值等）。

（二）试管显色法

一般可用试管显色来定性和作为限量指示或用试管显色的深浅来半定量。如水发产品中甲醛含量的测定：在碱性条件下，利用甲醛与间苯三酚反应后使溶液出现橙红色的特征直接将水发水产品的浸泡液或水产品上残存的浸泡液滴加到检测管中，加入试剂。试剂与样品接触的局部会出现橙红色，甲醛含量越高，颜色越深，显色的时间越长。

（三）滴瓶法

滴瓶法是一种利用滴瓶滴定标准溶液来进行定量的方法：将标准溶液放在滴瓶中，根据消耗的滴数来判定被检物质的含量。如酸碱性、氧化还原性物质的测定就可以利用滴瓶法。

（四）便携式仪器法

这种方法是利用便携式仪器来直接进行定性或定量测定，如便携式甲醇速测仪、酸度计、电导仪、温湿度计、中心温度计等。

（五）其他一些形式的快速检测

随着快速检测技术的发展，某类物质的检测不一定局限于某一种方法，一些新兴的快速检测方法也层出不穷。例如聚合酶链式反应（PCR）是近年来食品中微生物快速检测技术中迅速发展和应用的一种技术。PCR技术检测微生物的基本原理是利用微生物遗传物质中各菌属或菌种高度保守的核酸序列，设计出相应引物，对提取到的细菌核酸片段进行扩增，进而用凝胶电泳和紫外核酸检测仪观察扩增结果。

四、食品安全快速检测的结果表述

食品安全快速检测特别是现场快速检测，主要体现在定性和限量检测上。有些方法可以达到半定量或定量的效果则更加有利于结果的分析与判断。食品安全快速检测中结果的表述往往会涉及以下几方面。

（一）定性检测

定性检测即得出被检样品中是否含有有毒有害物质，或其本身是否就是有毒有害物质。定性检测中常用阴性（表示用某方法未检出要检测的物质）和阳性（通常用来表示检出了有毒有害物质）表述。

（二）限量检测

限量检测即得出被检样品中有毒有害物质是否超标或有效物质是否达标。限量检测中常用合格（表示检测结果在标准规定值范围之内）与不合格（表示检测结果超出或达不到标准规定值）表述。

（三）半定量检测

半定量检测即能够得出所测物质成分的大概含量，有利于结果判断的检测方法。半定量检测结果表述与限量检测相同，也可标出具体数值。

（四）定量检测

定量检测也称全定量检测，多在实验室中进行，有些现场检测方法也属定量检测范畴。如温度、湿度、消毒间紫外线辐照强度、纯净水电导率等物理指标的检测都可归为定量检测。

需要注意的是，在快速检测中对于阳性结果以及不合格结果的样品应重复测试，排除偶然误差。重要样品，如含急性中毒物质可能会对后期处理带来较大社会影响或较大经济损失的样品，应注意留样，并将样品送实验室进一步确证。对于阴性与阳性、合格与不合格之间不易判定的样品应重复测试，以多次重复相同的结果进行报告或送实验室进一步确证。

五、食品安全快速检测方法举例

（一）农药、化肥中有机磷、有机氯、硝酸盐等的快速检测

1．生物法

（1）生物化学测定法（酶抑制率法，速测卡法）　速测卡法检测原理：胆碱酯酶可催化靛酚乙酸酮（红色）水解为乙酸与靛酚（蓝色）有机磷或氨基甲酸脂类农药对胆碱酯酶有抑制作用，使催化、水解，变色的过程发生改变，由此判断样品中是否含有过量有机磷或氨基甲酸酯类农药的残留。分析步骤：①提取：干净的菜样品—剪碎（1cm左右见方）—取5g于带盖瓶中—加纯净水或缓冲溶液（10mL）—震摇（50次）—静置（2min以上）；②预反应：取一片速测卡，用白色药片沾取提取液，放置10min以上进行预反应，有条件时在37℃恒温装放置中10min。预反应后的药片表面必须保持湿润；③反应：将速测卡对折，用手捏3min或用恒温装置恒温3min，使红色药片与白色药片叠合发生反应；④每批测定应设一个纯净水或缓冲液的空白对照卡。

速测卡法结果判定：与空白对照卡比较，白色药片不变色或略有浅蓝色均为阳性结果，不变蓝为阳性结果，说明农药残留量较高，显浅蓝色为弱阳性结果，说明农药残留量相对较低。白色药片变为天蓝色或与空白对照卡片相同，为阴性结果。对阳性结果的样品，可用其他分析方法进一步确定具体农药品种和含量。

（2）分子生物学方法（如：ELISA）　酶联免疫吸附测定（Enzyme Linked Immunosorbent Assay，简写为ELISA）指将可溶性的抗原或抗体结合到聚苯乙烯等固相载体上，利用抗原抗体特异性结合进行免疫反应的定性和定量检测方法。

ELISA的原理：①抗原或抗体能物理性吸附于固相载体表面，可能是蛋白和聚苯乙烯表

面间的疏水性部分相互吸附，并保持其免疫学活性；②抗原或抗体可通过共价键与酶连接形成酶结合物，而此种酶结合物仍能保持其免疫学和酶学活性；③酶结合物与相应抗原或抗体结合后，可根据加入底物的颜色反应来判定是否有免疫反应的存在，而且颜色反应的深浅是与标准中相应抗原或抗体的量成一定比例的，因此，可以按底物显色的程度显示实验结果。

（3）活体生物测定法（发光细菌、大型水藻、家蝇） 活体生物测定法（ABBA）发光细菌体内的荧光素在有氧参与时，经荧光酶的作用会产生荧光，但当受到某些有毒化合物作用时发光会减弱，其减弱程度与毒物浓度呈一定的线性关系，据此可进行定量。该法优点是简便快速、价廉、灵敏，适用于现场分析；缺点是农药浓度与发光强度的线性不够准确，只能半定量，活体生物测定法已经被成功应用于农药残留速测仪中。

（4）生物传感器法 应用固定化乙酰胆碱酯酶（AchE）薄膜和pH电极组装的生物传感器测定有机磷和氨基甲酸酯类农药残留。目前，生物传感器法的研制与应用是农药残留检测技术中的研究热点，在测定方法多样化、提高测量灵敏度、缩短响应时间、提高仪器自动化程度以及适应现场检测能力等方面已取得了长足进步。用于研究农药残留检测的生物传感器所使用的生物物质主要为酶、全细胞、细胞器、受体或抗体等，相应有酶传感器、全细胞传感器和免疫传感器等，尤其是免疫传感器的应用可大幅提高检测灵敏度并大幅缩短检测时间。而生物传感器与光纤技术结合的产物——光导纤维传感器，则在快速检测和在线检测中有着广阔的应用前景。

（5）蔬菜中硝酸盐的快速检测 测定原理：将NO_3^-还原成NO_2^-后，芳香胺与亚硝酸根离子发生重氮化反应，生成重氮盐，重氮盐再与芳香族化合物发生偶联反应，生成一种红色偶氮化合物（偶氮染料），其颜色强度与硝酸盐含量呈正比，通过试纸由无色变为红色，变色的试纸放入基于光学传感器原理的硝酸盐检测仪中比色，测定硝酸盐含量。仪器与材料：硝酸盐试纸、快速测定仪。

2. 酶抑制法

农药残留分光光度计法（抑制率法）原理：一定条件下，有机磷和氨基甲酸酯类农药对胆碱酶正常功能有抑制作用，其抑制率与农药的浓度成正相关，正常情况下，酶催化乙酰胆碱水解，其水解产物与显色剂反应，产生黄色物质，用分光光度计在412nm处测定发光度随时间的变化值，计算出抑制率，通过抑制率可以判断出样品中是否有有机磷确和氨基甲酸酯类农药的存在。

（二）兽药中兴奋剂、镇静剂、抗生素的快速检测方法

1. 兽药残留快速检测微生物法

检测管中的培养基预先接种了嗜热脂肪芽孢杆菌，并含有细菌生长所需的营养以及pH指示剂。只需加入100μL样品于检测管中。将含有样品的检测管放入64±1℃水浴中加热一段时间。乳或乳制品在培养基中迅速扩散，若该样品中不含抗生素（或者抗生素低于检测值），嗜热脂肪芽孢杆菌将在培养基中生长，葡萄糖被分解后所产生的酸会改变pH指示剂颜色，由紫色变为黄色。相反，若高于检测限的抑菌剂，则嗜热脂肪芽孢杆菌不会生长，指示剂颜色不变仍为紫色。黄色表明该样品没有抗生素残留或抗生素残留的含量低于试剂盒的检测限（阴性）；紫色表明该样品中含有抗生素残留且浓度高于试剂盒的检测限（阳性）；如果介于黄色紫色之间，则说明该样品可能不含抗生素残留或者抗生素残留的含量低于试剂盒的检测限（部分阳性）。

2. 毒鼠强快速检测

毒鼠强可以与二羟基萘二磺酸发生反应变为浅紫红色，检出限1μg，最低检出浓度2μg/mL浓度高时变为深紫红色。

（三）重金属离子的快速检测方法

砷是一种非金属元素，但由于其许多理化性质类似于金属，故常将其归于"类金属"之列。砷的快速检测原理：三氧化二砷与锌粒和酸产生的新形态氢生成AsH_3，其与氯化金相遇产生反应，可使氯化金硅胶柱变成紫红或灰紫色，在装有氯化金硅胶的柱中砷含量与变色的长度成正比，可达到半定量的目的。

含砷锑铋汞银化合物的快速检测方法是"雷因须氏法"。重金属速测试剂盒能够快速检测重金属（砷、锑、铋、汞、银），重金属速测试剂盒采用经典的"雷因须氏法"作为预试验重金属（砷、锑、铋、汞、银）检测，呈阳性反应时，可作基本定论。

（四）生物毒素中黄曲霉毒素、肉毒毒素等的快速检测方法

1. 黄曲霉毒素的快速检测

（1）金标试纸法　实际就是一种固相免疫分析法。其原理是利用抗体与抗原的特异性结合反应，可一步检测黄曲霉素。该法可在5~10 min内完成对试样中黄曲霉毒素的定性测定，具有简单、快速的特点，且无须其他仪器设备的配合，既可在实验室中进行检测，也可在现场进行实地测定，但是其检测的准确度、精度有待进一步的研究。

（2）生物传感器法　生物传感器是使用固定化技术将具有分子识别能力的生物活性物质与物理化学换能器结合，可以用来探测生物体内外的环境化学物质或与之起特异性交互作用后产生响应的一种装置。其中利用分子间特异亲和性制备的亲和型生物传感器为免疫传感器。根据能量转换器所传导的物理或化学信号的不同，免疫传感器又可分为电化学免疫传感器、光学免疫传感器、压电晶体免疫传感器等。由于生物传感器具有选择性高、响应快、操作简单、携带方便和适合于现场检测等优点，因此各国科研工作者正积极探索研制新型生物传感器用于检测黄曲霉毒素。

2. 肉毒毒素的快速检测（胶体金法试剂盒）

免疫胶体金技术的基本原理：胶体金在弱碱性环境下带负电荷，可与蛋白质分子的正电荷基团形成牢固的结合，由于这种结合是静电结合，所以不影响蛋白质的生物特性。胶体金除了与蛋白质结合以外，还可以与许多其他生物大分子结合。根据胶体金的一些物理性状，如高电子密度、颗粒大小、形状及颜色反应，加上结合物的免疫和生物学特性，使胶体金广泛地应用于免疫学、组织学、病理学和细胞生物学等领域。胶体金标记，实质上是蛋白质等高分子被吸附到胶体金颗粒表面的包被过程。吸附机理可能是胶体金颗粒表面负电荷，与蛋白质的正电荷基团因静电吸附而形成牢固结合。用还原法可以方便地从氯金酸制备各种不同粒径，即不同颜色的胶体金颗粒。这种球形的粒子对蛋白质有很强的吸附功能，可

以与葡萄球菌A蛋白、免疫球蛋白、毒素、糖蛋白、酶、抗生素、激素、牛血清白蛋白多肽缀合物等非共价结合，因而在基础研究和临床实验中成为非常有用的工具。免疫金标记技术主要利用了金颗粒具有高电子密度的特性，在金标蛋白结合处，在显微镜下可见黑褐色颗粒，当这些标记物在相应的配体处大量聚集时，肉眼可见红色或粉红色斑点，因而用于定性或半定量的快速免疫检测方法中，这一反应也可以通过银颗粒的沉积被放大，称之为免疫金银染色。

（五）致病菌中大肠杆菌、沙门菌、葡萄球菌等的快速检测

微生物快速检测设备方法主要有以下几种。

1. 微生物快速测试片技术

微生物快速测试片由上下两层薄膜组成，下层的聚乙烯薄膜上印有网格并覆盖有细菌生长所需的培养基，上层为聚乙烯薄膜。使用时只需揭开上层薄膜，接种待测样品稀释液于下层培养基，放入培养箱培养计数即可。同时培养基中预置指示剂使目标菌落显示特殊的颜色，方便准确判读。产品包含菌落总数、大肠菌群、霉菌、酵母菌以及多种致病菌的测试片。

2. 免疫检测技术

免疫学检测法主要包括免疫层析法、酶联免疫检测法、免疫荧光法等几种类型，应用于食品微生物检测中的免疫技术主要是以下2种。

（1）ATP发光检测技术　这种检测方式主要是借助三磷酸腺苷（ATP）的生物特性来检测食品中的各种微生物。其原理是以荧光霉素、荧光素、氧气为底物，与食品中的微生物发生相应的化学反应，从而有效地将化学能转化为光能。该方法并不需要对食品微生物进行培养，且灵敏度较高。常见的设备是ATP荧光检测仪，该类型检测仪一般在15秒左右就能得到测试结果。

（2）乳胶凝集反应　该反应实验现象较为直观，通过肉眼可以直接观察。此技术利用抗原抗体的特异性，向反应体系中加入人工合成的大分子乳胶颗粒，可以有效地、直观地观察到颗粒的凝集反应，根据相应的检测结果，做好预防工作，降低食品中存在各种有害微生物的概率。这种方法大幅缩短了检测时间，也减少操作人员的培训时间和要求。

3. 分子生物学检测技术

分子生物学检测法中，聚合酶链式反应技术（PCR技术）和基因芯片技术最具备代表性。PCR技术是用于扩增特定DNA片段的分子生物学技术，可看作体外DNA复制，PCR技术的最大特点是能将微量的DNA大幅扩增。该检验方法的主要优势在于特异性高、检测速度快。

基因芯片技术立足于分子生物学与微电子技术，将基因探针与芯片融合之后，通过检测系统扫描芯片，来确定是否存在某些特异状态的微生物。理论上看，生物芯片技术可以在一次实验过程中，检测出所有的潜在致病源与遗传学指标，因此在数据处理和信息提取环节，应合理分析杂交样点的定位，避免自动识别的结果受芯片影响。

4. 传感器快速检测技术

目前我国应用于食品微生物检测中的传感器技术主要分为基因传感器以及生物传感器。

其中前者主要是借助DNA序列的唯一性来有效识别食品中的微生物情况。基因传感器主要有石英晶体振荡器等，该检测技术所需时间短，工作效率较高，且实际操作较为简单，最为重要的是该试验的灵敏度较高。

生物传感器是区别于前者的一种微生物检测传感器，其主要的原理是被测物中的分子与生物接收器上的敏感材料相结合，通过化学反应产生一定的物理效应，进而通过离子强度、pH、颜色变化等进行有效的数据分析，检测出食品中的沙门菌、金黄色葡萄球菌等。

六、快速检测技术在食品安全应用中的研发趋势

科学技术快速发展，新技术及交叉学科知识的应用，为食品快检技术向快速、准确、灵敏和低成本的方向发展提供了有力的支持。此外，精密大中型仪器的小型化亦是食品快速检测的一个重要发展方向。快速检测技术的发展和应用，对食品的生产、储藏、运输和销售过程中食品安全的监督和控制提供有力的技术支持，对保障食品安全、推动食品工业健康快速发展具有重要的意义。

思考与练习题

  ○ 1. 食品安全检验和检测的意义是什么？
  ○ 2. 食品安全检测分为哪几类？
  ○ 3. 食品中致病菌的快速检测技术有哪几种？

第八章 进出口食品安全管理
CHAPTER 8

第一节　进出口食品安全管理体系

一、进出口食品安全法律法规保障

（一）法律法规

进出口食品涉及的法律法规主要由三个层面构成。一是法律层面，最主要的是《中华人民共和国食品安全法》，此外还包括《中华人民共和国海关法》《中华人民共和国进出口商品检验法》《中华人民共和国进出境动植物检疫法》《中华人民共和国国境卫生检疫法》《中华人民共和国农产品质量安全法》等；二是法规层面，包括了上述法律的实施条例，《国务院关于加强食品等产品安全监督管理的特别规定》等；三是部门规章层面，包括《进出口食品安全管理办法》《进口食品境外生产企业注册管理规定》等。

2009年，我国出台了《中华人民共和国食品安全法》及实施条例，随后历经多次修订，最近一次修正于2021年4月29日第十三届全国人民代表大会常务委员会第二十八次会议。《中华人民共和国食品安全法》第六章为"食品进出口"，对食品进口提出了专门要求。2021年海关总署出台的《中华人民共和国进出口食品安全管理办法》和《进口食品境外生产企业注册管理规定》是进口食品安全管理领域的两部基础法规。两部规章明确了进口食品的基本要求，以及进口食品境外生产企业的注册范围、要求和流程。

出口食品必须符合出口食品生产企业应当保证其出口食品符合进口国家（地区）的标准或者合同要求；中国缔结或者参加的国际条约、协定有特殊要求的，还应当符合国际条约、协定的要求。进口国家（地区）暂无标准，合同也未作要求，且中国缔结或者参加的国际条约、协定无相关要求的，出口食品生产企业应当保证其出口食品符合中国食品安全国家标准。海关依法对出口食品实施监督管理。出口食品监督管理措施包括：出口食品原料种植养殖场备案、出口食品生产企业备案、企业核查、单证审核、现场查验、监督抽检、口岸抽查、境外通报核查以及各项的组合。

除上述法律法规之外，海关总署、卫生行政部门、市场监督管理部门等部门发布的公告，也是进出口食品安全检验监管的重要依据。根据分工，海关总署主管全国进出口食品安全监督管理工作，各级海关负责所辖区域进出口食品安全监督管理工作。

（二）制度

目前，我国已建立了一套从境外到境内、基于风险分析、符合国际惯例的进口食品安全保证体系。该质量保证体系从入境前、入境时和入境后三个环节全面加强进口食品监管，并逐步形成了完善的进口食品质量安全把关制度模式，包括检疫准入制度、注册登记制度、检疫审批制度、检验检疫制度、重点监控制度、警示通报制度、标签明示制度等。

1. 检疫准入制度

按照《实施卫生与植物卫生措施的协定》及国际通行做法，针对我国的实际和法律规定，对进口食品实施检疫准入制度。所有存在疫情疫病传播风险的食品必须经风险评估，确定相应的检疫准入要求和风险管理措施，通过与出口国主管部门签署检验检疫议定书予以确认。

目前我国采取五大措施完善进口食品检验检疫准入制度：一是完善进口食品审批程序，全面实施电子化管理，规范进口审批管理工作。二是在核定口岸查验能力和查验品种的基础上，保证审批工作与口岸查验能力的适应性。三是对大宗重点食品实施进口食品安全监控计划，严格对进口肉类、水产品、乳制品等进口食品实施疫病疫情、微生物、药物残留、添加剂和重金属等的监测工作。四是加强实验室等检测技术设施建设，改善仪器设备，重视技术人才培养，提高进口食品安全卫生检测能力。五是配合海关、边防等部门严厉打击食品非法走私入境活动。

2. 注册登记制度

国外对我国出口食品生产企业须获得注册后，方可对我国出口，向我国境内出口食品的出口商和代理商则应向检验检疫部门备案。这一制度在《中华人民共和国食品安全法》中有明确规定。

3. 检疫审批制度

根据《中华人民共和国进出境动植物检疫法》的要求，对存在动植物疫情传播风险的进口动植物源性食品，进口企业应事先向出入境检验检疫部门提出申请，获得进境动植物检疫许可证后方可进口。

4. 检验检疫制度

进口食品到达口岸后，出入境检验检疫机构依法实施检验检疫，只有经检验检疫合格后方允许进口。海关凭检验检疫机构签发的入境货物通关单办理进口食品的验放手续。在检验检疫时，如发现质量安全和卫生问题，立即对存在问题的食品依法采取相应的处理措施，包括无害化处理、退回和销毁等措施。

5. 重点监控制度

为及时发现进口食品中潜在的安全风险，国家市场监督管理总局制订监控计划，对进口食品实施抽样，检测标准规定以外的项目，并根据监控检测的结果，调整检测重点，提出标准修订的建议。

6. 警示通报制度

当国外发生严重的食品事件并有可能影响我国时，或从进口食品发现较为严重的问题，在对相关批次的产品进行处理的同时，发布警示通报，采取包括提高抽样比例、增加检测项目、召回、暂停进口在内等的快速反应措施，防止有问题的产品进口。

7. 标签明示制度

进口食品，特别是加工食品，其包装上必须加施中文标签，标签中应注明进口商、经销商、生产商、成分、保存期等我国标签标准规定的内容。

（三）进出口食品安全认证认可

在保障食品质量与安全工作方面，认证与检测一样，也是一个非常重要的措施，食品企业为证明自身产品的质量及安全，必须出示相关的检测报告及采购商或进口商要求的认证证书。第三方检测及认证机构，独立于政府、独立于食品企业，专门提供食品安全服务，以检验、审核、认证为主要业务，负责提供公正的检测报告，依据标准对食品企业进行严格审核，并在相关国家机构的授权下为企业颁发认证证书。

认可是指由认可机构对认证机构、检查机构、实验室以及从事评审、审核等认证活动人员的能力和执业资格，予以承认的合格评定活动。认证认可作为国际通行的合格评定手段及食品、农产品质量安全管理手段，在维护产品质量和安全，提升组织管理水平，推动经济可持续发展，促进社会和谐稳定等方面发挥着重要作用。

国家认证认可监督管理委员会通过统一管理、监督和综合协调全国的认证认可工作，加强认证市场整顿，规范认证行为，已基本形成了统一管理、规范运作、共同实施的食品、农产品认证认可工作局面，基本建立了从农田到餐桌全过程的食品、农产品认证认可体系。认证类别包括饲料产品认证、良好农业规范（GAP）认证、无公害农产品认证、有机产品认证、食品质量认证、HACCP管理体系认证、绿色市场认证等。

2018年，中共中央印发《深化党和国家机构改革方案》。根据改革方案，中国机构编制网正式发布《国家市场监督管理总局职能配置、内设机构和人员编制规定》，对外保留国家认证认可监督管理委员会牌子。原有国家认监委的相关业务职能由国家市场监督管理总局认证监督管理司和认可与检验检测监督管理司承担，认证监督管理司主要负责拟订实施认证和合格评定监督管理制度，规划指导认证行业发展并协助查处认证违法行为，组织参与认证和合格评定国际或区域性组织活动；认可与检验检测监督管理司主要负责拟订实施认可与检验检测监督管理制度，组织协调检验检测资源整合和改革工作，规划指导检验检测行业发展并协助查处认可与检验检测违法行为，组织参与认可与检验检测国际或区域性组织活动。

二、进口食品要求

（一）安全标准

（1）进口食品应当符合中国法律法规和食品安全国家标准，中国缔结或者参加的国际条约、协定有特殊要求的，还应当符合国际条约、协定的要求。

（2）进口尚无食品安全国家标准的食品，应当符合国务院卫生行政部门公布的暂予适用的相关标准要求。

（3）利用新的食品原料生产食品，或者生产食品添加剂新品种、食品相关产品新品种，应当向国务院卫生行政部门提交相关产品的安全性评估材料。国务院卫生行政部门自收到申请之日起六十日内组织审查，对符合食品安全要求的，准予许可并公布，对不符合食品安全要求的，不予许可并书面说明理由。

（二）企业管理

1. 向中国境内出口食品的境外生产企业

进口食品境外生产企业注册条件：所在国家（地区）的食品安全管理体系通过海关总署等效性评估、审查；经所在国家（地区）主管当局批准设立并在其有效监管下；建立有效的食品安全卫生管理和防护体系，在所在国家（地区）合法生产和出口，保证向中国境内出口的食品符合中国相关法律法规和食品安全国家标准；符合海关总署与所在国家（地区）主管当局商定的相关检验检疫要求。

海关总署对向中国境内出口食品的境外生产企业实施注册管理，并公布获得注册的企业名单。进口食品境外生产企业注册方式包括所在国家（地区）主管当局推荐注册和企业申请注册。

下列十八类食品的境外生产企业由所在国家（地区）主管当局向海关总署推荐注册：肉与肉制品、肠衣、水产品、乳品、燕窝与燕窝制品、蜂产品、蛋与蛋制品、食用油脂和油料、包馅面食、食用谷物、谷物制粉工业产品和麦芽、保鲜和脱水蔬菜以及干豆、调味料、坚果与籽类、干果、未烘焙的咖啡豆与可可豆、特殊膳食食品、保健食品。

其他食品境外生产企业，应当自行或者委托代理人向海关总署提出注册申请并提交以下申请材料。

（1）企业注册申请书。

（2）企业身份证明文件，如所在国家（地区）主管当局颁发的营业执照等。

（3）企业承诺符合本规定要求的声明。

2. 向中国境内出口食品的境外出口商或者代理商

向中国境内出口食品的境外出口商或者代理商（以下简称"境外出口商或者代理商"）应当向海关总署备案。食品进口商应当向其住所地海关备案。境外出口商或者代理商、食品进口商办理备案时，应当对其提供资料的真实性、有效性负责。境外出口商或者代理商、食品进口商备案内容发生变更的，应当在变更发生之日起60日内，向备案机关办理变更手续。海关发现境外出口商或者代理商、食品进口商备案信息错误或者备案内容未及时变更的，可以责令其在规定期限内更正。食品进口商应当建立食品进口和销售记录制度，如实记录食品名称、净含量/规格、数量、生产日期、生产或者进口批号、保质期、境外出口商和购货者名称、地址及联系方式、交货日期等内容，并保存相关凭证。记录和凭证保存期限不得少于食品保质期满后6个月；没有明确保质期的，保存期限为销售后2年以上。

食品进口商应当建立境外出口商、境外生产企业审核制度，重点审核、制定和执行食品安全风险控制措施情况；保证食品符合中国法律法规和食品安全国家标准的情况。

（三）标签标识

一般贸易渠道进口食品的包装和标签、标识应当符合中国法律法规和食品安全国家标准；依法应当有说明书的，还应当有中文说明书。进口食品内外包装有特殊标识规定的，按照相关规定执行。

1．对于进口鲜冻肉类产品

内外包装上应当有牢固、清晰、易辨的中英文或者中文和出口国家（地区）文字标识，标明以下内容：产地国家（地区）、品名、生产企业注册编号、生产批号；外包装上应当以中文标明规格、产地（具体到州/省/市）、目的地、生产日期、保质期限、储存温度等内容，必须标注目的地为中华人民共和国，加施出口国家（地区）官方检验检疫标识。

2．对于进口水产品

内外包装上应当有牢固、清晰、易辨的中英文或者中文和出口国家（地区）文字标识，标明以下内容：商品名和学名、规格、生产日期、批号、保质期限和保存条件、生产方式（海水捕捞、淡水捕捞、养殖）、生产地区（海洋捕捞海域、淡水捕捞国家或者地区、养殖产品所在国家或者地区）、涉及的所有生产加工企业（含捕捞船、加工船、运输船、独立冷库）名称、注册编号及地址（具体到州/省/市）、必须标注目的地为中华人民共和国。

3．进口保健食品、特殊膳食用食品

中文标签必须印制在最小销售包装上，不得加贴。

（四）合格评定

海关依据进出口商品检验相关法律、行政法规的规定对进口食品实施合格评定。

进口食品合格评定活动包括：向中国境内出口食品的境外国家（地区）[以下简称境外国家（地区）]食品安全管理体系评估和审查、境外生产企业注册、进出口商备案和合格保证、进境动植物检疫审批、随附合格证明检查、单证审核、现场查验、监督抽检、进口和销售记录检查以及各项的组合。进口食品经海关合格评定合格的，准予进口。

进口食品经海关合格评定不合格的，由海关出具不合格证明；涉及安全、健康、环境保护项目不合格的，由海关书面通知食品进口商，责令其销毁或者退运；其他项目不合格的，经技术处理符合合格评定要求的，方准进口。相关进口食品不能在规定时间内完成技术处理或者经技术处理仍不合格的，由海关责令食品进口商销毁或者退运。

（五）食品召回

食品进口商发现进口食品不符合法律、行政法规和食品安全国家标准，或者有证据证明可能危害人体健康，应当按照《中华人民共和国食品安全法》的规定，立即停止进口、销售和使用，实施召回，通知相关生产经营者和消费者，记录召回和通知情况，并将食品召回、通知和处理情况向所在地海关报告。

（六）通关事项

食品进口商或者其代理人进口食品时应当依法向海关如实申报。海关依法对应当实施入境检疫的进口食品实施检疫。海关依法对需要进境动植物检疫审批的进口食品实施检疫审批管理。食品进口商应当在签订贸易合同或者协议前取得进境动植物检疫许可。进口食品运达口岸后，应当存放在海关指定或者认可的场所；需要移动的，必须经海关允许，并按照海关要求采取必要的安全防护措施。指定或者认可的场所应当符合法律、行政法规和食品安全国家标准规定的要求。大宗散装进口食品应当按照海关要求在卸货口岸进行检验。

三、出口食品要求

（一）安全标准

出口食品生产企业应当建立完善、可追溯的食品安全卫生控制体系，保证食品安全卫生控制体系有效运行，确保出口食品生产、加工、贮存过程持续符合中国相关法律法规、出口食品生产企业安全卫生要求；进口国家（地区）相关法律法规和相关国际条约、协定有特殊要求的，还应当符合相关要求。

出口食品生产企业应当保证出口食品包装和运输方式符合食品安全要求。

（二）企业管理

出口食品生产企业应当向住所地海关备案，备案程序和要求由海关总署制定。

境外国家（地区）对中国输往该国家（地区）的出口食品生产企业实施注册管理且要求海关总署推荐的，出口食品生产企业须向住所地海关提出申请，住所地海关进行初核后报海关总署。海关总署结合企业信用、监督管理以及住所地海关初核情况组织开展对外推荐注册工作，对外推荐注册程序和要求由海关总署制定。出口食品生产企业应当建立完善可追溯的食品安全卫生控制体系，保证食品安全卫生控制体系有效运行，确保出口食品生产、加工、贮存过程持续符合中国相关法律法规、出口食品生产企业安全卫生要求；进口国家（地区）相关法律法规和相关国际条约、协定有特殊要求的，还应当符合相关要求。出口食品生产企业应当建立供应商评估制度、进货查验记录制度、生产记录档案制度、出厂检验记录制度、出口食品追溯制度和不合格食品处置制度。相关记录应当真实有效，保存期限不得少于食品保质期期满后6个月；没有明确保质期的，保存期限不得少于2年。

（三）标签标识

出口食品生产企业应当在运输包装上标注生产企业备案号、产品品名、生产批号和生产日期。进口国家（地区）或者合同有特殊要求的，在保证产品可追溯的前提下，经直属海关部门同意，出口食品生产企业可以调整前款规定的标注项目。

第二节　进出口食品检验检疫

随着全球食品贸易的不断发展，危及人类健康和生命安全的重大食品安全事故频繁发生，防范难度大，影响恶劣。科学技术的高速发展，在丰富了人们的餐桌的同时，若利用不当，或被居心叵测之人利用，则可能直接影响食品的品质，而自然环境恶化导致农牧渔产品受到污染，境外食品的安全问题可能会通过食品贸易波及国内食品安全，影响到消费者的权益，以上问题都是近年来进出口食品的热点话题。

关键检测技术的开发是解决食品安全问题首先要突破的一个重要科技瓶颈。我国历来十分重视食品安全问题，近十年来投入大量经费开展食品安全检测技术研究，主要包括多残留检测与确证检测技术、现场快速检测技术与设备、痕量污染物的自主检测技术的开发与应用等。

一、食品进出口一般程序

（一）进出口前注册与备案

（1）海关总署依据法律法规和国际惯例，对拟向中国出口食品的国家或地区的食品安全管理体系和食品安全状况进行评估，确定相应的检验检疫要求，并与对方主管当局签署双边协议。

（2）入境申报。根据《进口食品境外生产企业注册管理规定》，进口食品境外生产企业，应当获得海关总署注册。注册方式包括所在国家（地区）主管当局推荐注册（18类食品）和企业申请注册（其他食品）。

（3）进出口商备案。向中国境内出口食品的出口商或代理商应当向海关总署备案。进口食品收货人应当向其注册地海关申请备案。

（4）进境检疫审批。对可能传播动物传染病、寄生虫病和植物危险性病虫杂草以及其他有害生物的进口食品，应当取得《中华人民共和国进境动植物检疫许可证》后方可进口。

（二）进出口申报

申报是指进出口食品的收货人和发货人或食品报关代理根据《中华人民共和国海关法》和有关法律，根据行政法规和规章的要求，在规定的期限内，向海关报告食品的实际进出口情况，并以电子数据报关单和纸质报关单的形式接受海关审查。

进出口报关单附件包括：合同、发票、装箱单、提货单、代理报关授权委托协议、进出口许可证等进出口相关单证。

（三）配合检查

检查应在海关监管区域内进行。进出口食品的收发货人或者食品报关代理人在海关检查前应当在场。海关实施检查可以彻底检查，也可以抽查。

隶属海关根据系统"检验要求"，对不需要查验和送检的货物，直接实施综合评定；需查验的，实施现场查验，内容包括货证相符情况、产品感官性状、产品包装、数重量及运输工具、集装箱或存放场所的卫生状况等。

隶属海关对申请出口食品的相关信息进行审核，根据异常情况、风险预警、出口备案、企业核查等信息，结合抽样检验、风险监测、现场查验等情况进行综合评定。经评定合格的，形成电子底账数据，向企业反馈电子底账单号，符合要求的按规定签发检验检疫证书。

隶属海关工作人员负责拟制证稿，经审核后出具证书。

（四）纳税

进出口税是指海关依法征收的关税、消费税、增值税等税费。

关税分为进口关税和出口关税。

进口关税是指国家海关对进口食品和物品征收的关税。进口关税按计算方法可分为：从价税、数量税、复合税、滑动标准税。目前，进口食品的关税主要包括增值税和消费税。

出口关税是指海关对出境食品和货物征收的关税。出口关税的主要目的是增加财政收入；限制重要原材料的大量出口，确保国内供应；反对发展中国家跨国公司低价购买初级产品；提高国外加工产品的生产成本，主要使用国内原材料，削弱其竞争力。

（五）结关和清关

完成各项海关手续，海关最终放行，完成结关手续。

国外清关所需单证食品基本上都需要产地证和卫生证，其他证书例如品质证书、熏蒸消毒证明等，可以按照国外进口商的要求提前办理。

进口食品还需按要求进行后续监管。配合海关对通过体系评估已获得向中国出口的资格或虽未经过体系评估但与中国已有相关产品传统贸易的国家（地区）开展回顾性审查。海关可现场核查进口食品收货人所提供的备案信息或查验有关证明材料。海关可对进口食品收货人的进口和销售记录进行检查。境内外发生食品安全事件或者疫情疫病可能影响到进出口食品安全的，或者在进出口食品中发现严重食品安全问题的，海关采取风险预警及控制措施，包括：有条件地限制进口，包括严密监控、加严检验、责令召回等；暂停或禁止进口，对问题产品就地销毁或作退运处理；启动进口食品安全应急处置预案。

二、检验检疫对象与检验检疫证单

海关总署依照《中华人民共和国进出口商品检验法》规定，制定、调整必须实施检验的进出口商品目录（《出入境检验检疫机构实施检验检疫的进出境商品目录》）并公布实施。出入境检验检疫机构（2018年政府机构改革，出入境检验检疫管理职责和队伍划入海关总署）对列入目录的进出口商品以及法律、行政法规规定须经出入境检验检疫机构检验的其他进出口商品实施检验。

海关总署可以对境外国家（地区）的食品安全管理体系和食品安全状况开展评估和审查，并根据评估和审查结果，确定相应的检验检疫要求。

（一）出入境检验检疫报检资格

（1）报检单位办理业务应当向海关备案，并由该企业在海关备案的报检人员办理报检手续。

（2）代理报检的，须向海关提供委托书，委托书由委托人按海关规定的格式填写。

（3）非贸易性质的报检行为，报检人凭有效证件可直接办理报检手续。

（二）进口商品的检验出证

（1）《中华人民共和国进出口商品检验法》规定必须经进出口商品检验机构（商检机构）

检验的进口商品的收货人或者其代理人，应当向报关地的商检机构报检，在商检机构规定的地点和期限内，接受商检机构对进口商品的检验。商检机构在国家商检部门统一规定的期限内检验完毕，并出具检验证单。

（2）必须经进出口商品检验机构检验的进口商品以外的进口商品的收货人，发现进口商品质量不合格或者残损短缺，需要由商检机构出证索赔的，应当向商检机构申请检验出证。

（3）对重要的进口商品和大型的成套设备，收货人应当依据对外贸易合同约定在出口国装运前进行预检验、监造或者监装。商检机构根据需要可以派出检验人员参加。

（三）出口商品的检验出证

（1）《中华人民共和国进出口商品检验法》规定必须经商检机构检验的出口商品的发货人或者其代理人，应当在商检机构规定的地点和期限内，向商检机构报检。商检机构应当在国家商检部门统一规定的期限内检验完毕，并出具检验证单。

（2）经商检机构检验合格发给检验证单的出口商品，应当在商检机构规定的期限内报关出口；超过期限的，应当重新报检。

（3）为出口危险货物生产包装容器的企业，必须申请商检机构进行包装容器的性能鉴定。生产出口危险货物的企业，必须申请商检机构进行包装容器的使用鉴定。使用未经鉴定合格的包装容器的危险货物，不准出口。

（4）对装运出口易腐烂变质食品的船舱和集装箱，承运人或者装箱单位必须在装货前申请检验。未经检验合格的，不准装运。

三、进出口食品的检验与检疫要求

（一）进口食品的检验检疫

海关总署可以对境外国家（地区）的食品安全管理体系和食品安全状况开展评估和审查，并根据评估和审查结果，确定相应的检验检疫要求。

境外国家（地区）食品安全管理体系评估和审查主要包括对以下内容的评估、确认。

（1）食品安全、动植物检疫相关法律法规。

（2）食品安全监督管理组织机构。

（3）动植物疫情流行情况及防控措施。

（4）致病微生物、农兽药和污染物等管理和控制。

（5）食品生产加工、运输仓储环节安全卫生控制。

（6）出口食品安全监督管理。

（7）食品安全防护、追溯和召回体系。

（8）预警和应急机制。

（9）技术支撑能力。

（10）其他涉及动植物疫情、食品安全的情况。

（二）出口食品的检验检疫

出口食品依法由产地海关实施检验检疫。海关总署根据便利对外贸易和出口食品检验检疫工作需要，可以指定其他地点实施检验检疫。

出口食品生产企业、出口商应当按照法律、行政法规和海关总署规定，向产地或者组货地海关提出出口申报前监管申请。产地或者组货地海关受理食品出口申报前监管申请后，依法对需要实施检验检疫的出口食品实施现场检查和监督抽检。

四、进出境粮食检验检疫

进出境粮食的检验检疫要求可参阅《进出境粮食检验检疫监督管理办法》《中华人民共和国进出境动植物检疫法》《中华人民共和国进出口商品检验法》《中华人民共和国农产品质量安全法》等。

（一）监督管理单位

海关总署统一管理全国进出境粮食检验检疫监督管理工作。主管海关负责所辖区域内进出境粮食的检验检疫监督管理工作。

（二）进境检验检疫

（1）海关总署对进境粮食境外生产、加工、存放企业（以下简称境外生产加工企业）实施注册登记制度　实施注册登记管理的进境粮食境外生产加工企业，经输出国家或者地区主管部门审查合格后向海关总署推荐。海关总署收到推荐材料后进行审查确认，符合要求的国家或者地区的境外生产加工企业，予以注册登记。

（2）海关总署对进境粮食实施检疫准入制度　首次从输出国家或者地区进口某种粮食，应当由输出国家或者地区官方主管机构向海关总署提出书面申请，并提供该种粮食种植及储运过程中发生有害生物的种类、危害程度及防控情况和质量安全控制体系等技术资料（特殊情况下，可以由进口企业申请并提供技术资料）。海关总署依照国家法律法规及国家技术规范的强制性要求等，制定进境粮食的具体检验检疫要求，并公布允许进境的粮食种类及来源国家或者地区名单。

（3）海关总署对进境粮食实施检疫许可制度　进境粮食货主应当在签订贸易合同前，按照《进境动植物检疫审批管理办法》等规定申请办理检疫审批手续，取得《中华人民共和国进境动植物检疫许可证》（以下简称《检疫许可证》），并将国家粮食质量安全要求、植物检疫要求及《检疫许可证》中规定的相关要求列入贸易合同。

（三）出境检验检疫

（1）装运出境粮食的船舶、集装箱等运输工具的承运人、装箱单位或者其代理人，应当在装运前向海关申请清洁、卫生、密固等适载检验。未经检验检疫或者检验检疫不合格的，不得装运。

（2）海关按照下列要求对出境粮食实施现场检验检疫和实验室项目检测。

①双边协议、议定书、备忘录和其他双边协定。

②输入国家或者地区检验检疫要求。

③中国法律法规、强制性标准和海关总署规定的检验检疫要求。

④贸易合同或者信用证注明的检疫要求。

对经检验检疫符合要求，或者通过有效除害或者技术处理并经重新检验检疫符合要求的，海关按照规定签发《出境货物换证凭单》。输入国家或者地区要求出具检验检疫证书的，按照国家相关规定出具证书。输入国家或者地区对检验检疫证书形式或者内容有新要求的，经海关总署批准后，方可对证书进行变更。

经检验检疫不合格且无有效除害或者技术处理方法的，或者虽经过处理但经重新检验检疫仍不合格的，海关签发《出境货物不合格通知单》，粮食不得出境。

📝 思考与练习题

- 1. 进出口食品的管理制度有哪些？请简述。
- 2. 简述食品进出口的一般程序。

第九章 食品安全事故处置与应急预案

CHAPTER 9

第一节 政府食品安全事故处置与应急预案

中华人民共和国成立以来，党和政府高度重视食品安全工作，从《中华人民共和国食品卫生管理条例》到《中华人民共和国食品卫生法》，都有食物中毒处理的专门条款，原卫生部先后制定了《食物中毒事故调查处理办法》和《食物中毒调查处理程序》等配套规章和规范性文件，初步建立了我国食物中毒事故应急处理体系。随着经济和食品工业快速发展，食品安全不断出现新的隐患和问题，直接或间接催生了《国务院关于进一步加强食品安全的决定》《中华人民共和国食品安全法》等相关文件的出台。

一、食品安全事故处置依据与原则

（一）处置依据

由于食品安全事件属于突发公共卫生事件范畴，其应对主要通过制定预案来实施。到目前为止，我国涉及食品安全事故应急处理的法律法规主要有《中华人民共和国食品安全法》《中华人民共和国食品安全法实施条例》《中华人民共和国行政处罚法》《中华人民共和国突发事件应对法》《突发公共卫生事件应急条例》《国家食品安全事故应急预案》《国家突发公共卫生事件相关信息管理工作规范（试行）》，以及地方各级政府或部门根据有关法律法规的规定和上级要求并结合本地区、本部门实际制定的《食品安全事故应急预案》或《应急处置方案》等，是实施食品安全事故应急处置工作的重要依据。

（二）处置原则

1. 以人为本，减少危害

把保障公众健康和生命安全作为应急处置的首要任务，最大限度减少食品安全事故造成的人员伤亡和健康损害。

2. 统一领导，分级负责

按照"统一领导、综合协调、分类管理、分级负责、属地管理为主"的应急管理体制，建立快速反应、协同应对的食品安全事故应急机制。

3．科学评估，依法处置

有效使用食品安全风险监测、评估和预警等科学手段；充分发挥专业队伍的作用，提高应对食品安全事故的水平和能力。

4．居安思危，预防为主

坚持预防与应急相结合，常态与非常态相结合，做好应急准备，落实各项防范措施，防患于未然。建立健全日常管理制度，加强食品安全风险监测、评估和预警；加强宣教培训，提高公众自我防范和应对食品安全事故的意识和能力。

二、食品安全事故处置实施的分级

食品安全事故共分四级，即特别重大食品安全事故（Ⅰ级）、重大食品安全事故（Ⅱ级）、较大食品安全事故（Ⅲ级）和一般食品安全事故（Ⅳ级）。事故等级的评估核定，由卫生行政部门会同有关部门依照有关规定进行。

不同地区和行政级别制定的食品安全事故应急预案在食品安全事故分级方面可能有一定差异，以下是上海市和昆明市食品安全事故应急预案的事故级别划分（表9-1是上海市食品安全事故分级，表9-2是昆明市食品安全事故分级）。

表 9-1　上海市食品安全事故分级

事故分级	评估指标	
	一般判断依据（只要符合其中一条）	学校、全国性或者地区性重大活动、重要会议
特别重大	（1）受污染食品流入 2 个以上省份或国（境）外（含港澳台地区），造成特别严重健康损害后果的，或经评估认为事故危害特别严重的； （2）1 起食品安全事故出现 30 人以上死亡的； （3）党中央、国务院认定的其他特别重大级别食品安全事故	未明确专门提及
重大	（1）受污染食品流入 2 个以上区，造成或经评估认为可能造成对社会公众健康产生严重损害的食品安全事故； （2）发现在我国首次出现的新的污染物引起的食品安全事故，造成严重健康损害后果，并有扩散趋势的； （3）1 起食品安全事故涉及人数在 100 人以上并出现死亡病例；或出现 10 人以上、29 人以下死亡的； （4）市委、市政府认定的其他重大级别食品安全事故	病例数 50 人以上食品安全事故
较大	（1）受污染食品流入 2 个以上区，可能造成健康损害后果的； （2）1 起食品安全事故涉及人数在 100 人以上；或出现死亡病例的； （3）市委、市政府认定的其他较大级别食品安全事故	学校、全国性或者地区性重大活动、重要会议发生病例数 30 人以上、50 人以下食品安全事故
一般	（1）存在健康损害的污染食品，造成健康损害后果的； （2）1 起食品安全事故涉及人数在 30 人以上、99 人以下，且未出现死亡病例的； （3）区委、区政府认定的其他一般级别食品安全事故	病例数 30 人以下食品安全事故

注："以上""以下"均含本数。本表依据《上海市食品安全事故专项应急预案（2020 版）》。另外，根据沪市监规范〔2022〕22 号《上海市食品安全事故报告和调查处置办法》，新增了对于"涉及学校、全国性或地区性重大活动、重要会议"等重点对象的食品安全事故要进行提级报告的规定。

根据《昆明市人民政府办公室关于印发昆明市食品安全事故应急预案的通知》（昆政办〔2022〕71号）昆明市的《食品安全事故应急预案》将食品安全事故分级如下。

表 9-2　昆明市食品安全事故分级

事故分级	评估指标	
	一般判断依据（只要符合其中一条）	校园食品安全事故
特别重大	（1）受污染食品流入 2 个以上省份或国（境）外（含港澳台地区），造成特别严重健康损害后果的；或经评估认为事故危害特别严重的； （2）国务院认定的其他 I 级食品安全事故	造成伤害人数 100 人以上，且发生死亡病例
重大	（1）受污染食品流入 2 个以上州（市），造成或经评估可能造成对社会公众健康产生严重损害的食物中毒或食源性疾病的； （2）发现在我国首次出现的，新的污染物引起的食源性疾病，造成严重健康损害后果，并有扩散趋势的； （3）1 起食物中毒事件中毒人数在 100 人以上，并出现死亡病例，或出现 10 人以上死亡的； （4）省级以上人民政府认定的其他 II 级食品安全事故	造成伤害人数 50 人以上、100 人以下且无死亡病例，或伤害人数 50 人以下且出现死亡病例
较大	（1）受污染食品流入 2 个以上县（市、区），造成严重健康损害后果的； （2）1 起食物中毒事件中毒人数在 100 人以上，或出现死亡病例的； （3）州（市）级以上人民政府认定的其他 III 级食品安全事故	造成伤害人数 30 人以上、50 人以下，且无死亡病例
一般	（1）存在健康损害的污染食品，已造成严重健康损害后果的； （2）1 起食物中毒事件中毒人数在 30 人以上、99 人以下，且未出现死亡病例的； （3）县级以上人民政府认定的其他 IV 级食品安全事故	造成伤害人数在 30 人以下，且无死亡病例

注：昆明市校园食品安全事件调查处置根据《云南省校园食品安全事件亮牌督办实施细则（试行）》《云南省校园食品安全事故应急处置规范（试行）》等有关规定开展，其调查处置实行提级管理，事故定级按照《云南省重大食品安全事故应急预案》的规定确定事故等级。

三、预防、监测和预警

（一）预防与应急准备

企业应根据自身情况，编制本企业的食品安全事故应急预案，建立应急管理制度，做好日常安全隐患排查，对发现的风险隐患及时整改消除，当出现可能导致食品安全事故的情况时，要立即报告当地食品安全监管部门。

《中华人民共和国食品安全法》明确规定："国务院组织制定国家食品安全事故应急预案。县级以上地方人民政府应当根据有关法律法规的规定和上级人民政府的食品安全事故应急预案以及本行政区域的实际情况，制定本行政区域的食品安全事故应急预案，并报上一级人民政府备案。"食品安全监管部门对本行政区域内存在食品安全风险点的生产经营企业定期进行检查和评估，并登记建档，按照有关规定责令其采取风险防范措施，对发现或确认的重大安全隐患进行督办，确保及时整改。

（二）监测

县级以上人民政府卫生行政部门会同同级食品安全监督管理等部门建立食品安全风险监测会商机制，汇总、分析风险监测数据，研判食品安全风险，形成食品安全风险监测分析报告，报本级人民政府；县级以上地方人民政府卫生行政部门还应当将食品安全风险监测分析报告同时报上一级人民政府卫生行政部门。食品安全风险监测会商的具体办法由国务院卫生行政部门会同国务院食品安全监督管理等部门制定。

食品安全风险监测结果表明存在食品安全隐患，食品安全监督管理等部门经进一步调查确认有必要通知相关食品生产经营者的，应当及时通知。接到通知的食品生产经营者应当立即进行自查，发现食品不符合食品安全标准或者有证据证明可能危害人体健康的，应当依照《中华人民共和国食品安全法》第六十三条的规定停止生产、经营，实施食品召回，并报告相关情况。

（三）预警与响应

县级以上人民政府食品安全监督管理部门接到食品安全事故的报告后，应当立即会同同级卫生行政、农业行政等部门进行调查处理，做好信息发布工作，依法对食品安全事故及其处理情况进行发布，并对可能产生的危害加以解释、说明。

根据食品安全事故分级情况，食品安全事故应急响应分为Ⅰ级、Ⅱ级、Ⅲ级和Ⅳ级响应。核定为特别重大食品安全事故，报经国务院批准并宣布启动Ⅰ级响应后，指挥部立即成立运行，组织开展应急处置。重大、较大、一般食品安全事故分别由事故发生地的省、市、县级人民政府启动相应级别响应，成立食品安全事故应急处置指挥机构进行处置。必要时上级人民政府派出工作组指导、协助事故应急处置工作。

县级以上人民政府食品安全监督管理部门接到食品安全事故的报告后，应当立即会同同级卫生行政、农业行政等部门进行调查处理，还需采取下列措施，防止或者减轻社会危害。

（1）开展应急救援工作，组织救治因食品安全事故导致人身伤害的人员。

（2）封存可能导致食品安全事故的食品及其原料，并立即进行检验；对确认属于被污染的食品及其原料，责令食品生产经营者依照《中华人民共和国食品安全法》的规定召回或者停止经营。

（3）封存被污染的食品相关产品，并责令进行清洗消毒。

（4）做好信息发布工作，依法对食品安全事故及其处理情况进行发布，并对可能产生的危害加以解释、说明。

发生食品安全事故需要启动应急预案的，县级以上人民政府应当立即成立事故处置指挥机构，启动应急预案，依照应急预案的规定进行处置和上报及部门间通报。

发生食品安全事故，县级以上疾病预防控制机构应当对事故现场进行卫生处理，并对与事故有关的因素开展流行病学调查，有关部门应当予以协助。县级以上疾病预防控制机构应当向同级食品安全监督管理、卫生行政部门提交流行病学调查报告。

四、应急组织与职责

（一）应急组织

特别重大食品安全事故发生后，根据需要成立国家重大食品安全事故应急指挥部，负责对全国重大食品安全事故应急处理工作的统一领导和指挥。指挥部负责统一领导事故应急处置工作，研究重大应急决策和部署，组织发布事故的重要信息，审议批准指挥部办公室提交的应急处置工作报告，应急处置的其他工作。各成员单位在指挥部统一领导下开展工作，加强对事故发生地人民政府有关部门工作的督促、指导，积极参与应急救援工作。

重大、较大、一般食品安全事故，分别由事故所在地省、市、县级人民政府组织成立相应应急处置指挥机构，统一组织开展本行政区域事故应急处置工作。

（二）应急工作组与职责

1. 国家重大食品安全事故应急指挥部分组与职责

国家重大食品安全事故应急指挥部根据事故处置需要，可下设若干工作组（一般包含事故调查组、危害控制组、医疗救治组、检测评估组、维护稳定组、新闻宣传组、专家组），分别开展相关工作。各工作组在指挥部的统一指挥下开展工作，并随时向指挥部办公室报告工作开展情况。办公室承担指挥部的日常工作，主要负责贯彻落实指挥部的各项部署，组织实施事故应急处置工作；检查督促相关地区和部门做好各项应急处置工作，及时有效地控制事故，防止事态蔓延扩大；研究协调解决事故应急处理工作中的具体问题；向国务院、指挥部及其成员单位报告、通报事故应急处置的工作情况；组织信息发布。指挥部办公室建立会商、发文、信息发布和督查等制度，确保快速反应、高效处置。

（1）事故调查组　由卫生部门牵头，会同公安部、纪委监察部及相关部门负责调查事故发生原因，评估事故影响，尽快查明致病原因，作出调查结论，提出事故防范意见；对涉嫌犯罪的，由公安部负责，督促、指导涉案地公安机关立案侦办，查清事实，依法追究刑事责任；对监管部门及其他机关工作人员的失职、渎职等行为进行调查。根据实际需要，事故调查组可以设置在事故发生地或派出部分人员赴现场开展事故调查。

（2）危害控制组　由事故发生环节的具体监管职能部门牵头，会同相关监管部门监督、指导事故发生地政府职能部门召回、下架、封存有关食品、原料、食品添加剂及食品相关产品，严格控制流通渠道，防止危害蔓延扩大。

（3）医疗救治组　由卫生部门负责，结合事故调查组的调查情况，制定最佳救治方案，指导事故发生地人民政府卫生部门对健康受到危害的人员进行医疗救治。

（4）检测评估组　由卫生部门牵头，提出检测方案和要求，组织实施相关检测，综合分析各方检测数据，查找事故原因和评估事故发展趋势，预测事故后果，为制定现场抢救方案和采取控制措施提供参考。检测评估结果要及时报告指挥部办公室。

（5）维护稳定组　由公安部门牵头，指导事故发生地人民政府公安机关加强治安管理，维护社会稳定。

（6）新闻宣传组　由中央宣传部门牵头，会同新闻办、卫生部门等部门组织事故处置宣传报道和舆论引导，并配合相关部门做好信息发布工作。

（7）专家组　指挥部成立由有关方面专家组成的专家组，负责对事故进行分析评估，为应急响应的调整和解除以及应急处置工作提供决策建议，必要时参与应急处置。

2. 省、市、县级人民政府应急处置指挥机构

省、市、县级人民政府组织成立相应应急处置指挥机构下设分组构架基本一致，通常也分成若干工作组分别承担不同职责。一般各地方应急处置机构分组及职责都与国家层面的应急指挥部的分组类似。

在实践中，部门地方食品安全应急处置指挥机构增设了"综合协调组""财务保障组"等应急处理分组。此外，地方政府应急处置指挥机构不同分组牵头部门与国家层面也有所差异，比如事故调查组多由市场监管部门牵头。

五、应急保障措施

（一）信息保障

国家建立统一的食品安全信息平台，实行食品安全信息统一公布制度。国家食品安全总体情况、食品安全风险警示信息、重大食品安全事故及其调查处理信息和国务院确定需要统一公布的其他信息由国务院食品安全监督管理部门统一公布。食品安全风险警示信息和重大食品安全事故及其调查处理信息的影响限于特定区域的，也可以由有关省、自治区、直辖市人民政府食品安全监督管理部门公布。未经授权不得发布上述信息。

县级以上人民政府食品安全监督管理、农业行政部门依据各自职责公布食品安全日常监督管理信息。

（二）医疗保障

卫生行政部门建立功能完善、反应灵敏、运转协调、持续发展的医疗救治体系，在食品安全事故造成人员伤害时及时组织做好医疗救治工作。

（三）人员及技术保障

应急处置专业技术机构要结合本机构职责开展专业技术人员食品安全事故应急处置能力培训，加强应急处置力量建设，提高快速应对能力和技术水平。健全专家队伍，为事故核实、级别核定、事故隐患预警及应急响应等相关技术工作提供人才保障。有关部门加强食品安全事故监测、预警、预防和应急处置等技术研发，促进国内外交流与合作，为食品安全事故应急处置提供技术保障。

（四）物资与经费保障

食品安全事故应急处置所需设施、设备和物资的储备与调用应当得到保障；使用储备物资后须及时补充；食品安全事故应急处置、产品抽样及检验等所需经费应当列入年度财政预算，保障应急资金。县级以上人民政府对食品安全事故应急处置工作提供资金保障。

（五）社会动员保障

根据食品安全事故应急处置的需要，动员和组织社会力量协助参与应急处置，必要时依法调用企业及个人物资。在动用社会力量或企业、个人物资进行应急处置后，应当及时归还或给予补偿。

（六）宣教培训

有关部门应当加强对食品安全专业人员、食品生产经营者及广大消费者的食品安全知识宣传、教育与培训，促进专业人员掌握食品安全相关工作的技能，增强食品生产经营者的责任意识，提高消费者的风险意识和防范能力。

六、处置实施的程序

（一）事故报告、通报与上报

1．事故信息来源与报告主体

食品安全事故的信息来源通常是：食品安全事故发生单位与引发食品安全事故食品的生产经营单位报告的信息、医疗机构报告的信息、食品安全相关技术机构监测和分析结果、经核实的公众举报信息、经核实的媒体披露与报道信息、世界卫生组织等国际机构或其他国家和地区通报我国信息。食品安全事故报告主体通常来自但不限于以下几方面。

（1）食品安全风险监测结果表明可能存在食品安全隐患的，县级以上人民政府卫生行政部门应当及时将相关信息通报同级食品安全监督管理等部门，并报告本级人民政府和上级人民政府卫生行政部门。

（2）食品生产经营者发现有发生食品安全事故潜在风险或已经造成食品安全事故，应当立即停止食品生产经营活动，并向所在地县级人民政府食品安全监督管理部门报告。

（3）医疗机构发现其接收的病人属于食源性疾病病人或者疑似病人的，应当按照规定及时将相关信息向所在地县级人民政府卫生行政部门报告。

（4）食品安全相关技术机构、有关社会团体及个人发现食品安全事故相关情况，应向市场监管和卫生健康部门报告或者举报。

（5）发生可能与食品有关的急性群体性健康损害的单位，应向所在地市场监管、卫生健康部门报告。

（6）任何单位和个人发现疑似食品安全事故或者事件的，可向市场监管部门报告情况或者提供相关线索。

2．食品安全事故报告内容

食品生产经营者、医疗、技术机构和社会团体、个人向卫生行政部门和有关监管部门报告疑似食品安全事故信息时，应当包括事故发生时间、地点和人数等基本情况。

有关监管部门报告食品安全事故信息时，应当包括事故发生单位、时间、地点、危害程度、伤亡人数、事故报告单位信息（含报告时间、报告单位联系人员及联系方式）、已采取措施、事故简要经过等内容，并随时通报或者补报工作进展。

3．食品安全事故报告时限

食品生产经营者发现其生产经营的食品造成或者可能造成公众健康损害的情况和信息，应当在2h内向所在地县级卫生行政部门和负责本单位食品安全监管工作的有关部门报告。

发生可能与食品有关的急性群体性健康损害的单位，应当在2h内向所在地县级卫生行政部门和有关监管部门报告。

其他报告时限需根据当地《食品应急预案》和《食品安全事故报告和调查处置办法》（如果已经出台），参照《食品召回管理办法》，在限定时间内报告。

4．通报与上报

（1）食品安全风险监测结果表明可能存在食品安全隐患的，县级以上人民政府卫生行政部门应当及时将相关信息通报同级食品安全监督管理等部门，并报告本级人民政府和上级人民政府卫生行政部门。

（2）发生食品安全事故，接到报告的县级人民政府食品安全监督管理部门应当按照应急预案的规定向本级人民政府和上级人民政府食品安全监督管理部门报告。县级人民政府和上级人民政府食品安全监督管理部门应当按照应急预案的规定上报。

（3）县级以上人民政府农业行政等部门在日常监督管理中发现食品安全事故或者接到事故举报，应当立即向同级食品安全监督管理部门通报。

（4）医疗机构发现其接收的病人属于食源性疾病病人或者疑似病人的，应当按照规定及时将相关信息向所在地县级人民政府卫生行政部门报告。县级人民政府卫生行政部门认为与食品安全有关的，应当及时通报同级食品安全监督管理部门。

（5）县级以上人民政府食品安全监督管理、卫生行政、农业行政部门应当相互通报获知的食品安全信息。省级以上人民政府卫生行政、农业行政部门应当及时相互通报食品、食用农产品安全风险监测信息。国务院卫生行政、农业行政部门应当及时相互通报食品、食用农产品安全风险评估结果等信息。

（6）县级以上人民政府食品安全监督管理部门对国内市场上销售的进口食品、食品添加剂实施监督管理。发现存在严重食品安全问题的，国务院食品安全监督管理部门应当及时向国家出入境检验检疫部门通报。国家出入境检验检疫部门应当及时采取相应措施。

（7）国务院食品安全监督管理部门和其他有关部门获知有关食品安全风险的信息后，应当立即核实并向国务院卫生行政部门通报。对有关部门通报的食品安全风险信息以及医疗机构报告的食源性疾病等有关疾病信息，国务院卫生行政部门应当会同有关部门分析研究，认为必要的，及时调整国家食品安全风险监测计划。省、自治区、直辖市人民政府卫生行政部门会同同级食品安全监督管理等部门，根据国家食品安全风险监测计划，结合本行政区域的具体情况，制定、调整本行政区域的食品安全风险监测方案，报国务院卫生行政部门备案并实施。

（8）国务院食品安全监督管理、农业行政等部门在监督管理工作中发现需要进行食品安全风险评估的，应当向国务院卫生行政部门提出食品安全风险评估的建议，并提供风险来源、相关检验数据和结论等信息、资料。国务院卫生行政部门认为应当进行风险评估的，应及时进行食品安全风险评估，并向国务院有关部门通报评估结果。

（9）境外发生的食品安全事件可能对我国境内造成影响，或者在进口食品、食品添加剂、食品相关产品中发现严重食品安全问题的，国家出入境检验检疫部门应当及时采取风险预警或者控制措施，并向国务院食品安全监督管理、卫生行政、农业行政部门通报。接到通报的部门应当及时采取相应措施。

（二）调查和处理

1．事故调查

县级以上人民政府食品安全监督管理部门接到食品安全事故的报告后，应当立即会同同级卫生行政、农业行政等部门进行调查处理。

调查机构（组）应当做好食品安全事故调查所需的物资材料保障，一般包括：所需执法文书及配套设备、食品快速检测装备、通信设备等。

　　调查机构（组）会同相关部门，开展食品安全事故现场调查与处置并做好相关记录。通过对肇事单位现场调查、责任调查、现场控制等，结合流行病学调查结果，应当查明是否属于食品安全事故、事故性质、肇事单位、肇事食品（或者餐次）、病例数、致病因素及发生原因等。

　　2. 事故确认及处罚

　　经过调查，市场监管部门根据发病事件的具体情况，如发病人群、发病时间、主要症状、体征、实验室（包括临床）检验情况、致病物质、可疑中毒食品、进食数量，结合流行病学调查进行事故的确认，进行结案处理，撰写《终结调查报告》。根据事故的严重程度和违法情况，处罚主要包括民事处罚、行政处罚等，对不属于本部门管辖的，进行相关的移交或移送（见图9-1）。

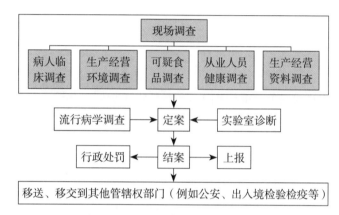

图9-1　食品安全事故调查处理流程图

　　（三）响应级别调整及终止

　　在食品安全事故处置过程中，要遵循事故发生发展的客观规律，结合实际情况和防控工作需要，根据评估结果及时调整应急响应级别，直至响应终止。

　　1. 级别提升

　　当事故进一步加重，影响和危害扩大，并有蔓延趋势，情况复杂难以控制时，应当及时提升响应级别。

　　当学校或托幼机构、全国性或区域性重要活动期间发生食品安全事故时，可相应提高响应级别，加大应急处置力度，确保迅速、有效控制食品安全事故，维护社会稳定。

　　2. 级别降低

　　事故危害得到有效控制，且经研判认为事故危害降低到原级别评估标准以下或无进一步扩散趋势的，可降低应急响应级别。

　　3. 响应终止

　　当食品安全事故得到控制，并达到以下两项要求，经分析评估认为可解除响应的，应当及时终止响应。

　　（1）食品安全事故伤病员全部得到救治，原患者病情稳定24h以上，且无新的急性病症患者出现，食源性感染病在末例患者后经过最长潜伏期无新病例出现。

（2）现场、受污染食品得以有效控制，食品与环境污染得到有效清理并符合相关标准，次生、衍生事故隐患消除。

4．响应级别调整及终止程序

指挥部门组织对事故进行分析评估论证。评估认为符合级别调整条件的，指挥部提出调整应急响应级别建议，报同级人民政府批准后实施。应急响应级别调整后，事故相关地区人民政府应当结合调整后级别采取相应措施。评估认为符合响应终止条件时，指挥部提出终止响应的建议，报同级人民政府批准后实施。

上级人民政府有关部门应当根据下级人民政府有关部门的请求，及时组织专家为食品安全事故响应级别调整和终止的分析论证提供技术支持与指导。

七、食品召回

（一）监督管理

国家市场监督管理总局负责指导全国不安全食品停止生产经营、召回和处置的监督管理工作。县级以上地方市场监督管理部门负责本行政区域的不安全食品停止生产经营、召回和处置的监督管理工作。

（二）需要召回的情况及分级

1．一级召回

食用后已经或者可能导致严重健康损害甚至死亡的，食品生产者应当在知悉食品安全风险后24h内启动召回，并向县级以上地方市场监督管理部门报告召回计划。实施一级召回的，食品生产者应当自公告发布之日起10个工作日内完成召回工作。

2．二级召回

食用后已经或者可能导致一般健康损害，食品生产者应当在知悉食品安全风险后48h内启动召回，并向县级以上地方市场监督管理部门报告召回计划。实施二级召回的，食品生产者应当自公告发布之日起20个工作日内完成召回工作。

3．三级召回

标签、标识存在虚假标注的食品，食品生产者应当在知悉食品安全风险后72h内启动召回，并向县级以上地方市场监督管理部门报告召回计划。标签、标识存在瑕疵，食用后不会造成健康损害的食品，食品生产者应当改正，可以自愿召回。实施三级召回的，食品生产者应当自公告发布之日起30个工作日内完成召回工作。

情况复杂的，经县级以上地方市场监督管理部门同意，食品生产者可以适当延长召回时间并公布。

（三）召回计划与公告内容

1．食品召回计划

食品召回计划应当包括下列内容。

（1）食品生产者的名称、住所、法定代表人、具体负责人、联系方式等基本情况。

（2）食品名称、商标、规格、生产日期、批次、数量以及召回的区域范围。

（3）召回原因及危害后果。

（4）召回等级、流程及时限。

（5）召回通知或者公告的内容及发布方式。

（6）相关食品生产经营者的义务和责任。

（7）召回食品的处置措施、费用承担情况。

（8）召回的预期效果。

2．食品召回公告

食品召回公告应当包括下列内容。

（1）食品生产者的名称、住所、法定代表人、具体负责人、联系电话、电子邮箱等。

（2）食品名称、商标、规格、生产日期、批次等。

（3）召回原因、等级、起止日期、区域范围。

（4）相关食品生产经营者的义务和消费者退货及赔偿的流程。

（四）召回公告发布要求

不安全食品在本省、自治区、直辖市销售的，食品召回公告应当在省级市场监督管理部门网站和省级主要媒体上发布。省级市场监督管理部门网站发布的召回公告应当与国家市场监督管理总局网站链接。

不安全食品在两个以上省、自治区、直辖市销售的，食品召回公告应当在国家市场监督管理总局网站和中央主要媒体上发布。

八、食品安全风险交流与事故信息发布

（一）食品安全风险信息交流

食品安全风险信息交流是指各利益相关方就食品安全风险、风险所涉及的因素和风险认知相互交换信息和意见的过程。食品安全风险信息交流工作以科学为准绳，以维护公众健康权益为根本出发点，贯穿食品安全工作始终，服务于食品安全工作大局。开展食品安全风险交流坚持科学客观、公开透明、及时有效、多方参与的原则。

（二）舆情监测与应对

食品安全事故发生后需要及时了解利益相关方需求，加强内外部协作和信息管理，建立通畅的信息发布和反馈渠道，完善信息管理制度，明确信息公开的范围与内容，明确信息发布的人员、权限以及发布形式，确保信息发布的准确性、一致性。互联网是舆情的主要来源，包括门户网站、食品安全相关机构网站、论坛、博客、微博、微信等。广播、电视、报纸、投诉举报、公众信息咨询等也可以作为重要舆情来源。面对舆情需要制定预案，分级响应；客观公正，科学合理；快速反应，及时报告；综合判断，灵活处置。舆情监测与应对的主要内容包括以下几方面。

（1）开展舆情监测，搜集舆情信息及利益相关方诉求。

（2）舆情研判，内容包括舆情定性、分析舆情敏感因素、传播特征及趋势、可能存在的炒作或恶意竞争因素等。筛选出的重点舆情可进行技术分析，提出应对建议，必要时召集相关领域专家进行专题研究。

（3）拟定有针对性的风险交流口径，并通过适宜的形式、时机和渠道发布信息。

（4）跟踪舆论反应，适时对应对措施进行调整和修正。

（三）食品安全信息发布

公布食品安全信息，应当做到准确、及时，并进行必要的解释说明，避免误导消费者和社会舆论。

（1）国家建立统一的食品安全信息平台，实行食品安全信息统一公布制度。国家食品安全总体情况、食品安全风险警示信息、重大食品安全事故及其调查处理信息和国务院确定需要统一公布的其他信息由国务院食品安全监督管理部门统一公布。

（2）食品安全风险警示信息和重大食品安全事故及其调查处理信息的影响限于特定区域的，也可以由有关省、自治区、直辖市人民政府食品安全监督管理部门公布。未经授权不得发布上述信息。

（3）县级以上人民政府食品安全监督管理、农业行政部门依据各自职责公布食品安全日常监督管理信息，县级以上人民政府食品安全监督管理部门发现可能误导消费者和社会舆论的食品安全信息，应当立即组织有关部门、专业机构、相关食品生产经营者等进行核实、分析，并及时公布结果。

（4）任何单位和个人不得编造、散布虚假食品安全信息。

第二节　企业食品安全事故应急预案

《国家食品安全事故应急预案》要求："国务院有关食品安全监管部门、地方各级人民政府参照本预案，制定本部门和地方食品安全事故应急预案。"

地方人民政府制定的食品安全事故应急预案通常会对企业食品安全事故应急处置提出一定的要求，例如《苏州市食品安全事故应急预案》要求："各食品生产经营企业应根据自身情况，编制本企业的食品安全事故应急预案，报当地县级食品药品监管部门备案；做好日常安全隐患排查，对发现的风险隐患及时整改消除；建立应急管理制度，做好应急保障，建立由本企业人员组成的专（兼）职应急管理队伍；每年开展应急相关知识和技能培训，定期组织应急演练，使从业人员掌握应急处置相关程序，提高食品安全事故应对能力；与当地政府及有关部门建立应急联动机制，明确应急管理责任人，配合有关部门做好应急管理工作。"《昆明市食品安全事故应急预案》要求："大型经营性餐厅、学校、食品生产加工企业、大型超市等生产经营单位制定食品安全事故应急预案，报所在地县区级食品安全监管部门备案。"

一、企业制定食品安全事故应急预案注意事项

（一）衔接性

企业制定食品安全事故应急预案需要注意和国家现行法律法规、标准和部门规章等强制性文件的衔接性。

相关强制文件可以分为两个层面收集和综合分析，确保企业制定的食品安全事故应急预案符合相关强制要求：国家及相关部委层面出台的强制性规范文件，比如：《中华人民共和国食品安全法》《中华人民共和国食品安全法实施条例》《国家食品安全事故应急预案》《中华人民共和国突发事件应对法》《突发公共卫生事件应急条例》《国家突发公共卫生事件应急预案》《中华人民共和国传染病防治法》；地方（含省、自治区、市、区和县）出台的相关的紧密相关要求，例如河南省许昌市的企业制定食品安全事故应急预案既要查阅《河南省食品安全事故应急预案》，又要查阅《许昌市食品安全突发事件应急预案》《许昌市人民政府关于进一步加强食品安全工作的意见》，如果是餐饮企业，则还要查阅《许昌市餐饮服务食品安全事故调查处置及应急管理办法》等。

关于企业制定食品安全事故应急预案具体参考哪些强制要求，既需要考虑到国家及部委的要求，又要考虑到地方的要求，具体参考的法律法规等规范性文件需要视具体情况搜集整理，但一般收集关于食品安全的、关于应急管理类的规范性文件即可。无论如何，企业制定的食品安全事故应急预案必须做好与政府要求的衔接。

（二）有效性

企业制定的食品安全事故应急预案需要具备快速响应、有效运转的特点，它既涉及人，又涉及财和物。因此，企业需要根据自身情况，编制本企业的食品安全事故应急预案，不能生搬硬套，更应防范形式主义。为了检验应急预案的有效性，企业还可以定期组织应急演练，使从业人员掌握应急处置相关程序，提高食品安全事故应对能力。

二、企业食品安全事故应急预案制定参考构架

企业食品安全事故应急预案的制定需要查阅政府要求，同时结合企业自身情况进行制定，可以参阅政府部门相关应急预案的构架撰写，也可根据自身情况拟定构架。

（一）总则（建议制定）

1. 编制目的（可省略）

阐明本企业编制企业食品安全事故应急预案的价值、作用、目标和期望结果等。

2. 编制依据（建议制定）

依据法律法规、标准、部门规章、地方性法规、地方规章等规范性文件。

3. 事故分级（建议制定）

通常根据食品安全事故的严重和紧急程度进行分级。企业对食品安全事故分级时可以依据地方食品安全事故应急预案进行，对于达不到地方"一般食品安全事故（Ⅳ级）"而涉及食品安全的事件，也可以企业内部分级，以便于企业内部不同级别的响应和处理。

4．事故处置原则（建议制定）

原则是行事所依据的准则，可以指导企业相关人员更好地进行决策和采取行动。

（二）组织机构及职责（建议制定）

食品安全事故应急组织一般需要包含指挥决策、沟通协调和工作实施等功能。根据企业规模和组织功能可以分成若干机构。比如可以设置指挥部（负责指挥和决策）、指挥部办公室（负责沟通协调工作及兼任应急保障工作，大型食品生产经营企业可设置，中小型可不设置）、工作组（负责具体工作的实施，大型食品生产经营企业工作组可以再细分成事故调查组、危害控制组、医疗救治组、新闻宣传组、专家组等，中小型食品生产经营企业无需划分）。

编制的组织机构要进行明确的职责描述，最终要对应到具体的负责人。特别是涉及按政府要求上报的，要明确相关负责人，在时限内进行食品安全事故的上报。

（三）响应条件和应急处置流程（建议制定）

食品生产经营企业应该建立有效的食品安全自查制度，定期对企业食品安全状况进行自查，排查食品安全隐患，及时分析、研判和处置。如果发生食品安全事故（事件），相关负责人需根据食品安全事故（事件）的危害程度和影响范围等因素，进行企业内部上报，经研判后确定响应级别和响应措施，按程序处理。

处置流程是企业食品安全事故应急预案的核心之一，需要根据政府要求和企业的具体情况确定合理的流程，以保证食品安全事故（事件）处理的合法和高效。对于不构成政府部门认定的食品安全事件，确定好企业内部的响应级别和流程，确保企业资源的使用效率。

（四）信息报告制度（建议制定）

企业应建立健全食品安全事故信息报告制度，明确报告的负责人、程序、内容及时限，强化责任意识，提高事故信息报告的时效性、规范性和准确性。

报告食品安全事故信息时，应包括信息来源、事故发生时间地点、当前状况、危害程度、先期处置措施等要素。根据事故发展情况可进行多次报告，报告信息主要包括事故进展、发展趋势、后续应对措施、调查详情、原因分析等要素。事故应急处置结束后，应进行信息汇总。汇总信息应包括事故概况、调查处置过程、事故性质、责任认定、追溯或处置结果、整改措施和效果评价等要素。

（五）食品安全奖惩制度（建议制定）

制定对在食品安全事故应对工作中作出突出贡献的部门和个人表彰和奖励制度；对在处置食品安全事故中玩忽职守、失职、渎职的，或迟报、漏报、瞒报、谎报食品安全事故重要情况信息的人员，制定追究惩罚制度。

（六）总结评估（可选制定）

食品安全事故（事件）处置工作结束后，企业相关部门应系统总结，查明事故发生的经过和原因，对食品安全事故应急处置工作开展情况和效果进行评估，制定改进措施，对企业食品安全控制的薄弱环节进行改进。

正如在上文中提及的，企业制定食品安全事故应急预案没有固定的格式，既可参考政府部门制定的食品安全事故应急预案格式，又可以根据企业具体情况制定，但都要围绕与政府要求的衔接性，又要考虑企业的具体情况和应急预案的有效性。

三、食品安全事故单位的基本法律义务

食品安全事故处理单位也应该遵循政府食品安全事故应急预案的原则。此外，在《中华人民共和国食品安全法》及《中华人民共和国食品安全法实施条例》中明确提到以下几点。

（1）发生食品安全事故的单位应当对导致或者可能导致食品安全事故的食品及原料、工具、设备、设施等，立即采取封存等控制措施。

（2）任何单位和个人不得拒绝、阻挠疾病预防控制机构开展流行病学调查。有关部门应当对疾病预防控制机构开展流行病学调查予以协助。

（3）有发生食品安全事故潜在风险的，应当立即停止食品生产经营活动，并向所在地县级人民政府食品药品监督管理部门报告。

（4）发生食品安全事故的单位应当立即采取措施，防止事故扩大。事故单位和接收病人进行治疗的单位应当及时向事故发生地县级人民政府食品药品监督管理、卫生行政部门报告。

（5）任何单位和个人不得对食品安全事故隐瞒、谎报、缓报，不得隐匿、伪造、毁灭有关证据。

第三节　政府对食品安全事故处置实施的管辖

依照有关规定要求，各级食品药品监管部门开展食物中毒事故应急处置工作，应当遵循以下原则进行管辖。

一、属地化管辖

依照《突发公共卫生事件应急条例》的规定，县级以上地方人民政府相关部门具体负责本辖区内突发食品安全事件的调查、控制和其他相关工作。

二、跨辖区事故的管辖

发生跨辖区的食物中毒事故调查的管辖，一般应遵循下列要求。

（1）首次接到报告的监督部门（首接部门），接报后应当迅速赶赴现场进行调查。

（2）食品安全事故的调查由肇事者所在地区的监督部门（责任部门）主要负责。

（3）病人所在地、治疗病人医院所在地、不合格食品流入地和其他与事故发生有关地的监督部门（协助部门）协助调查。病人所在地和治疗病人医院所在地的监督机构协助进行流

行病学调查；不合格食品流入地和其他与事故发生有关地的监督部门协助进行事故原因调查。

三、指定管辖

多个监督机构具有管辖权的，上级部门可指定其中一个监督机构作为责任部门，其他部门为协助部门。上级部门也可根据具有管辖权部门的请求，或根据调查处理工作的需要，直接调查或指定某个部门为责任部门。

四、分级响应

处置应对工作一般需遵循分级负责、属地管理为主的原则，事发地政府及市场监管部门初判事故级别、开展应急处置并及时向上一级政府及市场监管部门报告。

食品安全事故涉及跨省级行政区域的，或超出事发地省级政府处置能力的，省级政府在国家统一指挥下，组织开展应急处置工作，并及时报告相关工作进展情况。

初判发生重大食品安全事故时，由省政府负责应对并评估事故级别。发生重大食品安全事故后，由省市场监督管理局报请省政府批准并启动Ⅱ级应急响应。省政府根据省市场监管局建议，视情启动省级指挥部工作，负责统一组织、指挥、协调、调度相关应急力量和资源，实施应急处置等工作。

初判发生较大食品安全事故时，由市级政府负责应对并核定事故级别。发生较大食品安全事故后，市级政府应启动Ⅲ级应急响应，视情启动市级食品安全事故应急处置指挥部工作，各有关部门按照各自职责和分工，相互配合，共同实施应急处置，并及时将处置情况向同级政府和上级主管部门报告。

初判发生一般食品安全事故时，由县级政府负责应对并核定事故级别。发生一般食品安全事故后，事发地县级政府应启动Ⅳ级应急响应，组织、指挥、协调、调度相关应急力量和资源实施应急处置。各有关部门按照各自职责和分工，密切配合，共同实施应急处置，并及时将处置情况向同级政府和上级主管部门报告。当食品安全事故涉及跨市、县级行政区域的，或超出属地政府应对能力时，由上一级政府协调支援应对工作。

📝 **思考与练习题**

- 1. 食品安全事故处置的原则是什么？
- 2. 我国如何从制度上预防食品安全事故？
- 3. 对于企业，食品召回需要做哪些工作？
- 4. 尝试制定一个企业的食品安全事故应急预案。

第十章　食品安全监督管理

CHAPTER 10

第一节　行政许可管理

为规范食品、食品添加剂生产许可活动，加强食品生产经营监督管理，保障食品安全，根据《中华人民共和国行政许可法》《中华人民共和国食品安全法》《中华人民共和国食品安全法实施条例》《食品生产许可管理办法》《食品经营许可和备案管理办法》《食品相关产品质量安全监督管理暂行办法》等法律和规范，从事食品的生产或经营应取得相关许可。

一、食品安全许可实施的分类

（一）食品生产许可

在中华人民共和国境内，从事食品生产活动，应当依法取得食品生产许可。按《食品生产许可管理办法》和《食品生产许可分类目录》（2020年版）要求，申请食品生产许可应当按照以下食品类别提出：粮食加工品，食用油、油脂及其制品，调味品，肉制品，乳制品，饮料，方便食品，饼干，罐头，冷冻饮品，速冻食品，薯类和膨化食品，糖果制品，茶叶及相关制品，酒类，蔬菜制品，水果制品，炒货食品及坚果制品，蛋制品，可可及焙烤咖啡产品，食糖，水产制品，淀粉及淀粉制品，糕点，豆制品，蜂产品，保健食品，特殊医学用途配方食品，婴幼儿配方食品，特殊膳食食品，其他食品，食品添加剂。

（二）食品经营许可

在中华人民共和国境内，从事食品销售和餐饮服务活动，应当依法取得食品经营许可。按《食品经营许可和备案管理办法》申请食品经营许可，应当按照食品经营主体业态和经营项目分类提出。

食品经营主体业态分为食品销售经营者、餐饮服务经营者、集中用餐单位食堂。食品经营者从事食品批发销售、中央厨房、集体用餐配送的，利用自动设备从事食品经营的，或者学校、托幼机构食堂，应当在主体业态后以括号标注。主体业态以主要经营项目确定，不可以复选。食品经营项目分为食品销售（包括散装食品销售、散装食品和预包装食品销售）、餐饮服务（包括热食类食品制售、冷食类食品制售、生食类食品制售、半成品制售、自制饮品制售等，其中半成品制售仅限中央厨房申请）、食品经营管理（包括食品销售连锁管理、餐饮服务连锁管理、餐饮服务管理等）。

列入其他类食品销售和其他类食品制售的具体品种应当报国家市场监督管理总局批准后执行，并明确标注。具有热、冷、生、固态、液态等多种情形，难以明确归类的食品，可以按照食品安全风险等级最高的情形进行归类。国家市场监督管理总局可以根据监督管理工作需要对食品经营项目类别进行调整。

（三）食品相关品许可

按《食品相关产品质量安全监督管理暂行办法》（2022年10月8日国家市场监督管理总局令第62号公布）、《工业产品生产许可证实施细则》要求，对直接接触食品的包装材料等具有较高风险的食品相关产品，需要按照国家有关工业产品生产许可证管理的规定实施生产许可。

省级市场监督管理部门负责组织实施本行政区域内食品相关产品生产许可和监督管理。根据需要，省级市场监督管理部门可以将食品相关产品生产许可委托下级市场监督管理部门实施。

二、申请许可需具备基本条件

食品生产许可证、食品经营许可证、食品相关品的生产许可申请均需要先行取得营业执照等合法主体资格（企业法人、合伙企业、个人独资企业、个体工商户、农民专业合作组织等，以营业执照载明的主体作为申请人），并分类申请。

（一）食品生产许可

申请食品生产许可，应当符合食品安全标准，并符合下列条件。

（1）具有与申请生产许可的食品品种、数量相适应的食品原料处理和食品加工、包装、贮存等场所，保持该场所环境整洁，并与有毒、有害场所以及其他污染源保持规定的距离。

（2）具有与申请生产许可的食品品种、数量相适应的生产设备或者设施，有相应的消毒、更衣、盥洗、采光、照明、通风、防腐、防尘、防蝇、防鼠、防虫、洗涤以及处理废水、存放垃圾和废弃物的设备或者设施。

（3）具有与申请生产许可的食品品种、数量相适应的合理的设备布局、工艺流程，防止待加工食品与直接入口食品、原料与成品交叉污染，避免食品接触有毒物、不洁物。

（4）具有与申请生产许可的食品品种、数量相适应的食品安全专业技术人员和管理人员。

（5）具有与申请生产许可的食品品种、数量相适应的保证食品安全的培训、从业人员健康检查和健康档案等健康管理、进货查验记录、出厂检验记录、原料验收、生产过程等食品安全管理制度。

法律法规和国家产业政策对生产食品有其他要求的，应当符合该要求。

（二）食品经营许可

申请食品经营许可，应当符合下列条件。

（1）具有与经营的食品品种、数量相适应的食品原料处理和食品加工、销售、贮存等场所，保持该场所环境整洁，并与有毒、有害场所以及其他污染源保持规定的距离。

（2）具有与经营的食品品种、数量相适应的经营设备或者设施，有相应的消毒、更衣、盥洗、采光、照明、通风、防腐、防尘、防蝇、防鼠、防虫、洗涤以及处理废水、存放垃圾和废弃物的设备或者设施。

（3）有专职或者兼职的食品安全管理人员和保证食品安全的规章制度。

（4）具有合理的设备布局和工艺流程，防止待加工食品与直接入口食品、原料与成品交叉污染，避免食品接触有毒物、不洁物。

（5）法律法规规定的其他条件。

（三）食品相关品许可

申请生产许可证，应当符合下列条件。

（1）有营业执照。

（2）有与所生产产品相适应的专业技术人员。

（3）有与所生产产品相适应的生产条件和检验检疫手段。

（4）有与所生产产品相适应的技术文件和工艺文件。

（5）有健全有效的质量管理制度和责任制度。

（6）产品符合有关国家标准、行业标准以及保障人体健康和人身、财产安全的要求。

（7）符合国家产业政策的规定，不存在国家明令淘汰和禁止投资建设的落后工艺、高耗能、污染环境、浪费资源的情况。

（8）法律、行政法规有其他规定的，还应当符合其规定。

三、许可实施的程序

（一）申请

1. 食品生产许可申请

申请食品生产许可，应当向申请人所在地县级以上地方市场监督管理部门提交下列材料。

（1）食品生产许可申请书。

（2）食品生产设备布局图和食品生产工艺流程图。

（3）食品生产主要设备、设施清单。

（4）专职或者兼职的食品安全专业技术人员、食品安全管理人员信息和食品安全管理制度。

申请保健食品、特殊医学用途配方食品、婴幼儿配方食品等特殊食品的生产许可，还应当提交与所生产食品相适应的生产质量管理体系文件以及相关注册和备案文件。从事食品添加剂生产活动，应当依法取得食品添加剂生产许可（申请食品添加剂生产许可，应当向申请人所在地县级以上地方市场监督管理部门提交食品添加剂生产许可申请书；食品添加剂生产设备布局图和生产工艺流程图；食品添加剂生产主要设备、设施清单；专职或者兼职的食品安全专业技术人员、食品安全管理人员信息和食品安全管理制度）。

2．食品经营许可申请

申请食品经营许可，应当向申请人所在地县级以上地方市场监督管理部门提交下列材料。

（1）食品经营许可申请书。

（2）营业执照或者其他主体资格证明文件复印件。

（3）与食品经营相适应的主要设备设施布局、操作流程等文件。

（4）食品安全自查、从业人员健康管理、进货查验记录、食品安全事故处置等保证食品安全的规章制度。

利用自动售货设备从事食品销售的，申请人还应当提交自动售货设备的产品合格证明、具体放置地点、经营者名称、住所、联系方式、食品经营许可证的公示方法等材料。

申请人委托他人办理食品经营许可申请的，代理人应当提交授权委托书以及代理人的身份证明文件。

3．食品相关品许可申请

企业在申请食品相关品许可时应当提交下列材料。

（1）全国工业产品生产许可证申请单。

（2）产品检验报告。产品检验报告应为具有检验检测机构资质认定的检验机构出具的1年内检验合格报告。检验报告应当为所申请产品单元（或产品品种，具体详见相关产品实施细则）的型式试验报告、委托产品检验报告或政府监督检验报告中的一类报告。所提交型式试验报告或委托产品检验报告的检验项目应覆盖相关产品实施细则规定的产品检验项目。

（3）产业政策材料。

（4）保证质量安全承诺书。

（二）申请的受理

申请人提出的许可申请，市场监督管理部门将根据下列情况分别做出处理。

（1）申请事项依法不需要取得许可的，会即时告知申请人不受理。

（2）申请事项依法不属于市场监督管理部门职权范围的，会及时作出不予受理的决定，并告知申请人向有关行政机关申请。

（3）申请材料存在可以当场更正的错误的，允许申请人当场更正，由申请人在更正处签名或者盖章，注明更正日期。

（4）申请材料不齐全或者不符合法定形式的，一般当场或者在5个工作日（《中华人民共和国行政许可法》限定时间）内一次告知申请人需要补正的全部内容。当场告知的，会将申请材料退回申请人；在5个工作日内告知的，应当收取申请材料并出具收到申请材料的凭据。逾期不告知的，自收到申请材料之日起即为受理。

（5）申请材料齐全、符合法定形式，或者申请人按照要求提交全部补正材料的，会及时受理许可申请。

（三）审查与决定

市场监督管理部门对申请人提交的许可申请材料进行审查。需要对申请材料的实质内容进行核实的，进行现场核查。

1. 食品生产许可的审查与决定

除可以当场作出行政许可决定的外，县级以上地方市场监督管理部门应当自受理申请之日起10个工作日内作出是否准予行政许可的决定。因特殊原因需要延长期限的，经本行政机关负责人批准，可以延长5个工作日，并应当将延长期限的理由告知申请人。

县级以上地方市场监督管理部门应当根据申请材料审查和现场核查等情况，对符合条件的，作出准予生产许可的决定，并自作出决定之日起5个工作日内向申请人颁发食品生产许可证；对不符合条件的，应当及时作出不予许可的书面决定并说明理由，同时告知申请人依法享有申请行政复议或者提起行政诉讼的权利。

2. 食品经营许可的审查与决定

县级以上地方市场监督管理部门对申请人提出的申请决定予以受理的，会出具受理通知书；当场作出许可决定并颁发许可证的，不出具受理通知书；决定不予受理的，会出具不予受理通知书，说明理由，并告知申请人依法享有申请行政复议或者提起行政诉讼的权利。市场监督管理部门对申请人提交的许可申请材料进行审查，需要对申请材料的实质内容进行核实的，进行现场核查。

除可以当场作出行政许可决定的外，县级以上地方市场监督管理部门自受理申请之日起10个工作日内作出是否准予行政许可的决定。因特殊原因需要延长期限的，经市场监督管理部门负责人批准，可以延长5个工作日，并将延长期限的理由告知申请人。鼓励有条件的地方市场监督管理部门优化许可工作流程，压减现场核查、许可决定等工作时限。

县级以上地方市场监督管理部门根据申请材料审查和现场核查等情况，对符合条件的，作出准予行政许可的决定，并自作出决定之日起5个工作日内向申请人颁发食品经营许可证；对不符合条件的，作出不予许可的决定，说明理由，并告知申请人依法享有申请行政复议或者提起行政诉讼的权利。

3. 食品相关品许可的审查与决定

省级市场监督管理部门组织审查但由市场监督管理总局作出是否准予生产许可决定的，省级市场监督管理部门自受理申请之日起30日内将相关材料报送市场监督管理总局。市场监督管理总局或者省级市场监督管理部门自受理企业申请之日起60日内作出是否准予生产许可决定。作出准予生产许可决定的，市场监督管理总局或者省级市场监督管理部门自决定之日起10日内颁发生产许可证；作出不予生产许可决定的，应当书面告知企业，并说明理由。

（四）许可证件后续管理

食品生产许可证、食品经营许可证、食品相关品生产许可证有效期均为5年，但生产经营条件发生变更等情况，需要进行对应处理。

1. 食品生产许可证

（1）变更　食品生产许可证有效期内，食品生产者名称、现有设备布局和工艺流程、主要生产设备设施、食品类别等事项发生变化，需要变更食品生产许可证载明的许可事项的，食品生产者应当在变化后10个工作日内向原发证的市场监督管理部门提出变更申请。

食品生产者的生产场所迁址的，应当重新申请食品生产许可。

食品生产许可证副本载明的同一食品类别内的事项发生变化的，食品生产者应当在变化后10个工作日内向原发证的市场监督管理部门报告。

食品生产者的生产条件发生变化，不再符合食品生产要求，需要重新办理许可手续的，应当依法办理。

（2）延续　食品生产者需要延续依法取得的食品生产许可的有效期的，应当在该食品生产许可有效期满30个工作日前，向原发证的市场监督管理部门提出申请。

（3）注销　食品生产者终止食品生产，食品生产许可被撤回、撤销，应当在20个工作日内向原发证的市场监督管理部门申请办理注销手续。食品生产者申请注销食品生产许可的，应当向原发证的市场监督管理部门提交食品生产许可注销申请书。食品生产许可被注销的，许可证编号不得再次使用。

有下列情形之一，食品生产者未按规定申请办理注销手续的，原发证的市场监督管理部门应当依法办理食品生产许可注销手续，并在网站进行公示：食品生产许可有效期届满未申请延续的；食品生产者主体资格依法终止的；食品生产许可依法被撤回、撤销或者食品生产许可证依法被吊销的；因不可抗力导致食品生产许可事项无法实施的；法律法规规定的应当注销食品生产许可的其他情形。

2．食品经营许可证

食品经营许可证分为正本、副本。正本、副本具有同等法律效力。食品经营许可证发证日期为许可决定作出的日期，有效期为五年。食品经营者应当在经营场所的显著位置悬挂、摆放纸质食品经营许可证正本或者展示其电子证书。利用自动设备从事食品经营的，应当在自动设备的显著位置展示食品经营者的联系方式、食品经营许可证复印件或者电子证书、备案编号。

（1）变更　食品经营许可证载明的事项发生变化的，食品经营者应当在变化后10个工作日内向原发证的市场监督管理部门申请变更食品经营许可。食品经营者地址迁移，不在原许可经营场所从事食品经营活动的，应当重新申请食品经营许可。

发生下列情形的，食品经营者应当在变化后10个工作日内向原发证的市场监督管理部门报告：①食品经营者的主要设备设施、经营布局、操作流程等发生较大变化，可能影响食品安全的；②从事网络经营情况发生变化的；③外设仓库（包括自有和租赁）地址发生变化的；④集体用餐配送单位向学校、托幼机构供餐情况发生变化的；⑤自动设备放置地点、数量发生变化的；⑥增加预包装食品销售的。

食品经营者的主要设备设施、经营布局、操作流程等发生较大变化，可能影响食品安全的或自动设备放置地点、数量发生变化的，县级以上地方市场监督管理部门在收到食品经营者的报告后30个工作日内对其实施监督检查，重点检查食品经营实际情况与报告内容是否相符、食品经营条件是否符合食品安全要求等。

食品经营者申请变更食品经营许可的，应当提交食品经营许可变更申请书，以及与变更食品经营许可事项有关的材料。食品经营者取得纸质食品经营许可证正本、副本的，应当同时提交。

（2）延续　食品经营者需要延续依法取得的食品经营许可有效期的，应当在该食品经营许可有效期届满前90个工作日至15个工作日期间，向原发证的市场监督管理部门提出申请。县级以上地方市场监督管理部门根据被许可人的延续申请，在该食品经营许可有效期届满前作出是否准予延续的决定。

在食品经营许可有效期届满前15个工作日内提出延续许可申请的，原食品经营许可有效期届满后，食品经营者应当暂停食品经营活动，原发证的市场监督管理部门作出准予延续的决定后，方可继续开展食品经营活动。

食品经营者申请延续食品经营许可的，应当提交食品经营许可延续申请书，以及与延续食品经营许可事项有关的其他材料。食品经营者取得纸质食品经营许可证正本、副本的，应当同时提交。

申请人的经营条件发生变化或者增加经营项目，可能影响食品安全的，市场监督管理部门会就变化情况进行现场核查。原发证的市场监督管理部门决定准予延续的，应当向申请人颁发新的食品经营许可证，许可证编号不变，有效期自作出延续许可决定之日起计算。

（3）补办　食品经营许可证遗失、损坏，应当向原发证的市场监督管理部门申请补办，并提交下列材料：食品经营许可证补办申请书；书面遗失声明或者受损坏的食品经营许可证。材料符合要求的，县级以上地方市场监督管理部门在受理后10个工作日内予以补发。因遗失、损坏补发的食品经营许可证，许可证编号不变，发证日期和有效期与原证书保持一致。

（4）注销　食品经营者申请注销食品经营许可的，应当向原发证的市场监督管理部门提交食品经营许可注销申请书，以及与注销食品经营许可有关的其他材料。食品经营者取得纸质食品经营许可证正本、副本的，应当同时提交。

有下列情形之一，原发证的市场监督管理部门依法办理食品经营许可注销手续：食品经营许可有效期届满未申请延续的；食品经营者主体资格依法终止的；食品经营许可依法被撤回、撤销或者食品经营许可证依法被吊销的；因不可抗力导致食品经营许可事项无法实施的；法律、法规规定的应当注销食品经营许可的其他情形。

3．食品相关品生产许可证（工业产品生产许可证）

（1）延续与变更　生产许可证有效期为5年。有效期届满，企业需要继续生产的，应当在生产许可证期满6个月前向企业所在地省级市场监督管理部门提出延续申请。市场监督管理总局、省级市场监督管理部门应当依照《中华人民共和国工业产品生产许可证管理条例实施办法》规定的程序对企业进行审查。符合条件的，准予延续，但生产许可证编号不变。

在生产许可证有效期内，因国家有关法律法规、产品标准及技术要求发生改变而修订实施细则的，市场监管总局、省级市场监督管理部门可以根据需要组织必要的实地核查和产品检验。

在生产许可证有效期内，企业生产条件、检验手段、生产技术或者工艺发生变化（包括生产地址迁移、生产线新建或者重大技术改造）的，企业应当自变化事项发生后1个月内向企业所在地省级市场监督管理部门提出申请。市场监督管理总局、省级市场监督管理部门应当按照《中华人民共和国工业产品生产许可证管理条例实施办法》规定的程序重新组织实地核查和产品检验。

在生产许可证有效期内，企业名称、住所或者生产地址名称发生变化而企业生产条件、检验手段、生产技术或者工艺未发生变化的，企业应当自变化事项发生后1个月内向企业所在地省级市场监督管理部门提出变更申请。变更后的生产许可证有效期不变。

企业应当妥善保管生产许可证证书。生产许可证证书遗失或者毁损的，应当向企业所在地省级市场监督管理部门提出补领生产许可证申请。市场监督管理总局、省级市场监督管理部门应当予以补发。

（2）终止与退出　有下列情形之一的，市场监督管理总局或者省级市场监督管理部门应当作出终止办理生产许可的决定：企业无正当理由拖延、拒绝或者不配合审查的；企业撤回生产许可申请的；企业依法终止的；依法需要缴纳费用，但企业未在规定期限内缴纳的；企业申请生产的产品列入国家淘汰或者禁止生产产品目录的；依法应当终止办理生产许可的其他情形。

有下列情形之一的，市场监督管理总局或者省级市场监督管理部门可以作出撤回已生效生产许可的决定：生产许可依据的法律法规、规章修改或者废止的；准予生产许可所依据的客观情况发生重大变化的；依法可以撤回生产许可的其他情形。撤回生产许可给企业造成财产损失的，市场监督管理总局或者省级市场监督管理部门应当按照国家有关规定给予补偿。

有下列情形之一的，市场监督管理总局或者省级市场监督管理部门应当作出撤销生产许可的决定：企业以欺骗、贿赂等不正当手段取得生产许可的；依法应当撤销生产许可的其他情形。

有下列情形之一的，市场监督管理总局或者省级市场监督管理部门可以作出撤销生产许可的决定：滥用职权、玩忽职守作出准予生产许可决定的；超越法定职权作出准予生产许可决定的；违反法定程序作出准予生产许可决定的；对不具备申请资格或者不符合法定条件的企业准予生产许可的；依法可以撤销生产许可的其他情形。

市场监督管理总局根据利害关系人的请求或者依据职权，可以撤销省级市场监督管理部门作出的生产许可决定。

有下列情形之一的，市场监督管理总局或者省级市场监督管理部门应当依法办理生产许可注销手续：生产许可有效期届满未延续的；企业依法终止的；生产许可被依法撤回、撤销，或者生产许可证被依法吊销的；因不可抗力导致生产许可事项无法实施的；企业不再从事列入目录产品的生产活动的；企业申请注销的；被许可生产的产品列入国家淘汰或者禁止生产产品目录的；依法应当注销生产许可的其他情形。

第二节　监督检查

　　监督检查是食品安全监督管理部门监督食品生产经营者是否依法从事生产经营活动的基本职责，是保障食品安全的重要手段，也是查处违法案件的重要环节，是一种积极主动应用风险管理的方法，将风险控制关口前移，及早识别发现潜在风险，及时控制排除风险，防控食源性疾病的发生。

一、监督检查的主要方式

（一）风险分级管理

1. 食品生产经营的风险分级

　　国家市场监督管理总局负责制定食品经营企业风险分级管理制度，指导和检查全国食品生产经营企业风险分级管理工作。省级市场监督管理部门负责制定本省食品生产经营企业风险分级管理工作规范，结合本行政区域内实际情况，组织实施本省食品生产经营企业风险分级管理工作，对本省食品生产经营企业风险分级管理工作进行指导和检查。各市、县级市场监督管理部门负责开展本地区食品生产经营企业风险分级管理的具体工作。

　　结合食品生产经营企业风险特点，从生产经营食品类别、经营规模、消费对象等静态风险因素和生产经营条件保持、生产经营过程控制、管理制度建立及运行等动态风险因素，确定食品生产经营者风险等级，并根据对食品生产经营者监督检查、监督抽检、投诉举报、案件查处、产品召回等监督管理记录实施动态调整。

　　食品生产经营者风险等级从低到高分为A级风险、B级风险、C级风险、D级风险四个等级。食品生产经营者风险等级的确定，采用评分方法进行，以百分制计算。其中，食品经营企业采用静态风险因素量化分值为40分，动态风险因素量化分值为60分；食品生产企业采用静态风险因素量化分值为40分，动态风险因素量化分值40分，通用信用风险量化分值为20分。分值越高，风险等级越高。风险分值之和为0～30（含）分的，为A级风险；风险分值之和为30～45（含）分的，为B级风险；风险分值之和为45～60（含）分的，为C级风险；风险分值之和为60分以上的，为D级风险。

2. 食品生产经营的分级监督管理

　　市场监督管理部门根据食品生产经营者风险等级划分结果，对较高风险生产经营者的监管优先于较低风险生产经营者的监管，实现监管资源的科学配置和有效利用。

　　（1）对风险等级为A级风险的食品生产经营者，原则上每年至少监督检查1次。

　　（2）对风险等级为B级风险的食品生产经营者，原则上每年至少监督检查1～2次。

　　（3）对风险等级为C级风险的食品生产经营者，原则上每年至少监督检查2～3次。

　　（4）对风险等级为D级风险的食品生产经营者，原则上每年至少监督检查3～4次。

　　具体检查频次和监管重点由各省级市场监督管理部门确定。

（二）日常监督检查

日常监督检查是指市级、县级市场监督管理部门按照年度食品生产经营监督检查计划，对本行政区域内食品生产经营者开展的常规性检查。

（三）飞行检查

飞行检查是指市场监督管理部门根据监督管理工作需要以及问题线索等，对食品生产经营者依法开展的不预先告知的监督检查。飞行检查具有突击性、独立性、高效性等特点。

（四）体系检查

体系检查是指市场监督管理部门以风险防控为导向，对特殊食品、高风险大宗食品生产企业和大型食品经营企业等的质量管理体系执行情况依法开展的系统性监督检查。

（五）信用监管

食品安全信用信息，是指食品安全监督管理部门在依法履行职责过程中制作或者获取的反映食品生产经营企业食品安全信用状况的数据、资料及食品单位守规践诺情况，包括食品生产经营者的基础信息、行政许可信息、检查信息、食品监督抽检信息、行政处罚信息等信息。食品安全信用信息管理遵循属地管理、权责统一、全面覆盖、信息共享、动态更新、准确及时、公开便民的原则。县级以上人民政府食品安全监督管理部门根据本行政区域信用征信管理的相关规定，向有关部门提供信用信息，任何部门、任何人员不得擅自修改、删除食品安全信用信息。如需对食品安全信用信息进行修改，需要在数据系统中注明修改的理由以及批准修改的负责人。

（六）专项整治

专项整治，又称为专项治理、专项行动、集中治理，是食品安全监管部门依据法律法规的规定，对某类突出食品安全问题，在一定时期内集中人员、集中精力针对特定内容和对象开展的集中打击或整治。

（七）抽样检验

食品安全监督管理部门通过对餐饮服务提供者进行定期、不定期的抽样检验，及时发现食品生产经营过程中存在的食品安全问题，依法采取行政处罚、责令改正、监督召回不安全食品等措施，达到打击各类违法生产经营食品行为、消除食品安全隐患的目的，是一种在案件稽查、事故调查、应急处置等工作中广泛运用的监管方式。

（八）责任约谈

食品安全监督管理部门为防范和控制食品安全风险、消除食品安全隐患，除在日常执法中因调查取证需对相关人员进行调查询问之外，当食品生产经营过程中存在食品安全隐患，未及时采取措施消除的，县级以上人民政府食品安全监督管理部门可以对食品生产经营者的法定代表人或者主要负责人进行责任约谈。约谈内容一般包括：一是通报违法违规事实及其行为的严重性；二是剖析发生违法违规行为的原因；三是告知整改的内容和期限；四是督促履行食品安全主体责任；五是其他应约谈的内容。

二、监督检查的要点

食品生产环节监督检查要点包括食品生产者资质、生产环境条件、进货查验、生产过程控制、产品检验、贮存及交付控制、不合格食品管理和食品召回、标签和说明书、食品安全自查、从业人员管理、信息记录和追溯、食品安全事故处置等情况。

食品销售环节监督检查要点包括食品销售者资质、一般规定执行、禁止性规定执行、经营场所环境卫生、经营过程控制、进货查验、食品贮存、食品召回、温度控制及记录、过期及其他不符合食品安全标准食品处置、标签和说明书、食品安全自查、从业人员管理、食品安全事故处置、进口食品销售、食用农产品销售、网络食品销售等情况。

特殊食品生产环节监督检查要点，除包括普通食品生产检查要点外，还包括注册备案要求执行、生产质量管理体系运行、原辅料管理等情况。保健食品生产环节的监督检查要点还包括原料预处理等情况。特殊食品销售环节监督检查要点，除包括普通食品销售检查点外，还包括禁止混放要求落实、标签和说明书核对等情况。

集中交易市场开办者、展销会举办者监督检查要点包括举办前报告、入场食品经营者的资质审查、食品安全管理责任明确、经营环境和条件检查等情况。

对温度、湿度有特殊要求的食品贮存业务的非食品生产经营者的监督检查要点包括备案、信息记录和追溯、食品安全要求落实等情况。

餐饮服务环节监督检查要点包括餐饮服务提供者资质、从业人员健康管理、原料控制、加工制作过程、食品添加剂使用管理、场所和设备设施清洁维护、餐饮具清洗消毒、食品安全事故处置等情况。餐饮服务环节的监督检查强化了学校等集中用餐单位供餐的食品安全要求。

三、监督检查的主要程序

（一）检查准备

检查人员在实施监督检查前应根据检查目的，确定检查范围、检查内容、检查重点、检查方式、检查时间、检查分工、检查进度等，并制定检查工作方案。携带相关检查文件及文书，以及必要的现场记录设备等。了解既往检查发现的问题、企业整改落实情况及其他需要准备的事项。市场监督管理部门组织实施监督检查应当由2名以上（含2名）监督检查人员参加。检查人员较多的，可以组成检查组。市场监督管理部门根据需要可以聘请相关领域专业技术人员参加监督检查。

（二）表明身份

进入现场后，检查人员应当当场出示有效执法证件或者市场监督管理部门出具的检查任务书。

（三）听取介绍及现场检查

食品生产经营者应当配合监督检查工作，按照市场监督管理部门的要求，开放食品生产经营场所，回答相关询问，提供相关合同、票据、账簿以及前次监督检查结果和整改情况等其他有关资料，协助生产经营现场检查和抽样检验，并为检查人员提供必要的工作条件。检查人员按规定和检查要点要求开展监督检查。

市场监督管理部门实施监督检查，可以根据需要，依照食品安全抽样检验管理有关规定，对被检查单位生产经营的原料、半成品、成品等进行抽样检验，可以依法对企业食品安全管理人员随机进行监督抽查考核并公布考核情况。

（四）记录及检查情况汇总

检查人员对监督检查情况如实记录。除飞行检查外，实施监督检查会覆盖检查要点所有检查项目。检查人员在监督检查中对发现的问题进行记录，必要时可以拍摄现场情况，收集或者复印相关合同、票据、账簿以及其他有关资料。检查记录以及相关证据，可以作为行政处罚的依据。

检查结束后，检查人员可要求检查对象回避，核对检查中发现的问题，汇总检查情况，讨论确定检查意见。必要时，可将汇总情况向检查对象通报。

（五）整理归档

检查结束后，检查人员会将检查和跟踪检查中形成的材料，一并归入检查对象监督检查档案。

第三节　监督与行政处罚

市场监督管理部门实施监督检查，有权采取下列措施，被检查单位不得拒绝、阻挠、干涉：进入食品生产经营等场所实施现场检查；对被检查单位生产经营的食品进行抽样检验；查阅、复制有关合同、票据、账簿以及其他有关资料；查封、扣押有证据证明不符合食品安全标准或者有证据证明存在安全隐患以及用于违法生产经营的食品、工具和设备；查封违法从事食品生产经营活动的场所；法律法规规定的其他措施。

一、处罚实施依据

《中华人民共和国行政处罚法》第四条规定："公民、法人或者其他组织违反行政管理秩序的行为，应当给予行政处罚的，依照本法由法律法规、规章规定，并由行政机关依照本法规定的程序实施。"《中华人民共和国食品安全法》《中华人民共和国食品安全法实施条例》《中华人民共和国农产品质量安全法》《国务院关于加强食品等产品安全监督管理的特别规定》《食品生产经营监督检查管理办法》等法律法规、规章是市场监管部门实施食品安全监督处罚的主要依据，没有法定依据或者不遵守法定程序的，实施的行政处罚无效。

二、处罚实施的种类

依据《中华人民共和国行政处罚法》《中华人民共和国食品安全法》《中华人民共和国食品安全法实施条例》等食品安全监督管理法律法规的相应规定，涉及食品安全的具体行政处罚主要有以下几类。

（一）财产罚

即强迫违法者履行金钱给付义务或者剥夺其财产的处罚，如罚款、没收违法所得、没收产品、销毁产品等。

（二）行为罚

也称能力罚，即对违法者的行为予以限制或者做出行为的权利予以剥夺，如责令停产停业、吊销许可证等。

（三）声誉罚

也称申诫罚，即对违法者的名誉、荣誉、信誉等精神上的利益造成一定损害，如警告、责令公告收回产品等。

三、处罚实施程序

依照《中华人民共和国行政处罚法》和《市场监督管理行政处罚程序规定》的规定，市场监督管理行政处罚的法定程序分为简易程序和一般程序两种。市场监管部门在行使有关权力时，应当按照法定程序来施行。

（一）简易程序

简易程序作为行政处罚的两种法定程序之一，较之一般程序可以提高行政效率。

1．适用范围

违法事实确凿、有法定依据，证据确凿并符合以下情形之一的，可采取简易程序，当场作出行政处罚决定。

（1）予以警告的行政处罚。

（2）对公民处以200元以下罚款的行政处罚。

（3）对法人或者其他组织处以3000元以下罚款的行政处罚。

2．基本流程

在实施简易程序案件过程中，不仅要注意其适用范围，而且必须对认定的违法事实有法定处罚依据，现场获取的证据足以证明违法事实。适用简易程序当场查处违法行为，办案人员按以下流程（图10-1）处理。

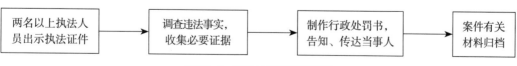

图10-1　行政处罚简易流程图

（1）办案人员应当向当事人出示执法证件，当场调查违法事实，收集必要的证据，填写预定格式、编有号码的行政处罚决定书。

（2）办案人员在行政处罚决定作出前，应当告知当事人拟作出的行政处罚内容及事实、理由、依据，并告知当事人有权进行陈述和申辩。当事人进行陈述和申辩的，办案人员应当记入笔录。

（3）适用简易程序查处案件的有关材料，办案人员应当在作出行政处罚决定之日起七个工作日内交至所在的市场监督管理部门归档保存。

（二）普通程序

普通程序是行政处罚当中主要涉及的一类程序。适用简易程序的行政处罚也可以适用一般程序。具体实施流程如下（图10-2）。

（1）市场监督管理部门对依据监督检查职权或者通过投诉、举报、其他部门移送、上级交办等途径发现的违法行为线索，应当自发现线索或者收到材料之日起15个工作日内予以核查，由市场监督管理部门负责人决定是否立案；特殊情况下，经市场监督管理部门负责人批

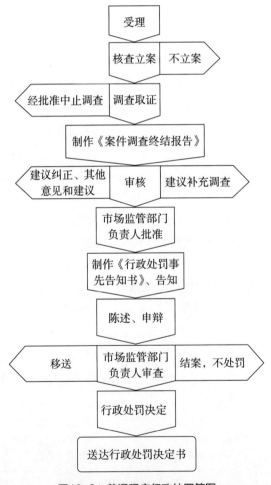

图10-2 普通程序行政处罚简图

准，可以延长15个工作日。法律法规、规章另有规定的除外。检测、检验、检疫、鉴定以及权利人辨认或者鉴别等所需时间，不计入前款规定期限。

（2）办案人员依法收集证据。证据包括：书证；物证；视听资料；电子数据；证人证言；当事人的陈述；鉴定意见；勘验笔录、现场笔录。有下列情形之一的，经市场监督管理部门负责人批准，中止案件调查。

①行政处罚决定须以相关案件的裁判结果或者其他行政决定为依据，而相关案件尚未审结或者其他行政决定尚未作出的。

②涉及法律适用等问题，需要送请有权机关作出解释或者确认的。

③因不可抗力致使案件暂时无法调查的。

④因当事人下落不明致使案件暂时无法调查的。

⑤其他应当中止调查的情形。

中止调查的原因消除后，应当立即恢复案件调查。

（3）案件调查终结，办案机构撰写调查终结报告。案件调查终结报告包括以下内容。

①当事人的基本情况。

②案件来源、调查经过及采取行政强制措施的情况。

③调查认定的事实及主要证据。

④违法行为性质。

⑤处理意见及依据。

⑥自由裁量的理由等其他需要说明的事项。

（4）办案机构应当将调查终结报告连同案件材料，交由市场监督管理部门审核机构进行审核。对情节复杂或者重大违法行为给予行政处罚的下列案件，在市场监督管理部门负责人作出行政处罚的决定之前，应当由从事行政处罚决定法制审核的人员进行法制审核；未经法制审核或者审核未通过的，不得作出决定。审核机构对案件进行审核，区别不同情况提出书面意见和建议。

①对事实清楚、证据充分、定性准确、适用依据正确、程序合法、处理适当的案件，同意案件处理意见。

②对定性不准、适用依据错误、程序不合法、处理不当的案件，建议纠正。

③对事实不清、证据不足的案件，建议补充调查。

④认为有必要提出的其他意见和建议。

（5）审核机构完成审核并退回案件材料后，对于拟给予行政处罚的案件，办案机构应当将案件材料、行政处罚建议及审核意见报市场监督管理部门负责人批准，并依法履行告知等程序。

（6）拟给予行政处罚的案件，市场监督管理部门在作出行政处罚决定之前，应当书面告知当事人拟作出的行政处罚内容及事实、理由、依据，并告知当事人依法享有陈述权、申辩权。拟作出的行政处罚属于听证范围的，还应当告知当事人有要求听证的权利。法律法规规定在行政处罚决定作出前需责令当事人退还多收价款的，一并告知拟责令退还的数额。

当事人自告知书送达之日起5个工作日内，未行使陈述、申辩权，未要求听证的，视为放弃此权利。

（7）市场监督管理部门负责人经对案件调查终结报告、审核意见、当事人陈述和申辩意见或者听证报告等进行审查，根据不同情况，分别作出以下决定。

①确有依法应当给予行政处罚的违法行为的，根据情节轻重及具体情况，作出行政处罚决定。

②确有违法行为，但有依法不予行政处罚情形的，不予行政处罚。

③违法事实不能成立的，不予行政处罚。

④不属于市场监督管理部门管辖的，移送其他行政管理部门处理。

⑤违法行为涉嫌犯罪的，移送司法机关。

对涉及重大公共利益，拟给予行政处罚的，应当由市场监督管理部门负责人集体讨论决定。

（8）市场监督管理部门作出行政处罚决定，应当制作行政处罚决定书，并加盖本部门印章。行政处罚决定书的内容包括：当事人的姓名或者名称、地址等基本情况；违反法律法规、规章的事实和证据；当事人陈述、申辩的采纳情况及理由；行政处罚的内容和依据；行政处罚的履行方式和期限；申请行政复议、提起行政诉讼的途径和期限；作出行政处罚决定的市场监督管理部门的名称和作出决定的日期。

（9）行政处罚决定书送达。市场监督管理部门送达行政处罚决定书，应当在宣告后当场交付当事人。当事人不在场的，应当在七个工作日内按照以下规定，将行政处罚决定书送达当事人。

①直接送达的，由受送达人在送达回证上注明签收日期，并签名或者盖章，受送达人在送达回证上注明的签收日期为送达日期。受送达人是自然人的，本人不在时交其同住成年家属签收；受送达人是法人或者其他组织的，应当由法人的法定代表人、其他组织的主要负责人或者该法人、其他组织负责收件的人签收；受送达人有代理人的，可以送交其代理人签收；受送达人已向市场监督管理部门指定代收人的，送交代收人签收。受送达人的同住成年家属，法人或者其他组织负责收件的人，代理人或者代收人在送达回证上签收的日期为送达日期。

②受送达人或者其同住成年家属拒绝签收的，市场监督管理部门可以邀请有关基层组织或者所在单位的代表到场，说明情况，在送达回证上载明拒收事由和日期，由送达人、见证人签名或者以其他方式确认，将执法文书留在受送达人的住所；也可以将执法文书留在受送达人的住所，并采取拍照、录像等方式记录送达过程，即视为送达。

③经受送达人同意并签订送达地址确认书，可以采用手机短信、传真、电子邮件、即时通信账号等能够确认其收悉的电子方式送达执法文书，市场监督管理部门应当通过拍照、截屏、录音、录像等方式予以记录，手机短信、传真、电子邮件、即时通讯信息等到达受送达人特定系统的日期为送达日期。

④直接送达有困难的，可以邮寄送达或者委托当地市场监督管理部门、转交其他部门代

为送达。邮寄送达的，以回执上注明的收件日期为送达日期；委托、转交送达的，受送达人的签收日期为送达日期。

⑤受送达人下落不明或者采取上述方式无法送达的，可以在市场监督管理部门公告栏和受送达人住所地张贴公告，也可以在报纸或者市场监督管理部门门户网站等刊登公告。自公告发布之日起经过三十日，即视为送达。公告送达，应当在案件材料中载明原因和经过。在市场监督管理部门公告栏和受送达人住所地张贴公告的，应当采取拍照、录像等方式记录张贴过程。

⑥市场监督管理部门可以要求受送达人签署送达地址确认书，送达受送达人确认的地址，即视为送达。受送达人送达地址发生变更的，应当及时书面告知市场监督管理部门；未及时告知的，市场监督管理部门按原地址送达，视为依法送达。因受送达人提供的送达地址不准确、送达地址变更未书面告知市场监督管理部门，导致执法文书未能被受送达人实际接收的，直接送达的，执法文书留在该地址之日为送达之日；邮寄送达的，执法文书被退回之日为送达之日。

📝 思考与练习题

○ 1. 食品安全的监督管理部门都有哪些，分别有什么权力？
○ 2. 食品安全许可有几类，申请许可需要具备什么条件？
○ 3. 简述食品安全监督检查的主要程序。
○ 4. 试述食品安全行政处罚的分类。

第十一章

食品安全管理体系与规范

第一节　食品安全管理体系概述

食品安全管理体系是指与食品链相关的组织（包括生产、加工、包装、运输、销售的企业和团体）以GMP（Good Manufacturing Practice，即良好生产规范）和SSOP（Sanitation Standard Operating Procedure，即卫生标准操作程序）为基础，以国际食品法典委员会（CAC）《HACCP体系及其应用准则》为核心，融入组织所需的管理要素，将消费者食用安全为关注焦点的管理体制和行为。

一、食品安全管理体系的特点

（1）食品安全管理体系是一个基于科学分析而建立的体系，需要强有力的技术支持，当然也可以寻找外援，吸收和利用他人的科学研究成果，但最重要的还是企业根据自身情况所做的实验和数据分析。

（2）食品安全管理体系是一个应该认认真真进行实践—认识—再实践—再认识的过程。企业在制定食品安全管理体系后，要积极推行，认真实施，不断对其有效性进行验证，在实践中加以完善和提高。

（3）食品安全管理体系是根据不同食品加工过程来确定的，要反映出某一种食品从原材料到成品、从加工场到加工设施、从加工人员到消费者方式等各方面的特性，其原则是具体问题具体分析，实事求是。

（4）食品安全管理体系不是一个孤立的体系，而是建立在企业良好的食品卫生管理传统的基础上的管理体系。如GMP、SSOP、职工培训、设备维护保养、产品标识、批次管理等都是食品安全管理体系实施的基础。如果企业的卫生条件很差，那么便不适合实施食品安全管理体系，而首先需要企业建立良好的卫生管理规范。

（5）食品安全管理体系是预防性的食品安全控制体系，要对所有潜在的生物、物理、化学危害进行分析，确定预防措施，防止危害发生。

（6）食品安全管理体系不是一种僵硬的、一成不变的、理论教条的、一劳永逸的模式，而是与实际工作密切相关的发展变化的体系。

（7）食品安全管理体系强调对关键控制点的控制，在对所有潜在的生物、物理、化学危害进行分析的基础上来确定哪些是显著危害，找出关键控制点，在食品生产中将精力集中在解决关键问题上，而不是面面俱到。

（8）食品安全管理体系并不是没有风险，只是能够减少或者降低食品安全中的风险。作为企业，光有食品安全管理体系是不够的，还要具备相关的检验、卫生管理等手段来配合共同控制食品生产安全。

二、食品安全管理体系的作用和意义

（一）食品安全管理体系的作用

食品安全管理体系作为一种与传统食品安全质量管理体系截然不同的崭新的食品安全保障模式，它的实施对保障食品安全具有广泛而深远的意义。研究证实食品安全管理体系的具体作用如下。

（1）食品安全管理体系是一种结构严谨的控制体系，它能够及时识别所有可能发生的危害（包括生物、化学和物理危害），并在科学的基础上建立预防性措施。

（2）食品安全管理体系是保证食品生产安全最有效、最经济的方法。

（3）食品安全管理体系能通过预测潜在的危害，以及提出控制措施使新工艺和新设备的设计与制造更加容易和可靠，有利于食品企业的发展与改革。

（4）食品安全管理体系为食品生产企业和政府监督机构提供了一种最理想的食品安全监测和控制方法，使食品质量管理与监督体系更完善、管理过程更科学。

（5）食品安全管理体系已经被政府监督机构、媒介和消费者公认是目前最有效的食品安全控制体系，可以增加人们对产品的信心，提高产品在消费者中的置信度，保证食品工业和商业的稳定性。

（6）食品外贸上重视食品安全管理体系审核可减少对成品实施烦琐的检验程序。

（二）食品安全管理体系的意义

下面将分别从食品加工企业、消费者、政府的角度探讨实施食品安全管理体系的意义。

1. 对食品企业的意义

推行食品安全管理体系对于食品企业来说具有以下意义。

（1）增强消费者和政府的信心　因食用不洁食品将对消费者的消费信心产生沉重的打击，而食品事故的发生将同时动摇政府对企业食品安全保障的信心。这种信心的弱化将导致食品消费的锐减和政府的频繁监管。

（2）减少法律和保险支出　若消费者因食用食品而致病，可能向企业投诉或向法院起诉该企业，这不仅影响消费者信心而且增加企业的法律和保险支出。

（3）增加市场机会　良好的产品质量将不断增强消费者信心，特别是在政府的不断抽查中，总是表现良好的企业，将受到消费者的青睐，形成良好的市场机会。

（4）降低生产成本　因食品不合格，使企业频繁回收其产品，会提高企业生产费用。如在美国的300家肉和禽肉生产厂实施HACCP体系后，沙门菌在牛肉中降低了40%，在猪肉中降低了25%，在鸡肉中降低了50%，所带来的经济效益不言自明。

（5）提高产品质量的一致性　食品安全管理体系的实施使生产过程更规范，在提高产品安全性的同时，也大大提高了产品质量的均匀性。

（6）提高员工对食品安全的参与度　食品安全管理体系的实施使生产操作更规范，并促进员工对提高公司产品安全的参与度。

（7）降低商业风险　日本雪印公司金黄色葡萄球菌中毒事件使全球牛乳巨头日本雪印公司从此一蹶不振的事例充分说明了食品安全是食品生产企业的生存保证。

2．对消费者的意义

（1）减少食源性疾病的危害　良好的食品质量可显著提高食品安全水平，更充分地保障公众健康。

（2）增强卫生意识　食品安全管理体系的实施和推广，可提高公众对食品安全体系的认识，并增强食品卫生意识和自我保护意识。

（3）增强对食品供应的信心　食品安全管理体系的实施，使公众更加了解食品企业所建立的食品安全体系，对社会的食品供应和保障更有信心。

（4）提高生活质量、健康水平和社会经济　良好的公众健康对提高大众生活质量，促进社会经济的良性发展具有重要意义。

3．对政府的意义

（1）改善公众健康　食品安全管理体系的实施将使政府在提高和改善公众健康方面，能发挥更积极的影响。

（2）更有效和更有目的地进行食品监控　食品安全管理体系的实施将改变传统的食品监管方式，使政府从被动的市场抽检，变为政府主动地参与企业食品安全体系的建立，促进企业更积极地实施安全控制的手段。并将政府对食品安全的监管，从市场转向企业。

（3）减少公众健康支出　公众良好的健康水平，将减少政府在公众健康上的支出，使资金流向更需要的地方。

（4）确保贸易畅通　非关税壁垒已成为国际贸易中重要的手段。为保障贸易的畅通，对国际上其他国家已强制性实施的管理规范，需学习和掌握，并灵活地加以应用，避免其成为国际贸易的障碍。

（5）提高公众对食品供应的信心　政府的参与将更能提高公众对食品供应的信心，增强国内企业竞争力。

我国食品行业的特点决定了在我国推行食品安全管理体系具有特殊意义。我国食品业整体发展水平较低，食品生产企业多数是规模小、加工设备落后、卫生保证能力较差，从业人员整体素质较低，生产主体多元化，质量卫生安全问题多，食品原材料及成品污染问题突出。我国传统的食品安全控制流程一般建立在"集中"视察、最终产品的测试等方面，通过"望、闻、切"的方法去寻找其危害，而不是采取预防的方式。因此，存在一定的局限性。

相比之下，食品安全管理体系具有更大优势，实施食品安全管理体系可以通过加强管理的方法弥补我们其他方面的不足，是我国食品企业大发展的契机。

三、食品安全管理体系的基本术语

1. 食品安全

食品安全（Food Safety）即食品在按照预期用途进行制备和（或）食用时不会伤害消费者的概念。

2. 食品链

食品链（Food Chain）即从初级生产直至消费的各环节和操作的顺序，涉及食品及其辅料的生产、加工、分销、贮存和处理。

3. 食品安全危害

食品安全危害（Food Safety Hazard）即食品中所含有的对健康有潜在不良影响的生物、化学或物理因素或食品存在状况。

4. 食品安全方针

食品安全方针（Food Safety Policy）即由组织的最高管理者正式发布的该组织总的食品安全宗旨和方向。

5. 终产品

终产品（End Product）即组织不再进一步加工或转化的产品。

6. 前提方案

前提方案（PRP，Prerequisite Program）在整个食品链中为保持卫生环境所必需的基本条件和活动，以适合生产、处置和提供安全终产品和人类消费的安全食品。

7. 操作性前提方案

操作性前提方案（OPRP，Operational Prerequisite Program）即通过危害分析确定的、必需的前提方案PRP，以控制食品安全危害引入的可能性和（或）食品安全危害在产品或加工环境中污染或扩散的可能性。

8. 更新

更新（Updating）即为确保使用最新信息而进行的即时和（或）有计划的活动。

第二节　食品良好生产规范（GMP）

一、食品良好生产规范（GMP）

GMP是为保障食品安全、质量而制定的贯穿食品生产全过程的一系列措施、方法和技术要求。GMP要求食品生产企业具备良好的生产设备、合理的生产过程、完善的质量管理和严格的检测系统。实现GMP的主要目标是将人为的差错控制到最低限度，预防可能造成食品污染的因素，保证质量管理体系有效运行。GMP的内容包括硬件和软件两部分。所谓硬件是指对食品企业提出的人员素质与培训、厂房设计、设备、卫生设施等方面的技术要求，而软件则指可靠的生产工艺、规范的生产行为、完善的管理组织和严格的管理制度等。

食品GMP认证由美国在20世纪60年代发起，当前除美国已立法强制实施食品GMP外，其他如日本、加拿大、新加坡、德国、澳洲、中国等国家均采取劝导方式辅导从业者自发实施。

二、我国食品加工企业GMP的主要内容

（一）原材料采购、运输的卫生要求

1. 采购

采购原材料应按该种原材料质量卫生标准或卫生要求进行。采购人员应具有简易鉴别原材料质量、卫生的知识和技能。购入的原料，应具有一定的新鲜度，具有该品种应有的色、香、味和组织形态特征，不含有毒有害物，也不应受其污染。某些农、副产品原料在采收后，为便于加工、运输和贮存而采取的简易加工应符合卫生要求，不应造成对食品的污染和潜在危害，否则不得购入。盛装原材料的包装或容器，其材质应无毒无害，不受污染，符合卫生要求。重复使用的包装物或容器，其结构应便于清洗、消毒。要加强检验，有污染者不得使用。

2. 运输

运输工具（车厢、船舱）等应符合卫生要求，应备有防雨防尘设施，根据原料特点和卫生需要，还应配备保温、冷藏、保鲜等设施。运输作业应防止污染，操作要轻拿轻放，不使原料受损伤，不得与有毒、有害物品同时装运。应当建立卫生制度，定期清洗、消毒、保持洁净卫生。

3. 贮存

应设置与生产能力相适应的原材料场地和仓库。新鲜果、蔬原料应贮存于遮阳、通风良好的场地，地面平整，有一定坡度，便于清洗、排水，及时剔除腐败、霉烂原料，将其集中到指定地点，按规定方法处理，防止污染食品和其他原料。各类冷库，应根据不同要求，按规定的温度、湿度贮存。其他原材料场地和仓库，应地面平整，便于通风换气，有防鼠、防虫设施。

原料场地和仓库应设专人管理，建立管理制度，定期检查质量和卫生情况，按时清扫、消毒、通风换气。各种原材料应按品种分类分批贮存，每批原材料均有明显标志，同一库内不得贮存相互影响风味的原材料。原材料应离地、离墙并与屋顶保持一定距离，垛与垛之间也应有适当间隔。先进先出，及时剔除不符合质量和卫生标准的原料，防止污染。

（二）工厂设计与设施的卫生要求

1. 设计

凡新建、扩建、改建的工程项目有关食品卫生的部分均应按GMP和各类食品厂的卫生

规范的有关规定，进行设计和施工。

各类食品厂应将本厂的总平面布置图，原材料、半成品、成品的质量和卫生标准，生产工艺规程以及其他有关资料，报当地食品卫生监督机构备查。

2．选址

要选择地势干燥、交通方便、有充足水源的地区。厂区不应设于受污染河流的下游。厂区周围不得有粉尘、有害气体、放射性物质和其他扩散性污染源；不得有昆虫大量滋生的潜在场所，避免危及产品卫生。厂区要远离有害场所。生产区建筑物与外缘公路或道路应有防护地带。其距离可根据各类食品厂的特点由各类食品厂卫生规范另行规定。

3．总平面布置（布局）

各类食品厂应根据本厂特点制定整体规划。要合理布局，划分生产区和生活区；生产区应在生活区的下风向。

（1）建筑物、设备布局　建筑物、设备布局与工艺流程三者衔接合理，建筑结构完善，并能满足生产工艺和质量卫生要求；原料与半成品和成品、生原料与熟食品均应杜绝交叉污染。建筑物和设备布置还应考虑生产工艺对温度、湿度和其他工艺参数的要求。

（2）道路　厂区道路应通畅，便于机动车通行，有条件的应修环行路且便于消防车辆到达各车间。厂区道路应采用便于清洗的混凝土，沥青及其他硬质材料铺设，防止积水及尘土飞扬。

（3）绿化　厂房之间，厂房与外缘公路或道路应保持一定距离，中间设绿化带。厂区内各车间的裸露地面应进行绿化。

（4）给排水　给排水系统应能适应生产需要，设施应合理有效，经常保持畅通，有防止污染水源和鼠类、昆虫通过排水管道潜入车间的有效措施。生产用水必须符合《生活饮用水卫生标准》的规定。污水排放必须符合国家规定的标准，必要时应采取净化设施达标后才可排放。净化和排放设施不得位于生产车间主风向的上方。

（5）污物　污物（加工后的废弃物）存放应远离生产车间，且不得位于生产车间上风向。存放设施应密闭或带盖，要便于清洗、消毒。

（6）烟尘　锅炉排放粉尘量应符合《锅炉大气污染物排放标准》（GB 13271—2014）的规定。锅炉使用企业应按照有关法律法规，建立企业监测制度，制定监测方案，对污染物排放状况及其对周边环境质量的影响开展自行监测，保存原始监测记录，并公布监测结果。

（7）动物饲养　实验动物和待加工禽畜饲养区应与生产车间保持一定距离，且不得位于主导风的上风向。

4．设备、工具、管道

（1）材质　凡接触食品物料的设备、工具、管道，必须用无毒、无味、抗腐蚀、不吸水、不变形的材料制作。

（2）结构　设备、工具管道表面要清洁，边角圆滑，无死角，不易积垢，不漏隙，便于拆卸、清洗和消毒。

（3）设置　设备设置应根据工艺要求，布局合理。上、下工序衔接要紧凑。各种管道、管线尽可能集中走向。冷水管不宜在生产线和设备包装台上方通过，防止冷凝水滴入食品。其他管线和阀门也不应设置在暴露原料和成品的上方。

（4）安装　安装应符合工艺卫生要求，与屋顶（天花板）、墙壁等应有足够的距离，设备一般应用脚架固定，与地面应有一定的距离。传动部分应有防水、防坐罩，以便于清洗和消毒。各类料液输送管道应避免死角或盲端，设排污阀或排污口，便于清洗、消毒，防止堵塞。

5. 建筑物和施工

（1）高度　生产厂房的高度应能满足工艺、卫生要求，以及设备安装、维护、保养的需要。

（2）占地面积　生产车间人均占地面积（不包括设备占位）不能少于1.50m²，高度不低于3m。

（3）地面　生产车间地面应使用不渗水、不吸水、无毒、防滑材料（如耐酸砖、水磨石、混凝土等）铺砌，应有适当坡度，在地面最低点设置地漏，以保证不积水。其他厂房也要根据卫生要求进行。地面应平整、无裂隙、略高于道路路面，便于清扫和消毒。

（4）屋顶　屋顶或天花板应选用不吸水、表面光洁、耐腐蚀、耐温、浅色材料覆涂或装修，要有适当的坡度，在结构上减少凝结水滴落，防止虫害和毒菌滋生，以便于洗刷、消毒。

（5）墙壁　生产车间墙壁要用浅色、不吸水、不渗水、无毒材料覆涂，并用白瓷砖或其他防腐蚀材料装修高度不低于1.50m的墙裙。墙壁表面应平整光滑，其四壁和地面交界面要呈漫弯形，防止污垢积存，并便于清洗。

（6）门窗　门、窗、天窗要严密不变形，防护门要能两面开，设置位置适当，并便于卫生防护设施的设置。窗台要设于地面1m以上，内侧要下斜45°。非全年使用空调的车间、门、窗应有防蚊蝇、防尘设施，纱门应便于拆下洗刷。

（7）通道　通道要宽畅，便于运输和卫生防护设施的设置。楼梯、电梯传送设备等处要便于维护和清扫、洗刷和消毒。

（8）通风　生产车间、仓库应有良好通风，采用自然通风时，通风面积与地面积之比不应小于1：16；采用机械通风时换气量不应小于每小时换气3次。机械通风管道进风口要距地面2m以上，并远离污染源和排风口，开口处应设防护罩。饮料、熟食、成品 包装等生产车间或工序必要时应增设水幕、风幕或空调设备。

（9）采光、照明　车间或工作地应有充足的自然采光或人工照明。车间采光系数不应低于标准Ⅳ级；检验场所工作面混合照度不应低于540lx；加工场所工作面不应低于220lx；其他场所一般不应低于110lx。位于工作台、食品和原料上方的照明设备应加防护罩。

（10）防鼠、防蚊蝇、防尘设施　建筑物及各项设施应根据生产工艺卫生要求和原材料贮存等特点，相应设置有效的防鼠、防蚊蝇、防尘、防飞鸟、防昆虫的侵入、隐藏和滋生的设施，防止受其危害和污染。

6. 卫生设施

（1）洗手、消毒　洗手设施应分别设置在车间进口处和车间内适当的地点。要配备冷热水混合器，其开关应采用非手动式，笼头设置以每班人数在200人以内者，按每10人1个，200人以上者每增加20人增设1个。

洗手设施还应包括干手设备（热风、消毒干毛巾、消毒纸巾等）；根据生产需要，有的车间、部门还应配备消毒手套，同时还应配备足够数量的指甲刀、指甲刷和洗涤剂、消毒液等。生产车间进口，必要时还应设有工作靴鞋消毒池（卫生监督部门认为无需穿靴鞋消毒的车间可免设）。消毒池壁内侧与墙体呈45°坡形，其规格尺寸应根据情况以使工作人员必须通过消毒池才能进入为目的。

（2）更衣室 更衣室应设储衣柜或衣架、鞋箱（架），衣柜之间要保持一定距离，离地面20cm以上，如采用衣架应另设个人物品存放柜。更衣室还应备有穿衣镜，供工作人员自检用。

（3）沐浴室 沐浴室可以分散或集中设置，沐浴器按每班工作人员每20~25人设置1个。沐浴室应设置天窗或通风排气孔和采暖设备。

（4）厕所 厕所设置应有利生产和卫生，其数量和便池坑数应根据生产需要和人员情况适当设置。生产车间的厕所应设置在车间外侧，并一律为水冲式，备有洗手设施和排臭装置，其出入口不得正对车间门，要避开通道；其排污管道应与车间排水管道分设。设置坑式厕所时，应距生产车间25m以上，并应便于清扫、保洁，还应设置防蚊、防蝇设施。

（三）工厂的卫生管理

1．机构

食品厂必须建立相应的卫生管理机构，对本单位的食品卫生工作进行全面管理。管理机构应配备经专业培训的专职或兼职的食品卫生管理人员。

2．职责（任务）

卫生管理机构的职责包括：①宣传和贯彻食品卫生法规和有关规章制度。监督、检查在本单位的执行情况，定期向食品卫生监督部门报告。②制定和修改本单位的各项卫生管理制度和规划。③组织卫生宣传教育工作，培训食品从业人员。④定期进行本单位从业人员的健康检查，并做好善后处理工作。

3．维修、保养工作

建筑物和各种机械设备、装置、设施、给排水系统等均应保持良好状态，确保正常运行和整齐洁净，不污染食品。应当建立健全维修保养制度，定期检查、维修，杜绝隐患，防止污染食品。

4．清洗和消毒工作

应制定有效的清洗及消毒方法和制度，以确保所有场所清洁卫生，防止污染食品。使用清洗剂和消毒剂时，应采取适当措施，防止人身和食品受到污染。

5．除虫、灭害的管理

厂区应定期或在必要时进行除虫灭害工作，要采取有效措施防止鼠类、蚊、蝇、昆虫等的聚集和滋生。对已经发生的场所，应采取紧急措施加以控制和消灭，防止蔓延和对食品的污染。使用各类杀虫剂或其他药剂前，应做好对人身、食品、设备、工具的污染和中毒的预防措施，用药后将所有设备、工具彻底清洗，消除污染。

6．有毒有害物管理

清洗剂、消毒剂、杀虫剂以及其他有毒有害物品，均应有固定包装，并在明显处标示"有毒品"字样，贮存于专门库房或柜橱内，加锁并由专人负责保管，建立管理制度。使用时应由经过培训的人员按照使用方法进行，防止污染和人身中毒。除卫生和工艺需要，均不得在生产车间使用和存放可能污染食品的任何种类的药剂。各种药剂的使用品种和范围，须经省（自治区、直辖市）卫生监督部门同意。

7．饲养动物的管理

厂内除供实验动物和待加工禽畜外，一律不得饲养家禽、家畜。应加强对实验动物和待加工食畜的管理，防止污染食品。

8．污水、污物的管理

污水排放应符合国家规定标准，不符合标准者应采取净化措施，达标后排放。厂区设置的污物收集设施，应为密闭式或带盖，要定期清洗、消毒，污物不得外溢，应于24h之内运出厂区处理。做到日产日清，防止有害动物集聚滋生。

9．副产品的管理

副产品（加工后的下料）应及时从生产车间运出，按照卫生要求，贮存于副产品仓库。废弃物则收集于污物设施内，及时运出厂区处理。使用的运输工具和容器应经常清洗、消毒，保持清洁卫生。

10．卫生设施的管理

洗手、消毒池，靴、鞋消毒池，更衣室、淋浴室、厕所等卫生设施，应有专人管理，建立管理制度，责任到人，应经常保持良好状态。

11．工作服的管理

工作服包括淡色工作衣、裤、发帽、鞋靴等，某些工序（种）还应配备口罩、围裙、套袖等卫生防护用品。工作服应有清洗保洁制度，凡直接接触食品的工作人员必须每日更换工作服，其他人员也应定期更换工作服，保持清洁。

12．健康管理

食品厂全体工作人员，每年至少进行一次体检，没有取得卫生监督机构颁发的体检合格证者，一律不得从事食品生产工作。对直接接触食品的人员还须进行粪便培养和病毒性肝炎带毒试验。凡体检确认患有：①肝炎（病毒性肝炎和带毒者）；②活动性肺结核；③肠伤寒和肠伤寒带菌者；④细菌性痢疾和痢疾带菌者；⑤化脓性或渗出性脱屑性皮肤病；⑥其他有碍食品卫生的疾病或疾患的人员均不得从事食品生产工作。

（四）生产过程的卫生要求

1．管理制度

应按产品品种分别建立生产工艺和卫生管理制度，明确各车间、工序、个人的岗位职责，并定期检查、考核。具体办法在各类食品厂的卫生规范中分别制定。各车间和有关部门应配备专职或兼职的工艺卫生管理人员，按照管理范围，做好监督、检查、考核等工作。

2．原材料的卫生要求

进厂的原材料应符合采购的规定。原材料必须经过检验、化验，合格者方可使用；不符合质量卫生标准和要求的，不得投产及使用，要与合格品严格区分开，防止混淆和污染食品。

3．生产过程的卫生要求

按生产工艺的先后次序和产品特点，应将原料处理、半成品处理和加工、包装材料和容器的清洗、消毒、成品包装和检验、成品贮存等工序分开设置，防止前后工序相互交叉污染。各项工艺操作应在良好的情况下进行，防止变质和受到腐败微生物及有毒有害物的污染。生产设备、工具、容器、场地等在使用前后均应彻底清洗、消毒。维修、检查设备时，不得污染食品。

成品应有固定包装，经检验合格后方可包装；包装应在良好的状态下进行，防止异物带入食品。使用的包装容器和材料，应完好无损，符合国家卫生标准。包装上的标签应按国家标准有关规定执行。成品包装完毕，按批次入库、贮存，防止差错。生产过程的各项原始记录（包括工艺规程中各个关键因素的检查结果）应妥善保存，保存期应将该产品的商品保存期延长6个月。

（五）卫生和质量检验的管理

食品厂应设立与生产能力相适应的卫生和质量检验室，并配备经专业培训、考核合格的检验人员，从事卫生、质量的检验工作。

卫生和质量检验室应具备所需的仪器、设备，并有健全的检验制度和检验方法。原始记录应齐全，并应妥善保存，以备查核。检验用的仪器、设备，应按期检定，及时维修，使其处于良好状态，以保证检验数据的准确。

应按国家规定的卫生标准和检验方法进行检验，要逐批次对投产前的原材料、半成品和出厂前的成品进行检验，并签发检验结果单。对检验结果如有争议，应由卫生监督机构仲裁。

（六）成品贮存、运输的卫生要求

经检验合格包装的成品应贮存于成品库，其容量应与生产能力相适应。按品种、批次分类存放，防止相互混杂。成品库不得贮存有毒、有害物品或其他易腐、易燃品。成品码放时，与地面、墙壁应有一定距离，便于通风。要留出通道，便于人员、车辆通行，要设有温度、湿度监测装置，定期检查和记录。要有防鼠、防虫等设施，定期清扫、消毒，保持卫生。

运输工具（包括车厢、船舱和各种容器等）应符合卫生要求。要根据产品特点配备防雨、防尘、冷藏、保温等设施。运输作业应避免强烈震荡、撞击，轻拿轻放，防止损伤成品外形；且不得与有毒有害物品混装、混运，作业终止，搬运人员应撤离工作地，防止污染食品。生鲜食品的运输，应根据产品的质量和卫生要求，另行制定办法，由专门的运输工具进行。

（七）个人卫生与健康的要求

食品厂的从业人员（包括临时工）应接受健康检查，并取得体检合格证，方可参加食品生产。从业人员上岗前，要先经过卫生培训教育，方可上岗。上岗时，要做好个人卫生，防止污染食品。

食品厂的从业人员以及进入生产加工车间的其他人员（包括参观人员）均应当做到以下几点要求。

（1）进车间前，必须穿戴整洁划一的工作服、帽、靴、鞋，工作服应盖住外衣，头发不得露于帽外，并要把双手洗净。

（2）直接与原料、半成品和成品接触的人员不准戴耳环、戒指、手镯、项链、手表。不准浓艳化妆、染指甲、喷洒香水后进入车间。

（3）手接触脏物、进厕所、吸烟、用餐后，都必须把双手洗净才能进行工作。

（4）上班前不许酗酒，工作时不准吸烟、饮酒、吃食物及做其他有碍食品卫生的活动。

（5）操作人员手部受到外伤，不得接触食品或原料，经过包扎治疗戴上防护手套后，方可参加不直接接触食品的工作。

（6）不准穿工作服、鞋进厕所或离开生产加工场所。

（7）生产车间不得带入或存放个人生活用品，如衣物、食品、烟酒、药品、化妆品等。

第三节　危害分析和关键控制点体系（HACCP）

根据食品安全管理方法发生发展的逻辑顺序，迄今为止，食品安全管理体系可以分为终产品检验的方法、HACCP体系的起源、HACCP体系的发展、基于HACCP的食品安全管理体系的发展、ISO22000体系的发展5个时期。随着经济全球化的发展、社会文明程度的提高，人们越来越关注食品的安全问题；要求能有统一标准来管理生产、操作和供应食品的组织，降低食品安全危害和减少影响食品安全的因素，应当有标准来指导操作、保障、评价食品安全管理，因此ISO22000：2005食品安全管理体系应运而生。

ISO22000：2005标准既是描述食品安全管理体系要求的使用指导标准，又是可供食品生产、操作和供应的组织认证和注册的依据。ISO22000：2005标准主要由相互沟通、体系管理、前提方案、HACCP原理几个内容组成。

一、HACCP概述

（一）HACCP的概念

加强食品包括原材料，从最初生产到最终消费，即"从农田到餐桌"全过程中对食品的安全卫生进行控制和管理，从而确保食品的安全性是食品行业的重要任务和课题。可是21世纪的食品安全问题已不再是传统食品安全管理体系所能解决得了的，必须采用更加科学、系统和完整的体系对整个食物链进行管理，以预防和控制食品安全问题。其中在加工过程中，必须采用全程质量控制技术和原理来进行控制，危害分析关键控制点（HACCP）体系是目前认为最有效和可靠的控制体系。HACCP原理是ISO22000：2005标准的基础，ISO22000：2005标准是对HACCP原理的丰富和完善。所以可以说ISO22000是HACCP原理在食品安全管理问题上由原理向体系标准的升级，更有利于企业在食品安全上进行管理。

国家标准GB/T 15091—1994《食品工业基本术语》对HACCP的定义是生产（加工）安全食品的一种控制手段；对原料、关键生产工序及影响产品安全的人为因素进行分析，确定加工过程中的关键环节，建立、完善监控程序和监控标准，采取规范的纠正措施。国际上对HACCP的定义是：鉴别、评价和控制对食品安全至关重要的危害的一种体系。

现在国际上通用的对HACCP的定义就是为了控制食品安全卫生而发展起来的一种国际食品安全控制体系，它是英文Hazard Analysis and Critical Control Point的首字母缩写，即"危害分析与关键控制点"系统。它是一个以预防食品安全问题为基础的防止食品引起疾病的有效的食品安全保证系统，通过对食品的危害分析（Hazard Analysis，HA）和关键控制点（Critical Control Point，CCP）的控制，保证食品安全。它是一项国际认可的技术，希望生产商能通过此体系来减低，甚至防止各类食品危害（包括生物性、化学性和物理性三方面），它包括了从原材料开始到卖给消费者的整个食品形成过程的危害控制。

（二）HACCP的组成

HACCP是一套确保食品安全的管理系统，这种管理系统由下列三部分组成。

（1）对从原料采购—产品加工—消费各个环节可能出现的危害进行分析和评估。

（2）根据这些分析和评估来设立某一食品从原料直至最终消费这一全过程的关键控制点（CCP）。

（3）建立起能有效监测关键控制点的程序。HACCP体系这种管理手段提供了比传统的检验和质量控制程序更为良好的方法，它具有鉴别出还未发生过问题的潜在领域的能力。通过使用HACCP体系，控制方法从仅仅是最终产品检验（即检验不合格）转变为对食品设计和生产的控制（即预防不合格）。人们在设计食品生产工艺时必须保证食品中没有病原体和毒素。由于单靠成品检验不能做到这一点，于是才产生了HACCP体系的概念。HACCP体系是涉及从农田到餐桌全过程食品安全卫生的预防体系。

（三）食品企业HACCP实施指南

（1）危害分析（Hazard Analysis） 指收集和评估有关的危害以及导致这些危害存在的资料，以确定哪些危害对食品安全有重要影响因而需要在HACCP计划中予以解决的过程。

（2）关键控制点（Critical Control Point，简称CCP） 指能够实施控制措施的步骤。该步骤对于预防和消除一种食品安全危害或将其减少到可接受水平非常关键。

（3）必备程序（Prerequisite Programs） 为实施HACCP体系提供基础的操作规范，包括良好生产规范（GMP）和卫生标准操作程序（SSOP）等。

（4）良好生产规范（Good Manufacture Practice，简称GMP） 是为保障食品安全、质量而制定的贯穿食品生产全过程的一系列措施、方法和技术要求。它要求食品生产企业应具备良好的生产设备，合理的生产过程，完善的质量管理和严格的检测系统，确保终产品的质量符合标准。

（5）卫生标准操作程序（Sanitation Standard Operating Procedure，简称SSOP）　食品企业为保障食品卫生质量，在食品加工过程中应遵守的操作规范。具体可包括以下范围：水质安全；食品接触面的条件和清洁；防止交叉污染；洗手消毒和卫生间设施的维护；防止掺杂品；有毒化学物的标记、贮存和使用；雇员的健康情况；昆虫和鼠类的消灭与控制。

（6）HACCP小组（HACCP Team）　负责制订HACCP计划的工作小组。

（7）流程图（Flow Diagram）　指对某个具体食品加工或生产过程的所有步骤进行的连续性描述。

（8）危害（Hazard）　指对健康有潜在不利影响的生物、化学或物理性因素或条件。

（9）显著危害（Significant Hazard）　有可能发生并且可能对消费者导致不可接受的危害；有发生的可能性和严重性。

（10）HACCP计划（HACCP Plan）　依据HACCP原则制定的一套文件，用于确保在食品生产、加工、销售等食物链各阶段与食品安全有重要关系的危害得到控制。

（11）步骤（Step）　指从产品初加工到最终消费的食物链中（包括原料在内）的一个点、一个程序、一个操作或一个阶段。

（12）控制（Control，动词）　为保证和保持HACCP计划中所建立的控制标准而采取的所有必要措施。

（13）控制（Control，名词）　指执行了正确的操作程序并符合控制标准的状况。

（14）控制点（Control Point，简称CP）　能控制生物、化学或物理因素的任何点、步骤或过程。

（15）关键控制点判定树（CCP Decision Tree）　通过一系列问题来判断一个控制点是不是关键控制点的组图。

（16）控制措施（Control Measure）　指能够预防或消除一个食品安全危害，或将其降低到可接受水平的任何措施和行动。

（17）关键限值（Critical Limits）　区分可接受和不可接受水平的标准值。

（18）操作限值（Operating Limits）　比关键限值更严格的，由操作者用来减少偏离风险的标准。

（19）偏差（Deviation）　指未能符合关键限值。

（20）纠偏措施（Corrective Action）　当针对关键控制点（CCP）的监测显示该关键控制点失去控制时所采取的措施。

（21）监测（Monitor）　为评估关键控制点（CCP）是否得到控制，而对控制指标进行有计划的连续观察或检测。

（22）确认（Validation）　证实HACCP计划中各要素是有效的。

（23）验证（Verification）　指为了确定HACCP计划是否正确实施所采用的除监测以外的其他方法、程序、试验和评价。

二、前提方案

前提方案（Prerequisite Program，PRP），指在整个食品链中为保持卫生环境所必需的基本条件和活动，以适合生产、处理和提供安全终产品和人类消费的安全食品。

前提方案决定于组织在食品链中的位置及类型，等同术语如：良好农业操作规范（GAP）、良好兽医操作规范（GVP）、良好操作规范（GMP）、良好卫生操作规范（GHP）、良好生产操作规范（GPP）、良好分销操作规范（GDP）、良好贸易操作规范（GTP）。

ISO 22000条款中，前提方案包括的内容有以下几项。

（1）建筑物和相关设施的构造与布局。

（2）包括工作空间和员工设施在内的厂房布局。

（3）空气、水、能源和其他基础条件的供给。

（4）包括废弃物和污水处理在内的支持性服务。

（5）设备的适宜性，及其清洁、保养和预防性维护的可实现性。

（6）对采购材料（如原料、辅料、化学品和包装材料）、供给（如水、空气、蒸汽、冰等）、清理（如废弃物和污水处理）和产品处置（如贮存和运输）的管理。

（7）交叉污染的预防措施。

（8）清洁和消毒。

（9）虫害控制。

（10）人员卫生。

（11）其他有关方面。

前提方案与HACCP原理、危害分析不同，它关注的是组织应遵循的法律法规，它的形成是基于法律法规，而HACCP计划的形成是基于危害分析。前提方案的选择不以控制具体而确定的危害为目的，而是为了保持一个清洁的生产、加工和操作环境。

三、体系管理

HACCP原理和前提方案是CAC提出的内容，ISO在编写ISO22000时加入了一个新的要素，就是体系管理。

体系指相互关联或相互作用的一组要素。管理体系指建立方针和目标并实现这些目标的体系。体系管理的方法，将相互关联的过程作为体系来看待、理解和管理，有助于组织提供实现目标的有效性和效率。ISO9000《质量管理体系 基础和术语》描述了体系管理（体系的建立与实施、保持与改进）的方法，包括以下步骤：确定顾客和其他相关方的需求和期望；建立组织的质量方针和质量目标；确定实现质量目标必需的过程和职责；确定和提供实现质量目标必需的资源；规定测量每个过程的有效性和效率的方法；应用这些测量方法确定每个过程的有效性和效率；确定防止不合格并消除其产生原因的措施；建立和应用持续改进质量管理体系的过程。

这种方法提供了一种持续改进的逻辑思路，这种逻辑方法与称之为"PDCA"的方法思路是一致的，PDCA模式可简述如下：

P—策划：根据顾客的要求和组织的方针，为提供结果建立必要的目标和过程；

D—做：实施过程；

C—检查：根据方针、目标和产品要求，对过程和产品进行监视和测量，并报告结果；

A—处置：采取措施，以持续改进过程绩效。

在ISO22000标准中，标准的结构设计、安全产品的实现思路正是基于"PDCA"或者说体系管理的方法。

四、相互沟通

尽管"相互沟通"在食品安全许多标准中都有体现，但ISO22000首次明确作为食品安全"关键要素"提出，并且放在四大关键要素首位，以突出其对食品安全的重要性。在建立、实施食品安全管理体系并持续改进其有效性和效率时，ISO22000提倡采用食品链的概念，在这方面，ISO22000要求组织在建立和实施食品安全管理体系时考虑食品链上游与下游对其活动的影响。沟通的目的是确保发生必要的相互作用。ISO22000要求外部沟通和内部沟通均进行，以作为食品安全管理体系的一部分。

无论是引言中对相互沟通的强调，还是具体标准条款中的要求，都体现标准的起草者对相互沟通对食品安全管理体系的重要意义的关注；通过这些条款，标准强调在食品安全管理体系建立、实施、保持、更新时，一定要沟通，沟通正式化，沟通书面化，信息的不对称往往导致食品安全危害的识别不充分；有效的沟通、充分的信息是危害分析的基础，是制定控制措施的基础，是安全产品实现的基础。

第四节　卫生标准操作程序（SSOP）

一、SSOP概述

SSOP是卫生标准操作程序（Sanitation Standard Operation Procedure）的简称，有时又称为SSOP计划。SSOP是对GMP的具体化，是在食品生产中实现GMP全面目标的操作规范。它是食品加工企业为了保证达到GMP所规定的要求，确保加工过程中消除不良的人为因素，使其加工的食品符合卫生要求而制定的指导食品生产加工过程中如何实施清洗、消毒和卫生保持的作业指导文件。SSOP的意义体现在它是：

（1）描述在工厂中使用的卫生程序；

（2）提供这些卫生程序的时间计划；

（3）提供一个支持日常监测计划的基础；

（4）鼓励提前做好计划，以保证必要时能及时采取纠正措施；

（5）判断问题发生的趋势，防止同样问题再次发生；

（6）确保每个人，从管理层到生产工人都理解卫生（概念）；

（7）为雇员提供一种连续培训的工具；

（8）显示对买方和检查人员的承诺；

（9）引导厂内的卫生操作和状况得以完善提高。

二、SSOP的内容

根据我国原卫生部2002年7月19日发布的《食品企业HACCP实施指南》，每个企业都应制定和实施卫生标准操作程序或类似文件，以说明企业如何满足和实施如下卫生条件和规范。

（1）与食品或食品表面接触的水的安全性或生产用冰的安全。

（2）食品接触表面（包括设备、手套和外衣等）的卫生情况和清洁度。

（3）防止不卫生物品对食品、食品包装和其他与食品接触表面的污染及未加工产品和熟制品的交叉污染。

（4）洗手间、消毒设施和厕所设施的卫生保持情况。

（5）防止食品、食品包装材料和食品接触表面掺杂润滑剂、燃料、杀虫剂、清洁剂、消毒剂、冷凝剂及其他化学、物理或生物污染物。

（6）规范标示标签、存储和使用有毒化学物。

（7）员工个人卫生的控制，这些卫生条件可能对食品、食品包装材料和食品接触面产生微生物污染。

（8）消灭工厂内的鼠类和昆虫。

上述8项内容是一个完整的SSOP计划至少应当包括的基本内容。此外，有的SSOP计划还可以包括厂房的结构和布局、废物处理等内容。

每个企业应该对实施SSOP的情况进行检查、记录，并将记录结果存档、检查。同时，标准卫生操作程序的实施还必须设定监控程序。企业需要对所有的监控行动、检查结果和纠正措施进行记录，通过这些记录说明企业不仅遵守了SSOP，而且实施了适当的卫生控制。食品加工企业日常的卫生监控记录是工厂重要的质量记录和管理资料，应使用统一的表格，归档保存。

针对上述8大基本内容以及其他内容建立的每个卫生标准操作程序，一般都应包含监控对象、监控方法、监控频率、监控人员、纠正措施及监控、纠正结果的记录要求等内容。政府执法部门或第三方认证机构一般会鼓励和督促建立书面的SSOP计划。对每个卫生标准操作程序，其SSOP计划一般包括三方面的文件：①该卫生标准操作的要求和程序；②每一个环节的作业指导书；③执行、检查和纠正记录。

食品企业在选择和建立自身的SSOP时必须做到三点要求：①SSOP应该描述加工者如何保证某一个关键的卫生条件和操作得到满足；②SSOP应该描述加工企业的操作如何受到监控来保证达到GMP规定的条件和要求；③应该保持SSOP记录，至少应记录与加工厂相关的关键卫生条件和操作受到监控和纠正的结果。

三、SSOP与GMP的关系

1. SSOP与GMP的相互联系

GMP是政府强制性的食品生产、贮存卫生法规。GMP构成了SSOP的立法基础，GMP规定了食品生产的卫生要求，食品生产企业必须根据GMP要求制订并执行相关控制计划，这些计划构成了HACCP体系建立和执行的前提。计划包括：SSOP、人员 培训计划、工厂维修保养计划、产品回收计划、产品的识别代码计划。SSOP是将GMP法规中有关卫生方面的要求具体化，使其转化为具有可操作性的作业指导性文件。SSOP中包含的主要8个方面的内容在各国GMP法规中都有体现。任何一个食品企业都必须首先遵守GMP法规，然后建立并有效实施SSOP计划，GMP与SSOP是互相依赖的。

2. SSOP与GMP的区别

（1）GMP和SSOP的表现形式不同　GMP的规定是原则性的，包括硬件和软件两个方面，是相关食品加工企业必须达到的基本条件。SSOP的规定是具体的，主要是指导卫生操作和卫生管理的具体实施办法，相当于ISO 9000质量管理体系中的"作业文件制定"。SSOP计划的依据是GMP，GMP是SSOP的法律基础，生产出安全卫生的 食品是制定和执行SSOP的最终目的。

（2）GMP和SSOP各自在食品企业安全卫生管理上的地位不同　GMP规定了在生产、加工、贮存、运输等方面的基本要求，是政府食品卫生主管部门用法规性、强制性标准形式发布的，食品企业必须达到GMP规定的卫生要求，否则加工的食品不得上市销售。其中将GMP法规中有关卫生方面的要求具体化，使其转化为具有可操作性的作业指导文件，即构成SSOP的主要内容，SSOP没有GMP所具有的政府强制性。

（3）GMP的规定虽然抽象，但却是全面的；SSOP虽然具体，但仅强调满足8个主要卫生方面　SSOP仅对应了GMP中部分的重要条款。因此，仅遵守SSOP及其对应的GMP条款而不遵守GMP的其他条款是错误的。

第五节　ISO食品安全管理体系

一、ISO体系概述

ISO是一个全球性的非政府组织，是国际标准化领域中一个十分重要的组织。1946年成立于瑞士日内瓦，在国际标准化领域中占重要地位。到目前为止，ISO有正式成员国120多个，我国是其中之一。它是由一些既有区别、又相互联系在一起的系列标准组成的立体的网络，形成了一个包括实施指南、标准要求和审核监督等多方面的完整的体系。

ISO制定的标准推荐给世界各国采用，是非强制性标准。但是由于ISO颁布的标准在世界上具有很强的权威性、指导性和通用性，对世界标准化进程起着十分重要的作用，所以各国都非常重视ISO标准。许多国家的政府部门，有影响的工业部门及有关方面都十分重视在ISO中的地位和作用，通过参加技术委员会、分委员会及工作小组的活动积极参与ISO标准制定工作。目前ISO的200多个技术委员会正在不断地制定新的产品、工艺及管理方面的标准。ISO认证体系不仅针对食品行业。

ISO22000食品安全管理体系是一种建立在良好操作规范（GMP）和卫生标准操作规程（SSOP）基础之上的控制危害的预防性体系，它的主要控制目标是食品的安全性，因此它与其他的质量管理体系相比，可以将主要精力放在影响产品安全的关键加工点上，而不是将每一个步骤都放上很多精力，这样在预防方面显得更为有效。ISO22000：2018标准既是描述食品安全管理体系要求的使用指导标准，又是可供食品生产、操作和供应的组织认证和注册的依据。ISO22000：2018采用了ISO9000标准体系结构，ISO22000是一个国际标准，定义了食品安全管理体系的要求，适用于从"农场到餐桌"这个食品链中的所有组织。

ISO22000食品安全管理体系具体适用于以下类型企业。

（1）食品和饲料的加工制造业：如食品生产商，动物、宠物饲料的生产制造商。

（2）餐饮行业：如餐饮公司，餐馆、单位食堂，配餐公司。

（3）零售、运输和贮藏：如食品的销售商，运输和贮藏的服务提供商（仅限申请ISO22000）。

（4）辅助服务类：如食品包装材料的生产商。

（5）生物化学品的生产：如食品和饲料添加剂的生产商，维生素及营养剂的制造商等。

（6）特殊行业。

二、HACCP与ISO22000标准的区别

1. 标准适用范围更广

ISO22000标准适用范围为食品链中所有类型的组织。ISO22000表达了食品安全管理中

的共性要求，适用于在食品链中所有希望建立保证食品安全体系的组织，无论其规模、类型和其所提供的产品，而不是针对食品链中任何一类组织的特定要求。它适用于农产品生产厂商，动物饲料生产厂商，食品生产厂商，批发商和零售商；也适用于与食品有关的设备供应厂商、物流供应商、包装材料供应厂商、农业化学品和食品添加剂 供应厂商、涉及食品的服务供应商和餐厅。

2．标准采用了ISO9000标准体系结构

ISO22000采用了ISO9000标准体系结构，突出了体系管理理念，将组织、资源、过程和程序融合到体系之中，使体系结构与ISO9001标准完全一致，强调标准既可单独使用，也可以和ISO9001质量管理体系标准整合使用，充分考虑了两者的兼容性。

3．标准体现了对遵守食品法律法规的要求

ISO22000标准不仅在引言中指出"本标准要求组织通过食品安全管理体系以满足与食品安全相关的法律法规要求"，而且标准的多个条款都要求与食品法律法规相结合，充分体现了遵守法律法规是建立食品安全管理体系前提之一。

4．标准强调了沟通的重要性

沟通是食品安全管理体系的重要原则。顾客要求、食品监督管理机构要求、法律法规要求以及一些新的危害产生的信息，须通过外部沟通获得，以获得充分的食品安全相关信息。通过内部沟通可以获得体系是否需要更新和改进的信息。

5．标准强调了前提方案、操作性前提方案的重要性

前提方案可等同于食品企业的良好操作规范。操作性前提方案则是通过危害分析确定的基本前提方案。操作性前提方案在内容上和HACCP相接近。但两者区别在于控制方式、方法或控制的侧重点并不相同。

6．标准强调了"确认"和"验证"的重要性

"确认"是获取证据以证实由HACCP计划和操作性前提方案安排的控制措施是否有效。ISO22000标准在多处明示和隐含了"确认"要求或理念。"验证"是通过提供客观证据对规定要求已得到满足的认定，证实体系和控制措施的有效性。标准要求对前提方案、操作性前提方案、HACCP计划及控制措施组合、潜在不安全产品处置、应急准备和响应、撤回等都要进行验证。

7．标准增加了"应急准备和响应"规定

ISO22000标准要求最高管理者应关注有关影响食品安全的潜在紧急情况和事故，要求组织应识别潜在事故和紧急情况，组织应策划应急准备和响应措施，并保证实施这些措施所需要的资源和程序。

8．标准建立了可追溯性系统和对不安全产品实施撤回机制

标准提出了对不安全产品采取撤回要求，充分体现了现代食品安全的管理理念。要求组织建立从原料供方到直接分销商的可追溯性系统，确保交付后的不安全终产品能够及时、完全地撤回，降低和消除不安全产品对消费者的伤害。

1. 简述食品安全管理体系的意义。
2. HACCP的实施步骤有哪些?
3. HACCP与ISO22000标准有什么区别?
4. GMP的具体内容有哪些?

第十二章 食品安全诚信与道德建设

CHAPTER 12

2011年党的十七届六中全会通过了《中共中央关于深化文化体制改革、推动社会主义文化大发展大繁荣若干重大问题的决定》（以下简称《决定》）。《决定》提出，要树立和践行社会主义荣辱观，推进公民道德建设工程，开展道德领域突出问题专项教育和治理，把诚信建设摆在突出位置。《决定》对我国文化、道德的改革建设提出了全面要求，其中提出：要加强社会公德、职业道德、个人品德教育；倡导爱国、敬业、诚信、友善等道德规范；深化行风建设；大力推进商务诚信建设等要求。

教育部2020年印发的《高等学校课程思政建设指导纲要》（以下简称《纲要》）。《纲要》要求高等教育课程思政建设内容要紧紧围绕坚定学生理想信念，以爱党、爱国、爱社会主义、爱人民、爱集体为主线，围绕政治认同、家国情怀、文化素养、宪法法治意识、道德修养等重点优化课程思政内容供给，系统进行中国特色社会主义和中国梦教育、社会主义核心价值观教育、法治教育、劳动教育、心理健康教育、中华优秀传统文化教育。

社会主义市场经济要求人们必须注意提高产品质量，讲求信誉，必须树立"质量第一，信誉至上"的职业道德观念。市场竞争机制要求有高质量的产品和优良的服务，并接受市场检验。只有那些提供高质量服务的餐饮服务单位，才能脱颖而出，获得更好的效益。高质量的服务源于高素质的员工队伍、良好的技术业务素质和职业道德素养。

第一节 职业道德概述

职业道德是整个社会道德体系中的重要组成部分，是社会文明发展到一定阶段的产物。食品安全是基础民生问题，因此食品行业从业人员加强食品安全意识、提高个人修养、注重食品安全职业道德培养、增强食品安全社会责任感对保障人民群众身体健康和生命安全具有至关重要的意义。

一、我国社会主义道德规范体系

（一）道德的内涵

道德是指一定社会为了调整人们之间以及个人和社会之间的关系所倡导的行为规范的总和。简单地讲，道德就是做人的道理和规范。道德通过各种形式教育和社会舆论力量，使人们具有善和恶、荣和辱、正与邪等概念，并逐渐形成一定的习惯和传统，以指导或控制自己的行为。

（二）我国社会主义道德规范体系的构成

社会主义的道德规范体系在社会主义经济、政治、文化基础上形成的，以集体主义道德原则为核心的道德行为准则系统。它是共产主义道德在社会主义阶段的具体表现形式。道德规范体系的一般结构层次是：一个道德原则，几个道德规范，若干道德范畴，以及某些特殊领域的道德要求。它由忠于共产主义事业的集体主义道德原则，以全心全意为人民服务为核心，爱祖国、爱人民、爱劳动、爱科学和爱社会主义五个主要道德规范，善恶、义务、良心、荣誉、幸福、公正六个重要道德范畴及社会公德、职业道德、家庭美德三个特殊领域的道德要求所构成。

2001年颁布了《公民道德建设实施纲要》是划时代的重大事件，它把我国社会主义道德体系的建设提到了一个崭新的高度，为中华民族的伟大复兴提供了重要的思想平台。《纲要》指出，社会主义道德建设要坚持以为人民服务为核心，以集体主义为原则，要大力倡导"爱国守法、明礼诚信、团结友善、勤俭自强、敬业奉献"的基本道德规范。

二、职业道德的内涵和作用

（一）内涵

职业道德的概念有广义和狭义之分。广义的职业道德是指从业人员在职业活动中应该遵循的行为准则，涵盖了从业人员与服务对象、职业与职工、职业与职业之间的关系。狭义的职业道德是指在一定职业活动中应遵循的、体现一定职业特征的、调整一定职业关系的职业行为准则和规范。随着现代社会分工的发展和专业化程度的增强，市场竞争日趋激烈，整个社会对从业人员职业观念、职业态度、职业技能、职业纪律和职业作风的要求越来越高。以爱岗敬业、诚实守信、服务群众、奉献社会为主要内容的职业道德，正鼓励人们在工作中为社会做出更多的贡献。

（二）主要作用

职业道德是社会道德体系的重要组成部分，它一方面具有社会道德的一般作用，另一方面它又具有自身的特殊作用，具体表现在以下几个方面。

1. 有助于调节各方面之间的关系

一方面，职业道德可以调节从业人员内部的关系，即运用职业道德约束职业内部人员的行为，促进职业内部人员的团结与合作；另一方面，职业道德又可以调节从业人员和服务对象之间的关系，如职业道德规范员工要怎样对消费者负责等。

2．有助于维护和提高企业形象

一个企业的信用、形象和声誉主要靠产品的质量和服务质量，而提高从业人员职业道德水平是维护产品质量和服务质量的有效保证。

3．有助于促进本行业的发展

任何行业的发展都离不开高素质的员工。员工素质主要包含知识、能力、责任心三个方面。责任心是员工素质的重要构成，也是职业道德的构成部分。因此，职业道德水平直接影响本行业的发展。

4．有助于提高全社会的道德水平

职业道德是整个社会道德的重要组成部分。一方面，职业道德涉及每个从业者如何对待职业，如何对待工作，同时也是一个从业人员的世界观、价值观的表现；另一方面，职业道德也是一个职业集体，甚至一个行业全体人员的行为表现，如果每个行业，每个职业集体都具备优良的道德素质，会对整个社会道德水平的提高发挥重要作用。

三、职业道德建设途径

职业道德建设既是社会主义市场经济健康有序发展的重要保证，也是员工加强自身修养、企业塑造自身形象的必备条件。

1．职业道德建设首先要抓好企业领导层

企业领导要以身作则，做好表率，廉洁自律，自觉抵制行业不正之风，坚决不搞所谓的行业潜规则，才能带动企业的整体职业道德建设。

2．职业道德建设应贯穿社会各个行业

职业道德建设是一项系统工程，在日常生活中，人人都是服务对象，每个人也都要向他人提供服务。因此，在职业道德建设中必须坚持以为人民服务为核心，以集体主义为原则，提高自身的职业道德水准，使每个人相互感受到职业道德的魅力。

3．职业道德建设应与个人奖惩挂钩

将职业道德和个人奖惩挂钩可以充分发挥个人的积极性、主动性和创造性。把物质激励和精神激励结合起来，激发员工的工作热情，使他们在职业实践中逐步形成忠于职守、尽职尽责、热爱集体、忘我工作的职业品质。

4．职业道德建设应与管理制度和教育相结合

长期稳定的管理制度和有效的教育引导有利于职业习惯和职业意识的养成，从而使职业道德建设持续健康发展。

5．坚持长期建设

一个企业内部职工的职业道德建设不可能一蹴而就，而是一项长期的、理论和实践反复推进的过程。

第二节　食品安全职业道德建设

　　食品安全与每一个人都息息相关，事关人民群众的切身利益，事关社会的和谐稳定。纵观近年食品安全事件，有一个突出的特征就是绝大部分是人为事件，故意行为，事件本身是违法的。进一步深究行为人的行为动机，多是知法犯法，诚信缺失，深层次的问题本质所在就是道德问题。

　　频频出现的安全事件严重危害了老百姓的身体健康和生命安全，动摇了消费者对食品安全的信心，严重影响了社会稳定和国家形象。

一、食品安全职业道德的基本含义

　　食品安全职业道德是食品行业从业者的基本道德，它是以一般的社会道德为基础，从业人员的食品安全意识、责任、纪律和技能在实际食品加工经营过程中的综合反映，是意识、责任、纪律、技能的总和，属于自律范围。通过加强食品行业从业者食品安全职业道德建设，对加工经营过程予以道德性规范，既是对食品从业人员在职业活动中的行为要求，又是食品企业对社会应承担的道德责任。食品安全职业道德是整个社会道德体系中的重要组成部分，是社会文明发展到一定阶段的产物。

　　食品安全职业道德是从食品行业从业人员综合素质的反映，其基本要求是如何做人、如何做事，从而确保食品的安全。每一名从业人员都有自己的道德认识，他们的食品安全道德观念直接影响着食品安全状况。工作条件、劳动强度、福利待遇、企业文化也直接影响员工的食品安全职业道德观。食品生产经营企业要做到"依法树德，以德服人"，应采取各项保障措施树立员工主人翁意识，让员工有荣誉感、尊严感，从而使食品安全的职业道德建设有所保证。

二、食品安全职业道德建设的内容

　　职业道德建设是精神文明建设的一个重要方面，也是一个国家经济发展和社会文明的重要标志之一。食品行业应大力倡导职业道德建设，推动食品安全保障，其内容可以包含以下几方面。

（一）主动学法、遵纪守法

　　"合格的食品是生产出来的，不是检验出来的，更不是监督出来的"，这是食品行业品控中常用的一句话。为了保障食品安全，国家专门出台了食品安全法，此外还出台了一系列的标准和规章。事实上，如果能够很好地遵守相关法律法规和标准，就基本能保证食品的安全。食品从业者应该积极主动地学习相关法律法规和标准，并在工作中遵守就是一种基本的职业道德。

此外，食品生产经营单位是保证食品安全的第一责任人，应当主动承担起保证食品安全的社会责任。食品生产经营企业也应该积极地贯彻《中华人民共和国食品安全法》及其实施条例、《中华人民共和国产品质量法》《食品安全国家标准 预包装食品标签通则》等法律规范和标准。

（二）诚信经营、追求更优产品和服务

诚信经营是各行业职业道德的灵魂，是食品安全职业道德的核心和基础。诚信是道德，有人将其形象地比喻为公民的第二个"身份证"，是行为诚实与承诺守信的组合。诚信是人人必备的优良品格，是"立人之道"。即待人处事真诚、老实、讲信誉，言必信、行必果。诚实守信，既是食品安全职业道德的重要内容，更是食品企业在市场竞争中生存和发展的基石。

提供优质的产品和服务是为了让消费者满意。消费者满意的不仅是美味可口的食品，不可缺少的是安全的食品。安全的食品不仅是消费者的健康需求，也是消费者合法权益的保护，同样是食品生产经营者应尽的义务。

产品的质量和服务提高是无止境的。在食品安全保障方面，国家出台了一系列的法律法规。同时，在食品行业还有很多推荐标准和政府倡议，食品生产经营企业应该在进一步提高产品和服务质量上下工夫。

（三）积极参与到食品安全国家治理体系中

《中华人民共和国食品安全法》已经为我国的食品安全治理体系描绘出一幅蓝图。食品生产经营者对其生产经营食品的安全负责。食品生产经营者应当依照法律法规和食品安全标准从事生产经营活动，保证食品安全，诚信自律，对社会和公众负责，接受社会监督，承担社会责任。

食品安全治理体系的参与方除了食品生产经营企业外还会涉及政府、社会团体、第三方检测与认证认可机构、媒体与群众等各方。企业应积极响应各方对食品安全的诉求，积极构建企业内部食品安全民主氛围，依法保护"吹哨人"。同时，法律法规的很多要是技术性要求，从业人员不易理解，监督执法也是监督人员帮助食品生产经营单位理解其要求，并按照要求进行食品生产经营的活动，帮助食品生产经营单位最大限度地保证食品安全。因此，企业及员工应积极主动配合监督执法，对监督人员提出的整改措施积极改进。

第三节　食品安全诚信与职业道德建设

一、食品安全职业道德建设途径

食品安全职业道德建设的出发点主要体现在食品安全意识、食品安全责任、食品安全纪律和食品安全技能四个方面。

（一）食品安全意识

食品从业者应当主动学习食品安全相关法律法规、食品安全基础知识，了解掌握食品危害因素及其产生的严重后果以及法律法规中的各项控制要求，增强食品安全的辨别意识和控制意识。

（二）食品安全责任

食品企业应充分认识到应当对社会和公众负责，保证食品安全，接受政府和社会监督，承担社会责任，充分认识到食品生产经营者是食品安全的第一责任人。

（三）食品安全纪律

食品企业应该制定行之有效的食品控制制度。员工应该自觉遵守执行各项制度，使遵纪守法成为一种工作习惯。

（四）食品安全技能

从业人员应不断地提高自身的食品安全业务技能，潜心学习、精心钻研，养成良好的操作习惯，使技能、习惯、意识融为一体。

二、食品安全职业道德建设的保障措施

食品安全职业道德建设要从单位整个运营系统的实际情况出发，把食品安全职业道德建设与日常的生产经营管理结合起来。从业人员要自觉服从食品安全职业道德建设的总任务和总要求，使食品安全职业道德建设的任务贯穿、渗透和分解落实到各项具体工作中，脚踏实地，务求实效。食品企业应重点在以下几方面强化保障措施。

（一）形成学法守法的氛围

食品企业应该在内部形成学法守法的氛围，使每位新入职的员工明白单位首要的生产经营要求就是知法守法。

（二）健全企业内部管理制度

从业人员首先要遵守公共的社会职业道德，在此基础上严格执行本单位的各项食品安全管理制度，在自己的岗位上做好本职食品安全工作。管理制度应该做到体系完善、奖罚分明，为职业道德的培育提供土壤。

（三）秉承诚信交易

做到物有所值，不弄虚作假、掩盖食品缺陷、以次充好。强化管理，优质服务，培育品牌和信誉，追求诚信第一。把"以德经商"和"诚信为本"作为企业的经营理念。

（四）加强职业道德管理

食品安全职业道德建设是一个系统工程，需要不同级别管理层的共同关注和各部门的通力合作。各级管理者要切实把食品安全职业道德建设纳入管理对象，要与生产经营工作同规划、同部署、同考核，把从业人员的食品安全职业道德素质作为年终总结、评比的重要内容。

（五）培育团队协作精神

培育团队精神是企业食品安全职业道德形成长效机制的内在动力，遵守职业道德也应注重团队责任和团队精神建设。企业要树立正确的食品安全思想意识，培养团队精神，共同执行食品安全制度、共同钻研食品安全技能。

三、食品安全责任保险

消费者因不符合食品安全标准的食品受到损害的，可以向经营者要求赔偿损失，也可以向生产者要求赔偿损失。接到消费者赔偿要求的生产经营者，应当实行首负责任制，先行赔付，不得推诿；属于生产者责任的，经营者赔偿后有权向生产者追偿；属于经营者责任的，生产者赔偿后有权向经营者追偿。

食品生产经营者为降低由于食品安全引发的经济损失，充分保障消费者的利益，可以办理食品安全责任保险。食品安全责任险是以被保险人对因其生产经营的食品存在缺陷造成第三者人身伤亡和财产损失时依法应负的经济赔偿责任为保险标的的保险。餐饮服务企业积极参加食品安全责任险，通过投保分散餐饮服务经营企业的经营风险，有利于防控和化解食品安全风险，保障消费者的利益和落实食品安全主体责任。

📝 思考与练习题

- 1. 食品安全职业道德的基本含义是什么？
- 2. 试述企业食品安全职业道德建设途径和方法。

附录

《中华人民共和国食品安全法》原文

（2009年2月28日第十一届全国人民代表大会常务委员会第七次会议通过 2015年4月24日第十二届全国人民代表大会常务委员会第十四次会议修订 根据2018年12月29日第十三届全国人民代表大会常务委员会第七次会议《关于修改〈中华人民共和国产品质量法〉等五部法律的决定》第一次修正 根据2021年4月29日第十三届全国人民代表大会常务委员会第二十八次会议《关于修改〈中华人民共和国道路交通安全法〉等八部法律的决定》第二次修正）

目录

第一章 总则

第一条 为了保证食品安全，保障公众身体健康和生命安全，制定本法。

第二条 在中华人民共和国境内从事下列活动，应当遵守本法：

（一）食品生产和加工（以下称食品生产），食品销售和餐饮服务（以下称食品经营）；

（二）食品添加剂的生产经营；

（三）用于食品的包装材料、容器、洗涤剂、消毒剂和用于食品生产经营的工具、设备（以下称食品相关产品）的生产经营；

（四）食品生产经营者使用食品添加剂、食品相关产品；

（五）食品的贮存和运输；

（六）对食品、食品添加剂、食品相关产品的安全管理。

供食用的源于农业的初级产品（以下称食用农产品）的质量安全管理，遵守《中华人民共和国农产品质量安全法》的规定。但是，食用农产品的市场销售、有关质量安全标准的制定、有关安全信息的公布和本法对农业投入品作出规定的，应当遵守本法的规定。

第三条 食品安全工作实行预防为主、风险管理、全程控制、社会共治，建立科学、严格的监督管理制度。

第四条 食品生产经营者对其生产经营食品的安全负责。

食品生产经营者应当依照法律、法规和食品安全标准从事生产经营活动，保证食品安全，诚信自律，对社会和公众负责，接受社会监督，承担社会责任。

第五条 国务院设立食品安全委员会，其职责由国务院规定。

国务院食品安全监督管理部门依照本法和国务院规定的职责，对食品生产经营活动实施监督管理。

国务院卫生行政部门依照本法和国务院规定的职责，组织开展食品安全风险监测和风险评估，会同国务院食品安全监督管理部门制定并公布食品安全国家标准。

国务院其他有关部门依照本法和国务院规定的职责，承担有关食品安全工作。

第六条 县级以上地方人民政府对本行政区域的食品安全监督管理工作负责，统一领导、组织、协调本行政区域的食品安全监督管理工作以及食品安全突发事件应对工作，建立健全食品安全全程监督管理工作机制和信息共享机制。

县级以上地方人民政府依照本法和国务院的规定，确定本级食品安全监督管理、卫生行政部门和其他有关部门的职责。有关部门在各自职责范围内负责本行政区域的食品安全监督管理工作。

县级人民政府食品安全监督管理部门可以在乡镇或者特定区域设立派出机构。

第七条 县级以上地方人民政府实行食品安全监督管理责任制。上级人民政府负责对下一级人民政府的食品安全监督管理工作进行评议、考核。县级以上地方人民政府负责对本级食品安全监督管理部门和其他有关部门的食品安全监督管理工作进行评议、考核。

第八条　县级以上人民政府应当将食品安全工作纳入本级国民经济和社会发展规划，将食品安全工作经费列入本级政府财政预算，加强食品安全监督管理能力建设，为食品安全工作提供保障。

县级以上人民政府食品安全监督管理部门和其他有关部门应当加强沟通、密切配合，按照各自职责分工，依法行使职权，承担责任。

第九条　食品行业协会应当加强行业自律，按照章程建立健全行业规范和奖惩机制，提供食品安全信息、技术等服务，引导和督促食品生产经营者依法生产经营，推动行业诚信建设，宣传、普及食品安全知识。

消费者协会和其他消费者组织对违反本法规定，损害消费者合法权益的行为，依法进行社会监督。

第十条　各级人民政府应当加强食品安全的宣传教育，普及食品安全知识，鼓励社会组织、基层群众性自治组织、食品生产经营者开展食品安全法律、法规以及食品安全标准和知识的普及工作，倡导健康的饮食方式，增强消费者食品安全意识和自我保护能力。

新闻媒体应当开展食品安全法律、法规以及食品安全标准和知识的公益宣传，并对食品安全违法行为进行舆论监督。有关食品安全的宣传报道应当真实、公正。

第十一条　国家鼓励和支持开展与食品安全有关的基础研究、应用研究，鼓励和支持食品生产经营者为提高食品安全水平采用先进技术和先进管理规范。

国家对农药的使用实行严格的管理制度，加快淘汰剧毒、高毒、高残留农药，推动替代产品的研发和应用，鼓励使用高效低毒低残留农药。

第十二条　任何组织或者个人有权举报食品安全违法行为，依法向有关部门了解食品安全信息，对食品安全监督管理工作提出意见和建议。

第十三条　对在食品安全工作中做出突出贡献的单位和个人，按照国家有关规定给予表彰、奖励。

第二章　食品安全风险监测和评估

第十四条　国家建立食品安全风险监测制度，对食源性疾病、食品污染以及食品中的有害因素进行监测。

国务院卫生行政部门会同国务院食品安全监督管理等部门，制定、实施国家食品安全风险监测计划。

国务院食品安全监督管理部门和其他有关部门获知有关食品安全风险信息后，应当立即核实并向国务院卫生行政部门通报。对有关部门通报的食品安全风险信息以及医疗机构报告的食源性疾病等有关疾病信息，国务院卫生行政部门应当会同国务院有关部门分析研究，认为必要的，及时调整国家食品安全风险监测计划。

省、自治区、直辖市人民政府卫生行政部门会同同级食品安全监督管理等部门，根据国家食品安全风险监测计划，结合本行政区域的具体情况，制定、调整本行政区域的食品安全风险监测方案，报国务院卫生行政部门备案并实施。

第十五条　承担食品安全风险监测工作的技术机构应当根据食品安全风险监测计划和监测方案开展监测工作，保证监测数据真实、准确，并按照食品安全风险监测计划和监测方案的要求报送监测数据和分析结果。

食品安全风险监测工作人员有权进入相关食用农产品种植养殖、食品生产经营场所采集样品、收集相关数据。采集样品应当按照市场价格支付费用。

第十六条　食品安全风险监测结果表明可能存在食品安全隐患的，县级以上人民政府卫生行政部门应当及时将相关信息通报同级食品安全监督管理等部门，并报告本级人民政府和上级人民政府卫生行政部门。食品安全监督管理等部门应当组织开展进一步调查。

第十七条　国家建立食品安全风险评估制度，运用科学方法，根据食品安全风险监测信息、科学数据以及有关信息，对食品、食品添加剂、食品相关产品中生物性、化学性和物理性危害因素进行风险评估。

国务院卫生行政部门负责组织食品安全风险评估工作，成立由医学、农业、食品、营养、生物、环境等方面的专家组成的食品安全风险评估专家委员会进行食品安全风险评估。食品安全风险评估结果由国务院卫生行政部门公布。

对农药、肥料、兽药、饲料和饲料添加剂等的安全性评估，应当有食品安全风险评估专家委员会的专家参加。

食品安全风险评估不得向生产经营者收取费用，采集样品应当按照市场价格支付费用。

第十八条　有下列情形之一的，应当进行食品安全风险评估：

（一）通过食品安全风险监测或者接到举报发现食品、食品添加剂、食品相关产品可能存在安全隐患的；

（二）为制定或者修订食品安全国家标准提供科学依据需要进行风险评估的；

（三）为确定监督管理的重点领域、重点品种需要进行风险评估的；

（四）发现新的可能危害食品安全因素的；

（五）需要判断某一因素是否构成食品安全隐患的；

（六）国务院卫生行政部门认为需要进行风险评估的其他情形。

第十九条　国务院食品安全监督管理、农业行政等部门在监督管理工作中发现需要进行食品安全风险评估的，应当向国务院卫生行政部门提出食品安全风险评估的建议，并提供风险来源、相关检验数据和结论等信息、资料。属于本法第十八条规定情形的，国务院卫生行政部门应当及时进行食品安全风险评估，并向国务院有关部门通报评估结果。

第二十条　省级以上人民政府卫生行政、农业行政部门应当及时相互通报食品、食用农产品安全风险监测信息。

国务院卫生行政、农业行政部门应当及时相互通报食品、食用农产品安全风险评估结果等信息。

第二十一条　食品安全风险评估结果是制定、修订食品安全标准和实施食品安全监督管理的科学依据。

经食品安全风险评估，得出食品、食品添加剂、食品相关产品不安全结论的，国务院食品安全监督管理等部门应当依据各自职责立即向社会公告，告知消费者停止食用或者使用，并采取相应措施，确保该食品、食品添加剂、食品相关产品停止生产经营；需要制定、修订相关食品安全国家标准的，国务院卫生行政部门应当会同国务院食品安全监督管理部门立即制定、修订。

第二十二条　国务院食品安全监督管理部门应当会同国务院有关部门，根据食品安全风险评估结果、食品安全监督管理信息，对食品安全状况进行综合分析。对经综合分析表明可能具有较高程度安全风险的食品，国务院食品安全监督管理部门应当及时提出食品安全风险警示，并向社会公布。

第二十三条　县级以上人民政府食品安全监督管理部门和其他有关部门、食品安全风险评估专家委员会及其技术机构，应当按照科学、客观、及时、公开的原则，组织食品生产经营者、食品检验机构、认证机构、食品行业协会、消费者协会以及新闻媒体等，就食品安全风险评估信息和食品安全监督管理信息进行交流沟通。

第三章　食品安全标准

第二十四条　制定食品安全标准，应当以保障公众身体健康为宗旨，做到科学合理、安全可靠。

第二十五条　食品安全标准是强制执行的标准。除食品安全标准外，不得制定其他食品强制性标准。

第二十六条　食品安全标准应当包括下列内容：

（一）食品、食品添加剂、食品相关产品中的致病性微生物，农药残留、兽药残留、生物毒素、重金属等污染物质以及其他危害人体健康物质的限量规定；

（二）食品添加剂的品种、使用范围、用量；

（三）专供婴幼儿和其他特定人群的主辅食品的营养成分要求；

（四）对与卫生、营养等食品安全要求有关的标签、标志、说明书的要求；

（五）食品生产经营过程的卫生要求；

（六）与食品安全有关的质量要求；

（七）与食品安全有关的食品检验方法与规程；

（八）其他需要制定为食品安全标准的内容。

第二十七条　食品安全国家标准由国务院卫生行政部门会同国务院食品安全监督管理部门制定、公布，国务院标准化行政部门提供国家标准编号。

食品中农药残留、兽药残留的限量规定及其检验方法与规程由国务院卫生行政部门、国务院农业行政部门会同国务院食品安全监督管理部门制定。

屠宰畜、禽的检验规程由国务院农业行政部门会同国务院卫生行政部门制定。

第二十八条 制定食品安全国家标准，应当依据食品安全风险评估结果并充分考虑食用农产品安全风险评估结果，参照相关的国际标准和国际食品安全风险评估结果，并将食品安全国家标准草案向社会公布，广泛听取食品生产经营者、消费者、有关部门等方面的意见。

食品安全国家标准应当经国务院卫生行政部门组织的食品安全国家标准审评委员会审查通过。食品安全国家标准审评委员会由医学、农业、食品、营养、生物、环境等方面的专家以及国务院有关部门、食品行业协会、消费者协会的代表组成，对食品安全国家标准草案的科学性和实用性等进行审查。

第二十九条 对地方特色食品，没有食品安全国家标准的，省、自治区、直辖市人民政府卫生行政部门可以制定并公布食品安全地方标准，报国务院卫生行政部门备案。食品安全国家标准制定后，该地方标准即行废止。

第三十条 国家鼓励食品生产企业制定严于食品安全国家标准或者地方标准的企业标准，在本企业适用，并报省、自治区、直辖市人民政府卫生行政部门备案。

第三十一条 省级以上人民政府卫生行政部门应当在其网站上公布制定和备案的食品安全国家标准、地方标准和企业标准，供公众免费查阅、下载。

对食品安全标准执行过程中的问题，县级以上人民政府卫生行政部门应当会同有关部门及时给予指导、解答。

第三十二条 省级以上人民政府卫生行政部门应当会同同级食品安全监督管理、农业行政等部门，分别对食品安全国家标准和地方标准的执行情况进行跟踪评价，并根据评价结果及时修订食品安全标准。

省级以上人民政府食品安全监督管理、农业行政等部门应当对食品安全标准执行中存在的问题进行收集、汇总，并及时向同级卫生行政部门通报。

食品生产经营者、食品行业协会发现食品安全标准在执行中存在问题的，应当立即向卫生行政部门报告。

第四章　食品生产经营

第一节　一般规定

第三十三条 食品生产经营应当符合食品安全标准，并符合下列要求：

（一）具有与生产经营的食品品种、数量相适应的食品原料处理和食品加工、包装、贮存等场所，保持该场所环境整洁，并与有毒、有害场所以及其他污染源保持规定的距离；

（二）具有与生产经营的食品品种、数量相适应的生产经营设备或者设施，有相应的消毒、更衣、盥洗、采光、照明、通风、防腐、防尘、防蝇、防鼠、防虫、洗涤以及处理废水、存放垃圾和废弃物的设备或者设施；

（三）有专职或者兼职的食品安全专业技术人员、食品安全管理人员和保证食品安全的规章制度；

（四）具有合理的设备布局和工艺流程，防止待加工食品与直接入口食品、原料与成品交叉污染，避免食品接触有毒物、不洁物；

（五）餐具、饮具和盛放直接入口食品的容器，使用前应当洗净、消毒，炊具、用具用后应当洗净，保持清洁；

（六）贮存、运输和装卸食品的容器、工具和设备应当安全、无害，保持清洁，防止食品污染，并符合保证食品安全所需的温度、湿度等特殊要求，不得将食品与有毒、有害物品一同贮存、运输；

（七）直接入口的食品应当使用无毒、清洁的包装材料、餐具、饮具和容器；

（八）食品生产经营人员应当保持个人卫生，生产经营食品时，应当将手洗净，穿戴清洁的工作衣、帽等；销售无包装的直接入口食品时，应当使用无毒、清洁的容器、售货工具和设备；

（九）用水应当符合国家规定的生活饮用水卫生标准；

（十）使用的洗涤剂、消毒剂应当对人体安全、无害；

（十一）法律、法规规定的其他要求。

非食品生产经营者从事食品贮存、运输和装卸的，应当符合前款第六项的规定。

第三十四条 禁止生产经营下列食品、食品添加剂、食品相关产品：

（一）用非食品原料生产的食品或者添加食品添加剂以外的化学物质和其他可能危害人体健康物质的食品，或者用回收食品作为原料生产的食品；

（二）致病性微生物，农药残留、兽药残留、生物毒素、重金属等污染物质以及其他危害人体健康的物质含量超过食品安全标准限量的食品、食品添加剂、食品相关产品；

（三）用超过保质期的食品原料、食品添加剂生产的食品、食品添加剂；

（四）超范围、超限量使用食品添加剂的食品；

（五）营养成分不符合食品安全标准的专供婴幼儿和其他特定人群的主辅食品；

（六）腐败变质、油脂酸败、霉变生虫、污秽不洁、混有异物、掺假掺杂或者感官性状异常的食品、食品添加剂；

（七）病死、毒死或者死因不明的禽、畜、兽、水产动物肉类及其制品；

（八）未按规定进行检疫或者检疫不合格的肉类，或者未经检验或者检验不合格的肉类制品；

（九）被包装材料、容器、运输工具等污染的食品、食品添加剂；

（十）标注虚假生产日期、保质期或者超过保质期的食品、食品添加剂；

（十一）无标签的预包装食品、食品添加剂；

（十二）国家为防病等特殊需要明令禁止生产经营的食品；

（十三）其他不符合法律、法规或者食品安全标准的食品、食品添加剂、食品相关产品。

第三十五条 国家对食品生产经营实行许可制度。从事食品生产、食品销售、餐饮服务，应当依法取得许可。但是，销售食用农产品和仅销售预包装食品的，不需要取得许可。仅销售预包装食品的，应当报所在地县级以上地方人民政府食品安全监督管理部门备案。

县级以上地方人民政府食品安全监督管理部门应当依照《中华人民共和国行政许可法》的规定，审核申请人提交的本法第三十三条第一款第一项至第四项规定要求的相关资料，必要时对申请人的生产经营场所进行现场核查；对符合规定条件的，准予许可；对不符合规定条件的，不予许可并书面说明理由。

第三十六条　食品生产加工小作坊和食品摊贩等从事食品生产经营活动，应当符合本法规定的与其生产经营规模、条件相适应的食品安全要求，保证所生产经营的食品卫生、无毒、无害，食品安全监督管理部门应当对其加强监督管理。

县级以上地方人民政府应当对食品生产加工小作坊、食品摊贩等进行综合治理，加强服务和统一规划，改善其生产经营环境，鼓励和支持其改进生产经营条件，进入集中交易市场、店铺等固定场所经营，或者在指定的临时经营区域、时段经营。

食品生产加工小作坊和食品摊贩等的具体管理办法由省、自治区、直辖市制定。

第三十七条　利用新的食品原料生产食品，或者生产食品添加剂新品种、食品相关产品新品种，应当向国务院卫生行政部门提交相关产品的安全性评估材料。国务院卫生行政部门应当自收到申请之日起六十日内组织审查；对符合食品安全要求的，准予许可并公布；对不符合食品安全要求的，不予许可并书面说明理由。

第三十八条　生产经营的食品中不得添加药品，但是可以添加按照传统既是食品又是中药材的物质。按照传统既是食品又是中药材的物质目录由国务院卫生行政部门会同国务院食品安全监督管理部门制定、公布。

第三十九条　国家对食品添加剂生产实行许可制度。从事食品添加剂生产，应当具有与所生产食品添加剂品种相适应的场所、生产设备或者设施、专业技术人员和管理制度，并依照本法第三十五条第二款规定的程序，取得食品添加剂生产许可。

生产食品添加剂应当符合法律、法规和食品安全国家标准。

第四十条　食品添加剂应当在技术上确有必要且经过风险评估证明安全可靠，方可列入允许使用的范围；有关食品安全国家标准应当根据技术必要性和食品安全风险评估结果及时修订。

食品生产经营者应当按照食品安全国家标准使用食品添加剂。

第四十一条　生产食品相关产品应当符合法律、法规和食品安全国家标准。对直接接触食品的包装材料等具有较高风险的食品相关产品，按照国家有关工业产品生产许可证管理的规定实施生产许可。食品安全监督管理部门应当加强对食品相关产品生产活动的监督管理。

第四十二条　国家建立食品安全全程追溯制度。

食品生产经营者应当依照本法的规定，建立食品安全追溯体系，保证食品可追溯。国家鼓励食品生产经营者采用信息化手段采集、留存生产经营信息，建立食品安全追溯体系。

国务院食品安全监督管理部门会同国务院农业行政等有关部门建立食品安全全程追溯协作机制。

第四十三条 地方各级人民政府应当采取措施鼓励食品规模化生产和连锁经营、配送。

国家鼓励食品生产经营企业参加食品安全责任保险。

第二节 生产经营过程控制

第四十四条 食品生产经营企业应当建立健全食品安全管理制度，对职工进行食品安全知识培训，加强食品检验工作，依法从事生产经营活动。

食品生产经营企业的主要负责人应当落实企业食品安全管理制度，对本企业的食品安全工作全面负责。

食品生产经营企业应当配备食品安全管理人员，加强对其培训和考核。经考核不具备食品安全管理能力的，不得上岗。食品安全监督管理部门应当对企业食品安全管理人员随机进行监督抽查考核并公布考核情况。监督抽查考核不得收取费用。

第四十五条 食品生产经营者应当建立并执行从业人员健康管理制度。患有国务院卫生行政部门规定的有碍食品安全疾病的人员，不得从事接触直接入口食品的工作。

从事接触直接入口食品工作的食品生产经营人员应当每年进行健康检查，取得健康证明后方可上岗工作。

第四十六条 食品生产企业应当就下列事项制定并实施控制要求，保证所生产的食品符合食品安全标准：

（一）原料采购、原料验收、投料等原料控制；

（二）生产工序、设备、贮存、包装等生产关键环节控制；

（三）原料检验、半成品检验、成品出厂检验等检验控制；

（四）运输和交付控制。

第四十七条 食品生产经营者应当建立食品安全自查制度，定期对食品安全状况进行检查评价。生产经营条件发生变化，不再符合食品安全要求的，食品生产经营者应当立即采取整改措施；有发生食品安全事故潜在风险的，应当立即停止食品生产经营活动，并向所在地县级人民政府食品安全监督管理部门报告。

第四十八条 国家鼓励食品生产经营企业符合良好生产规范要求，实施危害分析与关键控制点体系，提高食品安全管理水平。

对通过良好生产规范、危害分析与关键控制点体系认证的食品生产经营企业，认证机构应当依法实施跟踪调查；对不再符合认证要求的企业，应当依法撤销认证，及时向县级以上人民政府食品安全监督管理部门通报，并向社会公布。认证机构实施跟踪调查不得收取费用。

第四十九条 食用农产品生产者应当按照食品安全标准和国家有关规定使用农药、肥料、兽药、饲料和饲料添加剂等农业投入品，严格执行农业投入品使用安全间隔期或者休药期的规定，不得使用国家明令禁止的农业投入品。禁止将剧毒、高毒农药用于蔬菜、瓜果、茶叶和中草药材等国家规定的农作物。

食用农产品的生产企业和农民专业合作经济组织应当建立农业投入品使用记录制度。

县级以上人民政府农业行政部门应当加强对农业投入品使用的监督管理和指导，建立健全农业投入品安全使用制度。

第五十条 食品生产者采购食品原料、食品添加剂、食品相关产品，应当查验供货者的许可证和产品合格证明；对无法提供合格证明的食品原料，应当按照食品安全标准进行检验；不得采购或者使用不符合食品安全标准的食品原料、食品添加剂、食品相关产品。

食品生产企业应当建立食品原料、食品添加剂、食品相关产品进货查验记录制度，如实记录食品原料、食品添加剂、食品相关产品的名称、规格、数量、生产日期或者生产批号、保质期、进货日期以及供货者名称、地址、联系方式等内容，并保存相关凭证。记录和凭证保存期限不得少于产品保质期满后六个月；没有明确保质期的，保存期限不得少于二年。

第五十一条 食品生产企业应当建立食品出厂检验记录制度，查验出厂食品的检验合格证和安全状况，如实记录食品的名称、规格、数量、生产日期或者生产批号、保质期、检验合格证号、销售日期以及购货者名称、地址、联系方式等内容，并保存相关凭证。记录和凭证保存期限应当符合本法第五十条第二款的规定。

第五十二条 食品、食品添加剂、食品相关产品的生产者，应当按照食品安全标准对所生产的食品、食品添加剂、食品相关产品进行检验，检验合格后方可出厂或者销售。

第五十三条 食品经营者采购食品，应当查验供货者的许可证和食品出厂检验合格证或者其他合格证明（以下称合格证明文件）。

食品经营企业应当建立食品进货查验记录制度，如实记录食品的名称、规格、数量、生产日期或者生产批号、保质期、进货日期以及供货者名称、地址、联系方式等内容，并保存相关凭证。记录和凭证保存期限应当符合本法第五十条第二款的规定。

实行统一配送经营方式的食品经营企业，可以由企业总部统一查验供货者的许可证和食品合格证明文件，进行食品进货查验记录。

从事食品批发业务的经营企业应当建立食品销售记录制度，如实记录批发食品的名称、规格、数量、生产日期或者生产批号、保质期、销售日期以及购货者名称、地址、联系方式等内容，并保存相关凭证。记录和凭证保存期限应当符合本法第五十条第二款的规定。

第五十四条 食品经营者应当按照保证食品安全的要求贮存食品，定期检查库存食品，及时清理变质或者超过保质期的食品。

食品经营者贮存散装食品，应当在贮存位置标明食品的名称、生产日期或者生产批号、保质期、生产者名称及联系方式等内容。

第五十五条 餐饮服务提供者应当制定并实施原料控制要求，不得采购不符合食品安全标准的食品原料。倡导餐饮服务提供者公开加工过程，公示食品原料及其来源等信息。

餐饮服务提供者在加工过程中应当检查待加工的食品及原料，发现有本法第三十四条第六项规定情形的，不得加工或者使用。

第五十六条　餐饮服务提供者应当定期维护食品加工、贮存、陈列等设施、设备；定期清洗、校验保温设施及冷藏、冷冻设施。

餐饮服务提供者应当按照要求对餐具、饮具进行清洗消毒，不得使用未经清洗消毒的餐具、饮具；餐饮服务提供者委托清洗消毒餐具、饮具的，应当委托符合本法规定条件的餐具、饮具集中消毒服务单位。

第五十七条　学校、托幼机构、养老机构、建筑工地等集中用餐单位的食堂应当严格遵守法律、法规和食品安全标准；从供餐单位订餐的，应当从取得食品生产经营许可的企业订购，并按照要求对订购的食品进行查验。供餐单位应当严格遵守法律、法规和食品安全标准，当餐加工，确保食品安全。

学校、托幼机构、养老机构、建筑工地等集中用餐单位的主管部门应当加强对集中用餐单位的食品安全教育和日常管理，降低食品安全风险，及时消除食品安全隐患。

第五十八条　餐具、饮具集中消毒服务单位应当具备相应的作业场所、清洗消毒设备或者设施，用水和使用的洗涤剂、消毒剂应当符合相关食品安全国家标准和其他国家标准、卫生规范。

餐具、饮具集中消毒服务单位应当对消毒餐具、饮具进行逐批检验，检验合格后方可出厂，并应当随附消毒合格证明。消毒后的餐具、饮具应当在独立包装上标注单位名称、地址、联系方式、消毒日期以及使用期限等内容。

第五十九条　食品添加剂生产者应当建立食品添加剂出厂检验记录制度，查验出厂产品的检验合格证和安全状况，如实记录食品添加剂的名称、规格、数量、生产日期或者生产批号、保质期、检验合格证号、销售日期以及购货者名称、地址、联系方式等相关内容，并保存相关凭证。记录和凭证保存期限应当符合本法第五十条第二款的规定。

第六十条　食品添加剂经营者采购食品添加剂，应当依法查验供货者的许可证和产品合格证明文件，如实记录食品添加剂的名称、规格、数量、生产日期或者生产批号、保质期、进货日期以及供货者名称、地址、联系方式等内容，并保存相关凭证。记录和凭证保存期限应当符合本法第五十条第二款的规定。

第六十一条　集中交易市场的开办者、柜台出租者和展销会举办者，应当依法审查入场食品经营者的许可证，明确其食品安全管理责任，定期对其经营环境和条件进行检查，发现其有违反本法规定行为的，应当及时制止并立即报告所在地县级人民政府食品安全监督管理部门。

第六十二条　网络食品交易第三方平台提供者应当对入网食品经营者进行实名登记，明确其食品安全管理责任；依法应当取得许可证的，还应当审查其许可证。

网络食品交易第三方平台提供者发现入网食品经营者有违反本法规定行为的，应当及时制止并立即报告所在地县级人民政府食品安全监督管理部门；发现严重违法行为的，应当立即停止提供网络交易平台服务。

第六十三条　国家建立食品召回制度。食品生产者发现其生产的食品不符合食品安全标准或者有证据证明可能危害人体健康的，应当立即停止生产，召回已经上市销售的食品，通知相关生产经营者和消费者，并记录召回和通知情况。

食品经营者发现其经营的食品有前款规定情形的，应当立即停止经营，通知相关生产经营者和消费者，并记录停止经营和通知情况。食品生产者认为应当召回的，应当立即召回。由于食品经营者的原因造成其经营的食品有前款规定情形的，食品经营者应当召回。

食品生产经营者应当对召回的食品采取无害化处理、销毁等措施，防止其再次流入市场。但是，对因标签、标志或者说明书不符合食品安全标准而被召回的食品，食品生产者在采取补救措施且能保证食品安全的情况下可以继续销售；销售时应当向消费者明示补救措施。

食品生产经营者应当将食品召回和处理情况向所在地县级人民政府食品安全监督管理部门报告；需要对召回的食品进行无害化处理、销毁的，应当提前报告时间、地点。食品安全监督管理部门认为必要的，可以实施现场监督。

食品生产经营者未依照本条规定召回或者停止经营的，县级以上人民政府食品安全监督管理部门可以责令其召回或者停止经营。

第六十四条 食用农产品批发市场应当配备检验设备和检验人员或者委托符合本法规定的食品检验机构，对进入该批发市场销售的食用农产品进行抽样检验；发现不符合食品安全标准的，应当要求销售者立即停止销售，并向食品安全监督管理部门报告。

第六十五条 食用农产品销售者应当建立食用农产品进货查验记录制度，如实记录食用农产品的名称、数量、进货日期以及供货者名称、地址、联系方式等内容，并保存相关凭证。记录和凭证保存期限不得少于六个月。

第六十六条 进入市场销售的食用农产品在包装、保鲜、贮存、运输中使用保鲜剂、防腐剂等食品添加剂和包装材料等食品相关产品，应当符合食品安全国家标准。

第三节 标签、说明书和广告

第六十七条 预包装食品的包装上应当有标签。标签应当标明下列事项：

（一）名称、规格、净含量、生产日期；

（二）成分或者配料表；

（三）生产者的名称、地址、联系方式；

（四）保质期；

（五）产品标准代号；

（六）贮存条件；

（七）所使用的食品添加剂在国家标准中的通用名称；

（八）生产许可证编号；

（九）法律、法规或者食品安全标准规定应当标明的其他事项。

专供婴幼儿和其他特定人群的主辅食品，其标签还应当标明主要营养成分及其含量。

食品安全国家标准对标签标注事项另有规定的，从其规定。

第六十八条 食品经营者销售散装食品，应当在散装食品的容器、外包装上标明食品的名称、生产日期或者生产批号、保质期以及生产经营者名称、地址、联系方式等内容。

第六十九条　生产经营转基因食品应当按照规定显著标示。

第七十条　食品添加剂应当有标签、说明书和包装。标签、说明书应当载明本法第六十七条第一款第一项至第六项、第八项、第九项规定的事项，以及食品添加剂的使用范围、用量、使用方法，并在标签上载明"食品添加剂"字样。

第七十一条　食品和食品添加剂的标签、说明书，不得含有虚假内容，不得涉及疾病预防、治疗功能。生产经营者对其提供的标签、说明书的内容负责。

食品和食品添加剂的标签、说明书应当清楚、明显，生产日期、保质期等事项应当显著标注，容易辨识。

食品和食品添加剂与其标签、说明书的内容不符的，不得上市销售。

第七十二条　食品经营者应当按照食品标签标示的警示标志、警示说明或者注意事项的要求销售食品。

第七十三条　食品广告的内容应当真实合法，不得含有虚假内容，不得涉及疾病预防、治疗功能。食品生产经营者对食品广告内容的真实性、合法性负责。

县级以上人民政府食品安全监督管理部门和其他有关部门以及食品检验机构、食品行业协会不得以广告或者其他形式向消费者推荐食品。消费者组织不得以收取费用或者其他牟取利益的方式向消费者推荐食品。

第四节　特殊食品

第七十四条　国家对保健食品、特殊医学用途配方食品和婴幼儿配方食品等特殊食品实行严格监督管理。

第七十五条　保健食品声称保健功能，应当具有科学依据，不得对人体产生急性、亚急性或者慢性危害。

保健食品原料目录和允许保健食品声称的保健功能目录，由国务院食品安全监督管理部门会同国务院卫生行政部门、国家中医药管理部门制定、调整并公布。

保健食品原料目录应当包括原料名称、用量及其对应的功效；列入保健食品原料目录的原料只能用于保健食品生产，不得用于其他食品生产。

第七十六条　使用保健食品原料目录以外原料的保健食品和首次进口的保健食品应当经国务院食品安全监督管理部门注册。但是，首次进口的保健食品中属于补充维生素、矿物质等营养物质的，应当报国务院食品安全监督管理部门备案。其他保健食品应当报省、自治区、直辖市人民政府食品安全监督管理部门备案。

进口的保健食品应当是出口国（地区）主管部门准许上市销售的产品。

第七十七条　依法应当注册的保健食品，注册时应当提交保健食品的研发报告、产品配方、生产工艺、安全性和保健功能评价、标签、说明书等材料及样品，并提供相关证明文件。国务院食品安全监督管理部门经组织技术审评，对符合安全和功能声称要求的，准予注册；对不符合要求的，不予注册并书面说明理由。对使用保健食品原料目录以外原料的保健食品作出准予注册决定的，应当及时将该原料纳入保健食品原料目录。

依法应当备案的保健食品，备案时应当提交产品配方、生产工艺、标签、说明书以及表明产品安全性和保健功能的材料。

第七十八条　保健食品的标签、说明书不得涉及疾病预防、治疗功能，内容应当真实，与注册或者备案的内容相一致，载明适宜人群、不适宜人群、功效成分或者标志性成分及其含量等，并声明"本品不能代替药物"。保健食品的功能和成分应当与标签、说明书相一致。

第七十九条　保健食品广告除应当符合本法第七十三条第一款的规定外，还应当声明"本品不能代替药物"；其内容应当经生产企业所在地省、自治区、直辖市人民政府食品安全监督管理部门审查批准，取得保健食品广告批准文件。省、自治区、直辖市人民政府食品安全监督管理部门应当公布并及时更新已经批准的保健食品广告目录以及批准的广告内容。

第八十条　特殊医学用途配方食品应当经国务院食品安全监督管理部门注册。注册时，应当提交产品配方、生产工艺、标签、说明书以及表明产品安全性、营养充足性和特殊医学用途临床效果的材料。

特殊医学用途配方食品广告适用《中华人民共和国广告法》和其他法律、行政法规关于药品广告管理的规定。

第八十一条　婴幼儿配方食品生产企业应当实施从原料进厂到成品出厂的全过程质量控制，对出厂的婴幼儿配方食品实施逐批检验，保证食品安全。

生产婴幼儿配方食品使用的生鲜乳、辅料等食品原料、食品添加剂等，应当符合法律、行政法规的规定和食品安全国家标准，保证婴幼儿生长发育所需的营养成分。

婴幼儿配方食品生产企业应当将食品原料、食品添加剂、产品配方及标签等事项向省、自治区、直辖市人民政府食品安全监督管理部门备案。

婴幼儿配方乳粉的产品配方应当经国务院食品安全监督管理部门注册。注册时，应当提交配方研发报告和其他表明配方科学性、安全性的材料。

不得以分装方式生产婴幼儿配方乳粉，同一企业不得用同一配方生产不同品牌的婴幼儿配方乳粉。

第八十二条　保健食品、特殊医学用途配方食品、婴幼儿配方乳粉的注册人或者备案人应当对其提交材料的真实性负责。

省级以上人民政府食品安全监督管理部门应当及时公布注册或者备案的保健食品、特殊医学用途配方食品、婴幼儿配方乳粉目录，并对注册或者备案中获知的企业商业秘密予以保密。

保健食品、特殊医学用途配方食品、婴幼儿配方乳粉生产企业应当按照注册或者备案的产品配方、生产工艺等技术要求组织生产。

第八十三条　生产保健食品，特殊医学用途配方食品、婴幼儿配方食品和其他专供特定人群的主辅食品的企业，应当按照良好生产规范的要求建立与所生产食品相适应的生产质量管理体系，定期对该体系的运行情况进行自查，保证其有效运行，并向所在地县级人民政府食品安全监督管理部门提交自查报告。

第五章 食品检验

第八十四条 食品检验机构按照国家有关认证认可的规定取得资质认定后，方可从事食品检验活动。但是，法律另有规定的除外。

食品检验机构的资质认定条件和检验规范，由国务院食品安全监督管理部门规定。

符合本法规定的食品检验机构出具的检验报告具有同等效力。

县级以上人民政府应当整合食品检验资源，实现资源共享。

第八十五条 食品检验由食品检验机构指定的检验人独立进行。

检验人应当依照有关法律、法规的规定，并按照食品安全标准和检验规范对食品进行检验，尊重科学，恪守职业道德，保证出具的检验数据和结论客观、公正，不得出具虚假检验报告。

第八十六条 食品检验实行食品检验机构与检验人负责制。食品检验报告应当加盖食品检验机构公章，并有检验人的签名或者盖章。食品检验机构和检验人对出具的食品检验报告负责。

第八十七条 县级以上人民政府食品安全监督管理部门应当对食品进行定期或者不定期的抽样检验，并依据有关规定公布检验结果，不得免检。进行抽样检验，应当购买抽取的样品，委托符合本法规定的食品检验机构进行检验，并支付相关费用；不得向食品生产经营者收取检验费和其他费用。

第八十八条 对依照本法规定实施的检验结论有异议的，食品生产经营者可以自收到检验结论之日起七个工作日内向实施抽样检验的食品安全监督管理部门或者其上一级食品安全监督管理部门提出复检申请，由受理复检申请的食品安全监督管理部门在公布的复检机构名录中随机确定复检机构进行复检。复检机构出具的复检结论为最终检验结论。复检机构与初检机构不得为同一机构。复检机构名录由国务院认证认可监督管理、食品安全监督管理、卫生行政、农业行政等部门共同公布。

采用国家规定的快速检测方法对食用农产品进行抽查检测，被抽查人对检测结果有异议的，可以自收到检测结果时起四小时内申请复检。复检不得采用快速检测方法。

第八十九条 食品生产企业可以自行对所生产的食品进行检验，也可以委托符合本法规定的食品检验机构进行检验。

食品行业协会和消费者协会等组织、消费者需要委托食品检验机构对食品进行检验的，应当委托符合本法规定的食品检验机构进行。

第九十条 食品添加剂的检验，适用本法有关食品检验的规定。

第六章 食品进出口

第九十一条 国家出入境检验检疫部门对进出口食品安全实施监督管理。

第九十二条 进口的食品、食品添加剂、食品相关产品应当符合我国食品安全国家标准。

进口的食品、食品添加剂应当经出入境检验检疫机构依照进出口商品检验相关法律、行政法规的规定检验合格。

进口的食品、食品添加剂应当按照国家出入境检验检疫部门的要求随附合格证明材料。

第九十三条　进口尚无食品安全国家标准的食品，由境外出口商、境外生产企业或者其委托的进口商向国务院卫生行政部门提交所执行的相关国家（地区）标准或者国际标准。国务院卫生行政部门对相关标准进行审查，认为符合食品安全要求的，决定暂予适用，并及时制定相应的食品安全国家标准。进口利用新的食品原料生产的食品或者进口食品添加剂新品种、食品相关产品新品种，依照本法第三十七条的规定办理。

出入境检验检疫机构按照国务院卫生行政部门的要求，对前款规定的食品、食品添加剂、食品相关产品进行检验。检验结果应当公开。

第九十四条　境外出口商、境外生产企业应当保证向我国出口的食品、食品添加剂、食品相关产品符合本法以及我国其他有关法律、行政法规的规定和食品安全国家标准的要求，并对标签、说明书的内容负责。

进口商应当建立境外出口商、境外生产企业审核制度，重点审核前款规定的内容；审核不合格的，不得进口。

发现进口食品不符合我国食品安全国家标准或者有证据证明可能危害人体健康的，进口商应当立即停止进口，并依照本法第六十三条的规定召回。

第九十五条　境外发生的食品安全事件可能对我国境内造成影响，或者在进口食品、食品添加剂、食品相关产品中发现严重食品安全问题的，国家出入境检验检疫部门应当及时采取风险预警或者控制措施，并向国务院食品安全监督管理、卫生行政、农业行政部门通报。接到通报的部门应当及时采取相应措施。

县级以上人民政府食品安全监督管理部门对国内市场上销售的进口食品、食品添加剂实施监督管理。发现存在严重食品安全问题的，国务院食品安全监督管理部门应当及时向国家出入境检验检疫部门通报。国家出入境检验检疫部门应当及时采取相应措施。

第九十六条　向我国境内出口食品的境外出口商或者代理商、进口食品的进口商应当向国家出入境检验检疫部门备案。向我国境内出口食品的境外食品生产企业应当经国家出入境检验检疫部门注册。已经注册的境外食品生产企业提供虚假材料，或者因其自身的原因致使进口食品发生重大食品安全事故的，国家出入境检验检疫部门应当撤销注册并公告。

国家出入境检验检疫部门应当定期公布已经备案的境外出口商、代理商、进口商和已经注册的境外食品生产企业名单。

第九十七条　进口的预包装食品、食品添加剂应当有中文标签；依法应当有说明书的，还应当有中文说明书。标签、说明书应当符合本法以及我国其他有关法律、行政法规的规定和食品安全国家标准的要求，并载明食品的原产地以及境内代理商的名称、地址、联系方式。预包装食品没有中文标签、中文说明书或者标签、说明书不符合本条规定的，不得进口。

　　第九十八条　进口商应当建立食品、食品添加剂进口和销售记录制度，如实记录食品、食品添加剂的名称、规格、数量、生产日期、生产或者进口批号、保质期、境外出口商和购货者名称、地址及联系方式、交货日期等内容，并保存相关凭证。记录和凭证保存期限应当符合本法第五十条第二款的规定。

　　第九十九条　出口食品生产企业应当保证其出口食品符合进口国（地区）的标准或者合同要求。

　　出口食品生产企业和出口食品原料种植、养殖场应当向国家出入境检验检疫部门备案。

　　第一百条　国家出入境检验检疫部门应当收集、汇总下列进出口食品安全信息，并及时通报相关部门、机构和企业：

　　（一）出入境检验检疫机构对进出口食品实施检验检疫发现的食品安全信息；

　　（二）食品行业协会和消费者协会等组织、消费者反映的进口食品安全信息；

　　（三）国际组织、境外政府机构发布的风险预警信息及其他食品安全信息，以及境外食品行业协会等组织、消费者反映的食品安全信息；

　　（四）其他食品安全信息。

　　国家出入境检验检疫部门应当对进出口食品的进口商、出口商和出口食品生产企业实施信用管理，建立信用记录，并依法向社会公布。对有不良记录的进口商、出口商和出口食品生产企业，应当加强对其进出口食品的检验检疫。

　　第一百零一条　国家出入境检验检疫部门可以对向我国境内出口食品的国家（地区）的食品安全管理体系和食品安全状况进行评估和审查，并根据评估和审查结果，确定相应检验检疫要求。

第七章　食品安全事故处置

　　第一百零二条　国务院组织制定国家食品安全事故应急预案。

　　县级以上地方人民政府应当根据有关法律、法规的规定和上级人民政府的食品安全事故应急预案以及本行政区域的实际情况，制定本行政区域的食品安全事故应急预案，并报上一级人民政府备案。

　　食品安全事故应急预案应当对食品安全事故分级、事故处置组织指挥体系与职责、预防预警机制、处置程序、应急保障措施等作出规定。

　　食品生产经营企业应当制定食品安全事故处置方案，定期检查本企业各项食品安全防范措施的落实情况，及时消除事故隐患。

　　第一百零三条　发生食品安全事故的单位应当立即采取措施，防止事故扩大。事故单位和接收病人进行治疗的单位应当及时向事故发生地县级人民政府食品安全监督管理、卫生行政部门报告。

　　县级以上人民政府农业行政等部门在日常监督管理中发现食品安全事故或者接到事故举

报，应当立即向同级食品安全监督管理部门通报。

发生食品安全事故，接到报告的县级人民政府食品安全监督管理部门应当按照应急预案的规定向本级人民政府和上级人民政府食品安全监督管理部门报告。县级人民政府和上级人民政府食品安全监督管理部门应当按照应急预案的规定上报。

任何单位和个人不得对食品安全事故隐瞒、谎报、缓报，不得隐匿、伪造、毁灭有关证据。

第一百零四条　医疗机构发现其接收的病人属于食源性疾病病人或者疑似病人的，应当按照规定及时将相关信息向所在地县级人民政府卫生行政部门报告。县级人民政府卫生行政部门认为与食品安全有关的，应当及时通报同级食品安全监督管理部门。

县级以上人民政府卫生行政部门在调查处理传染病或者其他突发公共卫生事件中发现与食品安全相关的信息，应当及时通报同级食品安全监督管理部门。

第一百零五条　县级以上人民政府食品安全监督管理部门接到食品安全事故的报告后，应当立即会同同级卫生行政、农业行政等部门进行调查处理，并采取下列措施，防止或者减轻社会危害：

（一）开展应急救援工作，组织救治因食品安全事故导致人身伤害的人员；

（二）封存可能导致食品安全事故的食品及其原料，并立即进行检验；对确认属于被污染的食品及其原料，责令食品生产经营者依照本法第六十三条的规定召回或者停止经营；

（三）封存被污染的食品相关产品，并责令进行清洗消毒；

（四）做好信息发布工作，依法对食品安全事故及其处理情况进行发布，并对可能产生的危害加以解释、说明。

发生食品安全事故需要启动应急预案的，县级以上人民政府应当立即成立事故处置指挥机构，启动应急预案，依照前款和应急预案的规定进行处置。

发生食品安全事故，县级以上疾病预防控制机构应当对事故现场进行卫生处理，并对与事故有关的因素开展流行病学调查，有关部门应当予以协助。县级以上疾病预防控制机构应当向同级食品安全监督管理、卫生行政部门提交流行病学调查报告。

第一百零六条　发生食品安全事故，设区的市级以上人民政府食品安全监督管理部门应当立即会同有关部门进行事故责任调查，督促有关部门履行职责，向本级人民政府和上一级人民政府食品安全监督管理部门提出事故责任调查处理报告。

涉及两个以上省、自治区、直辖市的重大食品安全事故由国务院食品安全监督管理部门依照前款规定组织事故责任调查。

第一百零七条　调查食品安全事故，应当坚持实事求是、尊重科学的原则，及时、准确查清事故性质和原因，认定事故责任，提出整改措施。

调查食品安全事故，除了查明事故单位的责任，还应当查明有关监督管理部门、食品检验机构、认证机构及其工作人员的责任。

第一百零八条　食品安全事故调查部门有权向有关单位和个人了解与事故有关的情况，

并要求提供相关资料和样品。有关单位和个人应当予以配合，按照要求提供相关资料和样品，不得拒绝。

任何单位和个人不得阻挠、干涉食品安全事故的调查处理。

第八章　监督管理

第一百零九条　县级以上人民政府食品安全监督管理部门根据食品安全风险监测、风险评估结果和食品安全状况等，确定监督管理的重点、方式和频次，实施风险分级管理。

县级以上地方人民政府组织本级食品安全监督管理、农业行政等部门制定本行政区域的食品安全年度监督管理计划，向社会公布并组织实施。

食品安全年度监督管理计划应当将下列事项作为监督管理的重点：

（一）专供婴幼儿和其他特定人群的主辅食品；

（二）保健食品生产过程中的添加行为和按照注册或者备案的技术要求组织生产的情况，保健食品标签、说明书以及宣传材料中有关功能宣传的情况；

（三）发生食品安全事故风险较高的食品生产经营者；

（四）食品安全风险监测结果表明可能存在食品安全隐患的事项。

第一百一十条　县级以上人民政府食品安全监督管理部门履行食品安全监督管理职责，有权采取下列措施，对生产经营者遵守本法的情况进行监督检查：

（一）进入生产经营场所实施现场检查；

（二）对生产经营的食品、食品添加剂、食品相关产品进行抽样检验；

（三）查阅、复制有关合同、票据、账簿以及其他有关资料；

（四）查封、扣押有证据证明不符合食品安全标准或者有证据证明存在安全隐患以及用于违法生产经营的食品、食品添加剂、食品相关产品；

（五）查封违法从事生产经营活动的场所。

第一百一十一条　对食品安全风险评估结果证明食品存在安全隐患，需要制定、修订食品安全标准的，在制定、修订食品安全标准前，国务院卫生行政部门应当及时会同国务院有关部门规定食品中有害物质的临时限量值和临时检验方法，作为生产经营和监督管理的依据。

第一百一十二条　县级以上人民政府食品安全监督管理部门在食品安全监督管理工作中可以采用国家规定的快速检测方法对食品进行抽查检测。

对抽查检测结果表明可能不符合食品安全标准的食品，应当依照本法第八十七条的规定进行检验。抽查检测结果确定有关食品不符合食品安全标准的，可以作为行政处罚的依据。

第一百一十三条　县级以上人民政府食品安全监督管理部门应当建立食品生产经营者食品安全信用档案，记录许可颁发、日常监督检查结果、违法行为查处等情况，依法向社会公布并实时更新；对有不良信用记录的食品生产经营者增加监督检查频次，对违法行为情节严重的食品生产经营者，可以通报投资主管部门、证券监督管理机构和有关的金融机构。

第一百一十四条　食品生产经营过程中存在食品安全隐患，未及时采取措施消除的，县级以上人民政府食品安全监督管理部门可以对食品生产经营者的法定代表人或者主要负责人进行责任约谈。食品生产经营者应当立即采取措施，进行整改，消除隐患。责任约谈情况和整改情况应当纳入食品生产经营者食品安全信用档案。

第一百一十五条　县级以上人民政府食品安全监督管理等部门应当公布本部门的电子邮件地址或者电话，接受咨询、投诉、举报。接到咨询、投诉、举报，对属于本部门职责的，应当受理并在法定期限内及时答复、核实、处理；对不属于本部门职责的，应当移交有权处理的部门并书面通知咨询、投诉、举报人。有权处理的部门应当在法定期限内及时处理，不得推诿。对查证属实的举报，给予举报人奖励。

有关部门应当对举报人的信息予以保密，保护举报人的合法权益。举报人举报所在企业的，该企业不得以解除、变更劳动合同或者其他方式对举报人进行打击报复。

第一百一十六条　县级以上人民政府食品安全监督管理等部门应当加强对执法人员食品安全法律、法规、标准和专业知识与执法能力等的培训，并组织考核。不具备相应知识和能力的，不得从事食品安全执法工作。

食品生产经营者、食品行业协会、消费者协会等发现食品安全执法人员在执法过程中有违反法律、法规规定的行为以及不规范执法行为的，可以向本级或者上级人民政府食品安全监督管理等部门或者监察机关投诉、举报。接到投诉、举报的部门或者机关应当进行核实，并将经核实的情况向食品安全执法人员所在部门通报；涉嫌违法违纪的，按照本法和有关规定处理。

第一百一十七条　县级以上人民政府食品安全监督管理等部门未及时发现食品安全系统性风险，未及时消除监督管理区域内的食品安全隐患的，本级人民政府可以对其主要负责人进行责任约谈。

地方人民政府未履行食品安全职责，未及时消除区域性重大食品安全隐患的，上级人民政府可以对其主要负责人进行责任约谈。

被约谈的食品安全监督管理等部门、地方人民政府应当立即采取措施，对食品安全监督管理工作进行整改。

责任约谈情况和整改情况应当纳入地方人民政府和有关部门食品安全监督管理工作评议、考核记录。

第一百一十八条　国家建立统一的食品安全信息平台，实行食品安全信息统一公布制度。国家食品安全总体情况、食品安全风险警示信息、重大食品安全事故及其调查处理信息和国务院确定需要统一公布的其他信息由国务院食品安全监督管理部门统一公布。食品安全风险警示信息和重大食品安全事故及其调查处理信息的影响限于特定区域的，也可以由有关省、自治区、直辖市人民政府食品安全监督管理部门公布。未经授权不得发布上述信息。

县级以上人民政府食品安全监督管理、农业行政部门依据各自职责公布食品安全日常监督管理信息。

公布食品安全信息，应当做到准确、及时，并进行必要的解释说明，避免误导消费者和社会舆论。

第一百一十九条 县级以上地方人民政府食品安全监督管理、卫生行政、农业行政部门获知本法规定需要统一公布的信息，应当向上级主管部门报告，由上级主管部门立即报告国务院食品安全监督管理部门；必要时，可以直接向国务院食品安全监督管理部门报告。

县级以上人民政府食品安全监督管理、卫生行政、农业行政部门应当相互通报获知的食品安全信息。

第一百二十条 任何单位和个人不得编造、散布虚假食品安全信息。

县级以上人民政府食品安全监督管理部门发现可能误导消费者和社会舆论的食品安全信息，应当立即组织有关部门、专业机构、相关食品生产经营者等进行核实、分析，并及时公布结果。

第一百二十一条 县级以上人民政府食品安全监督管理等部门发现涉嫌食品安全犯罪的，应当按照有关规定及时将案件移送公安机关。对移送的案件，公安机关应当及时审查；认为有犯罪事实需要追究刑事责任的，应当立案侦查。

公安机关在食品安全犯罪案件侦查过程中认为没有犯罪事实，或者犯罪事实显著轻微，不需要追究刑事责任，但依法应当追究行政责任的，应当及时将案件移送食品安全监督管理等部门和监察机关，有关部门应当依法处理。

公安机关商请食品安全监督管理、生态环境等部门提供检验结论、认定意见以及对涉案物品进行无害化处理等协助的，有关部门应当及时提供，予以协助。

第九章　法律责任

第一百二十二条 违反本法规定，未取得食品生产经营许可从事食品生产经营活动，或者未取得食品添加剂生产许可从事食品添加剂生产活动的，由县级以上人民政府食品安全监督管理部门没收违法所得和违法生产经营的食品、食品添加剂以及用于违法生产经营的工具、设备、原料等物品；违法生产经营的食品、食品添加剂货值金额不足一万元的，并处五万元以上十万元以下罚款；货值金额一万元以上的，并处货值金额十倍以上二十倍以下罚款。

明知从事前款规定的违法行为，仍为其提供生产经营场所或者其他条件的，由县级以上人民政府食品安全监督管理部门责令停止违法行为，没收违法所得，并处五万元以上十万元以下罚款；使消费者的合法权益受到损害的，应当与食品、食品添加剂生产经营者承担连带责任。

第一百二十三条 违反本法规定，有下列情形之一，尚不构成犯罪的，由县级以上人民政府食品安全监督管理部门没收违法所得和违法生产经营的食品，并可以没收用于违法生产经营的工具、设备、原料等物品；违法生产经营的食品货值金额不足一万元的，并处十万元以上十五万元以下罚款；货值金额一万元以上的，并处货值金额十五倍以上三十倍以下罚款；情节严重的，吊销许可证，并可以由公安机关对其直接负责的主管人员和其他直接责任人员处五日以上十五日以下拘留：

（一）用非食品原料生产食品、在食品中添加食品添加剂以外的化学物质和其他可能危害人体健康的物质，或者用回收食品作为原料生产食品，或者经营上述食品；

（二）生产经营营养成分不符合食品安全标准的专供婴幼儿和其他特定人群的主辅食品；

（三）经营病死、毒死或者死因不明的禽、畜、兽、水产动物肉类，或者生产经营其制品；

（四）经营未按规定进行检疫或者检疫不合格的肉类，或者生产经营未经检验或者检验不合格的肉类制品；

（五）生产经营国家为防病等特殊需要明令禁止生产经营的食品；

（六）生产经营添加药品的食品。

明知从事前款规定的违法行为，仍为其提供生产经营场所或者其他条件的，由县级以上人民政府食品安全监督管理部门责令停止违法行为，没收违法所得，并处十万元以上二十万元以下罚款；使消费者的合法权益受到损害的，应当与食品生产经营者承担连带责任。

违法使用剧毒、高毒农药的，除依照有关法律、法规规定给予处罚外，可以由公安机关依照第一款规定给予拘留。

第一百二十四条 违反本法规定，有下列情形之一，尚不构成犯罪的，由县级以上人民政府食品安全监督管理部门没收违法所得和违法生产经营的食品、食品添加剂，并可以没收用于违法生产经营的工具、设备、原料等物品；违法生产经营的食品、食品添加剂货值金额不足一万元的，并处五万元以上十万元以下罚款；货值金额一万元以上的，并处货值金额十倍以上二十倍以下罚款；情节严重的，吊销许可证：

（一）生产经营致病性微生物，农药残留、兽药残留、生物毒素、重金属等污染物质以及其他危害人体健康的物质含量超过食品安全标准限量的食品、食品添加剂；

（二）用超过保质期的食品原料、食品添加剂生产食品、食品添加剂，或者经营上述食品、食品添加剂；

（三）生产经营超范围、超限量使用食品添加剂的食品；

（四）生产经营腐败变质、油脂酸败、霉变生虫、污秽不洁、混有异物、掺假掺杂或者感官性状异常的食品、食品添加剂；

（五）生产经营标注虚假生产日期、保质期或者超过保质期的食品、食品添加剂；

（六）生产经营未按规定注册的保健食品、特殊医学用途配方食品、婴幼儿配方乳粉，或者未按注册的产品配方、生产工艺等技术要求组织生产；

（七）以分装方式生产婴幼儿配方乳粉，或者同一企业以同一配方生产不同品牌的婴幼儿配方乳粉；

（八）利用新的食品原料生产食品，或者生产食品添加剂新品种，未通过安全性评估；

（九）食品生产经营者在食品安全监督管理部门责令其召回或者停止经营后，仍拒不召回或者停止经营。

除前款和本法第一百二十三条、第一百二十五条规定的情形外，生产经营不符合法律、法规或者食品安全标准的食品、食品添加剂的，依照前款规定给予处罚。

生产食品相关产品新品种，未通过安全性评估，或者生产不符合食品安全标准的食品相关产品的，由县级以上人民政府食品安全监督管理部门依照第一款规定给予处罚。

第一百二十五条 违反本法规定，有下列情形之一的，由县级以上人民政府食品安全监督管理部门没收违法所得和违法生产经营的食品、食品添加剂，并可以没收用于违法生产经营的工具、设备、原料等物品；违法生产经营的食品、食品添加剂货值金额不足一万元的，并处五千元以上五万元以下罚款；货值金额一万元以上的，并处货值金额五倍以上十倍以下罚款；情节严重的，责令停产停业，直至吊销许可证：

（一）生产经营被包装材料、容器、运输工具等污染的食品、食品添加剂；

（二）生产经营无标签的预包装食品、食品添加剂或者标签、说明书不符合本法规定的食品、食品添加剂；

（三）生产经营转基因食品未按规定进行标示；

（四）食品生产经营者采购或者使用不符合食品安全标准的食品原料、食品添加剂、食品相关产品。

生产经营的食品、食品添加剂的标签、说明书存在瑕疵但不影响食品安全且不会对消费者造成误导的，由县级以上人民政府食品安全监督管理部门责令改正；拒不改正的，处二千元以下罚款。

第一百二十六条 违反本法规定，有下列情形之一的，由县级以上人民政府食品安全监督管理部门责令改正，给予警告；拒不改正的，处五千元以上五万元以下罚款；情节严重的，责令停产停业，直至吊销许可证：

（一）食品、食品添加剂生产者未按规定对采购的食品原料和生产的食品、食品添加剂进行检验；

（二）食品生产经营企业未按规定建立食品安全管理制度，或者未按规定配备或者培训、考核食品安全管理人员；

（三）食品、食品添加剂生产经营者进货时未查验许可证和相关证明文件，或者未按规定建立并遵守进货查验记录、出厂检验记录和销售记录制度；

（四）食品生产经营企业未制定食品安全事故处置方案；

（五）餐具、饮具和盛放直接入口食品的容器，使用前未经洗净、消毒或者清洗消毒不合格，或者餐饮服务设施、设备未按规定定期维护、清洗、校验；

（六）食品生产经营者安排未取得健康证明或者患有国务院卫生行政部门规定的有碍食品安全疾病的人员从事接触直接入口食品的工作；

（七）食品经营者未按规定要求销售食品；

（八）保健食品生产企业未按规定向食品安全监督管理部门备案，或者未按备案的产品配方、生产工艺等技术要求组织生产；

（九）婴幼儿配方食品生产企业未将食品原料、食品添加剂、产品配方、标签等向食品安全监督管理部门备案；

（十）特殊食品生产企业未按规定建立生产质量管理体系并有效运行，或者未定期提交自查报告；

（十一）食品生产经营者未定期对食品安全状况进行检查评价，或者生产经营条件发生变化，未按规定处理；

（十二）学校、托幼机构、养老机构、建筑工地等集中用餐单位未按规定履行食品安全管理责任；

（十三）食品生产企业、餐饮服务提供者未按规定制定、实施生产经营过程控制要求。

餐具、饮具集中消毒服务单位违反本法规定用水，使用洗涤剂、消毒剂，或者出厂的餐具、饮具未按规定检验合格并随附消毒合格证明，或者未按规定在独立包装上标注相关内容的，由县级以上人民政府卫生行政部门依照前款规定给予处罚。

食品相关产品生产者未按规定对生产的食品相关产品进行检验的，由县级以上人民政府食品安全监督管理部门依照第一款规定给予处罚。

食用农产品销售者违反本法第六十五条规定的，由县级以上人民政府食品安全监督管理部门依照第一款规定给予处罚。

第一百二十七条 对食品生产加工小作坊、食品摊贩等的违法行为的处罚，依照省、自治区、直辖市制定的具体管理办法执行。

第一百二十八条 违反本法规定，事故单位在发生食品安全事故后未进行处置、报告的，由有关主管部门按照各自职责分工责令改正，给予警告；隐匿、伪造、毁灭有关证据的，责令停产停业，没收违法所得，并处十万元以上五十万元以下罚款；造成严重后果的，吊销许可证。

第一百二十九条 违反本法规定，有下列情形之一的，由出入境检验检疫机构依照本法第一百二十四条的规定给予处罚：

（一）提供虚假材料，进口不符合我国食品安全国家标准的食品、食品添加剂、食品相关产品；

（二）进口尚无食品安全国家标准的食品，未提交所执行的标准并经国务院卫生行政部门审查，或者进口利用新的食品原料生产的食品或者进口食品添加剂新品种、食品相关产品新品种，未通过安全性评估；

（三）未遵守本法的规定出口食品；

（四）进口商在有关主管部门责令其依照本法规定召回进口的食品后，仍拒不召回。

违反本法规定，进口商未建立并遵守食品、食品添加剂进口和销售记录制度、境外出口商或者生产企业审核制度的，由出入境检验检疫机构依照本法第一百二十六条的规定给予处罚。

第一百三十条 违反本法规定，集中交易市场的开办者、柜台出租者、展销会的举办者允许未依法取得许可的食品经营者进入市场销售食品，或者未履行检查、报告等义务的，由县级以上人民政府食品安全监督管理部门责令改正，没收违法所得，并处五万元以上二十万元以下罚款；造成严重后果的，责令停业，直至由原发证部门吊销许可证；使消费者的合法权益受到损害的，应当与食品经营者承担连带责任。

食用农产品批发市场违反本法第六十四条规定的，依照前款规定承担责任。

第一百三十一条 违反本法规定，网络食品交易第三方平台提供者未对入网食品经营者进行实名登记、审查许可证，或者未履行报告、停止提供网络交易平台服务等义务的，由县级以上人民政府食品安全监督管理部门责令改正，没收违法所得，并处五万元以上二十万元以下罚款；造成严重后果的，责令停业，直至由原发证部门吊销许可证；使消费者的合法权益受到损害的，应当与食品经营者承担连带责任。

消费者通过网络食品交易第三方平台购买食品，其合法权益受到损害的，可以向入网食品经营者或者食品生产者要求赔偿。网络食品交易第三方平台提供者不能提供入网食品经营者的真实名称、地址和有效联系方式的，由网络食品交易第三方平台提供者赔偿。网络食品交易第三方平台提供者赔偿后，有权向入网食品经营者或者食品生产者追偿。网络食品交易第三方平台提供者作出更有利于消费者承诺的，应当履行其承诺。

第一百三十二条 违反本法规定，未按要求进行食品贮存、运输和装卸的，由县级以上人民政府食品安全监督管理等部门按照各自职责分工责令改正，给予警告；拒不改正的，责令停产停业，并处一万元以上五万元以下罚款；情节严重的，吊销许可证。

第一百三十三条 违反本法规定，拒绝、阻挠、干涉有关部门、机构及其工作人员依法开展食品安全监督检查、事故调查处理、风险监测和风险评估的，由有关主管部门按照各自职责分工责令停产停业，并处二千元以上五万元以下罚款；情节严重的，吊销许可证；构成违反治安管理行为的，由公安机关依法给予治安管理处罚。

违反本法规定，对举报人以解除、变更劳动合同或者其他方式打击报复的，应当依照有关法律的规定承担责任。

第一百三十四条 食品生产经营者在一年内累计三次因违反本法规定受到责令停产停业、吊销许可证以外处罚的，由食品安全监督管理部门责令停产停业，直至吊销许可证。

第一百三十五条 被吊销许可证的食品生产经营者及其法定代表人、直接负责的主管人员和其他直接责任人员自处罚决定作出之日起五年内不得申请食品生产经营许可，或者从事食品生产经营管理工作、担任食品生产经营企业食品安全管理人员。

因食品安全犯罪被判处有期徒刑以上刑罚的，终身不得从事食品生产经营管理工作，也不得担任食品生产经营企业食品安全管理人员。

食品生产经营者聘用人员违反前两款规定的，由县级以上人民政府食品安全监督管理部门吊销许可证。

第一百三十六条 食品经营者履行了本法规定的进货查验等义务，有充分证据证明其不知道所采购的食品不符合食品安全标准，并能如实说明其进货来源的，可以免予处罚，但应当依法没收其不符合食品安全标准的食品；造成人身、财产或者其他损害的，依法承担赔偿责任。

第一百三十七条　违反本法规定，承担食品安全风险监测、风险评估工作的技术机构、技术人员提供虚假监测、评估信息的，依法对技术机构直接负责的主管人员和技术人员给予撤职、开除处分；有执业资格的，由授予其资格的主管部门吊销执业证书。

第一百三十八条　违反本法规定，食品检验机构、食品检验人员出具虚假检验报告的，由授予其资质的主管部门或者机构撤销该食品检验机构的检验资质，没收所收取的检验费用，并处检验费用五倍以上十倍以下罚款，检验费用不足一万元的，并处五万元以上十万元以下罚款；依法对食品检验机构直接负责的主管人员和食品检验人员给予撤职或者开除处分；导致发生重大食品安全事故的，对直接负责的主管人员和食品检验人员给予开除处分。

违反本法规定，受到开除处分的食品检验机构人员，自处分决定作出之日起十年内不得从事食品检验工作；因食品安全违法行为受到刑事处罚或者因出具虚假检验报告导致发生重大食品安全事故受到开除处分的食品检验机构人员，终身不得从事食品检验工作。食品检验机构聘用不得从事食品检验工作的人员的，由授予其资质的主管部门或者机构撤销该食品检验机构的检验资质。

食品检验机构出具虚假检验报告，使消费者的合法权益受到损害的，应当与食品生产经营者承担连带责任。

第一百三十九条　违反本法规定，认证机构出具虚假认证结论，由认证认可监督管理部门没收所收取的认证费用，并处认证费用五倍以上十倍以下罚款，认证费用不足一万元的，并处五万元以上十万元以下罚款；情节严重的，责令停业，直至撤销认证机构批准文件，并向社会公布；对直接负责的主管人员和负有直接责任的认证人员，撤销其执业资格。

认证机构出具虚假认证结论，使消费者的合法权益受到损害的，应当与食品生产经营者承担连带责任。

第一百四十条　违反本法规定，在广告中对食品作虚假宣传，欺骗消费者，或者发布未取得批准文件、广告内容与批准文件不一致的保健食品广告的，依照《中华人民共和国广告法》的规定给予处罚。

广告经营者、发布者设计、制作、发布虚假食品广告，使消费者的合法权益受到损害的，应当与食品生产经营者承担连带责任。

社会团体或者其他组织、个人在虚假广告或者其他虚假宣传中向消费者推荐食品，使消费者的合法权益受到损害的，应当与食品生产经营者承担连带责任。

违反本法规定，食品安全监督管理等部门、食品检验机构、食品行业协会以广告或者其他形式向消费者推荐食品，消费者组织以收取费用或者其他牟取利益的方式向消费者推荐食品的，由有关主管部门没收违法所得，依法对直接负责的主管人员和其他直接责任人员给予记大过、降级或者撤职处分；情节严重的，给予开除处分。

对食品作虚假宣传且情节严重的，由省级以上人民政府食品安全监督管理部门决定暂停销售该食品，并向社会公布；仍然销售该食品的，由县级以上人民政府食品安全监督管理部门没收违法所得和违法销售的食品，并处二万元以上五万元以下罚款。

第一百四十一条　违反本法规定，编造、散布虚假食品安全信息，构成违反治安管理行为的，由公安机关依法给予治安管理处罚。

媒体编造、散布虚假食品安全信息的，由有关主管部门依法给予处罚，并对直接负责的主管人员和其他直接责任人员给予处分；使公民、法人或者其他组织的合法权益受到损害的，依法承担消除影响、恢复名誉、赔偿损失、赔礼道歉等民事责任。

第一百四十二条　违反本法规定，县级以上地方人民政府有下列行为之一的，对直接负责的主管人员和其他直接责任人员给予记大过处分；情节较重的，给予降级或者撤职处分；情节严重的，给予开除处分；造成严重后果的，其主要负责人还应当引咎辞职：

（一）对发生在本行政区域内的食品安全事故，未及时组织协调有关部门开展有效处置，造成不良影响或者损失；

（二）对本行政区域内涉及多环节的区域性食品安全问题，未及时组织整治，造成不良影响或者损失；

（三）隐瞒、谎报、缓报食品安全事故；

（四）本行政区域内发生特别重大食品安全事故，或者连续发生重大食品安全事故。

第一百四十三条　违反本法规定，县级以上地方人民政府有下列行为之一的，对直接负责的主管人员和其他直接责任人员给予警告、记过或者记大过处分；造成严重后果的，给予降级或者撤职处分：

（一）未确定有关部门的食品安全监督管理职责，未建立健全食品安全全程监督管理工作机制和信息共享机制，未落实食品安全监督管理责任制；

（二）未制定本行政区域的食品安全事故应急预案，或者发生食品安全事故后未按规定立即成立事故处置指挥机构、启动应急预案。

第一百四十四条　违反本法规定，县级以上人民政府食品安全监督管理、卫生行政、农业行政等部门有下列行为之一的，对直接负责的主管人员和其他直接责任人员给予记大过处分；情节较重的，给予降级或者撤职处分；情节严重的，给予开除处分；造成严重后果的，其主要负责人还应当引咎辞职：

（一）隐瞒、谎报、缓报食品安全事故；

（二）未按规定查处食品安全事故，或者接到食品安全事故报告未及时处理，造成事故扩大或者蔓延；

（三）经食品安全风险评估得出食品、食品添加剂、食品相关产品不安全结论后，未及时采取相应措施，造成食品安全事故或者不良社会影响；

（四）对不符合条件的申请人准予许可，或者超越法定职权准予许可；

（五）不履行食品安全监督管理职责，导致发生食品安全事故。

第一百四十五条　违反本法规定，县级以上人民政府食品安全监督管理、卫生行政、农业行政等部门有下列行为之一，造成不良后果的，对直接负责的主管人员和其他直接责任人员给予警告、记过或者记大过处分；情节较重的，给予降级或者撤职处分；情节严重的，给予开除处分：

（一）在获知有关食品安全信息后，未按规定向上级主管部门和本级人民政府报告，或者未按规定相互通报；

（二）未按规定公布食品安全信息；

（三）不履行法定职责，对查处食品安全违法行为不配合，或者滥用职权、玩忽职守、徇私舞弊。

第一百四十六条 食品安全监督管理等部门在履行食品安全监督管理职责过程中，违法实施检查、强制等执法措施，给生产经营者造成损失的，应当依法予以赔偿，对直接负责的主管人员和其他直接责任人员依法给予处分。

第一百四十七条 违反本法规定，造成人身、财产或者其他损害的，依法承担赔偿责任。生产经营者财产不足以同时承担民事赔偿责任和缴纳罚款、罚金时，先承担民事赔偿责任。

第一百四十八条 消费者因不符合食品安全标准的食品受到损害的，可以向经营者要求赔偿损失，也可以向生产者要求赔偿损失。接到消费者赔偿要求的生产经营者，应当实行首负责任制，先行赔付，不得推诿；属于生产者责任的，经营者赔偿后有权向生产者追偿；属于经营者责任的，生产者赔偿后有权向经营者追偿。

生产不符合食品安全标准的食品或者经营明知是不符合食品安全标准的食品，消费者除要求赔偿损失外，还可以向生产者或者经营者要求支付价款十倍或者损失三倍的赔偿金；增加赔偿的金额不足一千元的，为一千元。但是，食品的标签、说明书存在不影响食品安全且不会对消费者造成误导的瑕疵的除外。

第一百四十九条 违反本法规定，构成犯罪的，依法追究刑事责任。

第十章　附则

第一百五十条 本法下列用语的含义：

食品，指各种供人食用或者饮用的成品和原料以及按照传统既是食品又是中药材的物品，但是不包括以治疗为目的的物品。

食品安全，指食品无毒、无害，符合应当有的营养要求，对人体健康不造成任何急性、亚急性或者慢性危害。

预包装食品，指预先定量包装或者制作在包装材料、容器中的食品。

食品添加剂，指为改善食品品质和色、香、味以及为防腐、保鲜和加工工艺的需要而加入食品中的人工合成或者天然物质，包括营养强化剂。

用于食品的包装材料和容器，指包装、盛放食品或者食品添加剂用的纸、竹、木、金属、搪瓷、陶瓷、塑料、橡胶、天然纤维、化学纤维、玻璃等制品和直接接触食品或者食品添加剂的涂料。

用于食品生产经营的工具、设备，指在食品或者食品添加剂生产、销售、使用过程中直接接触食品或者食品添加剂的机械、管道、传送带、容器、用具、餐具等。

用于食品的洗涤剂、消毒剂，指直接用于洗涤或者消毒食品、餐具、饮具以及直接接触食品的工具、设备或者食品包装材料和容器的物质。

食品保质期，指食品在标明的贮存条件下保持品质的期限。

食源性疾病，指食品中致病因素进入人体引起的感染性、中毒性等疾病，包括食物中毒。

食品安全事故，指食源性疾病、食品污染等源于食品，对人体健康有危害或者可能有危害的事故。

第一百五十一条 转基因食品和食盐的食品安全管理，本法未作规定的，适用其他法律、行政法规的规定。

第一百五十二条 铁路、民航运营中食品安全的管理办法由国务院食品安全监督管理部门会同国务院有关部门依照本法制定。

保健食品的具体管理办法由国务院食品安全监督管理部门依照本法制定。

食品相关产品生产活动的具体管理办法由国务院食品安全监督管理部门依照本法制定。

国境口岸食品的监督管理由出入境检验检疫机构依照本法以及有关法律、行政法规的规定实施。

军队专用食品和自供食品的食品安全管理办法由中央军事委员会依照本法制定。

第一百五十三条 国务院根据实际需要，可以对食品安全监督管理体制作出调整。

第一百五十四条 本法自2015年10月1日起施行。

参考文献

[1] 张建新. 食品标准与技术法规[M]. 北京：中国农业出版社，2019.

[2] 王世平. 食品标准与法规（第二版）[M]. 北京：科学出版社，2022.

[3] 石阶平，王硕，陈福生，等. 食品安全风险评估[M]. 北京：中国农业出版社，2010.

[4] 范耿锋，陈桂红. 我国食品安全风险评估体系研究[J]. 现代食品，2018(9)：3.

[5] 刘爽. 食品安全检验检测和风险监测体系研究[D]. 天津：天津大学，2012.

[6] 来翔. 食品安全风险评估方法研究与应用[D]. 天津：天津科技大学，2014.

[7] 何猛. 我国食品安全风险评估及监管体系研究[D]. 徐州：中国矿业大学，2013.

[8] 李宁，马良. 食品毒理学[M]. 北京：中国农业大学出版社，2016.

[9] 张靖，毕玉安. 《食品生产经营风险分级管理办法（试行）》政策解读[M]. 北京：法律出版社，2017.

[10] 刘金福，陈宗道，陈邵军，等. 食品质量与安全管理（第三版）[M]. 北京：中国农业大学出版社，2016.

[11] 国家食品安全风险评估中心，中国标准出版社. 中国食品工业标准汇编：食品生产经营规范卷[M]. 北京：中国标准出版社，2018.

[12] 范俐等. 食品安全检验技术[M]. 厦门：厦门大学出版社，2013.

[13] 刘野. 食品安全管理体系的构建及检验检测技术研究[M]. 北京：中国原子能出版社，2016

[14] 郭元新，鲍士宝，汪张贵，等. 食品质量与安全管理[M]. 北京：中国纺织出版社，2020.

[15] 季任天等. 食品安全管理体系实施与认证[M]. 北京：中国计量出版社，2007.

[16] 石阶平，王硕，陈福生，等. 食品安全风险评估[M]. 北京：中国农业出版社，2010.

[17] 刘爽. 食品安全检验检测和风险监测体系研究[D]. 天津：天津大学，2012.

[18] 王京法，杨滨，马立萍，等. 食品卫生与安全[M]. 昆明：云南大学出版社，2015.

[19] 孙长颢. 营养与食品卫生学[M]. 北京：人民卫生出版社，2017.

[20] 高永清，吴小南. 营养与食品卫生学[M]. 北京：科学出版社，2017.

[21] 曾庆祝. 食品安全与卫生[M]. 北京：中国质检出版社，2012.

[22] 吕晓华，张立实. 食品安全与健康[M]. 北京：中国医药科技出版社，2018.

[23] 曲径. 食品安全控制学[M]. 北京：化学工业出版社，2011.

[24] 曹小红. 食品安全与卫生[M]. 北京：科学出版社，2013.

[25] 戴维·麦克斯万. 食品安全与卫生基础[M]. 北京：化学工业出版社，2006.